HET BATAAFSCH GENOOTSCHAP DER PROEFONDERVINDELIJKE WIJSBEGEERTE TE ROTTERDAM 1769 - 1984

Nieuwe Nederlandse Bijdragen tot de Geschiedenis der Geneeskunde en Natuurwetenschappen

Nr. 18

M.J. van Lieburg

HET BATAAFSCH GENOOTSCHAP

der

PROEFONDERVINDELIJKE WIJSBEGEERTE

te

ROTTERDAM

1769 - 1984

Een bibliografisch en documenterend overzicht

Rodopi

Amsterdam
1985

Deze uitgave is tot stand gekomen op instigatie van het Bataafsch Genootschap der Proefondervindelijke Wijsbegeerte te Rotterdam. Door een aanzienlijke financiële bijdrage van dit Genootschap werd de uitgave mogelijk gemaakt.

CIP-GEGEVENS KONINKLIJKE BIBLIOTHEEK, DEN HAAG

Lieburg, M.J. van

Het Bataafsch Genootschap der proefondervindelijke wijsbegeerte te Rotterdam, 1796-1984 : een bibliografisch en documenterend overzicht / M.J. van Lieburg. – Amsterdam : Rodopi. – (Nieuwe Nederlandse bijdragen tot de geschiedenis der geneeskunde en der natuurwetenschappen, ISSN 0168–9827 ; no. 18)
Met reg.
ISBN 90–6203–568–X
SISO 507 UDC 061.22:502"1769/1984"
Trefw.: Bataafsch Genootschap der proefondervindelijke wijsbegeerte.

INHOUD

TEN GELEIDE

Deze publicatie kan worden gezien als een uitvloeisel van de door drs. M.J. van Lieburg op 7 november 1977 gehouden voordracht over een deel van de geschiedenis van het Bataafsch Genootschap. Nadien heeft hij zich gezet aan het samenstellen van een documentair overzicht van de door het genootschap behandelde onderwerpen blijkende uit prijsvragen, verhandelingen, voordrachten en cursussen.

Gelijktijdig met dit veel omvattend werk heeft hij overzichten opgesteld met betrekking tot de organisatie van het genootschap en van hen die in de loop der jaren tot bestuur en leden werden geroepen.

Nu geen exemplaren meer voorhanden zijn van het in 1969 uitgegeven gedenkboek, biedt deze publicatie een welkome mogelijkheid huidige en toekomstige leden, en ook andere belangstellenden, een eerste indruk te geven van het reilen en zeilen van het genootschap.

Met veel genoegen heeft het Bataafsch Genootschap dan ook op zich genomen de uitgave van deze publicatie te doen verzorgen.

Bestuurderen zijn de heer Van Lieburg, die sinds 1976 lid is van het genootschap, bijzonder erkentelijk voor de grote toewijding en nauwkeurigheid waarmede hij zich van de vrijwillig op zich genomen taak heeft gekweten.

H.G. van Eijk
President-Directeur
H.R.S. Tijssens
Secretaris-Directeur

VERANTWOORDING

Ten einde een gedetailleerde geschiedschrijving van het Bataafsch Genootschap der Proefondervindelijke Wijsbegeerte te Rotterdam en zijn plaats in de ontwikkeling van de natuurwetenschappen, geneeskunde en techniek mogelijk te maken, was het noodzakelijk eerst een uitvoerig bibliografisch en documenterend overzicht samen te stellen van de activiteiten die het genootschap sinds 1769 heeft ondernomen. Vooral de vele verhandelingen, prijsvragen en voordrachten vereisten een nauwkeurige inventarisatie en annotatie. Een dergelijk overzicht is verder onmisbaar wanneer men wil nagaan welke positie het genootschap innam temidden van de andere geleerde genootschappen, zoals van de Hollandsche Maatschappij van Wetenschappen te Haarlem, die eerder een inventaris van de door haar uitgeschreven prijsvragen publiceerde. Van het Zeeuwsch Genootschap voor Wetenschappen en het Provinciaal Utrechts Genootschap voor Kunsten en Wetenschappen worden dergelijke naslagwerken voorbereid.

Het bijeenbrengen, bewerken en rangschikken van de vele gegevens was een veel moeizamer onderneming dan aanvankelijk gedacht. Archivalia ontbreken nagenoeg geheel, een serie verhandelingen en programma's was nergens volledig voorhanden en inhoudelijk vertoonde het bronnenmateriaal grote kwalitatieve verschillen. Wat tenslotte in deze documentatie is bijeengebracht, vertoont dan ook alle nadelen van een reconstructie.

Zoals de ondertitel aangeeft bedoelt deze studie niet méér dan een bibliografisch en documenterend overzicht te bieden; een historisch relaas dat het muzische van Clio waardig is, pretendeert deze uitgave niet te zijn. In een vervolgstudie zullen Prof. Dr. H.A.M. Snelders, wiens hulp bij het samenstellen van het zaakregister onontbeerlijk was, en ondergetekende de historische ontwikkeling van de verschillende wetenschapsgebieden waarop het Bataafsch Genootschap actief is geweest, uitvoeriger beschrijven en analyseren.

De dames G.H. ten Cate-Witte en A.A.G. Ham hebben zich bij de uitgave van dit werk zeer verdienstelijk gemaakt: de eerste met haar assistentie bij het bewerken van de bronnen en de laatste met het type- en correctiewerk. De Directeuren van het Bataafsch Genootschap, in het bijzonder de Eerste Secretaris H.R.S. Tijssens die het manuscript nauwkeurig heeft doorgelezen en waar nodig heeft verbeterd en aangevuld, zeg ik dank voor de plezierige wijze, waarop bij de voorbereiding van deze uitgave werd samengewerkt.

Rotterdam, Medische Bibliotheek EUR
Amsterdam, Medisch Encyclopedisch Instituut VU

M.J. van Lieburg
september 1985

1. INLEIDING: HET BATAAFSCH GENOOTSCHAP 1769 - 1984

De geschiedenis van het Bataafsch Genootschap der Proefondervindelijke Wijsbegeerte te Rotterdam is reeds verscheidene malen onderwerp van studie geweest. Al op het einde van de 18e, begin 19e eeuw leverde Lambertus Bicker (1732-1801), de Eerste Secretaris en mede-oprichter van het genootschap, enkele belangrijke historische overzichten. In 1774 voegde hij aan het eerste deel van de verhandelingen een uitvoerig exposé toe over "De oprigting en handelingen van het Bataafsch Genootschap" (I, i-xlviii) met integrale weergave van enkele belangrijke documenten, waarvan de originelen thans niet meer voorhanden zijn. Verder publiceerde Bicker bij de dood van Steven Hoogendijk (1698-1788) een gedetailleerde necrologie van deze maecenas en initiatiefnemer tot oprichting van het genootschap (IX, iii-x), terwijl Bicker in 1800, bij de inleiding tot zijn natuurkundige lezingen, opnieuw uitvoerig inging op de achtergronden en de totstandkoming van het genootschap (N. I, 297-311). Ook zijn uitvoerige verhandeling over de "Historie der Vuur-Machines of Stoom-Werktuigen hier te Lande" (V 100) moet als een belangrijke bron voor de vroege geschiedenis van het genootschap worden beschouwd.

Kort nadat de lector van het genootschap Karel Marinus Giltay (1811-1891) bij gelegenheid van het eeuwfeest een zaakrijke "Feestrede" had uitgegeven (zie 2.3), leverden Johannes Hendrikus Scheffer (1832-1886) en Frederik Daniël Otto Obreen (1840-1896) een historisch overzicht, waarbij zij vooral gebruik maakten van gegevens uit het Rotterdamse stadsarchief. Aan hun studie voegden zij een bibliografie toe van de genootschapsuitgaven, benevens een biografisch overzicht der maecenaten gedurende de periode 1769-1876(1). Het aangekondigde vervolg op deze studie, waarin een uitvoerige ledenlijst zou worden opgenomen, "die, wat de daarop voorkomende Rotterdammers betreft, met eenige hun betreffende bijzonderheden is ingevuld", is echter nooit verschenen(2). Bij de viering van het 150-jarig bestaan werd opnieuw aandacht aan de geschiedenis van het genootschap besteed, nu in een rede van de President-Directeur Rudolphe de Josselin de Jong (1868-1958) (V 178). In het bij die gelegenheid verschenen gedenkboek, geschreven door Johannes Petrus Kuenen (1866-1922) (V 177), wordt de geschiedenis van het Bataafsch Genootschap niet afzonderlijk ter sprake gebracht. Nadat de Eerste-Secretaris Hendrik Karel de Haas (1873-1953) zelf al enkele pogingen in die richting had ondernomen(3), kreeg kort vóór 1940 de (toen oud-) gemeentearchivaris Eppe Wiersum (1869-1955) opdracht om een gedenkboek van het genootschap samen te stellen. Maar reeds kort daarna vroeg deze ontheffing van zijn taak. Zijn aantekeningen werden in het archief van het genootschap gedeponeerd(4). Het beoogde gedenkboek werd uiteindelijk pas in 1969 geleverd door de Eerste Secretaris Adolf Havinga (1905-1977)(5). Uitvoerig is deze studie niet: meer dan de helft van het boek bevat bijlagen (helaas met verkorte en geparafraseerde titels) en overzichten, terwijl het historische deel zich hoofdzakelijk beperkt tot de rol die het genootschap en zijn oprichter Steven Hoogendijk bij de introductie van de stoommachine in Nederland hebben gespeeld.

Laatstgenoemd thema stond ook centraal in enkele andere historische beschouwingen. In 1887 leverde Adrien Huet (1836-1899) een bijdrage over Steven Hoogendijk, de Stichter van het eerste Stoomwerktuig in Nederland" (zie 2.3). In 1948, het jaar van Steven Hoogendijks 250ste geboortedag, verschenen de samenvattingen van de lezing van Hendrik Cornelis Hazewinkel (1896-1968) en Willem Nicolaas van Nooten (1892-1963) over "Steven Hoogendijk en de invoering van de vuurmachines in ons land" (zie 2.3), van Zeger Willem Snellen (1882-1950) over "Anderhalve eeuw stoomwezen in Nederland" (V 190) en van Frits Muller (1879-1972) over "De eerste stoom-machines van ons land" (V 191). In later jaren publiceerde K. van der Pols verschillende studies over de stoommachine en zijn geschiedenis (zie 2.3).

1.1. Bronnen

Dat een meer uitvoerige, documenterende studie van het Bataafsch Genootschap nog altijd ontbreekt, is stellig mede te wijten aan het ontbreken van een oud archief van het genootschap. Wat op 14 mei 1940 bij de verwoesting van het Beursgebouw, waarin het genootschap was gehuisvest, aan historisch materiaal bewaard is gebleven, bestaat uit niet meer dan het weinige dat op dat tijdstip toevallig elders aanwezig was: een enkel stuk uit de rijke collectie modellen en instrumenten, een tweetal registers van prijsvragen en enkele losse documenten(6). Langs veelal onbekende wegen zijn enkele andere originalia in het bezit geraakt van het Rotterdamse gemeente-archief en aldaar bewaard gebleven. Een inventaris van deze archivalia en van het genootschapsarchief verscheen in 1979(7). In deze inventaris is niet vermeld dat het genootschap nog in het bezit is van de notulen der gecombineerde vergaderingen vanaf 10 december 1889 en van de vergaderingen van Directeuren vanaf 20 januari 1936. De desbetreffende registers zullen aan het archief worden toegevoegd.

Alle beschikbare bronnen zijn voor deze uitgave zorgvuldig geëxcerpeerd en bewerkt. Behalve de lijsten met concept-prijsvragen die niet als officiële prijsvraag werden geaccepteerd (zie 3.2), de uitgeschreven prijsvragen (zie 3.3-3.5) en de verhandelingen (zie 4), leverden deze bronnen het materiaal voor de uitvoerige annotatie van de prijsvragen (zie 3.6) en een overzicht van de voordrachten en cursussen (zie 5.1-5.3). Tenslotte is met behulp van de gepubliceerde lijsten en de ledenadministratie een ledenlijst 1769-1984 samengesteld (zie 6).

Voorafgaande aan de documentatie en bibliografieën is bij ieder hoofdstuk een korte inleiding geplaatst, waarin vooral aandacht is besteed aan de desbetreffende bepalingen in "Plan en Grondwet(ten)" van het genootschap. Aangezien deze bepalingen in de loop der tijd tal van veranderingen hebben ondergaan, is een nauwkeurige opgave van deze artikelen noodzakelijk, wil men een juist beeld kunnen vormen van de achtergrond van de hier geïnventariseerde activiteiten.

1.2. Doelstelling van het genootschap

Hoofddoel van het genootschap bleef onveranderd om "door de bevorderinge en volmaakinge der Proefondervindelijke Wijsbegeerte nuttig te zijn aan het gansche Menschdom en aan het Vaderland in het bijzonder" (1771, 1788, 1843, 1927, 1946 en 1958, art. I)(8); alleen tussen 1890 en 1927 bezigde men in "Plan en Grondwet" de ongelukkige formulering "bevordering van de wetenschap der proefondervindelijke wijsbegeerte" (1890, art. I). Deze algemene formulering werd in 1771 nader omschreven als volgt:

> "Eensdeels, en wel voornaamlijk, het verbeteren en uitvinden van Kunst- en Werktuigen, die strekken kunnen ten voordeele van den Landbouw, Zeevaart, Werktuigelijke Kunsten en Fabrijken, ter in standhoudinge en verbeteringe van Rivieren, Dijken, Wegen en Landerijen, of ten nutte van eenige andere voornaame Takken der Nationaale Huishoudinge. Andersdeels, bedoelt het ook het ontdekken, en bevestigen door ontwijffelbare Proeven, nieuwe waarheden of kundigheden in de Natuurkunde, Scheikunde, Natuurlijke Historie, Ontleedkunde, Natuurkunde van 's Menschen Lighaam, Praktikaale Genees- en Heelkunde, het uitvinden van nieuwe Genees- en Heelmiddelen enz. Eindelijk, beöogt het Genootschap het nader bevestigen, door nieuwe en zekere Proeven, van reeds gekende voornaame Waarheden in die Weetenschappen" (1771, art. II).

In 1788 werden in het eerste gedeelte behalve over kunst- en werktuigen ook over "kundigheden en (andere) middelen" gesproken (1788, art. II) Een meer ingrijpende wijziging volgde in 1843 toen de doelstelling als volgt werd uitgewerkt:

> "Eensdeels het bevestigen, uitbreiden en verspreiden der natuurwetenschappen in ruimeren of in meer beperkten zin: de bevordering alzoo der algemeene natuurkunde in derzelver geheelen omvang, en, in verband tot deze, die der scheikunde, der nijverheidswetenschappen, der aardrijksbeschrijving, der aard-

kunde, der delfstofkunde, der wiskunde, der sterrekunde, der natuurkunde van den mensch, van het dieren- en van het plantenrijk. Anderdeels en wel voornamelijk bedoelt het de toepassing der proefondervindelijke natuurkennis op de aangelegenheden der maatschappij en op die van het vaderland en van deszelfs volk(s)plantingen in het bijzonder: bepaaldelijk die toepassing ten voordeele van den landbouw, der handels- en kunstnijverheid, van de zeevaart en andere middelen van gemeenschap, van den waterstaat en van de verdedigingsmiddelen van den staat, ter bevordering der kennis van den natuurlijken staat van den bodem en van het luchtgestel, in het belang der statistiek, tot handhaving van den gezondheidstoestand der bevolking" (1843, art. II).

Ook voor dit artikel gaf "Plan en Grondwet" van 1890 een ingrijpend gewijzigde versie: "Ter bereiking van dit doel zal het genootschap aanmoedigen de beoefening van alle wetenschappen, die tot de proefondervindelijke wijsbegeerte gerekend kunnen worden, alsmede het in toepassing brengen der natuurkennis ten nutte der maatschappij" (1890, art. II). In 1927 koos men echter weer voor de vroeger gebruikte formulering van de doelstelling (1927, 1946 en 1958, art. II).

Tot 1843 waren er aan de hiervoor geciteerde doelstellingen enkele beperkingen opgelegd. Bepaald was namelijk dat het genootschap niet alleen "geen andere Ontdekkingen, of Kundigheden begeert, dan die door zekere en ontwijffelbaare Proeven bevestigd worden, als zijnde afkeerig van alle beschouwlijke Stelsels en Redeneeringen", maar ook dat het zich "niet verder met de Sterrekunde ophouden, dan voor zoo verre de Werktuigen en Middelen, in dezelven gebruiklijk, door de Proefondervindelijke Natuurkunde verbeterd, of 'er nieuwe in uitgevonden zullen worden; maar het zal zig in 't geheel niet bemoeijen met de Beschouwelijke Genees- en Heelkunde enz., als beöogende voornaamlijk de Proefondervindelijke Kundigheden en Wijsbegeerte" (1771 en 1788, art. III). In latere "Plan en Grondwetten" werden deze beperkingen niet meer zo nadrukkelijk vermeld; de beperkingen werden toen minder strikt toegepast en de strekking van de algemene doelstelling oordeelde men toen kennelijk voldoende duidelijk.

Volgens "Plan en Grondwet" kent het genootschap een zestal middelen om haar doelstelling te verwezenlijken:

1. Het uitschrijven van prijsvragen (zie 3.1).
2. Het toekennen van prijzen voor "de nuttigste Ontwikkeling of Uitvinding in eenen van de gemelde takken der proefondervindelijke Wijsbegeerte ... mits die van belang zij en de Autheur dezelve aan het Genootschap ter gemeenmakinge medegedeeld hebbe" (1771 en 1788, art. V). In 1843 werd deze activiteit als volgt nauwkeuriger omschreven: "Ook zal het genootschap aannemen en onderzoeken alle verhandelingen, berigten, ontdekkingen, uitvindingen, proeven en waarnemingen, tot de hiervoor vermelde vakken der proefondervindelijke wijsbegeerte behoorende, die aan hetzelve zullen worden medegedeeld. Om de twee jaren zal het genootschap den gouden eereprijs kunnen toewijzen aan de belangrijkste gekeurde dezer stukken of ook de waarde, ter keuze van de inzender" (1843, art. IV; gewijzigde formulering 1890, art. IV). In 1927 werd de toekenning van deze prijs gekoppeld aan een stemming op de algemene vergadering (1927, 1946 en 1958, art. IV). De frequentie waarmee de prijzen werden uitgereikt was gelijk aan die van het uitschrijven van nieuwe prijsvragen (zie 3.1).
3. Het verlenen, althans "voor zoo verre naamlijk deszelfs Geldmiddelen in dezen toereikend zijn zullen", van materiële en financiële steun, "ingevalle hij, die eene nuttige Ontdekking of Uitvinding zal gedaan en aan het Genootschap medegedeeld hebbe, wegens gebrek aan geld, of tijd, buiten staat ware om de Proeven die ter bevestiging van dezelven vereischt worden, in 't werk te stellen" (1771 en 1788, art. VI; 1843, art. VII). Na 1890 werd alleen nog gesproken over een "geldelijke ondersteuning ... voor het doen van onderzoekingen van bijzonder belang" (1890, art. VII; 1927, 1946 en 1958, art. VI).

4. Het uitgeven van "zoodanige ingekomene Antwoorden, medegedeelde of eigene Verhandelingen, Vertaalingen, Berigten, Ontdekkingen, Bevindingen, Proefneemingen enz. als het oordeelen zal met deszelfs Oogmerken in te stemmen en 'er aan te beantwoorden" (1771 en 1788, art. VIII; 1843, art. VI). In 1890 werd dit beperkt tot die antwoorden, verhandelingen of berichten, "welke het (genootschap, v.L.) den Eereprijs heeft waardig gekeurd" (1890, art. VI; 1927, 1946 en 1958, art. V).
5. Het voeren van "In- en Buitenlandsche Correspondentiën, zoo met bijzondere Persoonen, als met geleerde Akademiën, Sociëteiten, enz." (1771, 1788 en 1843, art. IX; gewijzigde formulering 1890, art. IX; 1927, 1946 en 1958, art. VIII).
6. Vanaf 1843 vermelden "Plan en Grondwetten" ook het houden van cursussen (1843 en 1890, art. VIII; 1927, 1946 en 1958, art. VII).

1.3. Prijs- en erepenningen

De bedoelde prijs bestond uit een gouden penning, "ter zwaarte van 30 Dukaaten, op eenen opzetlyk daar toe vervaardigden Stempel geslagen, staande op de eene zijde een bedaagd Vrouwebeeld, verbeeldende de ONDERVINDING, houdende in haare Regterhand eenen Zeilsteen, waar aan een Anker hangt; in de Linkerhand eenen Staf met een Lint omslingerd, waar op geschreven staat RERUM MAGISTRA. Aan de regterzijde van het Beeld staat eene brandende Urna, met eenen Smeltkroes 'er in, op een Voetstuk, op het welk het Wapen van Holland gesneden is: Ter linkerzijde van het Beeld staat een Pedestal met een Balans en Schaalen op het zelve, en het Wapen van Rotterdam op de voorzijde. Boven het Beeld in den omstrek dit Opschrift: CERTOS FERET EXPERIENTIA FRUCTUS; en onder het zelve: SIG(ILLUM) SOC(IETATIS) PHILOS(OPHIAE) EXPERIM(ENTALIS) ROTTEROD(AMENSIS) BAT(AVAE). Op de andere zijde van den Gedenkpenning een Lauwerkrans in welken de naam van hem, die den Prijs behaald heeft, en het Jaartal gemeld zullen staan met het Omschrift: ARTIBUS ACQUISITA GLORIA" (1771, art. IV). In "Plan en Grondwetten" van 1788 en later werd niet meer over een "bedaagd Vrouwebeeld", maar over een vrouwenbeeld zonder meer gesproken (1788, art. IV; 1843 en 1890, art. X; 1927, 1946 en 1958, art. IX). De afkorting SIG. SOC. PHILOS. EXPERIM. ROTTEROD. BAT. veranderde in 1788 in SIG. SOCIET. PHILOS. EXPERIM. ROTTEROD. BAT. (1788, art. IV) en in 1843 in SIG. SOCIET. PHIL. EXPER. BAT. ROTTER. (1843, art. X), hetgeen overeenkomt met het opschrift op de penning die Gijsbert van Moelingen (ca. 1750) vervaardigde. Johan Philip Menger (1818-1895) gebruikte in 1866 voor de nieuwe prijspenning de afkorting SIG. SOCIET. PHILOS. EXPERIM. BAT. ROTEROD. De vroege penning van Joan Georg Holzhey (1729-1808) vertoont het afwijkende opschrift SOCIET. PHIL. EXP. BATAV. ROTTER. (9). De penning die men vindt afgebeeld op de omslag van diverse genootschapsuitgaven luidt: SIG. SOCIET. PHIL. EXP. BATAVO ROTTER., terwijl men in 1770 voor het zegel als afkorting gebruikte: SIG. SOCIET. PHILOS. EXP. BATAVO-ROTT.

Voor het geval dat er twee auteurs van een bekroonde verhandeling waren, opende men in 1843 officieel de mogelijkheid om aan beiden een medaille, de helft van de waarde bedragende, uit te reiken (1788 en 1843, art. LXXVI; 1890, art. LXXIV; 1927, 1946 en 1958, art. LXXII). Sinds "Plan en Grondwetten" van 1843 kon de prijswinnaar in plaats van de penning ook de waarde ervan in geld uitgekeerd krijgen. Na 1946 werd dit, gelet op de toegenomen goudprijs, feitelijk regel; "Plan en Grondwet" van 1946 en later bevat in verband daarmee een "Tijdelijke Bepaling", waarvan de tekst luidt: "Indien en zolang naar het oordeel van de gecombineerde vergadering wegens wettelijke bepaling of schaarste aan goud de in dit Plan en Grondwet meermalen genoemde gouden gedenkpenning niet of slechts met belangrijke overschrijding van de op driehonderd huidige Nederlandsche guldens te stellen waarde van dertig dukaten kan worden vervaardigd, zal de gedenkpenning van ander materiaal worden geslagen. Geschiedt dit, dan bepaalt de gecombineerde vergadering tevens van welk materiaal in stede van zilver de in artikel IX bedoelde gedenkpenning zal worden geslagen (1946 en 1958, art. XCIV).

Naast de gouden medaille bestond er een zilveren gedenkpenning, op gelijke wijze uitgevoerd als de eerstgenoemde, en bestemd voor "zulke Antwoorden, Ontdekkingen of Uitvindingen, die hetzelve (genootschap) zal oordeelen het naaste te komen bij die genen, die de eerste Prijzen behaald hebben, en eenig bijzonder en gewigtig nut bevatten" (1771 en 1788, art. VII; 1843 en 1890, art. V). In 1927 werd dit artikel weggelaten, waarbij men verzuimde de artikelen die daarmee verband hielden, aan te passen. In 1843 werd officieel vastgelegd dat de inzender van een concept-vraag die vervolgens in een bekroond antwoord resulteerde, een zilveren medaille kreeg aangeboden (1843, 1890, 1927, 1946 en 1958, art. XXIX).

Tussen 1769 en 1984 werden 80 gouden gedenkpenningen, al of niet verdeeld over twee prijswinnaars, uitgereikt. In chronologische volgorde gebeurde dat aan:

Ph. Renard (1772), C. Vaandrager (P2:1773), J. van der Linden Gzn (P3:1774), R. Jelgershuis (P4:1774), G.G. ten Haaff (P6:1776), J. Roodenrijs (P8:1776), J. Veirac (P9:1777), J. Wright (P10:1779), J.R. Deiman en A. Paets van Troostwijk (P11: 1779), M. van Marum (P14:1780), A. Ypey (P13:1782), A.J. Verstolk (P17:1782), M. van Marum en A. Paets van Troostwijk (P22:1782), A. Paets van Troostwijk en J.R. Deiman (P15:1783), M. van Marum en A. Paets van Troostwijk (P26:1783), H. Verhees (P29:1785), L. Bicker (P16:1786), H. Verhees (P29:1785), C. Zillissen (P32:1786), G. Coopmans (P36:1787), J. Blanken Jansz. (P40:1792), W.H. van Haaften (P53:1792), C.L. Brunings (V112:1792), A. van Stipriaan Luïscius (P46: 1796), A.F. Goudriaan (P52:1793), A.F. Goudriaan (P56:1797), D. Heilbron (P57: 1799), P. Glavimans (P63:1799), A. Blanken Jansz. (P66:1802), A.F. Goudriaan (P59:1802), K.W. Böckmann (P69:1808), J.A. Scholten Hzn (P75:1826), A. Stolker (P76:1826), J.B. Vrancken (P81:1828), J.J. van Roosbroeck (P83:1834), G. Simons en A. Greve (P98:1843; beiden een gewone gouden medaille), J.A. Beijerinck (P100: 1848), W.T. Gevers Deynoot (P104:1848), J.A. Scholten Hzn (P104:1848), A. Greve (P94:1850), C. Dalen (1850), F.W.C. Krêcke (P96:1848), A.J. Docq (P123:1863), L. Dippel (P120:1863), J. van der Toorn (P105:1865), A. van Egmond (P105:1865), L. Dippel (V156:1865), J.J. van Kerkwijk (P147:1869), C. Waehner (P139:1876), J.G.W. Fijnje (P132:1882), J. van Heurn (P131:1890), J.L. Andreae (P169:1890), W.C.L. van Schaik (P180:1890), L.A. Langeveld en C.A. Verheij (P105:1892), J. van Heurn (P117:1892), E. Cohen (P195:1897), E.G.A. ten Siethoff (P201:1902), C.W. Broers (P188:1904), H. ter Meulen (P203:1904), G. van Rijnberk (P207:1906), A. Wigand (P166:1906), A.F.A.S. van Westrienen (P220:1910), J.D. Ruys (P225:1912), T. Kuiper (P219:1912), H. van Trigt (P223:1916), H.A. Lorentz (1919), J.P. Kuenen (1919), L. Kaiser (P223:1922), J. Smit (P232:1924), J.G. Bijl (P235:1929), Joh. van Veen (P243/V189:1936), C.O. van Regteren Altena (P245:1936), A. Havinga (V193:1946) en W.G. Burgers (V204:1969).

De volgende personen kregen, voor zover valt na te gaan, de zilveren prijsmedaille:
een onbekende (P2:1774), H. Spille (P4:1774), D. Schuurman (P6:1776; 1e accessit par primo), I.F. Muller (P6:1776), J. Beerta (P7:1777), H. de Blinde (P7:1777), een onbekende (P7:1777), J. Spille Hzn (P7:1777), H. Spille (P7:1777), J. Horsman (P8:1776), A. Ypey (P9:1777), J. Veirac (P9:1777), W. Chapman (P10:1779), R.L. Brouwer (P10:1779), B. Tiboel (P11:1779), een onbekende (P11:1783, de medaille werd niet afgehaald), C. Gronau (P17:1782), D. Heilbron (P36:1787), P.J. van Maanen (P42:1794), C. Brunings Jr., S. Kros en D. Spruytenburg (P45:1798), een onbekende (P49:1799), D. Heilbron (P53:1794), J.J. Duister (P55a:1798), W. Beijen (P55a:1798), A. van Stipriaan Luïscius (P58:1801), A. Latenstein (P61:1808), P. Glavimans (P63:1799), een onbekende (P66:1802), J. Southerne (P55b:1803), M.G. Beijerink (P104:1848). Ook K.M. Giltay (1864 en 1876), H.K. de Haas (1951), W.N. van Nooten (1962) en D.W. Dijkstra (1969) kregen een zilveren penning, evenals een groot aantal ontwerpers van bekroonde prijsvragen (zie 3.6).

Een bijzondere gedenkpenning liet het genootschap slaan in 1869 bij gelegenheid van zijn honderdjarig bestaan.

1

2

3

4

1. *Zegel, in 1770 door het genootschap gebruikt in het request aan de Staten van Holland en West-Friesland.*
2. *Prijspenning, ca. 1775 gegraveerd door J.G. Holzhey.*
3. *Prijspenning, ca. 1775 gegraveerd door G. van Moelingen.*
4. *Prijspenning, gegraveerd in 1866 door J.P. Menger.*

1.4. Bijzondere prijzen

Behalve de penningen beschikte het genootschap sinds 1840 nog over de mogelijkheid om een extra-prijs toe te kennen "tot beloning van bijzondere verdiensten van bekroonde prijsverhandelingen". Het geld daarvoor, ten bedrage van tenminste vijftig en ten hoogste honderdvijftig gulden, kwam uit het Pieter Curten Fonds, groot ƒ 2.000,-. In "Plan en Grondwet" was de mogelijkheid tot het instellen van dergelijke fondsen opengesteld onder toezegging dat het genootschap "denzulken niet alleen zijne dankerkentenis deswegens in een volgend Boekdeel (zal) betuigen, maar ook, naar gelang der gifte, aan dezelven een bijzonder bewijs van erkentenisse geeven, hetzij met hun, zo zij nog in leeven zijn, de eer en het gezag van Maecenaaten op te dragen, hetzij met hunne edelmoedigheid te vereeuwigen door hun Pourtrait in Schilderije op de Vergaderkamer en in Prent in zijne Acta evulgata te plaatsen; de eene of andere welker wijzen van erkentenisse door de Voorstanders, Bestuurderen en Leden, in de algemeene Vergaderinge bij meerderheid van stemmen zal beslist en bepaald worden" (1771, art. CII). In 1788 werd gesproken over het toekennen van "den rang van Voorstanderen, of Leden-Consultanten", terwijl de beslissende instantie nu niet meer de algemene maar de gecombineerde vergadering was (1788, art. CVII; 1843, art. XCVIII; sterk bekort in 1890, art. XCIV; 1927, 1946 en 1958, art. XCII). Een tweede Fonds dat naast het Pieter Curten Fonds speciale melding verdient is het Louis Bleekrode Fonds, bestaande uit "een bescheiden kapitaal, waarvan de renten besteed kunnen worden voor het honoreren der sprekers van de Algemene Vergadering"(10).

Een nieuwe vorm van prijsuitreikingen kondigde het Bataafsch Genootschap aan in oktober 1966 bij de opening van de Medische Faculteit. Gedurende een periode van vijf jaar zou men tweemaal per jaar een bedrag van ƒ 2.000,- beschikbaar stellen "voor die studenten van de Medische Faculteit, die naar het inzicht der Faculteit de beste studie-resultaten zouden hebben bereikt" (1968/7). De geldmiddelen werden verschaft door het Rotterdamse bedrijfsleven. In jaren 1967-1972 zijn enkele tientallen studenten met deze aanmoedigingsprijs onderscheiden.

Op 4 januari 1984 besloot de gecombineerde vergadering tot de instelling van een prijs van ƒ 1000,- als studieprijs voor de Erasmus Universiteit te Rotterdam en de Technische Hogeschool te Delft.

1.4.1. De Steven Hoogendijk Prijs

Op 20 juni 1972 besloot de gecombineerde vergadering tot de instelling van een geheel nieuwe prijs, die de officiële naam Steven Hoogendijk Prijs kreeg. Deze prijs is bedoeld "als een eerbetoon aan de persoon van de bekroonde als wetenschapsbeoefenaar en (wordt) toegekend aan de natuurlijke persoon of aan de groep van terzake samenwerkende natuurlijke personen die een wetenschappelijke prestatie op het gebied der proefondervindelijke wijsbegeerte heeft geleverd van bijzonder belang of van bijzondere waarde in de gemeente Rotterdam" (1972/7). De prijs, waarnaar niet kan worden gedongen, wordt in de regel éénmaal per twee jaar uitgereikt "onder voorbehoud dat er in die periode inderdaad een voor de prijs in aanmerking komend wetenschapsbeoefenaar wordt voorgedragen". Zij bestaat uit een geldbedrag van ƒ 4.000,- en een gedenkpenning met een oorkonde. Voor de prijs kan men worden voorgedragen "door een erkende autoriteit op het gebied waarop het werk zich beweegt, of op een verwant gebied, zulks ter beoordeling van Directeuren van het Genootschap". Over deze voordracht wordt door een jury advies uitgebracht, waarna Directeuren over de toekenning beslissen. De eerste jaren beperkte het genootschap zich tot onderzoekers "die zich bezig houden met wetenschappelijk experimenteel werk op medisch-biologisch gebied". Vanaf 1982 staat de aanmelding voor de Prijs ook open voor "wetenschapsbeoefenaars met werk op technisch gebied, verricht aan de Technische Hogeschool te Delft", danwel onder haar auspiciën (1982/5). In de periode 1974-1984 is de Steven Hoogendijk Prijs aan de volgende personen uitgereikt:

1974	J.V.L. van den Brande	Onderzoekingen op het gebied van de plasma-groei factoren, in het bijzonder somatomedine (1974/5-9).
1976	H.R. de Jonge	Onderzoek van de biochemie van het dunne darmslijmvlies (1976/6-10).
1978	J.T.M. Vreeburg	De differentiatie van de testosteron metabolieten ten aanzien van de doelwitcellen waarop testosteron aangrijpt (1978/7-10).
1980	R. Benner	Fundamenteel immunologisch onderzoek, dat voor een belangrijk deel betrekking heeft op antilichaamvorming in het beenmerg (1980/5-8).
1982	C. van der Heul	De opname van ijzer door jonge rode bloedcellen, die dit metaal tijdens hun rijping nodig hebben voor de synthese van de bloedkleurstof haemoglobine (1982/5-9).
1984	H.C. Walvoort	De ziekte van Pompe bij de hond en de waarde daarvan als diermodel voor de ziekte van Pompe bij de mens (1984/6-8).
1984	G.S. Stelling	Wiskundige behandeling van oplossingsmethoden van de zogenaamde twee dimensionale ondiepwatervergelijkingen die golf- en stromingsverschijnselen in ondiepe zeeën, estuaria en rivieren beschrijven (1984/9-12).

1.5. Behuizing en collecties

Tenslotte moet hier nog kort melding worden gemaakt van de bezittingen van het Bataafsch Genootschap. Het gebouw waarin het genootschap vóór 1940 vergaderde en waar de collecties stonden opgesteld is nooit eigendom van het genootschap geweest, maar werd door de stad Rotterdam aan het genootschap ter beschikking gesteld. Na de Tweede Wereldoorlog bleef de gemeente accommodatie bieden voor de gewone vergaderingen; de algemene vergaderingen zijn nadien op verschillende plaatsen gehouden.

Vóór 1940 beschikte het genootschap over een rijke collectie boeken, tijdschriften, kaarten, natuurkundige instrumenten, molen-, werktuig- en scheepsmodellen, mineralen en insecten. Het toezicht over de collecties berustte bij de Tweede Secretaris (zie 6). Voor het onderhoud, de opstelling van de instrumenten ten behoeve van de lezingen en cursussen en de administratie van de boekerij was vanaf de oprichting een knecht in vaste dienst (1771, art. XCIII), die verder tot taak had brieven te bezorgen "op alle Vergaderingen (te) dienen, de noodwendigheden (te) verzorgen, en verder alle zulke boodschappen en diensten (te) verrigten als tot het Genootschap betreklijk zijn" of die hem door de bestuurders werden opgedragen (1771, art. XCIX). In latere "Plan en Grondwetten" wordt deze knecht niet meer genoemd en spreekt men alleen over het onderhoud van de collecties "op kosten van het genootschap" (1788, art. CIV; 1843, art. XCVII; 1890, art. XCIII; 1927, 1946 en 1958, art. XCI). Toch heeft het genootschap vóór 1940(?) altijd een vaste amanuensis in dienst gehad, die tot 1926 gehuisvest was in de Beurs, het onderkomen van het genootschap vóór de verwoesting ervan in 1940. De eerste amanuensis was Jacob van Os, die in 1796 werd bevorderd tot "custos" van het genootschap. Hij werd opgevolgd door zijn zoon Reinier van Os. Omstreeks 1840 wordt Benjamin van Os als custos genoemd; in 1847 vermeldt het adresboek Reinier van Os als functionaris en van 1851 tot 1881 C.F. Kellenbach (1865: custos én "photograaf bij het Bat. Gen.") Nadien werd die functie uitgeoefend door Willem Nicolaas van der Zwalm (1845-1926). In deze jaren deed Hendrik Johannes M. Pet (1894-?), amanuensis van de Eerste H.B.S., als zodanig ook dienst bij de cursussen

De Beurs, de accommodatie van het Bataafsch Genootschap voor 1940.

die het genootschap organiseerde. Na het overlijden van Van der Zwalm werd G. Burger tot custos en Willem Frederik Josua van der Zwalm (1876-1935), een zoon van de voornoemde custos, tot adjunct-bibliothecaris benoemd. Eind jaren dertig fungeerde diens broer Gerrit van der Zwalm (1878-1950) als custos. Van een eigen dienstwoning was al sinds 1925 geen sprake meer. Na de Tweede Wereldoorlog besloot het genootschap geen vaste custos meer in dienst te nemen. Sinds 1950 worden de taken van een custos uitgevoerd door de derde generatie Van der Zwalm, in de persoon van W.J. van der Zwalm.

Noten

1. J.H. Scheffer en F.D.O. Obreen, "Eenige bijzonderheden betreffende het Bataafsch Genootschap der Proefondervindelijke Wijsbegeerte te Rotterdam", In: Rotterdamsche Historiebladen, 2e Afd., Deel I (Rotterdam: Nijgh en Van Ditmar, 1876) 90 -183.
2. Scheffer en Obreen 1876, p. 110. In de Hss. Verz. (GA Rotterdam), inv. nr. 3834 vindt men de aantekening dat daaruit is overgebracht het "Rapport van den archivaris J.H. Scheffer betreffende het Bataafsch Genootschap met bijgaanden brief aan den Gemeentesecretaris en 31 bijlagen". Waarheen het werd overgebracht is onbekend.
3. Zie Arch. BG, inv. nr. 99 en H.K. de Haas, "Eenige bijzonderheden betreffende het Bataafsch Genootschap" (stencil), 1926.
4. Zie Arch. BG, inv. nr. 100 en het artikel van Wiersum, "De nieuwe zaal van de Rotterdamsche Kamer van Koophandel", Nwe Rott. Cour., 1 juli 1941.
5. Zie ook de redes van K. van der Pols en W.G. Burgers, in V 204.
6. Zie V 192.
7. H. den Hertog, Inventaris van het Archief van het Bataafsch Genootschap Proefondervindelijke Wijsbegeerte, Rotterdam: Gemeentelijke Archiefdienst, 1979.
8. In 1788 verviel "gansche". Kleine stilistische verschillen en spellingsveranderingen worden in het vervolg niet meer vermeld.
9. Zie Havinga, Twee honderd Jaar (zie 2.3), 1969, p. 105-106.
10. Zie over beide fondsen Havinga, Tweehonderd Jaar (zie 2.3), 1969, p. 68 en 79.

2. UITGAVEN VANWEGE HET GENOOTSCHAP

In dit hoofdstuk wordt een bibliografisch overzicht gegeven van de publikaties die vanwege het Bataafsch Genootschap in druk zijn uitgegeven. Ook dit overzicht betreft een reconstructie, zodat aanvullingen altijd mogelijk zijn.

2.1. Programma's en verslagen

In deze paragraaf vindt men de data van de algemene vergaderingen met vermelding van de fungerende voorzitter (President-Directeur) en opgave van de vindplaats van de programma's en vergaderingsverslagen. Volgens "Plan en Grondwetten" van 1771 moest er jaarlijks op "den tweeden Maandag van Augustus" een algemene vergadering worden gehouden (1771 en 1788, art. XXXI). In 1843 werd de frequentie van het vergaderen verlaagd tot "om de twee jaren op den tweeden Zaturdag in September" (1843 en 1890, art. XXXV); in 1927 werd de keuze van de zaterdag in september vrijgelaten (1927, 1946 en 1958, art. XXXV). Tijdsomstandigheden echter hebben de uitvoering van deze bepalingen verschillende keren onmogelijk gemaakt. Als gevolg hiervan, maar mogelijk ook door vergissingen van de Eerste Secretaris, kwam de doorlopende nummering van de algemene vergaderingen herhaaldelijk in de war. De belangrijkste "vergissing", of mogelijk correctie op het niet meetellen van de zogenaamde Verenigde Vergaderingen gedurende de Franse tijd, kwam van de Eerste Secretaris Didericus Fredericus van der Pant, die in 1863 de 46ste vergadering convoceerde als zijnde de 50ste.

In de eerste twee kolommen van de hierna volgende tabel vindt men resp. de gecorrigeerde en de oorspronkelijke nummering terug. Om verwarring te voorkomen wordt een algemene vergadering in het vervolg meestal aangeduid met het jaar waarin zij plaatsvond.

De algemene vergaderingen stonden reglementair onder voorzitterschap van de Praeses-Magnificus (zie 5), maar de hoofdrol op deze bijeenkomsten was weggelegd voor de President-Directeur (1771 en 1788, art. XXXIII en XXXV; 1843, 1890, 1927, 1946 en 1958, art. XXXVII en XXXIX). Omdat in paragraaf 6.5 de President-Directeuren niet als zodanig staan vermeld, zijn hun namen in dit overzicht opgenomen.

De agenda van de algemene vergaderingen werd de leden drie weken voor de vergaderdatum toegezonden (1771, art. XXXII). Na 1788 behoefden de leden die te Rotterdam woonden niet eerder dan acht dagen tevoren te worden uitgenodigd (1788, art. XXXII; 1843 en 1890, art. XXXVI). In 1890 werd bepaald dat de deelnemers ten minste twee weken tevoren moesten worden uitgenodigd (1927, 1946 en 1958, art. XXXVI). In plaats van "agenda" werd in de 19e eeuw regelmatig het woord programma gebruikt, hetgeen tot verwarring aanleiding kan geven. Onder deze benaming waren immers ook de verslagen van de algemene vergaderingen bekend. In "Plan en Grondwetten" van 1843 werd zelfs nadrukkelijk bepaald dat het genootschap gehouden was om zo spoedig mogelijk na een algemene vergadering "door een programma ... bekend (te) maken, of de vragen voldoende beantwoord zijn, dan niet, welke prijzen het heeft toegekend, welke vragen het herhaalt, welke het opnieuw voorstelt en welke zonder bepaling van tijd uitgeschreven blijven" (1843, art. LXXIII; verkorte formulering 1890, art. LXXI). Na 1900 geraakte de term "programma" in onbruik; in "Plan en Grondwet" van 1927 en later vindt men het woord niet meer terug.

Tot 1867 werden de programma's en handelingen toegevoegd aan de banden waarin ook de verhandelingen van het genootschap werden uitgegeven. De ingewikkelde serie-nummering waarvoor men toen koos (zie 2.2) heeft kennelijk tot gevolg gehad dat men de verslagen van de algemene vergaderingen als losse katernen is gaan uitgeven.

In het archief van het genootschap bevindt zich ook een serie "Programmes de la Société Batave de Philosophie Expérimentale de Rotterdam", verschenen tussen 1863 en 1912 (Arch. BG, inv.nr. 46). Het besluit tot de uitgave van deze vertaling werd in 1863 genomen (N.XII, li). Tegelijk besloot men het programma toe te zenden "aan alle genootschappen en tijdschriften in ons werelddeel en in de Vereenigde Staten, waarvan de naam slechts eenige aanspraak kon doen gelden of eenige vrucht beloven mogt". Dankzij deze maatregel kreeg het genootschap een groter respons op haar prijsvragen vanuit het buitenland.

Volgnrs	Vergaderdatum	Voorzitter (President-Directeur)	Programma/Verslag
(1) 1.	1772, 18 mei	S. de Monchy	I, xli-xliii
(2) 2.	1772, 10 augustus	L. Patijn	I, xliii-xlv
(3) 3.	1773, 9 augustus	L. Bicker	I, xlv-xlviii
(4) 4.	1774, 8 augustus	C. Nozeman	II, iv-vii
(5) 5.	1775, 14 augustus	M. Schouten	II, vii-x
(6) 6.	1776, 12 augustus	S. de Monchy	III, v-vii
(7) 7.	1777, 11 augustus	L. Bicker	IV, iii-ix
(8) 8.	1778, 10 augustus	C. Nozeman	IV, ix-x
(9) 9.	1779, 9 augustus	C. Nozeman	V, iii-viii
(10) 10.	1780, 14 augustus	S. de Monchy	V, viii-xi
(11) 10.	1781, 13 augustus	L. Bicker	VI, iii-viii
(12) 13.	1782, 12 augustus	C. Nozeman	VII, iii-vii
(13) 14.	1783, 11 augustus	P. Hartog	VII, vii-xii
(14) 14.	1784, 9 augustus	S. de Monchy	VIII, i-ix
(15) 14.	1785, 8 augustus	L. Bicker	VIII, ix-xvi
(16) 17.	1786, 14 augustus	P. Hartog (i.p.v. C. Nozeman)	VIII, xvi-xxvi
(17) 18.	1787, 13 augustus	L. Bicker	VIII, xxvi-xxxv
	1788, geen vergadering, zie bericht Rott. Courant 16 augustus 1788.		
(18) 18.	1789, 10 augustus	P. Hartog	IX, xii-xx
	1790, geen vergadering, wel bericht.		
	1791, geen vergadering. Alleen een programma.		XI, v-xiv
(19) 19.	1792, 13 augustus	L. Bicker	XI, xv-xxii
(20) 20.	1793, 12 augustus	G.G. ten Haaff	XI, xxii-xxviii
(21) 21.	1794, 11 augustus	P. Hartog	XI, xxix-xxxvii
	1795, geen vergadering, wel bericht.		XI, xxxvii-xxxix

Voor het jaar 1796 oordeelde het bestuur van het genootschap het opnieuw ongeraden een algemene vergadering te houden. In plaats daarvan werd een zogeheten "Vereenigde Vergadering" belegd, waarin de Praeses Magnificus, de Administrateuren en Directeuren gezamenlijk met de in Rotterdam woonachtige leden "het oordeel konden uitbrengen over de ingekomen Prijs-Verhandelingen" (XI, xxxix). Ook in 1797, 1798 en 1799 werd de algemene vergadering door een dergelijke verenigde vergadering vervangen.

*	1796, 20 augustus	G.G. ten Haaff	XI, xxxix-xlv
*	1797, 12 augustus	O.C. Eickma	XI, xlv-liii
*	1798, 11 augustus	L. Bicker	XII, iii-xiv
*	1799, 17 augustus	J.D. Huichelbos van Liender	N. II, i-xi
	1800, geen vergadering. Alleen een programma.		N. II, xi-xviii
(22) 22.	1801, 16 augustus	O.C. Eickma	N. II, xviii-xxv
(23) 23.	1802, 21 augustus	J. Florijn	N. III, i-xi
(24) 24.	1803, 13 augustus	H. Bezoet	N. IV, i-viii
(25) 25.	1804, 25 augustus	H. Bezoet (i.p.v. Van Liender)	N. IV, viii-x
(26) 26.	1805, 17 augustus	O.C. Eickma	N. IV, x-xiv
(27) 27.	1806, 16 augustus	J. Florijn	N. V, i-viii
(28) 28.	1807, 22 augustus	A. van Gennep	N. V, vii-xii
(29) 29.	1808, 20 augustus	P. Curten	N. V, xii-xvii
(30) 30.	1809, 26 augustus	O.C. Eickma (i.p.v. Van Liender)	N. V, xvii-xxii
(31) 31.	1812, 15 september	O.C. Eickma	N. VI, iii-xii
	Zie ook het bericht Rott. Courant 14 september 1812.		

Tien jaar lang, van 1812-1823, hebben de "openbare werkzaamheden" van het genootschap practisch volledig stilgelegen. De activiteiten werden hervat in een vergadering van Praeses Magnificus, Administrateuren en Directeuren op 21 juli 1823. Deze gecombineerde vergadering werd, hoewel ten onrechte (vgl. 1872), beschouwd als een algemene vergadering en werd als zodanig ook genummerd.

32.	1823, 21 juli	gecombineerde vergadering	N. VI, xii-xxi
(32) 33.	1825, 20 september	C. Dalen	N. VI, xxii-xxix
(33) 34.	1826, 5 december	J.v.d. Wallen van Vollenhoven	N. VI, xxix-xli
(34) 35.	1828, 18 september	P. Curten	N. VII, iii-x
(35) 36.	1834, 3 februari	C. Dalen	N. VIII, iii-xii
(36) 37.	1837, 3 oktober	J.v.d. Wallen van Vollenhoven	N. VIII, xiii-xix
	1838	Alleen bericht.	N. VIII, xix-xxi
(37) 38.	1840, 31 augustus	J. Ockers Cau	N. VIII, xxii-xxxii
(38) 39.	1843, 20 maart	C.J. Glavimans	N. IX, iii-xvii
(39) 40.	1846, 9 mei	D.F. van der Pant	N. IX, xvii-xxix
(40) 41.	1848, 9 september	A.G. van Stipriaan Luïscius	N. X, iii-xx
(41) 42.	1850, 14 september	C.J. Glavimans	N. XI, iii-xv
(42) 43.	1852, 11 september	D.F. van der Pant	N. XII, iii-xiv
(43) 44.	1854, 9 september	P. van Galen	N. XII, xiv-xxv
(44) 45.	1858, 11 september	K.M. Giltay	N. XII, xxv-xxxv
(45) 46.	1861, 14 september	J.W.L. van Oordt	N. XII, xxxv-xlviii
(46) 50.	1863, 11 september	D.F. van der Pant	N. XII, xlix-lxvii
(47) 51.	1865, 9 september	P. van Galen	N. XII, lxvii-lxxxiv
(48) 52.	1867, 16 november[1]	K.M. Giltay	
(49) 53.	1869, 17 september	J.W.L. van Oordt	

De voor september 1871 geconvoceerde algemene vergadering werd uitgesteld, "nadat eene tot de Leden gerigte uitnoodiging tot het toezeggen van bijdragen voor die vergadering of tot het opgeven van wetenschappelijke onderwerpen tot onderlinge bespreking geschikte, zonder gevolg was gebleven". De convocatie voor de algemene vergadering van 1872 had hetzelfde resultaat. De beoordeling van een ingekomen verhandeling en de uitschrijving van nieuwe prijsvragen werd "door mededeeling aan de Leden en door schriftelijk beraad met dezen in behandeling gebragt". In een gecombineerde vergadering van 9 december 1872 onder voorzitterschap van D.F. van der Pant werden de zaken toen afgehandeld.

(50) 54.	1874, 12 september	K.M. Giltay
(51) 55.	1876, 9 september	Th. van Doesburgh
(52) 56.	1880, 11 september	P.J. Haaxman
(53) 57.	1882, 9 september	J. Vroesom de Haan
(54) 58.	1884, 13 september	G.J. de Jongh
(55) 59.	1886, 11 september	Th. van Doesburgh
(56) 60.	1888, 8 september	P.J. Haaxman
(57) 61.	1890, 13 september	J. Vroesom de Haan
(58) 62.	1892, 10 september	G.J. de Jongh
(59) 63.	1895, 14 september	G.J.W. Bremer
(60) 64.	1897, 11 september	H.J. Veth
(61) 65.	1900, 8 september	F.W. Hudig
(62) 66.	1902, 20 september	J. Vroesom de Haan
(63) 67.	1904, 15 oktober	G.J. de Jongh
(64) 68.	1906, 8 september	G.J.W. Bremer
(65) 69.	1908, 19 september[2]	R.H. van Dorsten
(66) 70.	1910, 24 september	J. Büttikofer
(67) 71.	1912, 21 september	S. Birnie
(68) 72.	1914, 12 september	S. Birnie
(69) 73.	1916, 16 september	A.C. Burgdorffer(?)
(70) 74.	1919, 20 september	R. de Josselin de Jong
(71) 75.	1922, 30 september	S. Birnie(?)
(72) 76.	1924, 20 september	S. Birnie
(73) 77.	1927, 10 september	A.C. van Rossem

(74)	78.	1929, 12 oktober	P.E. Verkade
(75)	79.	1932, 22 oktober	P.E. Verkade
(76)	80.	1934, 22 september	H. Burgerhout
(77)	81.	1936, 12 september	A.C. van Rossem
(78)	82.	1938, 15 oktober	P.E. Verkade
(79)	83.	1946, 14 september	H. Burgerhout
(80)	84.	1948, 25 september	T. Folpmers
(81)	85.	1950, 23 september	H.K. de Haas
(82)	86.	1952, 20 september	D.W. Dijkstra
(83)	87.	1954, 18 september	J.A. Emmens
(84)	88.	1956, 22 september	K. van der Pols
(85)	89.	1958, 20 september	H.J. Flieringa
(86)	90.	1960, 17 september	D.W. Dijkstra
(87)	91.	1962, 22 september	K. van der Pols
(88)	92.	1964, 19 september	A.C. van Wijk
(89)	93.	1966, 17 september	H.J. Flieringa
(90)	94.	1968, 21 september	D.W. Dijkstra
(91)	95.	1970, 17 oktober	K. van der Pols
(92)	96.	1972, 23 september	A. Somerwil
(93)	97.	1974, 21 september	A. Somerwil
(94)	98.	1976, 25 september	K. van der Pols
(95)	99.	1978, 23 september	M.W. van Hof
(96)	100.	1980, 6 september	K. van der Pols
(97)	101.	1982, 18 september	P. Slijkhuis
(98)	102.	1984, 22 september	H.G. van Eijk

Noten:
1. Niet in september, in verband met de cholera-epidemie.
2. Volgens convocatie Arch. BG, inv. nr. 19, was dit 12 september.

2.2. De serie "Verhandelingen"

Om de "ingekomene Antwoorden, medegedeelde of eigene Verhandelingen, Vertaalingen, Berigten, Ontdekkingen, Bevindingen, Proefneemingen, enz." in het licht te kunnen geven, beschikte het genootschap over een eigen serie, onder de officiële titel "Verhandelingen van het Bataafsch Genootschap der Proefondervindelijke Wijsbegeerte te Rotterdam" (1771, art. LXXIV; 1788, art. LXXXII; 1843, art. LXXXI; 1890, art. LXXIX; 1927, 1946 en 1958, art. LXXVII). In "Plan en Grondwetten" van 1771 vindt men nauwkeurige bepalingen over de wijze waarop de verhandelingen moesten worden uitgegeven: "in groot Quarto, op zulk papier en met zoodanig eene Letter, als deze Wetten" en met extra-fraaie band voor de exemplaren die voor de Protector, Praeses-Magnificus en de bibliotheek van het Genootschap waren bestemd (1771, art. XCV-XCVIII). Uit een notitie in het notulenboek van Directeuren blijkt dat de oplage van de verhandelingen in 1917 een 400 exemplaren telde.

De redactie van de verhandelingen was opgedragen aan Directeuren (1771 en 1788, art. XXIII; 1843, 1890, 1927, 1946 en 1958, art. XXVI). Met uitzondering van "Plan en Grondwetten" van 1788, toen de Tweede Secretaris als zodanig werd aangewezen, behoorde het corrigeren van de drukproeven tot het werk van de Eerste Secretaris (1771 en 1788, art. XXVIII; 1843, 1890, 1927, 1946 en 1958, art. XXXI).

De frequentie waarmee de kloeke delen werden uitgegeven geraakte eind 18e eeuw ernstig verstoord, deels omdat er gebrek aan kopij bestond door het uitblijven van prijs-antwoorden en deels omdat de auteurs de drukproeven maandenlang onder zich hielden. In 1796 lieten Directeuren daarom weten de aanwezige kopij in afzonderlijke stukken uit te geven, "om daar door aan de Schrijvers het genoegen te verschaffen, dat derzelver Verhandelingen niet langer in het duister blijven. Ook hebben zij, terwijl het hun voorgekomen is, dat de vertraaging der uitgaave van de ingekomen Stukken de Schrijvers niet zelden heeft afgeschrikt, om aan het

VERHANDELINGEN
VAN HET
BATAAFSCH
GENOOTSCHAP
DER
PROEFONDERVINDELYKE WYSBEGEERTE
TE
ROTTERDAM.

NEGENDE DEEL.

TE ROTTERDAM,
BY DIRK EN ARY VIS, 1790.
Met Privilegie van de Edele Groot Mogende Heeren Staaten van Holland en Westvriesland.

Genootschap hunnen arbeid mede te deelen, voorgenomen om in het vervolg zig bij hetzelfde plan te houden, ten einde hier door den moed tot het inzenden van Verhandelingen en Berichten betrekkelijk de Proefondervindelijke Wijsbegeerte, welke zederd eenigen tijd zoo wel bij dit als bij andere geleerde Genootschappen meerendeels is uitgedoofd, wederom eenigzins op te wakkeren. Daar te boven zijn zij nog nader in dit begrip gevallen, ten einde aan de zoodanigen, die alleen bij bijzondere Verhandelingen belang hebben, en dus weerhouden worden, om het gantsche Werk of geheele Boekdeelen van het Genootschap aan te kooopen, op deze wijze te gemoet te komen" (X, voorberigt). Het besluit daartoe was officieel al in 1792 genomen (XI, xxi).

In het hierna volgende overzicht van de verschenen verhandelingen zijn ook de drie uitgaven opgenomen die als bijlage tot de verhandelingen staan geregistreerd. De "buitengewone" aflevering uit 1895 is ondergebracht in paragraaf 2.3.

Verhandelingen van het Bataafsch Genootschap der Proefondervindelijke Wijsbegeerte te Rotterdam

I	Rotterdam: Reinier Arrenberg, 1774 (IV+LIV+584+pl. 19)
II	Rotterdam: Reinier Arrenberg, 1775 (XXIV+208+pl. 8)
III	Rotterdam: Reinier Arrenberg, 1777 (XX+288+pl. 4)
IV	Rotterdam: Reinier Arrenberg, 1779 (XXII+289+pl. 2)
V	Rotterdam: Reinier Arrenberg, 1779 (XXIV+229+pl. 2)
VI	Rotterdam: Reinier Arrenberg, 1781 (XX+160+pl. 4)
VII	Rotterdam: Reinier Arrenberg en Zn, 1783 (XXVI+275+pl. 2)
VIII	Rotterdam: Dirk en Ary Vis, 1787 (II+LIV+184+pl. 3)
IX	Rotterdam: Dirk en Ary Vis, 1790 (II+XXXVI+257+pl. 2)
X	Rotterdam: Dirk Vis, 1796 (VIII+224+pl. 5)
XI	Rotterdam: Dirk Vis, 1798 (LVI+363+pl. 2)
XII	Rotterdam: Dirk Vis, 1798 (XVI+269+pl. 2)

Nieuwe Verhandelingen van het Bataafsch Genootschap der Proefondervindelijke Wijsbegeerte te Rotterdam

N. I	Amsterdam: Johannes Allart, 1800 (VIII+565+pl. 12+tab. 2)
N. II	Amsterdam: Johannes Allart, 1801 (II+XXVI+XII+274+pl. 7)
N. III	Amsterdam: Johannes Allart, 1803 (II+XIV+288+pl. 6)
N. IV	Amsterdam: Johannes Allart, 1806 (IV+XVI+287+pl. 4)
N. V	Rotterdam: Bataafsch Genootschap, 1806 (IV+214+pl. 6)
N. VI	Rotterdam: Wed. Locke & Zn (drukker), 1827 (XLVI+261+pl. 3)
N. VII	Rotterdam: J. van Baalen (drukker), 1829 (XII+257)
N. VIII/1,2	Rotterdam: J. van Baalen (drukker), 1841 (XXXIV+147+79+pl. 4)
N. IX/1,2	Rotterdam: J. van Baalen & Zn (drukker), 1849 (XXX+X+199+tab. 1+VIII+ 124+pl. 3)
N. X	Rotterdam: J. van Baalen & Zn (drukker), 1850 (XL+VIII+265+tab. 1)
N. XI	Rotterdam: J. van Baalen & Zn (drukker), 1851 (XXIV+231+pl. 4)
N. XII/1,2,3	Rotterdam: J. van Baalen & Zn (drukker), 1865 (87+pl. 1+II+182+121+ pl. 17+XCI)

Nieuwe Verhandelingen van het Bataafsch Genootschap der Proefondervindelijke Wijsbegeerte te Rotterdam, 2e Reeks

N(2) I/1	Rotterdam: J. van Baalen & Zn, 1867 (VIII+48+16+pl. 1)
N(2) I/2	Rotterdam: J. van Baalen & Zn, 1867 (46+LXXXI+pl. 1)
N(2) I/3	Rotterdam: J. van Baalen & Zn, 1867 (50+pl. 2)
N(2) I/3	Rotterdam: J. van Baalen & Zn, 1868 (12, als bijvoegsel)
N(2) II	Rotterdam: Van Hengel & Eeltjes, 1886 (8+44)
N(2) II/1	Rotterdam: J. van Baalen & Zn, 1870 (96+LVIII+krt. 2)
N(2) II/2	Rotterdam: Van Hengel & Eeltjes, 1876 (90)
N(2) III/1	Rotterdam: Van Hengel & Eeltjes (J. van Baalen & Zn), 1882 (61)

N(2) III/2	Rotterdam: W.J. van Hengel, 1885 (64+krt. 1)
N(2) III/3	Rotterdam: W.J. van Hengel, 1890 (VII+75+pl. 2)
N(2) III/3	Rotterdam: W.J. van Hengel, 1890 (III+45+pl. 1)
N(2) III/3	Rotterdam: W.J. van Hengel, 1891 (VII+84+pl. 6)
N(2) IV/1	Rotterdam: W.J. van Hengel, 1893 (VII+103+pl. 3)
N(2) IV/1	Rotterdam: W.J. van Hengel, 1893 (VIII+232+pl. 13)
N(2) IV/2	Rotterdam: W.J. van Hengel, 1897 (III+61+pl. 1)
N(2) V	Rotterdam: W.J. van Hengel, 1904 (308+pl. 14+Kl.pl. 5)
N(2) VI/1	Rotterdam: W.J. van Hengel, 1905 (VII+48)
N(2) VI/1	Rotterdam: W.J. van Hengel, 1905 (III+43)
N(2) VI/2	Rotterdam: W.J. van Hengel, 1906 (VII+56)
N(2) VI/2	Rotterdam: W.J. van Hengel, 1906 (III+33+pl. 1)
N(2) VI/3	Rotterdam: W.J. van Hengel, 1911 (VII+237)
N(2) VII/1	Rotterdam: W.J. van Hengel, 1913 (VII+56+pl. 4)
N(2) VII/1	Rotterdam: W.J. van Hengel, 1913 (III+157+pl. 44)
N(2) VII/2	Rotterdam: W.J. van Hengel, 1917 (X+136)
N(2) VIII/1	Rotterdam: Bataafsch Genootschap, 1919 (IX+341)
N(2) VIII/2	Rotterdam: Bataafsch Genootschap, 1919 (49)
N(2) IX/1	Rotterdam: D. van Sijn & Zonen, 1923 (VII+104+pl. 11)
N(2) IX/1	Rotterdam: D. van Sijn & Zonen, 1923 (24+7+pl. 2)
N(2) IX/2	Rotterdam: D. van Sijn & Zonen, 1925 (III+2)
N(2) IX/2	Rotterdam: D. van Sijn & Zonen, 1925 (II+170+IX+pl. 21)
N(2) IX/2	Rotterdam: D. van Sijn & Zonen, 1925 (I+18)
N(2) X/1	Rotterdam: D. van Sijn & Zonen, 1928 (I+1)
N(2) X/1	Rotterdam: D. van Sijn & Zonen, 1928 (I+16+pl. 6)
N(2) X/2	Rotterdam: D. van Sijn & Zonen, 1930 (XVI+60+19+krt. 2)
N(2) X/3	Rotterdam: D. van Sijn & Zonen, 1937 (VIII+184+pl. 12)
N(2) X/Bijl.1	Rotterdam: D. van Sijn & Zonen, 1932 (I+31+pl. 8+IX)
N(2) XI	's-Gravenhage, Algemeene Landsdrukkerij, 1936 (252)
N(2) XI/Bijl.1	Rotterdam: 1937 (Overdruk: De Ingenieur, 6 pp)
N(2) XI/Bijl.2	Rotterdam: 1937 (Overdruk: De Ingenieur, 12 pp)
N(2) XII	Rotterdam: D. van Sijn & Zonen, 1946 (19)

Nieuwe Verhandelingen van het Bataafsch Genootschap der Proefondervindelijke Wijsbegeerte te Rotterdam, 3e Reeks

N(3) I/1	Rotterdam: D. van Sijn & Zn, 1948 (II+56)
N(3) I/2	Rotterdam: D. van Sijn & Zn, 1950 (I+62)
N(3) I/3	Rotterdam: D. van Sijn & Zn, 1955 (I+25)
N(3) I/4	Rotterdam: D. van Sijn & Zn, 1957 (13)
N(3) I/5	Rotterdam: D. van Sijn & Zn, 1960 (I+15+pl. 1)
N(3) I/6	Rotterdam: D. van Sijn & Zn, 1961 (I+16+krt. 1)
N(3) II/1	Rotterdam: D. van Sijn & Zn, 1964 (15)
N(3) II/2	Wageningen, H. Veenman & Zn, 1966 (21)
N(3) II/3	Leiden, E.J. Brill, 1968 (21)
N(3) II/4	Delft, Van Marken, 1972 (23)
N(3) II/5	Delft, Van Marken, 1972 (9)
N(3) II/6	Delft, Van Marken, 1973 (19)
N(3) II/7	Delft, Van Marken, 1975 (22)
N(3) II/8	Rotterdam: De Vries, 1978 (24)
N(3) II/9	Rotterdam: De Vries, 1981 (14)
N(3) II/10	Ridderkerk, De Vries, 1982 (15)
N(3) III/1	Ridderkerk, De Vries, 1985 (17)

2.3. Overige publikaties

Buiten de officiële uitgave van de verhandelingen publiceerde het genootschap de volgende wetenschappelijke uitgaven:

(1) (S. Hoogendijk/L.Bicker), Rivierkundige Stellingen, betrekkelijk Den Oorsprong, Loop en Staat der Rivieren, en de Oorzaaken van de Veranderingen in de Beddingen, en van de Doorbraaken en Overstroomingen derzelven, benevens de algemeene Aanwijzinge van herstellinge, door Het Bataafsch Genootschap der Proefondervindelijke Wijsbegeerte te Rotterdam, voorgesteld om beoordeeld en verbeterd te worden. Met een voorwoord van L. Bicker. Rotterdam: Reinier Arrenberg, 1769 (51 pp).

(2) (L. Bicker), De groote Voordeelen aangetoond, die ons Land genieten zoude, indien men Vuur-Machines in plaatse van Watermolens gebruikte. Rotterdam: Reinier Arrenberg, 1772 (50 pp).

(3) K.M. Giltay, Redevoering over Het Onderwijs, gehouden bij het Bataafsch Genootschap van proefondervindelijke Wijsbegeerte, te Rotterdam, den 8 November 1850. Rotterdam: M. Wyt & Zonen, 1850 (28 pp).

(4) K.M. Giltay, Het Materialisme van den laatsten tijd bestreden, in eene Redevoering, gehouden bij het Bataafsch Genootschap, te Rotterdam op den 21 November 1856. Rotterdam: M. Wijt & Zonen, 1856 (23 pp).

(5) K.M. Giltay, Een blik op Alexander von Humboldt. Heidelberg. Een bezoek aan Pasteur. De bekende Krachten der Natuur. Redevoeringen gehouden bij het Bataafsch Genootschap der Proefondervindelijke Wijsbegeerte te Rotterdam. Rotterdam: M. Wijt & Zonen, 1863. (IV, 100 pp)

(6) K.M. Giltay, Arago. Redevoering gehouden bij het Bataafsch Genootschap van Proefondervindelijke Wijsbegeerte, te Rotterdam, den 10den November 1865. Rotterdam: M. Wijt & Zonen, 1865 (29 pp).

(7) K.M. Giltay, Humphry Davy, Rotterdam, 1867 (niet gezien).

(8) K.M. Giltay, Gedachtenisviering van het honderdjarig bestaan van het Bataafsch Genootschap der Proefondervindelijke Wijsbegeerte te Rotterdam 1769-1869. Feestrede. Rotterdam: J. van Baalen & Zonen, 1869 (44 pp).

(9) A. Huet, Steven Hoogendijk, de Stichter van het eerste Stoomwerktuig in Nederland herdacht door het Bataafsch Genootschap der Proefondervindelijke Wijsbegeerte te Rotterdam 1787-1887. Rotterdam: W.J. van Hengel, 1887 (26 pp).

(10) E. van Rijckevorsel, A Magnetic Survey of the Netherlands for the Epoch Januari 1, 1891. Rotterdam: W.J. van Hengel, 1895. Buitengewone aflevering van de Verhandelingen (VII+103+krt. 10).

(11) H.C. Hazewinkel en W.N. van Nooten, Steven Hoogendijk en de invoering van de vuurmachines in ons land. Samenvatting van lezingen, anno 1948 gehouden door --- voor het Genootschap Roterodamum, ter herdenking van de 250ste geboortedag van Steven Hoogendijk (Stencil, 20 pp en overdruk uit De Ingenieur 1937: zie V190 en 191).

(12) A. Havinga, Tweehonderd jaar bevordering van de proefondervindelijke wetenschappen 1769-1969. Wageningen: H. Veenman en Zonen, 1969 (207 pp).

(13) K. van der Pols, De ontwikkeling van het wateropvoerwerktuig in Nederland 1770-1870. Delft: Delftse Universitaire Pers, 1984 (92 pp).

Gedurende de jaren 1914-1926 publiceerde het genootschap in een drietal bundels de tekst van de voordrachten, gehouden tijdens de gewone vergaderingen (zie 5.2).

Verslag der Voordrachten van Leden van het Bataafsch Genootschap der Proefondervindelijke Wijsbegeerte te Rotterdam. Rotterdam: D. van Sijn en Zn.,
Band I (6 bundels), 1914-1920 (445 pp);
Band II (5 bundels), 1920-1925 (288 pp);
Band III (1 bundel), 1926 (72 pp).

Volledigheidshalve moeten vier bijdragen worden genoemd, die in het voor- of nawerk van de hiervoor genoemde series zijn opgenomen, te weten:

(1) L. Bicker, De oprigting en handelingen van het Bataafsch Genootschap", In: Verhandelingen I, i-xlviii.

(2) L. Bicker, Bijzonderheden betrekkelijk den Stichter van het Bataafsch Genootschap der Proefondervindelijke Wijsbegeerte te Rotterdam, In: Verhandelingen IX, iii-x.

(3) (---), Prof. Dr. R.H. van Dorsten. In Memoriam, In: Verslag der Voordrachten..., Bundel I-3 (1917) 129-132.

(4) R. de Josselin de Jong, Bijvoegsel bij de rede, door den voorzitter van Directeuren, --- op de Algemeene Vergadering van 20 september 1919 is uitgesproken, bevattende mededeelingen over de lotgevallen en handelingen van het Genootschap gedurende het tijdvak 16 september 1916-20 september 1919 (zie N(2) VIII/2, 8-23; v.L.), benevens eenige geschiedkundige gegevens, welke voor de leden van het Genootschap van belang kunnen zijn. Rotterdam: Bataafsch Genootschap der Proefondervindelijke Wijsbegeerte te Rotterdam, maart 1920 (18 pp).

Tussen 1890 en 1936 zijn de jury-rapporten betreffende de ingekomen antwoorden en verhandelingen in druk uitgegeven. In het archief van het genootschap bevindt zich een kennelijk volledige serie (Arch. BG, inv. nr. 49).

(1) Adviezen op de prijsvragen 131, 165, 169 en 180, s.a. (=1890) (58 pp).

(2) Adviezen omtrent de antwoorden op de prijsvragen 165, 173, 176a+b en 201 voorkomende in het Programma 1900, 1902 (39 pp).

(3) Adviezen omtrent de antwoorden op de prijsvragen 108, 166 en 207, 1906 (33 pp).

(4) Adviezen omtrent het antwoorden op prijsvraag 105, 1908 (8 pp).

(5) Adviezen omtrent de antwoorden op de prijsvragen 164, 217, 220 en 221, 1910 (43 pp).

(6) Adviezen omtrent de antwoorden op de prijsvragen 219, 224 en 225, 1912 (34 pp).

(7) Adviezen omtrent de antwoorden op de prijsvragen 164, 204 en 223, s.a. (=1914) (29 pp).

(8) Adviezen omtrent het antwoord op de prijsvraag 223, 1916 (2 pp).

(9) Adviezen omtrent het antwoord op prijsvraag 130b van het Programma 1916, 1919 (6 pp).

(10) Adviezen omtrent de antwoorden op de prijsvragen 185, 223 en 227, 1922 (28 pp).

(11) Adviezen omtrent de twee antwoorden op de prijsvraag 232, s.a. (=1924) (12 pp).

(12) Adviezen omtrent een antwoord op de prijsvraag 235, s.a. (=1929) (12 pp).

(13) Adviezen omtrent een antwoord op de prijsvraag 240, s.a. (=1934) (8 pp).

(14) Adviezen omtrent: Twee antwoorden op prijsvraag 245 en Twee antwoorden op de prijsvragen 243 en 244 en een verhandeling, 1936 (29 pp).

Tot de niet-wetenschappelijke uitgaven behoren de "Plan en Grondwet(ten)", de ledenlijsten en de catalogi van de verzamelingen.

(1) Plan en Grond-Wetten van de Maatschappye der Proefondervindelyke Wijsbegeerte, gestigt ... (openlating orig.) 1769 door ... (openlating orig.), etc., s.l., 1769 (ex. in Hss. Verz. GA Rotterdam, inv. nr. 3834)

(2) Plan en Grondwetten van het Bataafsch Genootschap der Proefondervindelijke Wijsbegeerte te Rotterdam, Rotterdam: Reinier Arrenberg, 1771 (33 pp). Tevens afgedrukt in: Verhandelingen I, xxviii-xxxv.

(3) Plan en Grondwetten van het Bataafsch Genootschap der Proefondervindelijke Wijsbegeerte te Rotterdam, Rotterdam: Dirk en Ary Vis, 1788 (29 pp). Facsimile in: Havinga, Tweehonderd jaar (zie hiervóór), p. 111-139.

(4) Plan en Grondwetten van het Bataafsch Genootschap der Proefondervindelijke Wijsbegeerte te Rotterdam gesticht in den Jare 1769 door Steven Hoogendijk, Rotterdam: J. van Baalen en Zonen, 1843 (23 pp). Blijkens het verschil in lettertype bestaan er van deze editie twee uitgaven.

(5) Plan en Grondwet van het Bataafsch Genootschap der Proefondervindelijke Wijsbegeerte te Rotterdam, gesticht in den jare 1769 door Steven Hoogendijk, Rotterdam: J. van Baalen en Zonen, 1869 (23 pp). Betreft een heruitgave van de editie van 1843.

(6) Plan en Grondwet van het Bataafsch Genootschap der Proefondervindelijke Wijsbegeerte te Rotterdam, gesticht in den jare 1769 door Steven Hoogendijk, Rotterdam: W.J. van Hengel, 1890 (19 pp).

(7) Plan en Grondwet van het Bataafsch Genootschap der Proefondervindelijke Wijsbegeerte te Rotterdam, gesticht in den jare 1769 door Steven Hoogendijk, Rotterdam: D. van Sijn en Zonen, 1927 (21 pp).

(8) Plan en Grondwet van het Bataafsch Genootschap der Proefondervindelijke Wijsbegeerte te Rotterdam, gesticht in den jare 1769 door Steven Hoogendijk, Rotterdam: D. van Sijn en Zonen, 1946 (19 pp).

(9) Plan en Grondwet van het Bataafsch Genootschap der Proefondervindelijke Wijsbegeerte te Rotterdam, gesticht in het jaar 1769 door Steven Hoogendijk, Rotterdam: D. van Sijn en Zonen, 1958 (19 pp).

Volgens "Plan en Grondwet(ten)" moest het genootschap in ieder deel van de verhandelingen, behalve een lijst met de "Naamen en Karakters der nieuwe Voorstanderen, Bestuurders en Leden, benevens den tijd van hunne aanstellinge", ook een lijst opnemen "van deszelfs tegenwoordige Voorstanderen, Bestuurderen en Leden" (1771, art. LXXVIII; 1788, art. LXXXVI; 1843, art. LXXXIV; 1890, art. LXXXI; 1927, 1946 en 1958, art. LXXIX). In de delen I t/m N. XII vindt men beide lijsten dan ook zonder uitzondering in de verhandelingen terug. In 1850 werd bij wijze van uitzondering een cumulatieve lijst gepubliceerd met ook de namen van alle oud-leden en -bestuurders van het Genootschap. Toen de verhandelingen in losse stukken werden gepubliceerd, werden ook de ledenlijsten tot losse uitgaven. Hoewel "Plan en Grondwet(ten)" tot 1958 bepaalden dat de rangschikking van de namen op de ledenlijsten moest zijn "naar den tijd, op welken in de Vergaderinge besloten is hun het Lidmaatschap aan te bieden", werd sinds 1890 na de chronologische lijst ook een alfabetische lijst opgenomen. In 1948 en 1958 werd de chronologische lijst zelfs geheel weggelaten. In 1957 werden "Plan en Grondwet" op dit punt aangepast en verviel de verplichting tot het publiceren van dergelijke chronologisch ingedeelde ledenlijsten. De lijst van 1983 onderscheidt zich van de voorgaande door de vermelding van het vakgebied waarop het betrokken lid werkzaam is.

(1) Naamlijst der Leden van het Bataafsch Genootschap der Proefondervindelijke Wijsbegeerte te Rotterdam, In: Verhandelingen N. X, xxi-xxxix (1850) (cumulatief).

(2) Naamlijst der voorstanders en der leden van het Bataafsch Genootschap der Proefondervindelijke Wijsbegeerte te Rotterdam, 1868 (10 pp).

(3) Naamlijst der voorstanders en der leden van het Bataafsch Genootschap der Proefondervindelijke Wijsbegeerte te Rotterdam, 1876 (7 pp).

(4) Naamlijst der voorstanders en der leden van het Bataafsch Genootschap der Proefondervindelijke Wijsbegeerte te Rotterdam, juli 1890 (20 pp).

(5) Naamlijst der voorstanders en der leden van het Bataafsch Genootschap der Proefondervindelijke Wijsbegeerte te Rotterdam, december 1893 (21 pp).

(6) Naamlijst der Voorstander en der Leden van het Bataafsch Genootschap der Proefondervindelijke Wijsbegeerte te Rotterdam, 1 december 1903 (21 pp).

(7) Naamlijst der Leden van het Bataafsch Genootschap der Proefondervindelijke Wijsbegeerte te Rotterdam, 1908 (21 pp).

(8) Naamlijst der Voorstanders en der Leden van het Bataafsch Genootschap der Proefondervindelijke Wijsbegeerte te Rotterdam, 1911 (20 pp).

(9) Naamlijst der Voorstanders en der Leden van het Bataafsch Genootschap der Proefondervindelijke Wijsbegeerte te Rotterdam, 1913 (21 pp).
(10) Naamlijst der Voorstanders en der Leden van het Bataafsch Genootschap der Proefondervindelijke Wijsbegeerte te Rotterdam, october 1914 (23 pp).
(11) Naamlijst der Voorstanders en der Leden van het Bataafsch Genootschap der Proefondervindelijke Wijsbegeerte te Rotterdam, 1916 (23 pp).
(12) Naamlijst der voorstanders en der leden van het Bataafsch Genootschap der Proefondervindelijke Wijsbegeerte te Rotterdam (geen omslagtitel), december 1923 (24 pp).
(13) Naamlijst der Voorstanders en der Leden van het Bataafsch Genootschap der Proefondervindelijke Wijsbegeerte te Rotterdam, 1928 (24 pp).
(14) Naamlijst der Voorstanders en der Leden van het Bataafsch Genootschap der Proefondervindelijke Wijsbegeerte te Rotterdam, 1932 (24 pp).
(15) Naamlijst der Voorstanders en der Leden van het Bataafsch Genootschap der Proefondervindelijke Wijsbegeerte te Rotterdam (Omslagtitel: Ledenlijst van het Bataafsch Genootschap der Proefondervindelijke Wijsbegeerte te Rotterdam), december 1938 (24 pp).
(16) Naamlijst der Voorstanders en der Leden van het Bataafsch Genootschap der Proefondervindelijke Wijsbeerte te Rotterdam (Omslagtitel: Ledenlijst van het Bataafsch Genootschap der Proefondervindelijke Wijsbegeerte te Rotterdam), juli 1948 (9 pp).
(17) Naamlijst der Voorstanders en der Leden van het Bataafsch Genootschap der Proefondervindelijke Wijsbegeerte te Rotterdam (Omslagtitel: Ledenlijst van het Bataafsch Genootschap der Proefondervindelijke Wijsbegeerte te Rotterdam), november 1957 (8 pp).
(18) Naamlijst der Voorstanders en der Leden van het Bataafsch Genootschap der Proefondervindelijke Wijsbegeerte te Rotterdam (geen omslagtitel), februari 1961 (8 pp).
(19) Naamlijst der Voorstanders en der Leden van het Bataafsch Genootschap der Proefondervindelijke Wijsbegeerte te Rotterdam, november 1983 (8 pp).

Behalve een index op de eerste zes delen van de verhandelingen heeft het genootschap regelmatig catalogi gepubliceerd waarin het bezit aan boeken, tijdschriften en kaarten was geinventariseerd. In chronologische volgorde verschenen:

(1) Algemeene Bladwijzer over de zes eerste deelen der Verhandelingen van het Bataafsch Genootschap der Proefondervindelijke Wijsbegeerte te Rotterdam. Rotterdam: Reinier Arrenberg en Zn, 1784 (30 pp).
(2) Catalogus der Bibliotheek van het Bataafsch Genootschap der Proefondervindelijke Wijsbegeerte te Rotterdam. Rotterdam: J. van Baalen & Zonen, 1870 (IV, 127 pp).
(3) (J.M. Obreen), Catalogus der Verzameling van Kaarten van het Bataafsch Genootschap der Proefondervindelijke Wijsbegeerte te Rotterdam. Rotterdam: J. van Baalen & Zonen, 1872 (VI, 104 pp).
(4) Catalogus van de Bibliotheek van het Bataafsch Genootschap der Proefondervindelijke Wijsbegeerte te Rotterdam. Rotterdam: M. Wijt & Zonen, 1899 (II, 216 pp).
(5) Aanvullende Catalogus van de Bibliotheek van het Bataafsch Genootschap der Proefondervindelijke Wijsbegeerte te Rotterdam. Rotterdam: D. van Sijn & Zonen, 1917 (IV, 148 pp).
(6) Tijdschriften en Seriewerken, voornamelijk op natuurwetenschappelijk gebied, beschikbaar in de Bibliotheek en Leeszalen der Gemeente Rotterdam, Nieuwe Markt 1. Rotterdam, 1960 (21 pp).
(7) Catalogus van het boekenbestand van het Bataafsch Genootschap der Proefondervindelijke Wijsbegeerte te Rotterdam. Rotterdam: Medische Bibliotheek EUR, 1980 (VIII, 30 pp).

3. PRIJSVRAGEN

Het uitschrijven van prijsvragen was het belangrijkste middel waarmee het Bataafsch Genootschap zijn doel heeft willen bereiken. Door het prijsvragen-instituut en de uitgave van de bekroonde antwoorden wist het genootschap een positie te veroveren temidden van de andere geleerde genootschappen in de Republiek en in het Koninkrijk. In dit hoofdstuk is de organisatie en het functioneren van dit prijsvragen-instituut beschreven (zie 3.1) en zijn de teksten van de niet-uitgeschreven concept-vragen (zie 3.2) en van de officieel gepubliceerde prijsvragen (zie 3.3) geïnventariseerd. Ook andere vormen van prijsvragen zijn in deze inventarisatie opgenomen (zie 3.4 en 3.5). Alle vragen, de verschillen in formulering, als mede de antwoorden die erop zijn binnengekomen en die vervolgens al of niet werden bekroond, zijn zo volledig mogelijk geannoteerd in paragraaf 3.6.

3.1. Reglementen

De reglementering van het prijsvragen-instituut laat zich onder een zestal hoofdthema's samenvatten:

1. De frequentie waarmee de vragen werden uitgeschreven.

Aanvankelijk moesten volgens "Plan en Grondwet(ten)" jaarlijks of om de twee jaren nieuwe prijsvragen worden uitgeschreven (1771 en 1788, art. IV). In 1788 werd daaraan nog toegevoegd dat Directeuren, "zulks goedvindende, tusschentijds, naar vereisch der omstandigheden" prijsvragen mochten uitschrijven (1788, art. LIV). Sinds 1843 wordt er gesproken over een frequentie van "gewoonlijk" of "in de regel" om de twee jaren (1843, art. III en LV; 1890, art. III en LVI; 1927, 1946 en 1958, art. LVI).

2. De keuze van de prijsvraag.

Volgens "Plan en Grondwet(ten)" moesten de uitgeschreven prijsvragen betrekking hebben op "eenen van de gemelde Takken der Proefondervindelijke Wijsbegeerte" (1771, art. IV, XLIX en LI; 1788, art. LVII; gewijzigde formulering 1843, art. LVIII). Vragen die "tot het welzijn van het Vaderland" konden dienen, hadden de voorkeur (1771, art. LII); in 1788 gold dit voor vragen "tot het Welzijn van het Vaderland en deszelfs Volksplantingen" (1788, art. LVIII; 1843, art. LIX). Na 1890 werd deze voorkeur niet meer genoemd.

Leden konden één of meerdere door hen geformuleerde concept-prijsvragen indienen bij de Eerste Secretaris (1771, art. XXVII; 1788, art. XXVI). In 1788 werd bepaald dat de leden voortaan in de maand januari per brief zouden worden uitgenodigd om hun voorstellen in te sturen (1788, art. XXVI); in 1843 verviel deze datering en werd gesproken over het versturen van een uitnodiging "ter gelegener tijd" (1843, 1890, 1927, 1946 en 1958, art. XXIX).

Het al of niet uitschrijven van een concept-prijsvraag lag volgens "Plan en Grondwetten" van 1771 en 1788 ter beslissing van Directeuren, "met voorkennisse van den Praeses Magnificus, Administrateuren en de daarvoor geraadpleegde Leden" (1771 en 1788, art. XXXV). Een speciale bevoegdheid hield Steven Hoogendijk, die "de verkiezing van de uit te gevene Vraage" levenslang voor zich claimde (1771, art. XXXV). In 1843 werd de Praeses-Magnificus en de Administrateuren een actiever aandeel gegeven en zou er voortaan door de gecombineerde vergadering een advies worden opgesteld, waarover dan in de algemene vergadering moest worden beslist (1843, 1890, 1927, 1946 en 1958, art. XXXIX).

In 1779 besloot het genootschap in te gaan op het verzoek van het Genootschap van Kunsten en Wetenschappen te Batavia, kortweg het Bataviaasch Genootschap genoemd, om uit een fonds dat door dit genootschap aan zijn Rotterdamse zusterinstelling ter beschikking zou worden gesteld, één of meer prijsvragen te bekostigen (V, vi). Daarop werd in "Plan en Grondwetten" van 1788 de bepaling opgenomen dat "bijzondere Persoonen of Genootschappen, onder aanbieding van eenen behoorlijken Prijs", vragen konden indienen om door het

Bataafsch Genootschap te laten uitschrijven. Wel gold als voorwaarde dat de beoordeling van de antwoorden aan het Bataafsch Genootschap moest worden overgelaten (1788, art. LV; 1843, art. LVI; 1890, 1927, 1946 en 1958, art. LVII). Tussen 1779 en 1792 zijn in totaal 16 prijsvragen vanwege het Bataviaasch Genootschap gesteld (zie P 14, 15, 18, 19, 22, 26, 27, 30, 31, 34, 35, 38, 42, 46, 47 en 51).

3. De duur van de uitschrijving.

In de beginjaren van het genootschap werden de nieuwe prijsvragen onder andere bekendgemaakt door affiches en advertenties in kranten (vooral de Rotterdamsche Courant) en in tijdschriften (o.a. de Algemeene Konst- en Letterbode). Over de duur van de uitschrijving geeft "Plan en Grondwet(ten)" de nogal vage bepaling dat prijsvragen "één, twee of meer jaren" uitgeschreven konden staan (1771, art. L; 1788, art. LVI; 1843, art. LVII; 1890, 1927, 1946 en 1958, art. LVIII). Was de vraag na één jaar nog niet beantwoord, dan moest hij opnieuw worden uitgeschreven, waarbij het genootschap "zoodanige verlichting aan het Publijk (moest) geeven van de bijzondere vereischtens, welken het in de Beantwoordinge van deze Vraage vordert, als de Directeurs zullen goedvinden te behooren" (1771, art. LIII; gewijzigde formulering 1788, art. LIX; 1843, art. LX; 1890, 1927, 1946 en 1958, art. LIX). Bleef de vraag ook na herhaald (i.c. na driemaal) uitschrijven onbeantwoord, dan kon volgens "Plan en Grondwetten" van vóór 1890 aan één of meer Directeuren of leden worden gevraagd de beantwoording op zich te nemen (1771, art. LIV; 1788, art. LX; 1843, art. LXI). Voor het geval hierbij meer auteurs waren betrokken moest volgens het reglement van 1771 de Eerste Secretaris, "als 't noodig geoordeeld word, en hij zulks op zig gelieft te neemen", de verschillende bijdragen tot één geheel samenvoegen. Uiteraard bleef het mogelijk om de termijn van beantwoording te verlengen (idem en 1890, 1927, 1946 en 1958, art. LIX).

Tweemaal heeft het genootschap een grondige sanering van de uitgeschreven prijsvragen uitgevoerd. De eerste maal was in 1823, toen men een nieuw begin met de activiteiten van het genootschap wilde maken. Bij die gelegenheid werden alle prijsvragen, behalve P 73, vervallen verklaard (N. VI, xiii). In 1919 werd eenzelfde soort actie ondernomen. Voor de 44 prijsvragen die toen uitgeschreven stonden werd als uiterste inzenddatum 1 januari 1922 genoemd. Op die datum zouden alle onbeantwoorde prijsvragen worden ingetrokken. Op deze wijze wilde het genootschap voorkomen dat het genoodzaakt zou worden tot het uitgeven van verhandelingen, terwijl de financiële situatie dergelijke uitgaven niet toeliet (zie Arch. BG, inv. nr. 19).

4. Beantwoording van de prijsvragen.

In "Plan en Grondwetten" van 1771 vindt men de bepaling dat "de voorgestelde Vraag ... ook wel beantwoord (zal) mogen worden door de Leden, die over dezelve niet geraadpleegd zijn, dog de Prijs zal alleen toegewezen worden aan het best voldoende Antwoord van die genen, welken geen Leden van het Genootschap zijn" (1771, art. LV). Aan het laatste gedeelte van dit artikel is in ieder geval niet de hand gehouden. Na 1788 gaf "Plan en Grondwetten" de meer vanzelfsprekende beperking, dat alleen leden die niet over de aard en bedoeling van de vraag waren geraadpleegd of bij de beoordeling van de antwoorden waren betrokken, mochten meedingen naar de prijs (1788, art. LXI; 1843, art. LXII; 1890, 1927, 1946 en 1958, art. LX). Hetzelfde gold voor al die inzenders, van wie de naam bij Directeuren of bij de jurerende leden vóór de uitslag bekend was (1771, art. LVII; 1788, art. LXIII; 1843, art. LXIII; 1890, 1927, 1946 en 1958, art. LXI). Sinds 1843 werd op deze regel een uitzondering gemaakt voor die gevallen, dat "Directeuren nadere onderrigting van de schrijvers onvermijdelijk noodig geoordeeld hadden". Voor de beoordeling van ontdekkingen en uitvindingen gold die uitzondering al eerder (1771, art. LVIII; 1788, art. LXIV; 1843, art. LXIII; gewijzigde formulering 1890, 1927, 1946 en 1958, art. LXI).

De antwoorden moesten op een vaste of van te voren bepaalde datum worden ingeleverd (1771, LIX; 1788, art. LXV; 1843, art. LXIV; 1890, 1927, 1946 en 1958, art. LXII). De manuscripten moesten "zeer leesbaar (zijn) geschreven in het Nederduitsch, Fransch, Engelsch, Hoogduitsch of Latijn" (1771, art. LIX; 1788, art.

LXV). Het vereiste "zeer leesbaar" werd in 1843 vervangen door de eis, dat het antwoord geschreven moest zijn "met eene leesbare hand en Italiaansche letter" (1843, art. LXIV; 1890, art. LXII); nadien sprak men kortweg over een "duidelijk geschreven" antwoord, in het midden latend of die duidelijkheid het handschrift of de stijl betrof (1927, 1946 en 1958, art. LXII). De antwoorden moesten bij de Eerste Secretaris worden ingediend, voorzien van een zinspreuk en een "bijgevoegd verzegeld Billet, hetgeen dezelfde Zinspreuk tot Opschrift heeft" en waarin de naam en het adres van de auteur stonden vermeld (1771, art. LVI; 1788, art. LXII; 1843, art. LXV; 1890, 1927, 1946 en 1958, art. LXIII). Tenslotte was het de inzenders van een antwoord ten strengste verboden hun verhandeling te publiceren vóór over de bekroning ervan besloten was (1771, art. LXXI; 1788 en 1843, art. LXXIX, 1890, art. LXXVII; 1927, 1946 en 1958, art. LXXV). Alle ingezonden manuscripten bleven eigendom van het genootschap (zie hoofdstuk 4).

5. Jurering.

Direkt na ontvangst van een antwoord werd dit overhandigd aan de Stichter (i.c. vóór 1788), de Praeses-Magnificus, de Directeuren en ná 1788 ook aan de Administrateuren. Vervolgens werd het ter hand gesteld aan de Leden Consultanten of Leden, "aan welken de Directeurs het noodig oordeelen zullen, in acht neemende hunne Tak van Professie met bepaalinge hoe lang zij dezelven zullen mogen houden, tevens met verzoek van hun Advijs, bij het terug zenden, schriftelijk daarbij te voegen" (1771, art. LX; gewijzigde formulering 1788 en 1843, art. LXVII; 1890, 1927, 1946 en 1958, art. LXIV). Wie om advies werd gevraagd terwijl het antwoord hem of haar bekend was, werd geacht de beoordeling te weigeren (1788 en 1843, art. LXIII; 1890, 1927, 1946 en 1958, art. LXI). Ook de leden die niet om advies werd gevraagd hadden het recht om de ingekomen antwoorden "ter leezinge (te) mogen vorderen, onder voorwaarde, dat zij bij de teruggaave hun schriftelijk Advijs 'er bijvoegen zullen" (1771, art. LXI; enigzins uitgebreid 1788 en 1843, art. LXVII; 1890, 1927, 1946 en 1958, art. LXV). Uiteraard moesten de toegezonden antwoorden uiterst vertrouwelijk worden behandeld. Sinds 1843 werd ook de geheimhouding van de namen van de jury-leden nadrukkelijk vermeld (1771, art. LXII; 1788 en 1843, art. LXVIII; 1890, 1927, 1946 en 1958, art. LXVI).

6. Bekroning van de de antwoorden.

De definitieve beoordeling van de prijsvragen volgde op de algemene vergadering. Daaraan voorafgegaan stelde de gecombineerde vergadering een pre-advies op (zie 3). Over de procedure die tijdens de algemene vergadering moest worden gevolgd bepaalde "Plan en Grondwetten" van 1771 het volgende (1771, art. XLI):

> "Men zal eerst de ingekomene schriftelijke Advijzen der Consultanten en Leden, die 'er over geoordeeld hebben, voorleezen, en vervolgens de stemmen der tegenwoordig zijnde Praeses Magnificus, Administrateuren en Directeuren opneemen, en de meerderheid der stemmen zal beslissen; dog, zo het getal der stemmen gelijk zijn mogte, zal de Stichter bij zijn leeven en het lot na zijnen dood beslissen".

In "Plan en Grondwetten" van 1788 bleef deze regeling (afgezien van dat de Stichter dan niet meer wordt genoemd) vooralsnog ongewijzigd (1788, art. XLIII en XLIV). Na 1843 gold een enigszins andere regeling en hield men het pre-advies van de gecombineerde vergadering voor aangenomen, tenzij twee-derde van de tegenwoordige leden op de algemene vergadering zich tegen het advies verklaarden (1843, 1890, 1927, 1946 en 1958, art. XXXVIII). Van de pre-adviezen kon men kennisnemen uit de toegezonden programma's en tussen 1890 en 1936 ook uit de gedrukte jury-rapporten (zie 2.1 en 2.3). In 1788 werd aan de reglementering van de prijsbeoordeling een artikel toegevoegd betreffende het toekennen van de medaille in geval er sprake was van een tweetal "verdienstelijke antwoorden". Eerst werd bepaald dat in zulke gevallen door het lot moest worden beslist (1788, art. LXXVII). Later werd bepaald dat wanneer er twee winnaren waren aangewezen aan beiden de prijs moest worden toegekend (1843, art. LXXVII; 1890, art. LXXV; 1927, 1946 en 1958, art. LXXIII).

Direct nadat bekend was aan welk(e) antwoord(en) de gouden medaille was toegekend, moest het briefje met de naam van de inzender(s) worden geopend (1771, LXIII; 1788 en 1843, art. LXIX; 1890, 1927, 1946 en 1958, art. LXVII). Was de schrijver van het bekroonde antwoord niet ter vergadering aanwezig, dan moest men de auteur zo snel mogelijk informeren. In 1771 en 1788 was bepaald dat dit moest plaatsvinden "ten minsten eerder dan hun zulks door de Nieuwspapieren kan bekend gemaakt worden"; later sprak men over "ten spoedigste" (1771, art. LXVI; 1788 en 1843, art. LXXII; 1890, art. LXX; 1927, 1946 en 1958, art. LXIX).

Voor de winnaars van een zilveren medaille gold een afwijkende regeling. Het desbetreffende naambriefje moest tot de volgende algemene vergadering worden bewaard, "ten ware de Schrijver zig in dien tusschentijd aan het Genootschap bekend maakte". Gebeurde dit niet dan ging het genootschap ervan uit dat de bekroonde geen prijs stelde op het toegekende Accessit (1771, art. LXIV). In 1788 werd de winnaar niet gedurende een jaar, maar voor een door het genootschap bepaalde periode de gelegenheid geboden zijn prijs in ontvangst te komen nemen (1788 en 1843, art. LXX; 1890, art. LXVIII). In 1927 verviel deze afwijkende regeling.

Voor alle niet-bekroonde antwoorden gold dat de naambriefjes op de algemene vergadering direct ongeopend moesten worden verbrand (1771, art. LXV; 1788 en 1843, art. LXXI; 1890, art. LXIX; 1927, 1946 en 1958, art. LXVIII).

Tenslotte regelde "Plan en Grondwet(ten)" vóór 1927 ook op welke wijze aan de bekroning(en) bekendheid moest worden gegeven (1771, art. LXVII en LXVIII; 1788 en 1843, art. LXXIII en LXXIV; 1890, art. LXXII).

3.2. Concept-Prijsvragen

Het betreft hier alleen de concept-prijsvragen, die niet als officiële prijsvraag zijn uitgeschreven. Wel geaccepteerde ontwerp-prijsvragen vindt men vermeld in de annotaties bij de uitgeschreven prijsvragen (3.6). De lijst is in zoverre niet volledig omdat er ontwerpen zijn geweest die wel besproken zijn door de gecombineerde vergadering of de vergadering van directeuren, maar niet als concept-prijsvraag ter beoordeling van de leden werd gepresenteerd. De nummering die in deze paragraaf is gevolgd, wijkt uiteraard af van die in het register van concept-prijsvragen (zie 3.6).

Hoewel de redactie van de concept-prijsvragen veel te wensen overlaat (vgl. CP 28) is de tekst ongewijzigd overgenomen. Correcties en aanvullingen zouden herhaaldelijk tot interpretatie-problemen aanleiding hebben gegeven.

De eerste drie concept-prijsvragen werden in 1769 door Steven Hoogendijk opgegeven als voorbeeld van de vragen die het nog op te richten Bataafsch Genootschap zou moeten gaan uitschrijven (Zie Havinga, Tweehonderd jaar..., p. 23).

A. Wat is de reden dat de Rivieren van tijd tot tijd verleggen, en daer in droogtens komen, ook dat dezelve naeuwer en ondieper werden en den IJssel (na Gouda) na rato veel minder vernaut en ondieper wordt als de Leck, off de Waal, dewijl ze alle drie heel krom zijn, off wat de reden daer van is, en off daer remedie voor is, en zoo ja, waer in die bestaet ?

B. Wat is het beste middel om Dijksbreuken voor te komen, met een ope Rivier met IJsdammen ?

C. Als er twee, drie, off meer voeten water in het Land is, off er dan niet een middel zoude zijn om het water daer wederom uit te halen in een bepaelden tijd als men maer wil, zonder van Weer en Wint, off hoog water aff te hangen, en met minder kosten als de Watermolens ?

CP 1. Daar men zonder tegenspreken de kracht van loopend water aanwenden kan tot het in beweging brengen van werktuigen, bij welke de hoegrootheid van het vermogen afhangt van de snelheid van het water en de grootte der oppervlakte, waarop het loopend water zijn vermogen uitoeffent, en men dienvolgens door het in achtnemen van de behoorlijke evenredigheid en het wel inrichten van het werktuig, van den gang onzer buite rivieren, zoowel bij die, welke aan ebbe en vloed onderhevig zijn, als bij die, welke gestadig afvloeyen, gebruik maken kan tot het uitmaalen van binnenwateren, Zoo is de vraag: Op welke meest eenvoudige en meest doelmatige wijze zoude zoodanig een werktuig moeten zijn ingericht, om met de minste kosten, het meeste gemak en zekerheid dit oogmerk te bereiken ?

CP 2. Welke verbeteringen hebben de stoomwerktuigen in de laatste 20 à 30 jaren ondergaan. Hebben deze werktuigen thans den hoogsten trap van volmaaktheid bereikt, waarvoor zij, naar derzelver aard, vatbaar zijn; of bestaan er nog gebreken in dezelve, waarvan de verbetering, naar erkende gronden, niet onmogelijk is: Zoo ja, wat mag men, ten opzigte van de verdere volmaking derzelve, voor het vervolg, naar waarschijnlijkheid verwachten ?
Het Genootschap beoogt, dat de beantwoording dezer vraag strekke tot een vervolg van hetgeen aangaande de geschiedenis der stoomwerktuigen geplaatst is in het eerste deel van deszelfs nieuwe verhandelingen.

CP 3a. Welken invloed heeft het licht, ook de ontbeering van het licht, op het menschelijk gestel. Moet dien invloed worden toegeschreven hoofdzakelijk aan verbeeldingen die in de ziel ontstaan, en vervolgens op het ligchaam werken; of werkt het licht voornamelijk eerst onmiddelijk op het ligchaam en van daar op de ziel. Indien het laatste plaats heeft hoedanig is dan die werking: is zij mechanisch of chemisch, en hoe moet men dezelve begrijpen te geschieden ?
Men wenscht bij de beantwoording dezer vraag de op te geven stellingen door waarnemingen bevestigd te zien, zoo verre de aard der zaak dit toelate.

CP 3b. Uit verschijnselen, die niet zeldzaam en genoeg bekend zijn, schijnt men veilig te kunnen besluiten, dat het licht, of de ontbeering van het licht, op vele, zoo niet op alle menschelijke gestellen eene werking uitoefent, die onderscheiden is van die, door welke ons het aanwezen der voorwerpen, buiten ons kenbaar wordt, door middel van het oog.
In die vooronderstelling vraagt men:
Hoedanig is, naar waarschijnlijkheid, die werking; bestaat zij slegts in eene weder opwekking van vroegere denkbeelden in de ziel, die met het zien of niet zien van het licht in een nader of verder verband staan, en die vervolgens het ligchaam aandoen; of heeft er tevens nog, of ook wel somtijds alleen, eene rechtstreeksche, van de bovengenoemde wezenlijk onderscheiden werking van het licht op het ligchaam plaats, waardoor vervolgens ook de ziel wordt aangedaan, op dezelfde of soortgelijke wijze als bij andere indruksels, welke het ligchaam ontvangt, plaats heeft ? Indien men stelt, dat dit laatste het geval zij, word er verder gevraagd: 1e. Geschiedt die werking dan mede alleen door tusschenkomst van de gezigtswerktuigen, zoo als bij het zien der voorwerpen buiten ons; of is er grond om aan te nemen, dat zij insgelijks bestaat op alle of sommige andere deelen van het ligchaam, die aan het licht zijn blootgesteld, bij doordringing van de huid, als wanneer ook blinden door dezelve, hoe zeer misschien met mindere snelheid en in geringere maat, zouden kunnen worden aangedaan ? 2e. Is zij algemeen en bestendig, dat is, heeft zij bij

alle menschen zonder onderscheid, altijd, ofschoon welligt in verschillende graden van merkbaarheid, plaats of heeft zij alleen somtijds plaats bij eenige individu's, uit hoofde eener grootere aandoenlijkheid, hetzij in den gezonden, of in eene meerder of minder ziekelijken staat van het ligchaam, of door andere toevallige omstandigheden ? 3e. Is zij van eenen mechanischen of chemischen aard, ofwel van beide ? En, 4e, welken invloed heeft zij, onder gegevene omstandigheden, op het geheele menschelijk zamenstelsel ?
Men verlangt, dat de schrijvers hunne stellingen tot de meest mogelijke waarschijnlijkheid opvoeren, door het bijbrengen van vroegere of nieuwe waarnemingen, die vertrouwen verdienen, voor zoo verre namelijk de verschillende deelen der vraag, uit derzelve aard, voor waarnemingen vatbaar zijn.

CP 4. Daar het in de natuurkunde eene bekende waarheid is, dat zwaare zig in rust bevindende ligchamen, met kleine kracht in dien stand kunnen gehouden worden, zoo is de vraag, of men van deze waarheid geen goed gebruik zoude kunnen maken met de bevroozene oppervlakte der rivieren door middel van ankers aan kettingen aan de bodem te hegten, en daardoor het ijs in eene langere staat van rust zoude kunnen houden, waardoor de massa werkeloozer, minder in hoeveelheid en vooral in deszelfs zamenhang (dat is door meerdere uitdooïng brosser geworden) minder tot oppakking geschikt, en later in beweging komende, het gevaar van ijsdammen, zoo niet geheel voorgekomen, ten minsten werkelijk vermindert zoude worden.
Indien men de voorgestelde vraage als mogelijk en nuttig om te worden in werking gesteld oordeele, zoude de vraag zijn:
Hoedanig zoude dezelve dienen ingerigt, 't getal ankers en kettingen, derzelver zwaarte, afstanden, de wijze van toeverzicht, de kosten. Of het vaste liggen van de rivier of rivieren, volstrekt over deszelfs geheele lengte diende plaats te hebben; dan of het genoegzaam zoude zijn, dat zulks hier en daar werd bewerktstelligd, en dan welke plaatsen daartoe voor de noodzaaklijkste dienen gehouden te worden ? Of er bij het aanvangen van de vorst ook voordeel van te trekken waare ? En eindelijk, zoo men deze vraag als niet uitvoerlijk oordeelde, dan op te geven om welke reden.

CP 5. Welchen Einfluss haben die natürlichen (Flussaeste) oder die künstlichen (Schleusen, Uberlässe, etc.) nach und nach bewirkten ableitungen eines Hauptflusses auf den hydrometrischen Zustand dieses Flusses, auf seine Mundung und auf die zuerst entstandenen Flussaeste gehabt ?
Die Beantwortung dieser Frage muss in 's besondere sich auf den Zustand der niederländischen Flusse beziehen, und ist sich dabey auf die davon genauen Karten zu berufen.
Welke invloed hebben de natuurlijke (riviertakken) of kunstlijke (overlaten, sluizen enz.) trapsgewijze bewerkte afleidingen van eene rivier, zoo wel op deszelfs hydrometrischen toestand als op zijne uitstrooming, en op de vroegere reeds bestaande riviertakken ?
De beantwoording dezer vraag moet zig voornamelijk op de nederlandsche rievieren betrekken, en het is daarbij nodig, zich op nauwkeurige kaarten te beroepen.

CP 6. Welke wijze van opbreking is de toepasselijkste aan de onderscheide heiden in dit Koningrijk ?
Men drage zorg van de ligging en de bijzondere eigenschap van den grond te bepalen.

CP 7. Men vraagt de monographie der voornaamste soorten en variëteiten van vruchtboomen die in dit Koningrijk gekweekt worden en de verschillende benamingen daarvan in de twee talen, fransch en hollands, aan te duiden.

CP 8. Wat verandering ondergaan de spijzen gedurende hunne gaarwording ?

CP 9. Daar niet alleen bij verschillende natiën, maar zelfs hier te landen tusschen de steden de handelwijze om schepen te roeyen of te ijken zoo onderscheiden zijn, dat niet zeldzaam daaruit de grootste twisten en processen ontstaan tusschen afladers, ontvangers en vervoerders van goederen en waardoor een groot nadeel aan den koophandel wordt toegebragt, zoo word gevraagdt:
Welke zijn de handelwijze(n) die in de Nederlanden en bij de voornaamste zeevarende natiën worden gevolgd, om de schepen te roeyen of te ijken, dat is derzelver scheepslasten te bepalen ? En welke van deze handelwijze of een ander grondbeginsel kan in het algemeen, en in het bijzonder op natuur-en wiskundige gronden gezegd en bewezen worden, de beste en zekerste te zijn, alles in toepassing op de voornaamste koopmansgoederen welke voorkomen om te vervoeren ?

CP 10. Word gevraagd eene natuur- en scheikundige beschouwing, op een zeer gemeenzamen en onderhoudenden trant van de voornaamste werkzaamheden, welke ter bereiding en bewaring onzer spijzen in onze keukens worden aangewend.

CP 11. Kan van ons schoorsteen-roet op eene voordelige wijze ammoniakzout gemaakt worden ?

CP 12. Is het voordelig het ruwe zout te zieden, gelijk te Tiel geschiedt, door rivierwater in plaats van zeewater ? Zoo ja, is dergelijk, met zoet water gezoden zout voor onze gebruiken even goed, als het op de gewoone wijze geraffineerde ?

CP 13. Welke zijn de redenen, waarom het water in zommige huizen te Amsterdam en elders met lood besmet is, terwijl andere, in dezelfde buurt, alle omstandigheden gelijkstaande, vrij blijven ? Waar in bestaat die meerdere of mindere vatbaarheid van het lood voor oxydatie ?

CP 14. Een scheikundig overzigt over de nieuwere ontdekte alkaloïden of planten loogzouten, met eene algemeene opgaaf van derzelver ontdekking, bereiding, eigenschappen en bekende vermogens.

CP 15. Zijn ook onze verschillende Nederlandsche voortbrengsels dienstbaar tot daarstelling van het gaslicht ? Zoo ja, is deze verlichting boven de gewone verlichtingsmanieren te verkiezen ? En hoedanig zoude dezelve hier te lande, hetzij tot verlichting van steden, vuurbakens of in het kleine tot verlichting van enkele huizen of vertrekken kunne worden ingerigt ?

CP 16. Zoude er ook van de nieuwe werktuigen, om door middel van stoom of damp te verwarmen, vloeistoffen te doen koken en te bewerken, een geschikt gebruik in sommige fabrieken of bedrijven kunnen worden gemaakt ? Zoo ja, hoedanig kunnen dan deze, zoo eenvoudig mogelijk, worden ingerigt, en tot welke bedrijven het geschikst aangewend ?

CP 17. Welke verbeteringen zijn er, naar de nieuwere gronden der scheikunde te maken in het daarstellen van een vermogend buskruit ? En kunnen in het algemeen ook van de nieuwere donderzilvers, chlorine zouten en dergelijke ter zamenstelling van geschikte ontploffende poeders gebruik gemaakt worden ?

CP 18. Daar volgens de nieuwere proeven van D'Arcet uit de beenderen, door middel van zoutzuur (chlorinewaterstofzuur), eene geschikte en zuivere lijmstof kan getrokken worden; Zoo wordt een practische opgaaf gevorderd, in hoeverre de daarstelling van deze lijm in het groote te vergelijken is, bij het gewone koken der beenderen of wel in eene Papiniaansche Pot, en in hoe verre deze lijm tot voedsel of ingrediënt in eenig handwerk, bedrijf of fabriek kan worden aangewend.

CP 19. Daar ons Hollandsch loodwit door eene moeijelijke en omslagtige bereiding door bloot-stelling van loodplaten aan azijnzure dampen in kleine aarde potten in een broeijende mestachtige stoffe wordt daargesteld.
Zoo wordt gevraagd, of niet door eene meer eenvoudige werking van kunstwarmte deze verfstof kan worden verkregen, of ook wel door middel van oplossing van lood in zuren en nederploffing niet een gelijk voordeel en deugdzaamheid kan worden bereid ?
Is ook het houtazijn hier met voordeel in ons land daar te stellen ? Welk hout zoude daartoe te verkiezen zijn ? Hoedanig deze bewerking in te rigten en hoe deze azijn tot de zuiverheid van gewone azijn te brenge ? Met opgave van vergelijking tusschen den prijs en deugdzaamheid dezer met de andere gewone hier bereid wordende azijnen.

CP 20. Daar de beweegkracht waarmede de stoommachines, derzelver verbazende uitwerkingen volbrengen, en door latere volmaking derzelver nut voornamelijk in Engeland de hoogste trap schijnt bereikt te hebben door toeëigening van de rondgaande beweging, welke dezelve eene eenparige werking, behoudens derzelver eigene snelheid, doen voortbrengen, zoo word gevraagd:
Welk is het beste middel aan stoomwerktuigen van zoodanig vermogen als vereischt word om waterraderen, staande, hellende of vijzelvormige op verschillende hoogte van opmaling tusschen de 12 en 60 duimen Rijnlandsch = 3,13/21,57 el zoodanig werktuigelijk zamenstel te vereenigen, dat dezelve beurtlings door stoom en door wind met gelijke uitwerkingen in gelijke tijden en evenredige krachten kunnen bewogen worden ?

CP 21. Daar het thans algemeen schijnt aangenomen te zijn, en het ook genoeg door proeven bewezen is, dat het zoogenaamde Rattenkruid (Arsenicum album, audum arsenicosum) het meest vermogend middel is, om de zwamsoorten voor te komen of te vernielen, en men hiervan daarom een vrij algemeen gebruik begind te maken, waardoor in het vervolg de grootste rampen te wagten zijn, zoo voor kinderen, die dikwijls met gretigheid kalk en aarde eeten, als voor sommige huisdieren, plantsoenen en zelvs voor het water, hetwelk door filtrering door den grond zakt, en door oplossing een gedeelte hiervan naar de zoogenaamde wellen nedervoerd, zoo word gevaagd; in hoe verre behoort het Gouvernement dit toe te laten of te verbieden en welke regelen van voorzorg zouden er behooren te worden genomen, om het reeds gebruikte zoo min mogelijk schadelijk te maken, en voor het vervolg te wijzigen ?

CP 22. Naardien zich in de maand November 1824, vele en gevaarlijke verzakkingen en doorkwellingen, langs meest alle de rivierdijken der Noordelijke Provinciën hebben vertoont, en het van belang is, dat degenen, aan wien de verdediging der dijken is toevertrouwd, volkomen en nauwkeurig met de middelen bekend zijn, welke moeten worden aangewend om de gevolgen dezer onheilspellende verschijnselen te voorkomen, vraagt het Genootschap:

Welke zijn de beste en meest geschikte middelen, om wanneer zich verzakkingen en gevaarlijke doorkwellingen aan de dijken onzer hoofdrivieren vertoonen, derzelver voortgang te stuiten, en derzelver gevolgen te voorkomen ?
Men verlangd in de antwoorden op deze vraag de middelen die in verschillende omstandigheden, en bij onderscheide lokaliteiten zouden kunnen in aanmerking komen, voorgedragen en derzelver betrekkelijke waarde overwogen te zien, op dat hieruit eenen leiddraad zoude kunnen worden ontwikkeld tot het geen, zoodra zich verzakkingen vertoonen, zoude behooren in het werk gesteld te worden.

CP 23. Men heeft zedert verscheidene jaaren, aan de zuig- en pers-pompen onderscheidene vormen en zamenstellingen gegeven, waarvan sommige zeer vernuftig en kunstig zijn ingerigt: men verlangt eene oordeelkundige opgave van dezelve, en welke de opsteller der Verhandeling, naar zijn oordeel, voor de beste en vermogendste houdt ? Alsmede of een stel pompen, het zij zuig-of pers-pompen, aan een water-molen aangebragt, het voordeel zoude kunnen opleveren, om water, in evenredigheid van de wind-kracht, in zulk eene grootte, of, welligt, meerdere hoeveelheid op te brengen, als met de beste staande en hellende schepraden ?

CP 24. Daar al zedert eenige jaren, de voordeelen, die men aan het hellende scheprad, boven het staande heeft toegeschreven, door sommige practici zijn in twijfel getrokken: zoo vraagt het Genootschap vooreerst, of er gegronde aanmerkingen zijn te maken op de proeven, welke sedert 1770 tot nu zijn in het werk gesteld, om beide schepraden in derzelver vermogen met elkander te vergelijken ? Ten anderen: of er geene middelen zouden kunnen worden aangewend, om zoo wel aan het staande scheprad als aan deszelvs opleider, zulke verbeteringen aan te brengen, dat, zoo bij een nauwkeurig onderzoek, de voorkeur aan het hellende scheprad gegeven, mogt blijken gegrond te zijn, dit staande scheprad, met het hellende gelijke voordeelen zou aanbrengen ?

CP 25. Aangezien het, in vele werktuigen, een groot voordeel zou aanbrengen, indien men de stoom, welke dezelve in beweging brengt, in plaats van op een zuiger op een rad kon doen werken, zoo belooft het Genootschap eene premie van ... (weglating in orig.) aan den genen die een voldoenend en proefhoudend model van zulk eene inrigting zal hebben ingeleverd, zóó echter dat de uitvoering van zulk een toestel niet moeijelijker en kostbaarder zij dan de oprigting der gewone stoom-zuigers, en vooral geene grooten hoeveelheid van brandstoffe vereischt.

CP 26. Peut-on, d'après les principes actuellement admis, expliquer d'une manière satisfaisante le mode dont l'eau existe dans l'air ? Sinon, quelle théorie, relativement à ce mode d'existence devrait on substituer à celle en vigueur ? On présentera, le moins possible, des conjectures et l'on s'attachera de préference aux conclusions, qui résultent de faits, il est sous entendu, que les nouvelles vues, si l'on en présente, devront interpréter plus clairement que celles existantes, la production de l'ensemble des météores aqueux.

CP 27. Quel est le mode de végéter propre aux différentes espèces d'arbres fruitiers en général et aux principales variétés de ces espèces in particulier ? On appliquera la connaissance de ce mode de végétation à l'économie horticole de ces arbres avec le but d'en améliorer le fruit.
Les jardiniers instruits dirigent d'après ces caractères le traitement qu'ils sont subi aux arbres fruitiers confiés à leurs soins. La société, en proposant la question, a pour objet de faire accueillir les connaissances

déjà existantes à cet égard, et d'en faire acquérir d'autres à l'effet d'avoir la consignation par écrit et la rédaction en Corps de Science d'observations qui tiennent degrés à la physiologie pratique des plantes et intéressent, en l'éclairant, la culture raisonnée des arbres à fruit.

CP 28. Waaraan moet het springen der stoomketels gewoonlijk worden toegeschreven, en door welke middelen op natuur- en werktuigkundige gronden berustende, men de daaruit, zoo vaak, voortvloeijende onheilen, geheel of gedeeltelijk, zoude kunnen voorkomen.

CP 29. Het gebruik van stoomwerktuigen in ons vaderland, hoe langer hoe meer veld winnende en alzoo de juiste kennis van de uitwerking dezer werktuigen en van de voordeelen die zij boven anderen kunnen opleveren meer en meer belangrijk wordende, zoo vraagt het genootschap:
Welke is de voordeeligste inrigting van een stoomwerktuig tot het uitmalen en drooghouden van plassen en polders bestemd, en in welke gevallen is het gebruik dezer werktuigen boven dat der windmolens te verkiezen ?
Het genootschap verlangt dat men onder andere onderzoeke of het voordeeliger is door zeer krachtige werktuigen het water ineens tot op eene groote hoogte te brengen, dan wel door meerdere werktuigen van mindere kracht het water achtervolgens tot op mindere hoogten op te malen als mede welke toestellen zooals staande of hellende schepraden, vijzels enz. de geschikste zijn. Bij de onderlinge vergelijking dezer werktuigen zal men zoo wel de kosten der eerste inrigting als die van het onderhoud enz. in aanmerking moeten nemen, (en) door naauwkeurige berekeningen staven.

CP 30. Naardien het door veelvuldige waarnemingen waarschijnlijk gemaakt is, dat onderscheidene zoo enkelvoudige als min zamengestelde zelfstandigheden die een bestanddeel der bewerktuigde ligchamen uitmaken of door dezelve worden afgescheiden, zoo als koolstoffe, phosphorus, ijzer, kalk, kali en keiaarde, niet als zoodanig in het voedsel aanwezig waren, maar door het levend ligchaam, het zij dier of plant, zijn voortgebragt, zoo vraagt het genootschap: welke der voornoemde en andere enkelvoudige zelfstandigheden moeten, op grond van stellige waarnemingen en proeven, als voortbrengselen van bewerktuigde ligchamen worden aangemerkt, welke daarentegen zijn als zoodanig, vooraf bestaande, uit het voedsel of van elders opgenomen ?

CP 31. Daar men zich tegenwoordig zeer veel ter ontsteking der vuurwapenen bediendt van ontplofbare zouten als de chlorinezure potasch, het zoogenaamde donderzilver en donderkwik met andere stoffen behoorlijk vermengd, - zoo is de vraag welke van deze zouten worden, ten dien einde, het best vervaardigd, met opgave van derzelver verschillende prijzen, deugden en nadeelen en gevoeglijkste mengsels, en wat bij derzelver aanwending en vorming tot dat oogmerk is in acht te nemen, hoe het gevaar van vervoer en andere ontploffingen van donder voor te komen en wat bij zulk een onderwerp nuttig kan geoordeeld worden.

CP 32. Er wordt gevraagd eene geschiedenis der lijmbereiding en het onderzoek van de verschillende daartoe aangewende manieren, hetzij door eenvoudige uitkoking der dierlijke stoffen met water, of met stoom zonder en met drukking, of wel door middel van uittrekking der beenderen door middel van verdund zoutzuur met opgave van de naar verschillende oogmerken geschikte manieren, derzelver uitkomsten en verschillende eigenschappen en deugdzaamheden der verkregene lijmsoorten, terwijl ook op de bleeking van deze stof zal moeten acht gegeven worden.

CP 33. Daar men verschillende opgaven vindt omtrent de eigendommelijke zwaarten van tin en lood mengsels en dit veelal tot bepaling van derzelver waarde of doel bij daarstelling van maten of andere werktuigen daaruit vervaardigd vooral bij de orgelpijpen van de hoogste nuttigheid is, zoo wordt gevraagd: welke zijn de gewoonlijke middelen ter bepaling van het gehalte door aanwijzing van deze eigendommelijke zwaarte van genoemde tin en loodmengsels welke men voor de beste, eenvoudigste en zekerste moet houden en wat is daarbij ten opzigte van de verschillende gesmoltene, uitgegotene en verkoelde mengsels op te merken, terwijl een proefondervindelijke tabel ter aanwijzing der verschillende zwaarte voor verschillende procentische gehalten hierbij verlangt wordt.

CP 34. Daar van tijd tot tijd mineral wateren tot dagelijks of ook geneeskundig gebruik worden aangewend, en zelfs tot uitwendig gebruik bij baden somtijds aanzienlijke hoeveelheden van dezelve moeten gebezigd worden; zoo word gevraagd een opgave van eenige voorschriften ter kunstige bereiding der voornaamste kolenzuren, zoute, ijzerhoudende en zwavelwateren, en beschrijving van eenen eenvoudigen daartoe dienende toestel, en betrekkelijke vergelijking met de kosten en eigenschappen tegen de natuurlijke wateren van die zamenstelling, welke wateren alsdan zoude dienen kunnen, om of ter vervanging van de natuurlijke wateren bij derzelver gebrek, of bij geringere kosten ter meerdere aanwending van dezelve te kunnen dienen.

CP 35. Welke behoort de zamenstelling te zijn van het koper, dat tot dubbeling der schepen moet gebezigd worden en welke zijn de beste en door de ondervinding aangeprezene middelen om de oxydatie van dit metaal door het zeewater en de daaruit voortvloeyende schade zoo veel mogelijk voor te komen ?

Het genootschap verlangt dat in de behandeling van dit onderwerp blijken worden gegeven, dat men juist bekend is met hetgeen hieromtrent in Engeland en in ons Vaderland is waargenomen, dat men door echte bewijsstukken tevens aantoont, dat en het koper en de beveiligingsmiddelen op eenen zeetogt hebben voldaan en dat men één Nederlandsch pond van dat koper inzende, dat men gebruikt heeft en het best keurt voor de dubbeling der schepen.

CP 36. Comme les auteurs ne sont pas d'accord sur la composition du ferment, ni sur sa manière d'agir dans la fermentation soit vineuse soit panaire ou autre, on demande:

Quelle est la nature intime du ferment de différente origine et relativement à son origine quelles sont ses propriétés physiques et chimiques ? Est-il toujours identique quelle que soit la source d'où il dérive ? Quelle est sa manière d'agir dans les fermentations qu'il excite ? De quelle manière se multiplie-t-il pendant la fermentation du moût de bière et ailleurs ? En quoi diffèrent entr'eux le ferment d'ascension ou qui monte pendant que la liqueur saccharine fermente et celui de subsidence, ou qui dépose après que la fermentation est terminée ?

Le ferment est-il decomposé ou non pendant la fermentation et au cas de l'affirmatif que devient l'azote qu'il contient ? Comment le ferment se forme-t-il dans les fruits ? Quels changements subit-il pendant que le suc des fruits fermente ? Y-a-t-il des substances qui par leur manière de réagir sur les liqueurs saccharines simples peuvent être considerées comme des surrogats plus ou moins utiles de ferment ? En cas de réponse affirmative quelles sont ces substances en les classant d'après le rang qu'elles occupent pour cette propriété ?

CP 37. Welke zijn de toevallen en het beloop van die kwaadaartige ontsteking welke nu en dan plaats heeft in het behandelen en openen der lijken vooral wanneer er bij den ontleder een wondje of ontvelling aan de vingeren of de hand plaats heeft, wanneer en in welke omstandigheden heeft deze ziekte plaats en welke is de aart en natuur dezer ontsteking, waarin komt zij overeen en waarin verschilt zij van de onlangs eerst bekend gewordene ontsteking en verzwering van het celwijze weefsel van den carbunkel na het behandelen van daaraan reeds afgestorven; van de roos uit andere scherpten voorkomende, van de slangen of adderen beet en die van spinnen of anderen insecten, welke zijn de beste middelen om dit toeval voor te komen en welke is de beste behandeling om dezelve te genezen ?

CP 38. Quelles sont les recherges (sic) qui dans ces derniers temps ont été entreprises dans ce Royaume avec le but d'améliorer les diverses sortes de fruits, soit à pepin soit à noyau, et quels en ont été les résultats ? L'amélioration a-'t-elle suivi une marche progressive ou s'est elle bornée a changer la forme des fruits après l'avoir une première fois amélioré ? En quoi les changemens introduits ont-ils consisté pour chaque espèce de fruit et pour les plus distinguées parmi leurs variétés récemment obtenues ? Des principes de physiologie végétale avoués par l'expérience ont-ils présidé à ces recherches ou s'est-on sans direction abandonné à l'impulsion la nature ? En quoi consiste la variation des plantes en général et celle des arbres fruitiers en particulier ? L'art puit-il la déterminer et la modifier et s'il ce peut en quoi et par quels moyens ? En d'autres termes, sur quoi la variation des fruits est-elle fondée ? Quelles espèces d'arbres fruitiers ont subi les variations les plus notables, quelles promettent de les continuer le plus longtemps ? La marche de l'améliorations se rallanti-t-elle ou s'accelère(-t-)elle à mesure qu'on avance dans les recherches ? Les améliorations se portent-elles sur les vices de l'arbre comme sur ceux du fruit. Quels vices sont à corriger dans l'un et l'autre ? Quelle direction doit-on suivre dans le choix des graines pour ces expériences principalement quant à l'origine de ces graines et la qualité du fruit qui les fournit ? Y-a-t-il de l'avantage à poursuivre les recherges (sic) d'amélioration sans les interrompre ou peut-on sans inconvénient les discontinuer pendant plus ou moins longtemps ? Quelle est sous les divers rapports la règle de conduite à suivre par celui qui voudrait continuer répondre ou commencer les recherches sur l'amélioration des fruits ? Quelles sont les précautions de propagation et de culture à prendre afin de maintenir les fruits nouveaux dans leur superiorité sur les fruits anciens ? En d'autres termes, comment doit-on faire pour empêcher, le plus longtemps possible, les fruits améliorés de se détériorer à leur tour ?

CP 39. Het is bekend dat de koorn-, aardappel- en andere brandewijnsoorten, maar vooral de twee eerste door het aanwezen eener vlugge olie bekend onder den naam van Fuselolie die in dezelven opgelost en dus zeer naauw aan deze geestige vloeistoffen verbonden is, eenen zeer onaangenamen reuk en smaak bezitten, vooral wanneer dezelven met waterdeelen vermengd, op den gewonen graad van sterkte zich bevinden. Bekend ook zijn onderscheidene soorten van zuiveringsmiddelen, die, met meer en minder goed gevolg gebezigd worden zoo wel om genoemde Fuselolie op te slorpen als te ontleden als ook om aan genoemde brandewijn soorten die aangename geur en zuivere smaak mede te deelen die aan de geestige vloeistof der vruchten van den wijngaard eigen is. Hoezeer men het nu in dit opzigt reeds zeer ver gebragt heeft door aanwending van planten kool, dierlijke kool, vooral die der bloedloog, chlorinkalk, olijvenolie, amandelmeel, azijnaether enz. is echter de zuiveringswijze nog niet tot dien staat van volkomenheid gekomen, dat dezelve weinig te wenschen overlaat in tegendeel toonen de gezuiverde producten in den handel dat niet alleen

het eene destillaat in zuiverheid merkelijk verschilt van het ander en door vermenging met water, merkelijke sporen van Fuselolie verraadt; maar ook dat niet zelden ter verkrijging van den eigentlijke brandewijn reuk en smaak vreemde zoo geene schadelijke inmengselen worden aangetroffen. Ten einde nu de bovengenoemde inlandsche producten der geestige gisting tot dien trap van zuiverheid te brengen, dat dezelven in alle opzigten, zoo wel voor genees-en scheikundig als voor fabriekmatig en huishoudelijk gebruik, zonder onderscheid de plaats kunnen innemen van den wijngeest des druivensaps zoude de uitschrijving der volgende prijsvrage welligt niet onbelangrijk zijn.
Is de tot nu toe gevolgde zuiveringswijze van den koorn- en aardappelbrandewijn en andere zoogenaamde brandewijnsoorten nog niet vatbaar voor verbetering zoo dat, door een ander gewijzigd gebruik van de kool, chlorinkalk enz. en door een naauwkeurig onderzoek naar het kortelings tot dit einde aangeprezen gebruik van olijvenolie en amandelmeel van vruchtpitten waar de olie is uitgeperst, of door aanwending van andere tot nu toe niet gebezigd wordende middelen, uit de genoemde soorten van wijngeest der Fuselolie door opslorping, vastlegging of ontleding geheel en al kan worden weggenomen en wel zoodanig dat deszelfs aanwezen even zoo min in merkelijk verslapten als in sterken wijngeest zich openbaart en kunnen er bovendien nog onschadelijke middelen worden aangewend om aan die gezuiverde wijngeest soorten, dien aangenamen reuk en smaak mede te deelen welke den wijngeest van den wijnstok zoo kennelijk onderscheidt ?
De beantwoording dezer vrage behoort op goede chemische gronden te rusten en men behoort zoo wel te letten op den waren aart en de eigenschappen van de zoogenaamde Fuselolie en op derzelver aanwezen hetzij als educt der plantaardige zelfstandigheid, hetzij als product der geestige gisting als op de wijze hoedanig de bedoelde zuiveringsmiddelen op de geestige vloeistofwerken, hetwelk vooral met betrekking tot de chlorinkalk van belang is.
Tevens behoort de op te gevene zuiveringswijze niet alleen op kleine hoeveelheden maar op fabriekmatige bewerkingen, op de eenvoudigste wijze te kunnen worden toegepast.

CP 40. On demande d'indiquer une méthode propre à mesurer les quantités de lumière qu'en voie une même coté du ciel aux differens instans du jour aux differentes époques de l'année. On désirerait de plus avoir les résultats de plusieurs séries d'experiences comme applications de la méthode demandée.

CP 41. Over de inductie der electrische stroomen, opgewekt door gewone electriciteit, galvanismus, electro-magnetismus en thermo-electriciteit, in verband inzonderheid met de daaromtrent genomene proeven door Dr. Faraday in Engeland en laatstelijk door Prof. Henry in Noord-America.

CP 42. Over de toepassing van het electromagnetismus op werktuigkunde en beweegkracht, naar aanleiding der daartoe in het werk gestelde pogingen in Noord-America, Engeland, Duitschland en Rusland, met gepaste overwegingen omtrent de bestaande waarschijnlijkheid of onwaarschijnlijkheid, dat deze werking eenmaal met voordeel den stoom zal kunnen vervangen, zoo al niet in het groot, ten minste in het middelmatige, en omtrent de beginselen, welke men tot dat einde, bij de vervaardiging der toestellen, zoude behoeven in acht te nemen.

CP 43. Etudier les variations de températures que les jours et les saisons produisent à différentes profondeurs en terre en à différentes hauteurs dans l'atmosphère, et examiner s'il existe quelque loi de continuité.

CP 44. Welke verschillende gevoelens aangaande den aard van elk der zoogenaamde onweegbare stoffen in het bijzonder zijn er, van de vroegste tijden af tot op den tegenwoordigen tijd toe, geopperd geworden, en kan men, op grond onzer tegenwoordige kennis, thans met eenige zekerheid aannemen, dat zij alle wijzigingen zijn zouden van een en hetzelfde beginsel ? Zoo ja, welke gronden kunnen een dusdanig gevoelen staven, en welke daadzaken kunnen aangevoerd, om tot den aard van dit algemeen beginsel te besluiten ?

CP 45. Wat heeft men te verstaan door het zoogenaamde "Dry rot" of de drooge vervuring of rotting van het hout ? Welke is de oorsprong en het wezen van dezelve ? Welke middelen heeft men aangewezen om dit kwaad te voorkomen of in den voortgang te stuiten ? Wat heeft de ondervinding tot dus verre aangaande het nut dier middelen geleerd ? En laat het zich à priori op goede gronden veronderstellen, dat dezelve duurzaam aan de verwachting zullen voldoen ?
Het Genootschap zal, bij het toewijzen van den prijs inzonderheid die verhandelingen in aanmerking nemen, welke bij het wel behandelen der bovengemelde punten, eigene en deugdelijke ondervindingen der schrijvers bevatten.

CP 46. Welk is het beste middel om het hout van de spoorwegen voor verrotting te bewaren ? Men verlangt daarbij opgegeven te zien wat de ondervinding omtrent Kyan's middel en dat van anderen heeft aangetoond, en tevens een zoodanig middel te zien voorgeschreven, dat bijzonder voor spoorwegen als het doelmatigste, toepasselijkste en goedkoopste kan worden geacht.

CP 47. Men vraagt eene op de nieuwste proeven gegronde beschouwing van de kracht en sterkte der verschillende bouwmaterialen, mitsgaders eene gedetailleerde en beredeneerde prijslijst bij de kubiek(e) el of bij de strekkende el, of ook bij de vierkante el oppervlakte (naar mate van de verschillende soorten van werken) berekend, van allerlei soort van werkzaamheden, die bij het maken van wegen, kanalen en verdere waterwerken, alsmede van gebouwen kunnen voorkomen.

CP 48. Jusqu'à quel point la prédilection, dont déjâ depuis quelque temps la physique spéculative jouit sur la physique expérimentale, a-t-elle nui aux progrès de cette dernière, et quels seraient les moyens de remédier au mal ? On indiquera les branches et les parties de branches, qui ont le plus souffert.

CP 49. En quoi le moyen de la substitution est-il différent des moyens ordinaires pour le changement de composition des corps ? Quel est le mode dont cette opération s'exécute ? Ou la substitution d'un principe à un autre principe, de chlore p.e. à de l'hydrogène, est-elle immédiate (remplacement direct du principe enlevé par le pareil du principe enlèvant) ou bien se fait-elle avec l'intervention d'une autre opération ? Dans l'hypothèse affirmative, de quelle nature pourrait être cette opération ? Et quel serait le genre de secours qu'elle pourrait prêter à la substitution ? Est-on sans espoir de découvrir entre les caractères chimiques de l'hydrogène et du chlore un rapprochement qui par diminuer l'aversion qu'on montre à regarder ces deux principes comme se représentant mutuellement.

CP 50. Qu'entend-on par parafaction des corps et en quoi consiste cette opération ? Quelle doit être la condition d'un corps sous le rapport de sa composition, ou quels principes un corps doit-il indispensablement contenir pour pouvoir être parafié ? Peut-on dès à présent hazarder une conjecture sur le mécanisme, soit physique, soit chimique, qui prête la main à cette opération ou, pour s'exprimer autrement, de quelle sorte de réaction dépend la parafaction ? Peut-on à cet égard puiser une induction dans la manière dont le déparafaction est connue s'effectuer ? Ou l'une opération est-elle assez l'inverse de l'autre pour que les deux puissent, quant à la cause, mutuellement ce contrôler ? La seconde est-elle la synthèse de la première ? En un mot, ce que celle-ci a détruit, est-il rigoureusement reconstruit par l'autre ? Se fait-il des parafactions et des déparafactions par la voie humide comme par la voie sèche et en ce cas quelles sont-elles ? Et les muses qui sont naître et cesser les unes et les autres sont-elles les mêmes ? Peut-on appeler antiparafaction, changement contraire de celui qu'introduit la parafaction, les phénomènes que le sulfure(?), le phosphore, l'arsenic oxidé et les autres corps présentent, lorsqu' après leur fusion un froid brusquement appliqué les ramènes(?) à la concrétion ?

51. Da die Ansichten über das jährliche Steigen oder Herabsinken der allgemeinen Meeresfläche sehr verschieden sind, so wünscht man sichere Beweismittel für das Steigen und für das Fallen der allgemeinen Meeresfläche zu erfahren, welche allein diese Frage zur Entscheidung bringen können.

52. Daar het door ondervinding gebleken is dat boomen, in de nabijheid van gaspijpen geplaatst, daarvan een zeer nadeeligen invloed ondervinden, zoodat zij in een kwijnenden toestand geraken en eindelijk wegsterven, verlangt men te weten, welke soort van boomen daardoor het minst worden aangedaan, en opgave der middelen, die in 't algemeen zouden kunnen worden aangewend om dit kwaad voor te komen.

53. Daar de omwentelings-elementen der zon naar Lalande, Laugier, Böhm, nog te zeer uiteenloopen, zoo wenscht het Genootschap deze uit een nieuwe reeks van waarnemingen naauwkeuriger bepaald te zien.

54. De keibestrating in de meeste steden van ons land in gebruik zijnde, hoewel het kostbare van aanleg en onderhoud niet is te ontkennen, zoo vraagt men, daar zich thans nieuwe bezwaren tegen deze wijze van bestraten voordoen, bestaande onder anderen in het gedurige opbreken voor gas- of voor waterbuizen,
   1e. Welke andere middelen tot bestrating zijn er buiten 's lands en wat leert de ondervinding in vergelijking met de keibestrating dienaangaande ?
   2e. Zoo de keibestrating voor ons land als de meest geschikte moet behouden blijven, op welke wijze zoude men dan in de gedurige bezwaren van knippen en kuilen, ontstaande door het onophoudelijke opbreken enz., der straat kunnen voorzien ? Zonder telkens gedeeltelijk de passage te stremmen. Of zoude men deze knippen of kuilen door eene andere wijze van bestraten te volgen, kunnen voorkomen ?

55. De kennis, die wij van de Nederlandsche bouwgronden bezitten, is, met zeer weinige uitzonderingen, geheel empirisch. Men kent en onderscheidt die niet anders en niet beter dan de gewone boeren, en meer wetenschappelijke bijzonderheden betreffende den bouwgrond, die wij in Nederlandsche werken opgenomen vinden, zijn allen aan het buitenland ontleend. Over de ware oorzaak van vruchtbaarheid en onvruchtbaarheid der Nederlandsche gronden is zeer weinig bekend, terwijl het weinige dat men daarvan geopenbaard heeft, zoo verspreid is uitgegeven, dat zulks in het bereik van slechts zeer weinigen ligt.

Het B.G. wenscht het zijne bij te dragen om in die leemte te voorzien en zal daartoe aan een geleerde de taak opdragen, de noodige kosten voor zijne rekening nemende, om een groot aantal Nederlandsche bouwgronden, uit alle oorden van het vaderland opgezameld, te onderzoeken en daarvan de wetenschappelijke beschrijving op te maken.
Het G. verlangt dat er eene zoo groote verscheidenheid van Nederlandsche bouwgronden worde onderzocht, dat daarbij elke landbouwkundig te onderscheiden bouwgrond vertegenwoordigd zij. De gronden zullen onderzocht en beschreven dienen te worden ten opzigte van hunnen geologischen oorsprong en betrekking tot den ondergrond, de scheikundige zamenstelling, de natuurkundige eigenschappen, hunne betrekking tot den landbouw en hunne betrekkelijke geldswaarde.

CP 56. Men verlangt een nieuw onderzoek naar den gang der vloedgolf in de Noordzee, de Zuiderzee en het Kanaal met de aanliggende zeeboezems.
Eene juiste opgaaf van de diepte op de verschillende punten, van den vorm en het verloop van den bodem en van de betrekkelijke rigtingen der openingen van de onderscheidene havens zal hoogst welkom zijn, dewijl daaruit alleen aanleiding kan worden geonomen tot theoretische onderzoekingen.

CP 57. Sedert geruimen tijd wordt er gesproken over een langzaam zakken, gedurende den historischen tijd, waaraan de bodem van Nederland en wel bepaaldelijk het zee-alluvium onderhevig zoude zijn. Hoewel dit zakken door velen als geheel uit de lucht gegrepen en als niet bestaande wordt beschouwd, zoo blijft er evenwel nog twijfel of sommige verschijnselen niet ontegenzeggelijk zulk een zakken aantoonen.
Het Bataafsch Genootschap verlangt, dat die zaak opnieuw worde onderzocht, dat men de tot dusverre waargenomene verschijnselen op nieuw grondig beoordeelt en, zoo mogelijk, nieuwe waarnemingen verzamelt die licht over deze zaak kunnen verspreiden. Vooral ook verlangt men de beoordeeling van de verschijnselen, die op de kusten van Groot-Brittanje en Frankrijk en in Vlaanderen, tot de meening gebragt hebben dat hier een zakken, elders een rijzen van den bodem in den historischen tijd plaats heeft gehad of nog voortdurend plaats heeft.

CP 58. De meeste torens in ons land zijn voorzien van inrigtingen om den tijd en de windrigting aan te wijzen. Voor de meteorologie en voor hare steeds toenemende toepassing op het dagelijksch leven ware het belangrijk, zoo bij deze aanwijzingen ook nog die konden gevoegd worden van den luchtdruk en de temperatuur.
Het G. verlangt alzoo: Eene uitvoerige beschrijving, opgehelderd door teekeningen of modellen van inrigtingen, waardoor de luchtdruk en de temperatuur op torenspitsen konden worden aangewezen. De inrigting voor den luchtdruk mag berusten op de werking van den barometer of van de aneroïde in den algemeenste zin opgenomen.
Zoo ook mag de temperatuuraanwijzing verkregen worden door de uitzetting van kwik of door die van andere stoffen.
De aanwijzingen zelve moeten op zoo groote schaal plaatshebben dat de aflezing minstens even gemakkelijk geschiedt als voor den tijd. Zelfs zoude het een groot voordeel zijn, indien de aflezing ook voor omliggende plaatsen mogelijk ware.
Men zal hierbij in het oog moeten houden, dat de inrigting geen uiterlijken misstand mag veroorzaken, en dat de reeds bestaande kruisen, windvanen enz., indien zij tot de aanwijzing worden dienstbaar gemaakt, dus zoo min mogelijk moeten gewijzigd of veranderd worden.
Eindelijk zal bij de windvaan nog eene inrigting moeten gevoegd worden, waardoor de aflezing van de windstreek scherper kan geschieden dan tot nu toe meestal mogelijk is.

CP 59. Het G. verlangt een naauwkeurig onderzoek of het geleidend vermogen van metalen voor den galvanischen stroom, afgezien van allen invloed der temperatuursverhooging, welke natuurlijk ontstaan moet, ook niet afhankelijk is van de intensiteit van den stroom. Het kwik schijnt bijzonder een voor dit onderzoek geschikt metaal te zijn.
Het G. stelt zich voor dat dit onderzoek, bij aldien het eene positieve uitkomst leverde, veel nut zou kunnen stichten, dewijl het veel verwarring zoude doen ophouden en ook voor het vervolg veel verwarring zoude voorkomen.

CP 60. Het G. verlangt te weten hoeveel oplosbare en onoplosbare stoffen jaarlijks door het Lobith in ons vaderland door het water worden ingevoerd: tevens met opgave der chemische zamenstelling.

CP 61. Bij de steeds dringende behoefte aan zuiver drinkwater in onze groote steden heeft de ontdekking groote waarde, dat in sommige gevallen door diepe boorputten of door Norton's heiputten zuiver water te bereiken is, op plaatsen, waar de gewone welputten slechts bedorven water opleveren. Er zijn thans zoovele van die putten geboord en geheid, dat men door een opzettelijk chemisch en microscopisch onderzoek der doorboorde gronden wel tot de beantwoording der vraag zal kunnen geraken, in welke geologisch en mineralogisch te bestemmen laag dat zuivere water gevonden wordt, en aan welke voorwaarden deze laag en de bovenliggende lagen moeten voldoen, om daaruit te kunnen besluiten tot het aanwezen van zuiver water in den ondergrond.
Het G. looft uit ... (weglating in orig.) voor de beste beantwoording van die vraag, en dat wel met betrekking tot de steden, die op de verschillende geologisch onderscheiden gronden, die in Nederland voorkomen, gelegen zijn.

CP 62. Daar er ongelijkheid in het steenkolengas van verschillende fabrijken wordt waargenomen en sommige gedeelten van de gasfabrykaadje en het gasgebruik nog toelichting behoeven, wenscht men de gasfabrykaadje in het algemeen en onder anderen de volgende punten, waartoe betrekkelijk meer in bijzonderheden uiteengezet te zien, als:
De zamenstelling van het lichtgas.
Het scheikundig onderzoek van hetzelve.
De lichtsterkte.
De nadeelen van het gas en de middelen daartegen.
De lekkaadje van gaspijpen.
Het meten van gas.
Bij de behandeling dezer punten verlangt men onder anderen: 1e. eene duidelijke verklaring der feiten of handelwijzen; 2e. aanwijzing van de middelen en wegen om in elk geval de meeste volkomenheid te bereiken; 3e. bepalingen die met dat doel in kontrakten tot het aanleggen van gasfabrieken, met den aankleve van dien, kunnen opgenomen worden; en 4e. een ontwerp van wettelijke bepalingen die betrekkelijk gas wenschelijk te achten zijn.
Men verlangt het antwoord op deze vraag zoo ingerigt te zien, dat hetzelve kan dienen als vraagbaak voor hen, die beroepshalve met het gas iets te maken hebben.

CP 63. Er wordt gevraagd eene duidelijke en zoo veel mogelijk volledige uiteenzetting der werktuiglijke, natuur- en scheikundige invloeden van middenstoffen, lucht, water enz. en andere ligchamen, waarmede de gewone bouwmaterialen naar mate van hunne aanwending in aanraking komen en zulks enkel in betrekking tot de duurzaamheid der materialen. Tevens verlangt men eene natuur- en scheikundige toelichting van de werking, welke twee of meer materialen, die in elkanders nabijheid in zoet of zout water, in vochtige lucht enz. geplaatst zijn, op elkander uitoefenen. Uit een of ander wenscht men maatregels van bestuur, om in het werkdadige de duurzaamheid en het doelmatig gebruik der bouwmaterialen te bevorderen, afgeleid te zien.

CP 64. Daar niet alleen de verouderde gebrekkige toestand der maatschappij, maar ook de betrekkelijk geringe kennis van het land de welvaart en de ontwikkeling der Kolonie Suriname tegenhouden of belemmeren, kan het niet dan wenschelijk geacht worden pogingen aan te wenden om tot eene meer volledige kennis van dat belangrijk gewest te geraken.
Dientengevolge wordt gevraagd: door welke middelen en langs welke wegen men de ontbrekende kennis van den bodem en de flora van Suriname in die mate kan verkrijgen als vereischt wordt voor ontwerpen van volkplanting, landbouw, nijverheid en koophandel.
Men houde hierbij in het oog, dat niet enkel eene natuurhistorische kennis wordt bedoeld, maar ook een onderzoek naar alles wat voor het opgegeven doel noodig is te weten, in den ruimsten zin genomen. Men verlangt een ontwerp dat zoo bepaald is, dat, wanneer er mede wordt ingestemd, er niets aan ontbreekt om tot de uitvoering over te gaan dan aanwijzing van de noodige gelden en benoeming van personen.

CP 65. Het gebruik van electrische constante batterijen neemt meer en meer toe. De voorwaarden, waaraan deze batterijen moeten voldoen, hangen van het werk af, dat de batterijen moeten verrigten; dit wordt dikwijls uit het oog verloren en de een keurt eene constante batterij goed, die door een ander wordt afgekeurd.
Al naarmate een electrische stroom moet dienen voor het telegraafstelsel van Morse, Hughes enz. voor electrische kloksignalen langs spoorwegen, voor huisschellen en dergelijke doeleinden, voor physiologisch gebruik, voor physisiche en astronomische waarnemingen enz. zullen waarschijnlijk verschillende soorten van constante batterijen noodig zijn.
Het G. vraagt eene gemotiveerde opgave der verschillende constante batterijen, die voor ieder doel het geschikst zijn.

CP 66. Het valt niet te betwijfelen, dat de luchtsgesteldheid van Holland ten aanzien van warmtegraad, vochtigheid, hoeveelheid gevallen regen en aantal onweersbuien verandering heeft ondergaan en alsnog zal ondergaan ten gevolge van verandering in bebouwde polders van de groote waterplassen: het IJ, het Haarlemmermeer, de Zuidplas en de plassen van Kralingen.
Een gouden eerepenning wordt uitgeloofd voor de meest volledige bepaling der grootte en van den aard dier verandering.

CP 67. Een gouden eerepenning wordt uitgeloofd voor de beantwoording der vraag: Welke veranderingen in de luchtsgesteldheid van Holland heeft men te verwachten van het bezetten der zeeduinen met opgaand hout, bepaaldelijk met dennenboschen, zooals in de laatste halve eeuw geschied is omstreeks Arcachon bij Bordeaux en in Jutland ? Welken invloed zou dit uitoefenen op den toevoer van water naar de duinwaterleidingen van Amsterdam en 's-Gravenhage.

CP 68. Het G. looft zijne gouden medaille uit in eene premie van ... (weglating in orig.) honderd gulden voor de vervaardiging van een meteorograaf met overseining, volgens het door den Hoogleeraar Von Baumhauer in de Archives Néerlandaises des Sciences exactes et naturelles, Dl. IX afl. 3 voorgestelde beginsel.

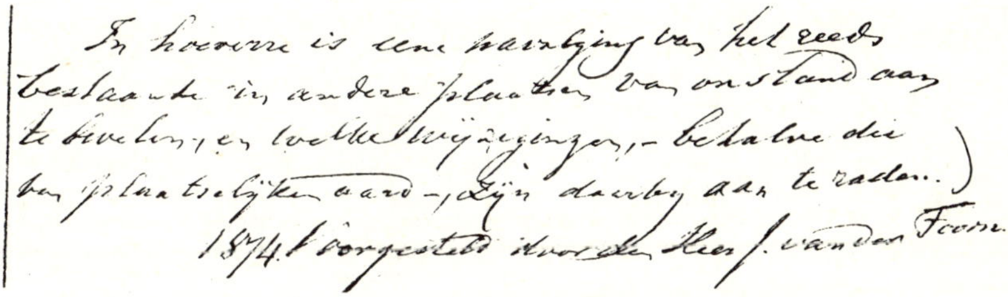
In hoeverre is eene wijziging van het reeds bestaande in andere plaatsen van onderstand aan te bevelen, en welke wijzigingen, - behalve die van plaatselijken aard - zijn daarbij aan te raden.)
1874. Voorgesteld door den Heer J. van der Toorn.

Passage uit het register van ontwerp-prijsvragen.
(Arch. Bataafsch Genootschap, inv.nr. 47).

Deze meteorograaf zal minstens de veranderingen van de luchtdrukking (liefst door een gecompenseerde weegbarometer), van de temperatuur (door een metaalthermometer), van de windrigting en van de windsnelheid moeten aangeven.

CP 69. Het Genootschap vraagt: Een wetenschappelijk vergelijkend onderzoek van eenige vezelstoffen van verschillenden oorsprong en herkomst, wat betreft sterkte en veerkracht. Vooral de nieuwere vezelstoffen uit den Indischen Archipel ingevoerd, die voor de Industrie van belang kunnen worden, moeten in het onderzoek worden opgenomen. Minstens 24 soorten of monsters verlangt men behandeld te zien.

CP 70. Het Genootschap vraagt: Een wetenschappelijk onderzoek over de opzuiging van natuurlijk vloeibaar of gesmolten vet in bundels van verschillende vezels en met verschillende oplossingen gedrenkt. Het doel is: eene wetenschappelijke behandeling te erlangen ten behoeve van de fabricatie van kaarsenpitten. Vooral moet hierbij ook op de temperatuur der vetsoorten worden gelet.

CP 71. Daar velen van aflandigen of oosten wind den gunstigen invloed, die daarvan op de beneden-rivieren ondervonden wordt, ook verwachten voor den afvoer van hoog opperwater van de boven-rivieren, en het wenschelijk is uit te maken of die meening op ervaring berust dan wel voortvloeit uit onbekendheid met de ware oorzaak der hooge waterstanden op de boven-rivieren, Zoo verlangt men:
Een overzicht van waarnemingen en daaruit getrokken resultaten, teneinde kunne worden uitgemaakt òf en tot hoever boven het punt waar eb en vloed zich op de Nederlandsche rivieren doet gevoelen, bij open water de richting en de kracht van den wind invloed uitoefenen op den waterstand.

CP 72. Daar in slechte gronden de kosten van fundeeringen een zeer groot deel bedragen der gelden voor den bouw dier werken aangewezen en dikwerf die fundeeringen blijken onbestand te wezen, Zoo wordt gevraagd:
"Welke zijn de voorzorgen hier te lande in acht te nemen bij het maken van fundeeringen in slechte gronden ?"
"Welk verband bestaat er tusschen den aard dier gronden en de keus der toe te passen fundeering ?"
"Wat heeft de ondervinding geleerd bij verschillende werken, die hier te lande op onvoldoende fundeeringen zijn aangelegd, en welke lessen zijn daaruit voor de toekomst te trekken ?"

CP 73. Daar de veiligheid der bemanning van schepen een eerste vereischte is om van die bemanning de diensten te kunnen bekomen, noodig voor het behoud en den veiligen overtocht van schip en lading,
Zoo vraagt men in verband hiermede:

a. Is het wenschelijk hier te lande op de schepen duidelijk uitwendig zichtbare merken aan te brengen als grens van de neerlading der vaartuigen, -zoo ja, - waar moeten die worden aangebracht bij de verschillende soorten van zee- en rivier-vaartuigen, en in hoeverre is het in Engeland gebruikelijke Plimsollmerk hiertoe aan te wenden ?
b. Welke stoffen geven aanleiding tot zelf-ontbranding in de lading en hoe kan hierin worden voorzien en het noodige onderzoek, ook gedurende de reis, worden ingesteld en het gevaar worden afgewend, zonder tot lossing der lading over te gaan ?
c. Welke stoffen behooren, om het overwerken der lading bij stormweêr tegen te gaan, niet in massa vervoerd, doch in kisten en balen enz. verpakt te worden, en hoe kan zulks geschieden zonder de kosten buitensporig te verhoogen of te groot tijdverlies te veroorzaken ?

CP 74. Het electrisch orgaan, voorkomende bij den Torpedo, de Gymnotes en eenige andere visschen, verdient zeer de aandacht van natuur-onderzoekers, zoowel uithoofde van de zeer bijzonder krachtige werking (in vergelijking met de kunstmatige electrische apparaten) als om de voortreffelijke isolatie te midden der geleidende vloeistoffen. Hoewel nu de anatomische inrichting en de aard der voortgebrachte werking het onderwerp van vele onderzoekingen hebben uitgemaakt, is daarentegen omtrent de oorzaak der electriciteits-ontwikkeling van het genoemde orgaan weinig bekend en de vraag rijst of deze ook zou toe te schrijven zijn aan scheikundige veranderingen in de protoplasma-zelfstandigheid. Er wordt alzoo gevraagd:
"Eene reeks van proefnemingen, die in staat zouden kunnen stellen bovenstaande opvatting te beoordeelen".

CP 75. Door verschillende omstandigheden, onder anderen door het afsnijden van bochten en het uitroeien van bosschen, komt het water uit de bovenrivieren in korter tijd dan voorheen hier te lande. De rivierstanden zijn in de laatste jaren hooger dan vroeger geweest. Het gevaar van hoog opperwater en ijsgang, vooral op den Neder-Rhijn en Lek is toegenomen.
"Op welke wijze kan het gevaar van hoog opperwater en ijsgang op den Neder-Rhijn en Lek verminderd worden ?"

CP 76. Het Genootschap vraagt:
"Eene verhandeling waarin duidelijk uiteengezet is met welken graad van waarschijnlijkheid men de onderlinge plaatsing heeft bepaald van atomen of atoomgroepen, die in den benzolkern voor waterstof-atomen gesubstitueerd zijn".

CP 77. Het Genootschap vraagt:
"Eene verhandeling, de resultaten bevattende van een onderzoek over den telephoon of den microphoon".
Het wordt aan den bewerker overgelaten slechts een dezer instrumenten of wel beide te behandelen.
Eveneens blijft hij geheel vrij in het kiezen van de richting, die hij bij zijn onderzoek wil inslaan, en kan hij bijv. naar goedvinden de verklaring der werking van telephoon of microphoon, hunne toepassing voor practische doeleinden, of de diensten, die zij bij wetenschappelijk onderzoek bewijzen kunnen, tot hoofd-onderwerp van zijn arbeid maken.

CP 78. Er wordt gevraagd eene topographische en geologische beschrijving van het eiland Timor, zoowel van het Portugeesche als van het Nederlandsche gedeelte, toegelicht door kaarten en prophilen. Vereischte is, dat het verslag niet alleen alles bevat, wat door vroegere onderzoekers op geologisch gebied van het eiland Timor bekend werd, maar tevens dat het berust op nieuw, persoonlijk onderzoek door den schrijver.

CP 79. Verlangd wordt een onderzoek naar het electrisch geleidingsvermogen door bestraling opgewekt in niet geleidende kristallen, georiënteerd naar de volgende vraagpunten:

a. Geven de verschijnselen steun aan de onderstelling, dat er voor de electronen - behalve gesloten banen rondom vaste punten in het atoomraster-ook bevoorrechte banen zijn, die zich door het raster heenslingeren ?
b. Is het mogelijk, dat een electron, door de bestraling tot geleidings-electron gemaakt, door een uitwendig veld aangedreven wordt ? Kan het daarbij voldoende energie vergaren om zelf een ander gebonden electron voor de geleiding vrij te maken ?
c. Welk licht werpen de waargenomen verschijnselen op de electriciteitsbeweging in supra- en in gewone geleiders; voorts op de electriciteitsgeleiding in vaste lichamen door de beweging van positieve ionen ?

CP 80. Gevraagd wordt een onderzoek naar de rol, bij versnelde beweging van materie of haar onderdeelen, vervuld door partieele (aether-)medesleping van Fresnel.

CP 81. Gevraagd wordt een onderzoek naar den invloed van tabaksgebruik der ouders op lichamelijke ontwikkeling der kinderen.

CP 82. Een studie te maken van de wijzigingen, welke de eigenschappen der bladeren van verschillende variëteiten van Nicotiana (de tabaksplant) ondergaan onder natuurlijke invloeden en door toepassing van kunstmiddelen.

CP 83. Gevraagd wordt een nauwkeurig onderzoek over de gasbinding in Haemocyanine houdend bloed; a. de hoeveelheid zuurstof per gr. koper; b. de dissociatiekromme van Haemocyanine; c. de buffering van het koolzuur; d. de samenwerking van koolzuur en zuurstof.

CP 84. Hoe past de viscoïde tonus van de spieren van holle organen, of van dieren, welke (in) hunne organisatie op holle organen lijken, zich aan verminderde lengte van deze spieren aan ?

CP 85. Welke factoren beheerschen de uitputting van de zuurstof uit de long bij dieren met inconstanten alveolairen gasdruk ?

CP 86. De herkomst onzer voornaamste gekweekte boomsoorten uit de groep der Monochlamydeae (eiken, populieren, iepen, enz.) en het genetisch verband binnen ieder geslacht. Critisch litterarisch overzicht, zooveel mogelijk getoetst aan levend en gedroogd materiaal in de natuur, parken, buitenplaatsen, botanische tuinen, kweekerijen, herbaria, enz.

CP 87. Men verlangt een zelfstandig onderzoek over de substantia nigra en haar verbindingen met het overige gedeelte van het zenuwstelsel. Dit onderzoek kan in vergelijkend anatomische, embryologische, experimenteel-anatomische of klinische pathologische richting of in alle gewenschte richtingen plaats vinden, maar moet een samenhangend overzicht over de anatomische beteekenis dezer kern geven.

CP 88. Levend weefsel doordringen Röntgenstralen, zoowel als oranje, roode en verdere stralen met een doordringend vermogen, hetwelk voor laatstgenoemde golflengte (l) of afnemende frequentie: n, grooter, voor Röntgenstralen daarentegen hiermede kleiner wordt, - schijnbare tegenstrijdigheid, die echter te verklaren is, als openbaring der grenzen van een hier gelegen absorptie-gebied te midden eener overigens doorloopende doordringbaarheid van levend weefsel, als onvolkomen geleider, voor electromagnetische trillingen.
De absorptie geschiedt met name door het bloed in de huidvaten, hetwelk hier aan de inwerking der stralen blootgesteld, de huid tot een orgaan maakt van overeenkomstig belang in aktinisch, als de longen in atmospherisch opzicht. Nadien nu het geabsorbeerde kleine stralengebied merkwaardigerwijze grootendeels samenvalt met dat, waarop het oog zich ontwikkeld heeft tot een orgaan van "vèrtasten" of "zien", wordt gevraagd naar aanwijzingen hieromtrent, of zulks eene slechts toevallige coïncidentie voorstelt, dan wel eene van functioneele beteekenis, in dier voege, dat de inwerking der zelfde stralen op het bloed, als het oog bij het zien ontvangt, aan de verzorging van het oog door het bloed bij het zien ten goede komt, op eenige nader toe te lichten wijze.

CP 89. Het Bataafsch Genootschap verlangt een uitvoerig experimenteel, door secties behoorlijk gedocumenteerd en door teekeningen en photo's geïllustreerd onderzoek aangaande de segmentale huidinnervatie (dermatomerie) bij de visschen.

CP 90. Uitbuiting van eb en vloed en golfslag in het algemeen, en in het bijzonder op Nederlandsch gebied.
N.B. De schrijver moet het vraagstuk niet alleen in positieven zin, maar ook in negatieven zin behandelen, indien hij bijv. zou meenen, gronden te kunnen aanvoeren, om welken reden op Nederlandsch gebied niet mogelijk zou zijn, wat bij andere geographische gesteldheid wel mogelijk wordt geacht, of indien één of andere werkwijze om bepaalde redenen niet tot gunstig resultaat kan voeren.

CP 91. Het Bataafsch Genootschap verlangt een systematische studie over het voorkomen van de marine-weekdieren van Nederland, zoowel de fossiele als de recente soorten. Bedoeld worden de soorten, die voorkomen langs de Noordzeekust, zoodat dus de voormalige Zuiderzee en groeven en boringen zijn buitengesloten.
De schelpenwereld is voor Zeeland, de kust van Zuid- en Noord-Holland en de Wadden-eilanden zeer verschillend. Gevraagd wordt dit uit te drukken in de diverse soorten. Verspreidingskaartjes, foto's van merkwaardige soorten en de verzamelde schelpen moeten aan de studie worden toegevoegd, alsmede conclusies, die uit het gevonden materiaal te trekken zijn.

CP 92. Het Bataafsch Genootschap vraagt een verhandeling, die een overzicht geeft van de ontwikkeling der methode van onderzoek, die zich bezig houdt met in monomoleculaire laag gespreide stoffen; van de proeftechnieken, die gebruikt zijn bij deze methode en van de uitkomsten der daarmede verrichte metingen, in het bijzonder de in Nederland verkregene. Gevraagd wordt welke methoden van onderzoek uit de tot nu toe bestaande spreidingsmethode zouden kunnen worden ontwikkeld; op welke wijze de proeftechnieken voor de spreidingsmethode zullen kunnen worden verbeterd en welke verdere gegevens omtrent deze lagen, ook met nut voor andere takken der wetenschap dan de physische chemie, zouden kunnen worden verzameld.

Toelichting: Op het gebied van het onderzoek van monomoleculaire lagen neemt Nederland een zeer eervolle plaats in. Toen de spreiding van eiwitten en later die van cellulose-derivaten voor het eerst gelukte, resp. te Leiden (Gorter en Grendel) en te Amsterdam (Katz en Samwel), hebben de daarbij verkregen uitkomsten in buitengewone mate de aandacht getrokken, ook buiten ons land. In den laatsten tijd is een principieel nieuwe meet-techniek in Leiden uitgewerkt, die zeer de aandacht verdient. Het tot dusver hier te lande bereikte is dus zeker waard in een overzicht samengevat te worden.
Wat het laatste gedeelte van de prijsvraag betreft: onder meer mag worden verondersteld, dat verscheidene biochemische processen beter zullen kunnen worden begrepen, wanneer meer bekend zal zijn geworden omtrent het gedrag van in grenslagen aanwezige stoffen, waarvan de moleculen volgens een bepaalde regelmaat geordend zijn. Men mag aannemen, dat voor een beter begrip nieuwe methoden van onderzoek, een verder verbeterde proef-techniek en nieuwe richtingen, waarin de onderzoekingen geleid worden, noodzakelijk zullen zijn.

CP 93. Het Bataafsch Genootschap vraagt: het samenstellen van een critisch en volledig overzicht van de literatuur over het enzyme "Catalase", teneinde de kennis van dit in de natuur zoo algemeen verspreide en belangrijke ferment te verrijken. Er zal verband gelegd moeten worden - voor zoover mogelijk -tusschen het voorkomen van dit enzyme en van de andere in de levende cel aanwezige enzymen, die bij dissimilatie of synthese werkzaam zijn en van de in de levende cel aanwezige stoffen, die bij biochemische processen als waterstof-acceptoren werkzaam zijn.
Het strekt tot aanbeveling, wanneer de literatuurstudie aangevuld kan worden door eigen onderzoekingen.

CP 94. Het Bataafsch Genootschap vraagt: kunnen economische crisissen door maatregelen van monetairen aard voorkomen worden of althans getemperd ? Zoo ja, welke maatregelen dienen daarvoor te worden genomen ?

CP 95. Het Bataafsch Genootschap vraagt: bestaan er objectieve grondslagen voor de economische politiek ? Zoo ja, welke zijn deze ? Hoe kunnen zij in de practijk tot uiting worden gebracht ?

CP 96. Het Genootschap verlangt een kritische behandeling van de kettingreactietheorie van explosieve en niet-explosieve reacties, zooveel mogelijk gebruik makende van de experimenteele gegevens.

CP 97. Een experimenteel onderzoek over het verschil in voedingswaarde van dierlijke en plantaardige eiwitten.

CP 98. In de litteratuur wordt een zeer verschillende hoeveelheid carotine aangegeven, die per rat per dag noodig zou zijn (uiteenloopend van 0,5 -1 mu-g. tot 5 à 10 mu-g.). Dit zal waarschijnlijk samenhangen met de samenstelling van de verschillende basis-dieeten.
Gevraagd wordt een experimenteel onderzoek hierover.

CP 99. Het vitamine-D heeft een grooten invloed op Ca- en P-stofwisseling. Het is mogelijk, dat die invloed aangrijpt op de resorbtie van Ca en P, op de secretie ervan of ook op de depositie ervan in de beenderen. Gevraagd: een onderzoek hierover.

CP 100. Over de physiologische werking van aneurine (vitamine B1) is niet veel bekend. Gevraagd: een overzicht van de litteratuur en eigen experimenteel onderzoek erover.

CP 101. Is bij een grootere stofwisseling (tredmolen) de behoefte aan eiwit en aan vitaminen ook grooter, of alleen de behoefte aan calorieën ? Gevraagd: een experimenteel onderzoek hierover.

CP 102. Een experimenteel onderzoek naar het belang van één of meer van die metalen, die slechts in sporen in ons voedsel voorkomen (Ni, Co, Zn, As, Mo, etc.).

CP 103. Het Genootschap vraagt een critische studie van de methoden, gebruikt voor het meten van snelheidsverdeelingen van de electronen in verschillende gasontladingsvormen en van de met deze methoden verkregen resultaten, aangevuld met eigen theoretische beschouwingen of experimenteel materiaal van den inzender.

CP 104. Gevraagd een onderzoek naar de wijzigingen, welke de lichtverdeeling in Fraunhofer-lijnen ondergaat op de verschillende punten van de zonneschijf. In de eerste plaats beschouwe men de ongestoorde punten der zonneschijf, zoo mogelijk worde het onderzoek ook uitgestrekt tot vlekken, fakkels en flocculi.

CP 105. Gevraagd wordt een verzameling van de oscilatorensterkten (f-waarden) voor een zoo groot mogelijk aantal overgangen in het atoom. Gebruik worde gemaakt van de bestaande literatuur, van theoretische berekeningen en experimenteele bepalingen.

CP 106. Gevraagd: Technisch mogelijke oplossing(en) van het werkloozenprobleem.

CP 107. Het Bataafsch Genootschap te Rotterdam verlangt een bewerking van een gedeelte van het materiaal van pleistocene zoogdieren, gevonden bij het graven van het Twente-Rijn-kanaal. Bedoeld materiaal is geborgen in het Geologisch Museum te Leiden, Garenmarkt 1b, Directeur Prof.Dr. B.G. Esscher, die gaarne inlichtingen zal verschaffen.

CP 108. Het Bataafsch Genootschap te Rotterdam verlangt een bewerking van een gedeelte van het materiaal van tertiaire en (of) quartaire zoogdieren, gevonden bij baggerwerk in de O.- en W.-Schelde. Bedoeld materiaal is geborgen in het Museum v. h. Zeeuwsch Genootschap te Middelburg, alwaar Mr. A. Meerkamp van Embden, gaarne inlichtingen zal verschaffen.

CP 109. Aangezien Nederland bij het drooghouden van den Vaderlandschen bodem in toenemende mate afhankelijk geraakt zoowel van gecentraliseerde krachtsopwekkingen als van ononderbroken aanvoer van brandstoffen, aan welke afhankelijkheid, vooral in tijden van oorlog of binnenlandsche woelingen groote gevaren verbonden zijn, vraagt het Bataafsch Genootschap eene verhandeling over de nuttige toepassing van de windkracht bij ontwateringen. Zoowel de technische en landbouwkundige zijde van het vraagstuk, als de economische, krijgskundige en maatschappelijke aspecten worden bij de beantwoording der prijsvraag belicht.

CP 110. Het Bataafsch Genootschap vraagt een verhandeling over de mogelijkheid door verbetering van den wiekvorm en van het wateropvoerwerktuig de wateropbrengst van den Hollandschen molen voor polderbemaling te vergrooten, opdat deze, beter dan in den overgeleverden vorm, zal kunnen voldoen aan de eischen, welke tegenwoordig aan de polderbemaling worden gesteld. Daarbij zal het aanbeveling verdienen het samenvallen van regenrijke en windrijke tijdperken mede in de beschouwing te betrekken.

CP 111. Het Bataafsch Genootschap vraagt experimenteele onderzoekingen betreffende den aard van het maligne lymphogranuloom.

CP 112. Welke factoren in het onderwijs in al zijn geledingen en vormen voor de Duitsche jeugd, beheerschen den agressieven geest en welk schema van contrôle op dit onderwijs biedt derhalve waarborgen tegen een herhaling van zoodanige agressie en kan daardoor in de beschaafde natiën voldoende motorische kracht vinden, om door de regeeringen gemeenschappelijk tot uitvoering te worden gebracht ?
Ter toelichting zij nog vermeld, dat de formuleering van de prijsvraag in één zin is samengevat, waardoor wellicht nog niet voldoende tot uitdrukking komt, dat het er niet om gaat een academische verhandeling te verkrijgen, doch een antwoord op de prijsvraag van zoodanige waarde als propagandamateriaal, dat het vertaling vindt in alle talen der beschaafde wereld en den stoot geeft tot een practische verwezenlijking van maatregelen tegen het bederf in de opvoeding der Duitsche jeugd en dus de systematische aankweeking van een geest van militarisme en agressie in het Duitsche volk doet eindigen.

CP 113. Tengevolge van de oorlogsomstandigheden zijn de klokken van Hemony gedeeltelijk uit de torens gehaald, en beter dan ooit tevoren voor onderzoek beschikbaar. Men vraagt:

a. een korte beschrijving van de klokken en van hun vervaardiging, voor zoover die belang heeft voor het begrijpen van hun akoestische eigenschappen;
b. een onderzoek naar de samenstelling van hun geluid bij normale aanslagvoorwaarden;
c. een onderzoek naar den trillingsvorm van het kloklichaam;
d. een vergelijking tusschen de klank der Hemony-klokken en die van enkele andere makers;
e. een verklaring van de klankverschillen uit de geometrische en physische verschillen tusschen de klokken.

De eenvoudinge metingen dienen aan een zoo groot mogelijk aantal klokken uitgevoerd te worden. Voor het vollediger onderzoek kan men zich tot enkele typische exemplaren beperken.

CP 114. In de laatste jaren zijn een reeks eigenschappen van de interstellaire materie bekend geworden. Men vraagt een monografie van deze materie in het galaktische stelsel, voor zoover zij uit gecondenseerde deeltjes bestaat. Vooral zal het doel moeten zijn, de chemische samenstelling en de afmetingen te bepalen van deze deeltjes, zooveel mogelijk gebruik makend van waarnemingsgegevens; hiertoe behoort ook de verdeeling der stofmassa's in de ruimte, welke verdeeling echter niet als primair doel van het onderzoek te beschouwen is.
Bijzondere aandacht worde gewijd aan de vraag, of er geleidelijke overgangen zijn tusschen de vaste deeltjes en het interstellaire gas.

CP 115. Beteekenis der cel- en kernvolumina van verschillende organen in verband met leeftijd en verrichtingen in het bijzonder onder invloed der hormonen.
Het Pharmaco-Therapeutisch Laboratorium is gaarne bereid verdere inlichtingen te geven, te meer daar van de richting, die de onderzoeker zal willen inslaan, zal afhangen, welke literatuur hiervoor door hem zal moeten worden geraadpleegd.

CP 116a. Het Genootschap verlangt:
Een in verband met de omstandigheden zoo uitgebreid en nauwkeurig mogelijk onderzoek van den huidigen toestand der Nederlandsche duinen, zooals zij door de Duitschers zijn achtergelaten. Opgave van versper-

ringen, bunkers, loopgraven, gangen, muren, forten, tankgrachten enz. is gewenscht, met plattegronden, foto's, schetsen en teekeningen. Voor strategische doeleinden hebben deze wellicht nog waarde, alsook de ligging der landmijnenvelden.

CP 116b. Een behandeling van voorstellen teneinde alle oorlogsherinneringen in onze duinen op te ruimen, tenzij er bouwwerken bij zijn, die de duinen verstevigen en meer vastleggen. De manieren waarop de opruiming moet geschieden, met schattingen van kosten, tijdsduur van de opruiming enz. Aangezien de duinen voor bescherming tegen de zee, voor waterwinning, voor recreatie, voor studie enz. van groote beteekenis zijn, moet ook worden nagegaan, in hoeverre nieuwe aanplant van helm en bosschen noodzakelijk is. In verband hiermede wordt in herinnering gebracht de dissertatie van J.W. van Dieren, Amsterdam 1934, "Organogene Dünenbildung".
Nagegaan dient te worden, in hoeverre de bouw van buitenhuisjes in de duinen toelaatbaar is. Moet herbouw geschieden van de honderden vernielde huizen in de duinen of niet ?
Uit den aard der zaak worden de duinen op de zuidelijke en noordelijke eilanden bij dit onderzoek mede inbegrepen.

CP 117. Gevraagd: een studie van de bosch-associaties in Nederland, gegrond op eigen onderzoek en op de literatuur, vooral met het oog op de beste wijze van herbeplanting.

CP 118. Een goede waterhuishouding is in Nederland een levensbelang. Hoeveelheden en hoedanigheden van het water, zomede de organisatie van het waterbeheer, moeten aan bepaalde eisen voldoen teineinde de belangen van de drinkwatervoorziening, de landbouw, de industrie, de recreatie enz. zo goed mogelijk te dienen.
Het Genootschap verlangt een verhandeling omtrent de vraag, welke maatregelen er dienen te worden genomen opdat het water in Nederland een voldoend goede hoedanigheid behoudt of herwint, en opdat met de beschikbare hoeveelheden oppervlaktewater en grondwater een zo hoog mogelijk rendement wordt bereikt.

CP 119. Gevraagd wordt om een onderzoek in te stellen naar de bouw en functie der capillairen in de menselijke of dierlijke placenta, teneinde hiermede een verklaring te geven voor de voortstuwende kracht van het bloed in dit orgaan.

CP 120. In het "Zeitschrift für Anatomie und Entwicklungsgeschichte", Band 93, heeft S. Mollier nieuwe opvattingen over de bouw van de voorste buikwand gepubliceerd, waarbij minder aandacht geschonken is aan het gebied van het lieskanaal. Gevraagd wordt een anatomisch onderzoek van laatstgenoemd gebied bij de mens, aansluitend bij de onderzoekingen van Mollier, en een vergelijking tussen de bouw van de menselijke buikwand en die van één of meer viervoetige zoogdieren.

CP 121. Gevraagd wordt een onderzoek naar de betekenis van verschillende antilichamen voor de immuniteit tegen kinkhoest bij de mens.

CP 122. Wordt gevraagd: een studie van de voor- en nadelen, welke verbonden zijn aan de eventuele afsluiting van de Rotterdamsche Waterweg en de Westerschelde.

CP 123. In 1873 heeft de Weense hoogleraar H. Fritz zijn "Verzeichnis beobachteter Polarlichter" gepubliceerd. Aan deze lijst, van 1774-1866, 9911

waarnemingen omvattende, heeft onlangs Prof. Dr. S.W. Visser een onderzoek gewijd, waaruit een merkwaardig verband met de 11-jarige zonnevlekkenperiode blijkt.*
Het moet de moeite waard zijn de poollichten-lijst na 1866 voort te zetten, ten einde een controle op de resultaten van Prof. Visser te verkrijgen en ons inzicht in het verband met de zonne-activiteit te verdiepen.
*Geofisica pura e apllicata, Milano, Vol. 43, p. 302-318.

CP 124. Het verkeer heeft zich in de laatste eeuw op revolutionaire wijze ontwikkeld. De gang van zaken voorzag men vaak onvoldoende, zodat veelal moeilijkheden optraden die voorkomen hadden kunnen worden.
De laatste halve eeuw heeft het verkeer zich enigermate vrij gemaakt van de beperking dat nauwelijks iets meer dan het platte vlak ter beschikking stond, over- en onderdoorgangen vonden slechts sporadisch toepassing. Pas het luchtverkeer is eigenlijk begonnen het verkeersbeeld driedimensionaal te maken.
Een mogelijke verwachting kan zijn dat in een niet te verre toekomst een stadium wordt bereikt met kenmerk dat ongeveer elk huisgezin beschikt over een voertuig met helicoptereigenschappen en afmetingen van hoogstens enkele meters. Gaat men uit van deze verwachting, dan kan het gewenscht zijn dat tijdig, dus nu en in de eerstkomende jaren, maatregelen worden genomen om de verwachte verkeerssituatie op te vangen.
Verlangd wordt een schets van het driedimensionale verkeersbeeld in bovengenoemd stadium (verkeersregels!) en deze zo volledig mogelijk te motiveren. Daarbij aan te geven de bedoelde maatregelen (huizenbouw, stads- en uitbreidingsplannen, spoorwegnet, land- en waterwegen).

3.3. Uitgeschreven prijsvragen

* Rivierkundige Stellingen (zie 2.3). "Maar, gemerkt het Genootschap het zelve zoo volmaakt wenscht te zien, als immer mogelijk is, en dewijl het begrijpt, dat 'er nog verscheidene verbeteringen op zouden kunnen vallen, eer het gezegd kan worden die genoemde hoedanigheden te bezitten, heeft het goed en noodig geoordeeld het zelve bij wijze van Voorstel uit te geeven, en eene Gouden Medaille, ter zwaarte van 15 Ducaaten, te stellen op de beste beoordeelinge en verbeteringe, die men over dit Samenstel aan het zelve, voor het begin van den 1sten Maart 1771 toezenden zal.

P 1. Welk is het bekwaamste Middel om door het afleiden van het overtollige Bovenwater, bij eene opene Rivier, de Dijken langs de Lek en Waal, en vooral de Noorder-Lek-Dijk boven Dams, voor Doorbraaken te bevrijden, en het Water langs de nieuwe Maas voor bij den Briel naar Zee af te brengen, zoodanig dat de eerstgemelde Rivieren voor Schepen, die 4 of 5 voeten diep gaan, bevaarbaar blijven ?

P 2. Is 'er eenig Middel om onze Landen, die door Regen- of Opperwater overstroomd zijn, en het Water uit zig zelve niet loozen kunnen, op eene spoediger wijze, en met geen meerder kosten, dan tot hier toe door Wind- en Molenwerk geschied is, van het zelve te ontlasten ? Zo ja, Welk ?

P 3. Dewijl de Rivieren de Merwe van Loevestein af, oude en nieuwe Maas voor bij den Briel, sedert een reeks van jaaren, zoo zeer vernaauwd en ondiep geworden zijn, dat de vrije uit- en invaart der Zee-Scheepen, door het Zeegat van de nieuwe Maas, 'er merkelijk door belemmerd worden, welk is het beste Middel om dezelve te verbeteren, en vooral de ondiepte der Krab bij de Lint weg te neemen, of ten minste haar die wijdte en diepte, welke zij nu heeft, te doen behouden ?

P 4. Welke en hoedanige verbeteringen zijn 'er te maaken, omtrent den Vorm en Toestel der Vaten, Fornuizen of Stookplaatsen en Vuurgangen, als mede omtrent de Soorten, den Aanleg en de Bestuuring der Brandstoffen in alle die Trafijken onzes Lands, en in allerley gevallen, waar in vogten moeten heet gemaakt, gekookt, en in den vereischten graad van hitte onderhouden worden, om dit op de spoedigste, gemakkelijkste minstkostbaare wijze en met den besten uitslag te doen ?

P 5. Welke zijn de Middelen om op Zee, in storm, gematigd en stil weder den loopstreek der Stroomen zeker, of ten minsten zekerder, dan tot nog toe bekend is, te weeten ?

P 6. Welke zijn de redenen of oorzaaken waarom 'er op de uitgaande Scheepen der Nederlandsche Oost-Indische Maatschappije, vooral van hier tot aan de Kaap de Goede Hoop, thans meerder Volk sterft dan voorheen, en meer dan, zoo als uit de berigten schijnt, bij andere Natiën ? En welke zijn, behalven de reeds bekende, de beste Behoedmiddelen om zulks te voorkomen ?

P 7. Welke Middelen zijn 'er om voor te komen, dat de Roeden der Windmolens niet zoo dikwijls, als gewoonlijk geschiedt, bij den As breeken, en om te weeg te brengen, dat dezelfde Molens met korter Roeden, dezelfde breedte van Zeilen en dezelfde kragt van Wind, even sterk werken, en bij eene onvoorziene verheffing van Wind haare snelheid uit zig zelven maatigen ?

P 8. Is 'er, in aanmerking nemende de gelegenheid der Stad Rotterdam, eenig Middel ter uitvoer te brengen, om uit derzelver Buiten-Stad het Water te keeren, alleen ten tijde wanneer het Water tot 3 à 4 voeten beneden den Peil van den Vloed van den 14 November 1775 gewassen is, zonder dat 'er haare Scheepvaart en Koophandel door belemmert worden ? Zoo neen, waarom niet ? Zoo ja, welk en hoe het zelve in 't werk te stellen ?

P 9. Dewijl de Proeven en Ondervindingen sedert lang overtuigend doen zien, dat de Inënting der Kinderpokjes deze Ziekte oneindig minder gevaarlijk maakt voor het menschelijk leeven dan de natuurlijke besmetting, en men reden heeft om te denken, dat de Inënting, algemeen in gebruik gebragt wordende, het beste middel zoude wezen om het heerschen derzelve bij wijze van Epidemie voor te komen, zoo vraagt het Genootschap:
Welke zijn de geschikste middelen om den Gemeenen Man in ons Vaderland, zoo ten platte Lande als in de Steden, tot het gewillig gebruik maaken van de Inëntinge der Kinderpokjes aan te moedigen, en om deze practijk op de minstkostbaare wijze en zonder gevaar van de besmetting te verspreiden aan hun toe te dienen ?
En nadien 'er tot die eindens reeds in andere Landen eenige bekwaame middelen voorgeslagen, en zelf(s) met vrugt in 't werk gesteld zijn, behoeven de Schrijvers geene zwaarigheid te maaken om ook die Middelen te beschrijven, mits zij, benevens het nut, de uitvoerbaarheid derzelven in ons Land aantoonen.

P 10. Welk is het beste Middel of Werktuig, 't welk, aan eene Stoom- of Vuur-Machine gevoegd, bekwaam is om, zonder merkelijk te ontstellen, geduurende eenige Maanden agter een, te werken, en, tot allerlei hoogten beneden de 5 Voeten, op te brengen eene hoeveelheid Waters, welke toeneemt, naarmaate de hoogte, tot welke het moet toegebragt worden, vermindert, en die overeenkomstig is aan het bekend vermogen der Machine ?

P 11. Nadien de zoogenoemde vaste Lucht, sedert eenigen tijd een voornaam onderwerp geworden is van de Onderzoekingen der Natuurkundigen, omtrent welks waren aart en eigenschappen zij het egter tot nog toe niet volkomen ééns zijn, en gemerkt het te wenschen ware, dat 'er, uit de Ontdekkingen, omtrent dezelve gedaan, eenige wezenlijke nuttigheden tot de menschelijke Maatschappij voortvloeiden, zoo steldt het Genootschap voor: 1. Uit de veelvuldige gedaane of uit nieuwe Proeven te bepaalen, of de vaste Lucht eene bijzondere Hoofdstof zij, dan maar gemeene Lucht, door bijmenging van andere elementen, of door afscheiding van eenige wezenlijke deeltjes veranderd; 2. Het zij zij eene bijzondere Hoofdstof zij, of niet, aan te toonen deszelfs waare en bestendige eigenschappen en betrekkingen op andere lighaamen; 3. Te verklaaren, waar uit deszelfs onderscheiden soorten voortkomen; 4. Aan te wijzen de voordeelen, welken de Maatschappij kan trekken uit de zekere kundigheden, die men omtrent de waare eigenschappen en verschillende soorten van vaste Lucht verkregen heeft.

P 12. Dewijl, voor de invoering van de Cochenille, het Scharlaken of Karmozijn plagt geverwd te worden met de in Polen, en elders in Noordelijke Gewesten jaarlijks ingezamelde Karmozijngreinen, die aan en tusschen de wortelen van het Polygonum of den Scleranthus zaten; en dewijl de aankweeking en inzameling van dit nuttig voortbrengsel van Verwstoffe aldaar verwaarloosd is geraakt; wordt gevraagd: Groeit op onze Vaderlandsche Heijen, Geestlanden of zandige Akkeren die soort van Polygonum of Scleranthus (Duizendknoop, Steenbreek), dewelke anders bekend staat met den naam van Polygonum Cocciferum ? Vindt men in de maand Juny aan de Stoelen en Wortelen der perenne of overjaarige Planten van die soort, als zij verdord zijn, ergens hier te Landen het Karmozyngrein ? Door welke middelen kunnen die Planten, met de gezegde Greinen, binnen onze Provinciën, in de gemelde terreinen, in eene genoegzaame hoeveelheid tot Verwstoffe en tot Medicinaal gebruik aangekweekt worden ?

P 13. Hangt het lighamelijk Levensbeginsel (Vita Corporea) der Dieren in zijn bestaan, werking, voortduring of vernietiging ook af van den onmiddelijken invloed van eenig ander beginsel of kragt der Natuur, de Lugt, het Vuur, de Electriciteit, de Magneetkragt enz. ? Zoo ja, uit welke proeven en waarneemingen blijkt zulks ? En welke nuttige gevolgen of leeringen zijn daar uit te trekken ?
Onder de Proeven, die men ter beantwoording dezer Vrage nemen zal, verlangt het Genootschap ook zulken, die met de verschillende vaste Lugten op dat Levensbeginsel genomen zijn.

P 14. Door Proeven te toonen, welke Lugtverhevelingen van de werking der Natuurlijke Electriciteit afhangen; hoe dezelven 'er door worden voortgebragt; en welke de bekwaamste middelen zijn om onze Huizen, Schepen en Personen tegen den schadelijken invloed derzelven te beveiligen ?

P 15. Welken invloed heeft de Natuurlijke Electriciteit en derzelver verschillende verdeeling in onzen Dampkring op gezonde en zieklijke Lighamen ? In welke ongesteldheden en ziekten is de kunstige Electriciteit dienstig tot genezing of verligting ? Op wat wijze werkt zij tot dat einde ? En welke is de beste manier, om 'er zich met dat oogmerk van te bedienen ?

P 16. Brengen de Droogmaakerijen onder de Bewoonderen derzelven doorgaande ziekten van een bijzonderen aart voort; of verzwaren zij alleen de gewone ziekten van het najaar ? Zoo ja, welken zijn 'er de oorzaken van en welke de middelen om die voor te komen en 'er zich tegen te behoeden ?

P 17. Neemt een regel Boomen op de kanten der Zaai- en Weilanden te veel zon en plaats weg, geeft hij te veel regendrop, beroofd hij den grond te veel, lokt hij te veel graanverslindend gevogelte en schadelijke Insecten, doet hij eenige andere nadeelen, en zijn de onderstelde nadeelen van dit een of ander, of van alle deze dingen samen, aanmerkelijker dan de voordeelen van verblijfverschaffing voor Insecten en Zaad van schadelijke onkruiden, verslindend gevogelte, van luuwte voor de veldgewassen, van gewin aan 't hout enz. ? Maakt het, ingeval die nadeelen kleinder dan deze voordeelen zijn, een wezenlijk verschil, tot welke soort van boomen men zich bepale, of hoedanige wijs, om die te planten, te snoeijen en te kappen, men behoore in acht te nemen ? Het een en ander word geëischt zoo proef- als redeneerkundig te betogen.

P 18. Welke nuttige en voordeelige gebruiken zijn 'er te maken van het Roet van Turf, Hout en Kolen, het zij voor den Landbouw, het zij voor Fabrijken, het zij tot het vervaardigen van Ammoniac Zout of in andere opzigten, en welke zijn de beste middelen daar toe ?

P 19. Zijn 'er geen andere middelen als Teer, waar door men het hout der Schepen even goed kan bewaren, en waar van de Ingrediënten voor het geheel of gedeeltelijk in ons Vaderland of in de Koloniën van den Staat der Vereenigde Nederlanden te vinden zijn ?

P 20. Welke zijn de beste Werktuigen tot gemak van doove en hardhoorende Menschen ? Zijn 'er ook eenige vaste regels, die men zoude kunnen volgen, zoo wel in het vervaardigen als in het gebruik derzelven ?

P 21. Nadien de vergelijkende Ontleedkunde zoo veel overeenkomst tusschen het werktuiglijk lighaamsgestel van den Mensch en van de volkomenste Dieren ontdekt, is de Vraag, of er natuurlijke redenen zijn, waarom de Mensch, meer dan eenig Dier, met ziekten en gebreken heeft te worstelen; zoo ja, hoe ver derzelver nasporing aanleiding kan en moet geven tot meerdere voltooijing van de voorschriften der Geneeskunst, ter onderhouding of herstelling der Gezondheit ?

P 22. Op te geven den besten toestel van de Electrophore, de bijzondere verschijnselen van dit Electrisch Werktuig Proefkundig te verklaren, en aan te wijzen, welk nieuw licht het zelve aan de leere der Electriciteit toegebragt heeft.

P 23. Ten einde eene goede Historie te hebben van de miswijzing der Compas-Naalde, aan te toonen,
a. In welke Jaren eene miswijzing is geweest te Boulogne, Rome, Parijs, Londen, Utrecht, Berlijn, Koppenhage, Stokholm en op zoo vele plaatzen der Aarde, als men kan ontdekken, met bijvoeging der lengte en breedte, waar op dezelven gelegen zijn.
b. Hoeveel en in wat Jaar de grootste miswijzing in diezelfde plaatzen is geweest, zoo dat na dien tijd dezelve heeft afgenomen:
c. Het zij die tijd naauwkeurig is waargenomen, het zij uit de gedane waarnemingen, bij rekening, zoo wel van voren als van agteren, word aangetoond wanneer geene en wanneer de grootste miswijzing is voorgevallen.

d. Dewijl het mooglijk is, dat in de aanteekening misslagen, door drukfouten of anderzins, zijn ingeslopen, zoo word vereischt, dat de waarnemingen zelf met elkander worden vergeleken, om dezelven daar door te ontdekken.
e. Ook word begeerd, dat men, zoo veel mooglijk is, aanwijze in welke plaatzen het verschil der miswijzing Jaarlijks vermeerderd of verminderd is, en in het bijzonder, of het verschil der miswijzing in onze Republijk, sedert 30 à 40 Jaren, Jaarlijks minder zij, dan voor dien tijd ?
De Waarnemingen moeten gedaan zijn op het land, door kundige personen; zijnde alle waarnemingen, die op Zee genomen worden, aan al te veel onnaauwkeurigheden onderworpen, om zich op dezelven te verlaten.
N.B. De Schrijvers worden verzocht de nuttige gevolgen op te geven, dewelken uit de beantwoording dezer Vrage te trekken zijn.

P 24. Welke zijn de Gebreken der tot hier toe bekende Windmeters ? Hoedanig zou een Windmeter moeten samengesteld zijn, om in allerlei gevallen de kragt van den Wind zeker en juist te kennen ? En welke nuttigheden zou zulk een Werktuig aanbrengen ?

P 25. Op Scheikundige gronden aan te toonen het onderscheid tusschen de beste en minst vrugtbare soorten van Kleigronden, vooral van ons Vaderland, en ingevolge daar van zekere regels en middelen ter verbetering van de laatstgemelde vast te stellen.

P 26. Welke is de aart van de verschillende schadelijke en verstikkende Uitdampingen van Moerasschen, Secreten, Riolen, Gast- of Zieken- en Gevangenhuizen, Mijnen, Putten, Graven, Wijn- en Bierkelders, Doove Koolen, enz. ? En welke zijn de beste middelen en tegengiften om de schadelijkheit dier Uitdampingen, naar haren verschillenden aart, te verbeteren en de verstikten te redden. ?

P 27. Dewijl men meent, dat 'er in de manier om Arak te brouwen, zoo als die beschreven is in het Tweede Deel der Verhandelingen van het Bataviasche Genootschap (Bladz. 162), volgens de beginselen der hedendaagsche Scheikunde, aanmerklijke en voordeelige verbeteringen te maken zijn; zoo belooft men den gewonen Gouden Eereprijs aan hem, welke die verbeteringen, gegrond op Scheikundige Proeven, aanwijst, en boven dien nog een dergelijken Eereprijs van gelijke waarde, wanneer het blijkt, dat men in de Indiën dezelven bij de proef goedgevonden heeft.

P 28. Zijn de Knoest- of Kreeftgezwellen en de tusschenpoozende Koortzen alleen aan den Mensch eigen ? Zoo ja, welke zijn 'er de bijzondere redenen van ? Door welke teekenen worden de eerstgenoemde gebreken van andere soortgelijke volkomen onderkend ? Zijn 'er goede gronden om te hopen, dat men dezelven immer zoo gelukkig zal kunnen voorkomen en genezen als de laatstgenoemde Ziekten ?

P 29. Zijn 'er eenige natuurlijke of andere hinderpalen, die het ondoenlijk zouden maken om een Kanaal te graven van 's Hertogenbosch af tot aan of nabij de Steden Maastricht of Luik, het geen bevaarbaar en voldoende zijn zou ter vervoeringe van allerlei Koopgoederen, welke in onze Zeehavens ontfangen worden ? Zoo neen, welk zou daar toe het best en meest uitvoerlijk Plan zijn ? Welke kosten zouden er toe vereischt worden, en welke voordeelen zou ons Land en Koophandel daar uit trekken kunnen ?

P 30. Welke is de beste manier om goedkoop, spoedig en in eene groote hoeveelheit, volkomen gedephlogisteerde Lucht te verkrijgen, dezelve zuiver te bewaren en altoos in gereedheit te hebben ? En in welke gevallen en op wat wijze kan men zich van dezelve bedienen om Phlogistique Lucht te verbeteren en deszelfs schadelijke uitwerkzelen te voorkomen en weg te nemen ?

P 31. Men verlangt te weten de Historie van het eenvoudige Zee-Compas vervattende:
1. Den tijd van deszelfs uitvinding, zoo na mooglijk is.
2. Deszelfs samenstelling ten tijde der uitvinding.
3. De verbetering van het zelve tot nu toe gemaakt, met de redenen waarom yder derzelver gedaan is.
4. De gebreken, welke in het zelve nog gevonden worden.
5. Aanwijzing hoe dezelven kunnen verbeterd worden, in het bijzonder, hoe men de Naald kan bewaren voor de uitwerking van den Blixem en den Roest ?
6. Eene juiste bepaaling der lengte, breedte, dikte en diepte, welk ijder Deel, waar uit het zelve bestaat, behoort te hebben, in evenredigheit met een Roos van een gegeven middenlijn; mitsgaders de plaatzen der Assen van de Beugels en van alles, dat 'er noodig is om een volmaakt Zee-Compas te maken, bestaande voornaamlijk daar in, dat de Naald niet traag noch wild is, als mede dat de Roos niet gemaklijk van de pen valle, door de beweging van het Schip.

P 32. Dewijl 'er alle reden is om te vreezen, dat de overstroomingen langs de Rivieren de Waal en Leck, over de Landen de Opper- en Neder-Betuwe enz. van tijd tot tijd staan te vermeerderen en te verzwaaren, en, nadien het blijkbaar is, dat het geheel voorkomen derzelve volstrekt ondoenlijk is, het meer en meer ophoogen en opkisten der Dijken veel eer dezelve verhaasten en erger maaken moeten, zoo vraagt het: Welke zijn de beste middelen, om de overstroomingen dier Rivieren te bepaalen, in haare gevolgen minder verderflijk, en in sommige opzichten voor die Landen voordeelig te maaken ? welke kosten zouden daar toe vereischt worden ?

P 33. Daar de Runderpest in ons Land aanhoudend blyft woeden tot onnoemelijke schaade van Landheeren, Bruikers, Boulieden, en van 's Lands Ingezetenen; -daar men reden heeft om te wanhoopen, dat 'er immer een vermogend tegengift tegen de Smetstoffe van die Veeziekte zal gevonden worden, hoe groot eene belooning men ook op de uitvinding daar van zetten mag; - en daar het sedert lang uit standvastige proefondervindingen in andere Landen ontegenzeglyk zeker is gebleken, en nog aanhoudend blijkt, dat de Veepest in haaren verderflijken voortgang van besmettinge gestuit word door het dooden der Runderen op het oogenblik dat men aan dezelve de teekenen der ziekte bespeurt, het zij op het Stal, het zij in de Weiden, Zo biedt het Genootschap den Eerenprijs der goude Medaille ter zwaarte van 30 Ducaaten, aan hem, die voor den 1sten van Maart 1785, de sterkste beweegmiddelen zal voordraagen, om hetzelve bij ons in gebruik te brengen en algemeen te maaken, benevens de klaarste en overtuigenste wederlegging van de bedenkingen en redenen, welke de navolging van dat voorbeeld van andere Landen tot hier toe verhinderen.

P 34. In welke opzichten verbeteren de nieuwe Proeven en Waarneemingen omtrent de verschillende vaste Luchten onze kennis van den aart, de wijze, en de voortbrengzels der Rottinge van dierelijke en groeijende zelfstandigheden, van de oorzaaken, door welke zy voortgebragt, en van de middelen, waardoor zij voorgekomen en gestuit word ?

P 35. Hoe ver is men in de Theorie der Straalbuigingen (Refractiën) gevorderd ? Hangen de veranderingen, welke zy in den dampkring ondergaan, alleen af van de verschillende digtheid en warmte der Lucht, en zijn zij daar aan evenredig, of zijn 'er nog andere oorzaaken, welke haar aandoen ? Zoo ja, welke zijn de wetten, waar aan dezelve onderworpen zijn ?.

P 36. Welke zijn de oorzaaken van het Beslag op de tong ? Welke zijn deszelfs verscheidenheden ? In hoe verre is het een kenmerk van den onderscheiden aart, en de oorzaaken der verschillende ziekten ? Wat grond geeft het den Geneesheer tot het maaken van eene goede voorzegging; en welke aanwijzingen verschaft het hem in het behandelen dier ziekten ?

P 37. Welke zijn de bekwaamste middelen en werktuigen, om in de Rivier de nieuwe Maas, den verderen aanwas der Plaaten, even boven en beneden Rotterdam, op eene min kostbaare wijze te voorkomen, dezelve te doen verminderen, en, zo ver mogelijk is, weg te neemen ?

P 38. Wat gebruik kan men maken van de Weerkundige waarnemingen, waarop men zig tegenwoordig zo yverig toelegt ? Wat nuttigheid kunnen zij aan de Geneeskunde in het bijzonder, en aan de menschelijke samenleeving in het algemeen, toebrengen ? En welke is de beste wijze, om dezelve daarop toepasselijk te maaken ?

P 39. Nadien 'er reden is, om te denken, dat het werktuig door den Heer Achard uitgedagt, in de Nouveaux Memoires de l'Academie de Sciences & belles Lettres Année 1776, beschreven, een zeer bekwaam middel is, om de lugt in een vertrek te dephlogisteeren, zo belooft het Genootschap eene gouden Medaille ter zwaarte van 30 Ducaaten aan hem, die proefkundig aantoond hoe dit Werktuig bekwaam is:
1. Om de lugt wezentlijk te dephlogisteeren; tot welken graad en hoeveelheid in eenen bepaalden tijd, en in een vertrek van eene bepaalde grootte;
2. Om 'er de lugt eenen genoegzaamen tijd en in eenen vereischten graad zuiver te houden, en voor welke kosten;
3. Om op een Schip in alle de gedeelten daar van de noodige verversching en verbetering van lucht te bezorgen, en hoe het, om dit met de minste kosten, en het meeste nut te doen, zoude moeten toegesteld zijn;
4. Om goedkoop, spoedig, en in eene groote hoeveelheid volkomen gedephlogisteerde lucht te verkrijgen; en hoe dezelve best bewaard en in gereedheid kan gehouden worden, om 'er des noods gebruik van te kunnen maaken ?

P 40. Welke zijn de oorzaaken van het aanwassen der Plaat op de Rheede van Hellevoetsluis en van de aanmerkelijke vernaauwing dier Rheede ? Welke zijn de beste middelen om die Plaat weg te neemen, en de diepte wederom te doen vallen in het midden der Riviere, zonder dat dit eenige meerdere verlamminge aan het gat der Goedereede zoude toebrengen, of waar door het zelve tevens zoude worden verbeterd.

P 41. Welke teekenen zijn 'er uit de veranderde gesteldheid van de oogen der menschen in het algemeen, en uit derzelver bijzondere of 'er toe behoorende deelen, derzelver vogten, groote, kleur, meerdere of mindere gevoeligheid, verschillende aandoening door het licht, ongewoone scherpte, dofheid, of gemis van het gezigt voor eenen tijd, of bij voortduuring etc. te ontleenen, waaruit eene toekomende ziekte voorzien, of eene tegenwoordige, 't zij hevige of kwijnende ziekte, over het gantsche ligchaam, of eenig afgelegen deel, haare aart en oorzaaken onderkend, of eenige voorzegging, betrekkelijk derzelver uitgang in den dood, geneezing of andere ziekte opgemaakt kan worden: alles door het gezag en Practicaale Waarneemingen van beroemde Geneeskundigen zoo van den ouden als tegenwoordigen tijd, maar vooral door eigen en herhaalde ondervinding gestaafd.

P 42. Nadien het gebruik der Brillen en andere Oogglazen steeds meer en meer algemeen vervroegd word, en eene bepaaling daar omtrent van geen gering aanbelang voor het menschdom zijn kan, belooft het Genoodschap den Eerenprijs der gouden Medaille ter zwaarte van 30 Ducaaten aan hem, die uit de gronden der Gezichtkunde, inzonderheid uit den aart en gesteldheid der deelen van het oog, door welke de onderscheidene gewaarwordingen van het licht meer of min leevendig aan het Sensorium Commune overgebragt worden, best voldoende aantoont, in hoe verre de Brillen en soortgelijke glazen door verheldering of vergrooting zoo tot verbetering en bewaaring van het gezigt wezenlijk nuttig, en zelfs onvermijdelijk noodig zijn, en in hoe verre zij als eene Volksgewoonte, vooroordeel en een waar misbruik nadeelig mogen en moeten aangemerkt worden ?

P 43. Welke zijn de gewoone ongesteldheden of ziekten der Europeaanen, welke, eenen tijd lang in de Oost-Indiën gewoond hebbende en in Europa te rug komende, doorgaans medebrengen of krijgen ? Welke zijn derzelver oorzaaken ? En de beste middelen, om hun daar tegen te behoeden en te herstellen ?

P 44. Welke soorten van Rupsen zijn het, die zich gewoonlijk in de bloesems en bladeren der Appel- en Peereboomen, en andere Vruchtboomen zetten. Hoe en wanneer komen zij of derzelver eitjes daarin ? Welke nadeelen brengen zij aan dezelve toe ? En hoe zijn zij uitteroeijen en de boomen tegen dezelve te behoeden ?

P 45. Welke mogen de redenen zijn, waarom men, niettegenstaande den zoo aanmerkelijke vermeerderden prijs van het zwaare Eijkenhout, en bijzonder der Moolen-Assen, in het algemeen voortgaat, dezelve uit een stuk te gebruiken; daar in eenige weinige Molens, in de nabuurschap dezer Stad staande, sedert verscheiden jaaren, Assen zijn gebruikt, die uit vier aan een gekoppelde stukken worden samengesteld, en deze in het gebruik goed moeten bevonden worden, dewijl dezelve bij aanhoudenheid in die Molens worden gebezigd, en daar de Assen, uit vier stukken te samengesteld, zoo aanmerklijk minder kostbaar dan die uit een stuk, en mogelijk wel zo duurzaam en minder aan tegenvalling onderhevig moeten zijn ? En zou men daarenboven hier te Lande, in naarvolging van het gene men in Engeland doet, met voordeel in onze Molens gebruik van gegotene Yzere Assen kunnen maaken ?

P 46. Welke zijn de verschijnsels, die zich opdoen bij de Rotting van plantaartige zoo wel, als dierlijke zelfstandigheden ? Welke Voortbrengsels doet zij gebooren worden ? Wat is derhalven de Rotting in onderscheiding van de Gisting, en welke zijn de natuurlijke oorzaaken derzelve ?

P 47. Welke zijn de oorzaaken of middelen, die de Rotting verhaasten, en welke, die dezelve voorkoomen, vertraagen en stuiten, zoo in als buiten het dierlijk lighaam, vooral van den Mensch ? Welke nuttigheeden kunnen de onderscheidene Weetenschappen en Konsten, inzonderheid de Genees- en Heelkunde, uit de kennis van al het voorgaande trekken ?

P 48. Welke zijn de Kenmerken om betrekkelijk de werkende vermogens der Natuur, derzelver aart en wetten, zoo wel als de eerste zamenstellende beginsels der ligchaamen, de waarheid of genoegzaame waarschijnlijkheid te toetsen van eene Theorie, die niet regtstreeks uit de ondervinding kan worden opgemaakt, of door proeven bevestigd; maar wier waarheid of waarschijnlijkheid alleen uit meerdere of mindere volkomene verklaaring der Verschijnselen moet worden afgeleid ?

P 49. Welke zijn de natuurlijke zamenstellende deelen der Pis van een gezond Mensch ?

P 50. Daar men bij de droogmaaking en drooghouding van Polders door middel van Wind-Water-Molens doorgaans gehouden is aan eenen bepaalden aanleg en verdeeling der opkomende landen, en men bij de droogmaaking en drooghouding door Stoom-Werktuigen daaromtrent meerder naar willekeur kan te werk gaan; zoo vraagt het Genootschap:
Op wat wijze zoude men in Polders, door Stoom-werktuigen drooggemaakt en droog te houden, de opkomende landen moeten verdeelen en aanleggen, op dat daar uit voor de Onderneemers der Droogmaakinge bij den verkoop het meeste profijt, en voor de bewooners het meeste nut en voordeel, zoo met opzicht tot hunne gezondheid als ten aanzien van het gemakkelijke en aangenaame voortvloeije ?

P 51. Hoedanig was het Zeegat van Goedereede met betrekking tot deszelfs vaarbaarheid, in of omtrent het Jaar 1731 gesteld? Welke zijn de nadeelige veranderingen, die hetzelve zints dien tijd ondergaan heeft ? Welke de oorzaaken, die dezelve voortgebragt hebben ? En welke zijn de middelen, die in het werk gesteld zouden kunnen worden, om zoodanige oorzaaken, het zij geheel of gedeeltelijk te keer te gaan met dat gevolg, dat daar door eene volkomen herstelling van het Zeegat te weeg gebragt wierd ? Of zoo die middelen, het zij onuitvoerlijk, het zij niet raadzaam geoordeeld mogten worden, welke zijn dan de middelen, waar door dit Zeegat, zoo niet geheel hersteld, ten minsten overeenkomstig met de behoefte der groote Scheepvaart, verbeterd zoude kunnen worden ?

P 52. Nadien men bij het stichten van Werktuigen, die het water in eens tot de volle hoogte en onmiddelijk in een uitloozenden boezem moeten opbrengen, (hoedaanige men vooral bij het droogmaaken van uitgeveende plassen meer en meer noodig heeft) tot het leggen van derzelver fondeeringen dikwijls putten of kolken moet graaven van 21 of 22 voeten diepte beneden het omringend water, en gemerkt men in elk werk gemeenlijk zeer veel moeilijkheid ontmoet, uit hoofde dat het water, wegens de losheid onzer veengronden geduurig van alle zijden toeperssende of uit den grond met kracht opwellende, het voortgraaven, droogmaaken en drooghouden telkens belet, en ten uitersten moeilijk maakt, zoo vraagt het Genootschap de zekerste en minst kostbaare wijze om de Fondeeringsputten of kolken voor de grondslagen der bovengemelde Werktuigen tot de noodige diepte te graaven, droog te maaken en droog te houden ?

P 53. Welke teekens of verschijnsels doen 'er zig op in de veranderde gesteldheid en werkingen van de Oogen der menschen, zoo wel derzelver algemeene als bijzondere deelen, waar uit men den verschillenden Aart en Oorzaaken der heete Ziekten (Morbi acuti) kan onderkennen en derzelver onderscheidene uitkomsten en gevolgen opmaaken ?

P 54. Eene Theorie, zoo veel mogelijk door ondervindingen en waarneemingen bevestigd, wegens de lengte en strekking van Kribben en Hoofden niet alleen in geduurig afloopende Rivieren, maar voornamelijk aan Zeestranden, en zulke Rivieren, die aan de geduurige verwisseling van Vloed en Ebbe onderworpen zijn: wordende bovendien gevorderd, dat men met betrekking tot de eerste, te weeten de Kribben op geduurig afloopende Rivieren, onderzoeke, of en in hoe verre de regthoekige Kribben, zoo als 'er in de laatste jaaren verscheidene op den Boven-Rhijn en elders aangelegd zijn, met zoodanige door ondervinding gestaafde Theorie al of niet strooken, en ten aanzien van de laatste, dat men behalven de lengte en strekking ook tevens de hoogte der Kribben en Hoofden, zoo wel als derzelver verval, vergeleken met de hoogte der daaglijksche getijën, in aanmerking neeme.

P 55. Ervaaren Werktuigkundige en bekwaame onbevooroordeelde Molenmaakers zijn van gedagten, dat Pompen, aan Wind-Watermolens gevoegd, met meer voordeel zouden kunnen gebruikt worden, dan Schepraden, Trommel, Vijzelwerken of dergelijke tot nu toe gebezigde hulpmiddelen, tot het drooghouden voornamelijk van Polders, alwaar men uit hoofde van bijzondere omstandigheden geene Stoom-Werktuigen konde bezigen. De reden van dit meerder voordeel blijkt daar uit: 1. Dat het Water in de Pompen een rechte en dus kortste weg aflegt; 2. Dat groote welgemaakte Pompen geen verlies van Water ondergaan, het gene bij alle andere genoemde Water-Werktuigen zeer aanmerkelijk is en het onmooglijk maakt derzelver uitwerking te bereekenen; 3. Dat voor zoo veel het grondwerk betreft de toestel voor Pompen veel eenvoudiger en minder kostbaar is dan die voor Raderen enz.; 4. Dat men met Pompen in eens het Water uit de diepste Droogmakerijen tot in den boezem kan opheffen, waar door iedere Molen vrij en op zigzelven kan werken, zonder dat immer de toevallen aan een beneden of boven-molen het geheele werk behoeven te doen stilstaan; 5. Dat men door in het stel Pompen een grooter of kleiner getal aan den gang te zetten het vermogen des Molens met de windkracht zou kunnen evenredigen, waar door men hier bij steeds van slappe en harde winden beter voordeel kan trekken, dan bij het gebruik der gewoone middelen.
De overweging hier van heeft het Genootschap doen besluiten, den gouden Eereprijs uit te looven aan den genen, die de best voldoende wijze zal hebben opgegeeven "om een gewoonen Wind-Watermolen zoodanig met een stel groote Pompen in de plaats van andere Water-Werktuigen te voorzien, dat daar mede naar alle graaden van Windkracht eene daar aan geëvenredigde hoeveelheid Waters worde opgebragt". Daar bij voegende "een behoorlijke begrooting der daar toe noodige onkosten en een vergelijking daar van met die van een gewoonen toestel voor Schepraden, Vijzels, Trommels enz. van een gelijk vermogen".
NB. Voor de A- en B-versie, zie de annotatie.

P 56. Welke aanleg van Paal- en Rijswerken, betrekkelijk derzelver stand en zamenstelling, is het meest bestand tegen den slag en aandrang van het Water en de kruijing van het IJs, zo wel aan onze Zeeöevers, als aan die van onze Rivieren en Meiren ?

P 57. Welke teekens of verschijnsels doen 'er zig op in de veranderde gesteldheid en werkingen van de Oogen der Menschen, zoo wel derzelver algemeene als bijzondere deelen, waar uit men den verschillenden Aart en Oorzaaken der Sleepende Ziekten (Morbi Chronici) kan onderkennen en derzelver onderscheidene uitkomsten en gevolgen opmaaken ?

P 58. Welke nuttige kundigheden kan de Geneeskunde trekken uit de nieuwe Scheikundige kennis van de Verrotting, ten aanzien van den aart, de oorzaaken, voorbehoeding en geneeswijze der Rotziekten ?

P 59. Daar in het algemeen erkend wordt, dat de afneeming en verlaaging onzer Zeestranden het behoud der aanpaalende Zeeweeringen niet alleen zeer kostbaar, maar ook ten hoogsten gevaarlijk maaken, zoo wordt gevraagd: Kan deze afneeming en verlaaging van het Strand alleen door de bekende middelen ter belettinge der Zandstuiving, t.w. door Stroo- en Helmplantingen of Rietschuttingen te keer gegaan worden ? Zoo neen; zijn 'er dan ook andere middelen, dan de met Steen gedekte Rijsdammen, of zoogenaamde Steene Hoofden voorhanden, waar door het gemelde oogmerk bereikt zou kunnen worden ? Zoo ja; welke zijn die middelen ?

Het Genootschap verwagt in dat geval eene naauwkeurige beschrijving van zoodanige middelen, met opgave der plaatsen, alwaar dezelve dadelijk in het werk gesteld zijn, benevens een met voldoende bewijzen gestaafd Berigt nopens hunne uitwerking met betrekking tot de verhooging en aanwinning van het Zeestrand.

P 60. Nadien de Stoom-machines, zedert de laatste Jaaren, voornamelijk door den grooten Werktuigkundigen James Watt zeer aanmerkelijk verbeterd, en, ten aanzien van het werkend vermogen, tot een grooten trap van volmaaktheid gebragt zijn, des dat dit vermogen, t.w. de uitzettende kracht van den stoom, thans niet slechts alleen boven den Dampzuiger, gelijk te vooren, maar beurtelings boven en onder dien Zuiger een evenmaatige op- en nederperssende kracht oeffent, waar door dit voortreffelijk Werktuig zoo wel geschikt geworden is, om rondgaande beweegingen van allerleijen aart, als om op- en nedergaande voort te brengen; zoo wordt gevraagd:
Of ter ontlastinge van het overtollig water uit Polders en Droogmaakerijen het voordeeliger zijn zoude van de rondgaande, en met éénpaarige snelheid voortgebragte beweeging dezer verbeterde Stoom-machines gebruik te maaken, met namelijk in plaats van Pompen, staande of hellende Schepraden, of ook Vijzels door dezelve te doen bewerken ?
Bij deze overweeging begeert het Genootschap, dat men tevens voege eene vergelijkende beoordeeling van de uitwerkingen dezer laatstgemelde Werktuigen, wanneer dezelve door den wind, of door zulke verbeterde Stoom-machines in beweeging gebragt worden.

P 61. Daar niemand ontkennen zal, dat de Watermolens, benevens derzelver onderhoud, schoon volstrekt noodzaakelijk voor alle bepolderde en bedijkte Landen, echter tot groot bezwaar voor derzelver Ingelanden verstrekken; zoo mag men veilig onderstellen, dat de Eigenaars der Landen, uit hoofde van eigenbelang, sins lang bedacht geweest zijn, om dit bezwaar, zoo veel mogelijk, te verminderen. Van daar, dat zommige getracht hebben dit oogmerk te bereiken, door middel van in zoort en zamenstelling verschillende Werktuigen; en dat men in het algemeen voornamelijk op het oog gehad heeft, om het getal der Molens zoo gering te doen zijn, als, behoudens de behoorlijke bemaaling der Landen, eenigzins geschieden konde. Desniettemin wordt 'er omtrent dit voornaame punt van Oeconomie een zeer aanmerkelijk verschil in het Zuidelijk en Noordelijk gedeelte van dit Gewest (de Gewezene Provincie Holland en Westfriesland) gevonden; terwijl men in het eerste ongelijk meer Morgentaalen voor de bemaaling van een Molen rekent, dan in het laatste.
Het Genootschap niet kunnende onderstellen, dat dit enkel aan toeval en gewoonte moet worden toegeschreven, vraagt derhalven:
Welke zijn de redenen, dat 'er in zommige Polders en Bedijkingen in het Noorderdeel een minder getal van Morgen op een Molen of gang Molens gerekend wordt, dan zes- à zevenhonderd Morgen, zoo als doorgaans in het Zuiderdeel plaats heeft ? Zijn die redenen gelegen in de werktuigelijke zamenstelling der aldaar gestichte Molens ? Of in de gesteldheid der droogtehoudende Landen ? Of in die der Binnen- en Buiten-Boezemwateren ? Of ook in eenige andere min bekende omstandigheden ?
Het Genootschap verwacht, dat men bij de beantwoording dezer Vraage in het oog zouden zal om alles met ontwijffelbaare bevinding te staaven, en, zulks noodig en doenlijk geoordeeld wordende, middelen ter verbetering aan de hand te geeven.

P 62. Daar 'er dikwijls in de maaten bepaalingen der onderscheidene deelen van of betrekkelijk het gewoone Scheprad in gelijksoortige Watermolens, schoon zelfs in gelijke omstandigheden geplaatst, een aanmerkelijk ver-

schil gevonden wordt, en alleszins zeker is, dat in alle gelijke gevallen ook een gelijke bepaaling of afmeeting vereischt wordt, om altoos de grootst mogelijke uitwerking of de hoogste graad van volmaaktheid te verkrijgen, zoo vraagt het Genootschap:
Kan 'er eene volledige algemeene en door de Practijk bevestigde Theorie aangaande de werking van het staand Scheprad in de Watermolens worden opgemaakt, en in diervoege toegepast, dat daardoor alle de bepaalingen van of betrekkelijk hetzelve voor ieder bijzonder geval kunnen gevonden worden, zoodanig dat de grootstmogelijke uitwerking daar mede doorgaands kan worden verkregen ? Zoo ja ! Welke is dezelve ? of ingevalle 'er uit hoofde van onderscheidene inzigten of bijzondere practische vereischten eenige modificatien of afwijkingen bij eene zoodanige algemeene Theorie noodzakelijk zijn, welke zijn dezelve, en hoe kan, uit de zamenstelling en toepassing daar van, hierin de grootstmogelijke volmaaktheid verkregen worden ?
Het Genootschap begeert, dat de Schrijvers hunne gezegden, zoo veel doenlijk, door voorbeelden uit de Practijk ophelderen en staven, en dat zij in de behandeling inzonderheid ook in overweeging neemen, en aantoonen, dat vermits de hoeveelheid van het opgebragt wordende Water in ieder gelijk tijdstip zig regelt naar de breedte der Scheppen, de diepte van dezelve in het binnenwater, en de snelheid van beweeging, welke de voordeeligste evenredigheid is, die tusschen deze driëerlei bepaalingen betrekkelijk den anderen en de hoogte tot welke het water moet gebragt worden, moet worden waargenomen, en dewijl 'er tot het opbrengen van het water op gelijke hoogtens, bij verschillende Molens Schepraden van zeer onderscheidene Middellijnen worden gebezigd, dat zij doen zien de Voor- en Nadeelen, die in de groote Schepraden, tegen kleine vergeleken, kunnen gelegen zijn, en welke bepaaling daar omtrent behoort gemaakt te worden, of anders (het gene op hetzelfde zoude uitkomen) hoe veel de As van het Scheprad boven het Boezemwater moet gelegd worden, om een behoorlijk afschot van de Scheppen te verkrijgen en voortekomen dat het Scheprad zoo min mogelijk water over de Kop terug voert of nutteloos te hoog opbrengt, welk afschot boven dien door de plaatsing der Scheppen naar den hoek der spiegel van het Rad bevorderd, doch daarentegen hier door tevens de gemakkelijke insnijding of opneeming van het binnenwater eenigzins verminderd wordende, men dus ook opmerke, welke, overeenkomende deze beide inzigten, de voordeeligste helling der Scheppen op den straal zoude zijn, om daarna de grootte van de Spiegel, zoo veel zulks zou kunnen geschieden, interichten.
Eindelijk dat men aantoone en zoo veel doenlijk proefondervindelijk betooge, tot welke hoogte, betrekkelijk het Boezemwater en de diepte van het Scheprad in het Binnenwater, de opleider van het Scheprad moet worden gebragt, om de naadeelen zoo veel doenlijk te verminderen, welke ondervonden worden, wanneer dezelve te hoog, of, daarentegen te laag bepaald wordt.

P 63. Daar men om verschillende redenen voor de Masten van Oorlog- en andere zwaare Schepen geen gebruik kan maaken van enkele Houten, maar zig tot dat einde moet bedienen van het hulpmiddel om verscheidene stukken aan elkander te verbinden, waar van de zamenstelling, zoo in getal, als wijze van verbinding bij onderscheidene Natiën en Scheepsbouwers verschillend is; zoo vraagt men:
Op Wis- en Natuurkundige gronden, zoo veel mogelijk door ondervinding en proefneemingen bevestigd, aan te toonen, welke wijze van zamenstelling de beste en onkostbaarste is ?

P 64. Welke zijn de redenen of oorzaken, dat de Droogmaakerijen doorgaands veel langer duuren en veel meer kosten na zig sleepen, dan men vooraf berekend en begroot heeft ? En welk is het beste plan om plassen en meiren op de spoedigste en minstkostbaare wijze, en in 't geheel ten meesten voordeele droog te maaken ?

P 65. Daar men tot nog toe zoo verre niet gevorderd is, om de hoeveelheid waters, dewelke in een bepaalden tijd, en bij een bepaalde snelheid door eenig Werktuig tot een bepaalde hoogte kan worden opgebragt, op Theoretische gronden met zekerheid te begrooten, en het derhalven, zoo ter onderlinge vergelijking, en waarneeming van de verschillende bekende Watertuigen, als om daaraan de reeds geformeerde, of nog te formeerene Theoriën ter toetse te brengen, van het uiterste belang zijn zoude dezelve hoeveelheid Proefondervindelijk te kunnen bepaalen, zoo vraagt het Genootschap:
Is het mogelijk bij de hier te Lande meest beproefde Watertuigen (Scheprad-, Vijzel- en Pompmolens &c.) in het groot zoodanigen toestel te maaken, dat men daarmede Proeven kan neemen, die met volkomen zekerheid het vermogen dier Werktuigen in het opbrengen van water doen blijken ? - Zoo ja, op wat wijze moet deze toestel worden ingerigt ? - Zoo neen, welke zijn de beletselen, die dit onmooglijk maaken ?
Men diene onder het oog te houden, dat het Werktuig onder het doen der Proeven in dezelfde omstandigheden blijve, waarin hetzelve zig bij eene vrije uitloozing bevindt; des, dat niet alleen het voor- en achterwater, geduurende den tijd der Proefneeminge, geene aanmerkelijke verandering in hoogte ondergaa, maar ook, dat de stroom van het opgebragte water niet worde verminderd, vermeerderd of gestuit door den toestel, waar bij men zomwijlen mogt goedvinden het water in een Maatboezem te leiden.

P 66. Daar 'er thans in den Krimpener-Waard, bij gelegenheid der geoctroijeerde Verveening, aldaar een Noodsluis, voorzien van drie Kokers, gebouwd wordt, ten einde, ingeval de Lekkendijk kwam door te breeken, het Inundatiewater terstond door dezelve Sluizen, aan het einde van den IJssel, alwaar de Ebben het laagst vallen, te ontlasten.
Daar dus ook het troebel Rivier-Water, wanneer het zelve des Winters, door wel geplaatste en wel aangelegde Duikers ingelaaten wierd, door die zelfde Sluizen, immers voor verre het grootste gedeelte, zonder hulp van Molens, wederom ter bekwamer tijd ontlast zoude kunnen worden.
En daar het onberekenbaar voordeel, uit dusdanige gepaste intapping van troebel Rivier-Water voortvloeijende, met betrekking tot de verhooging en bemesting van laage en schraale Landen, buiten allen twijffel gesteld mag worden, als zijnde zulks blijkbaar, niet alleen uit de buiten gedijkte Landen of Uitterwaarden langs de Rivieren, maar ook uit sommige binnensdijks gelegen Polders aan de Bovenrivieren, wier waarde daar door omtrent vier Capitaalen vermeerderd is, zoo wordt gevraagd:
Welke zijn de nadeelige gevolgen, die, ten aanzien der Landen van den Krimpener-Waard, uit een geregelde en wel bestierde intapping van troebel Rivier-water, zouden kunnen voortvloeijen ? - Zijn 'er geene onkostbaare middelen, om deze nadeelige gevolgen, zoo die plaats mogten hebben, weg te neemen, immers zoodanig, dat de daar uit te wagtene voordeelen rijkelijk daar tegen zouden kunnen opweegen ? - En eindelijk onderstellende, dat 'er zoodanige middelen voorhanden zijn, en mitsdien dat de intapping van troebel Rivier-water, als in allen opzichten geraaden, beschouwd mogt worden, naar welk plan, en op hoedanige wijze behoort deze intapping te geschieden, om met de minste kosten en nadeelen het bedoelde oogmerk, te weeten de successive verhooging en daadelijke beneficeering der Landen, te bereiken ?

P 67. In welke opzichten zijn wij, in vergelijking van onze Nabuuren, nog het meest ten achteren ten aanzien van het Werktuiglijke, of de toepassing der Werktuigkunde, en het gebruik van Gereedschappen in onzen Landbouw, Fabrieken, Trafiquen enz.; en werwaards behooren zig dus de pogingen onzer Natuur- en Werktuigkundige Landsgenoten wel voornamelijk en in de eerste plaats te richten, ten einde ter daadelijke bevordering en verbetering van deze onderwerpen, op het krachtdaadigst mede te werken ?

P 68. Welke zijn de Verschijnsels, die het opkomen en den loop der Wellen, hier te Lande, zoo bij het maaken van Fondeeringen als langs de Dijken, op meerderen of minderen afstand worden waargenomen ?
Welke middelen heeft men van tijd tot tijd met minder of meerder vrucht beproefd om dezelve te beteugelen, of de nadeelige gevolgen van den loop der Wellen te verminderen ?
Wat kan men uit de Verschijnselen, daar bij waargenomen, tot opheldering van de oorzaaken der Wellen afleiden, en welk gebruik kan men van deze beschouwing maaken, om de reeds beproefde middelen van beteugeling te beoordeelen en te verbeteren, of meer vermogende aan de hand te geeven ?
Het Genootschap verlangt, dat men zoo veel mogelijk opgeeve alle de verschillende omstandigheden, die eenige betrekking op de waargenomene Verschijnsels kunnen hebben, als b.v., 1) den aard en de onderscheidene laagen der gronden, 2) de ligging en hoogte der nabijzijnde Waterplassen of ook wel der heuvelen boven de Wel, 3) het saisoen en hemelweder, tijd van den dag enz. bij welke de Wellen zomts meerder zomts minder water opgeeven, 4) de hoogte tot welke het Welwater onbelemmerd opklimt, ook als 'er een Koker opgesteld wordt, 5) of en bij welke gelegenheden door de Wel meerder en minder zand met het water opgeworpen werdt, 6) welken invloed het veranderen der omstandigheden, b.v. het verdiepen der grond, of de rijzing en daaling van het omringende water nu of dan op de werking der Wellen gehad hebbe, of wat daaromtrent is waargenomen.

P 69. Daar de uitkomsten der Proefneemingen van verschillende Natuurkundigen, genomen over het onderscheiden vermogen der lighaamen om de Warmtestoffe te geleiden, zoo zeer van elkander verschillen, dat men uit dezelve zomtijds geheel tegenstrijdige gevolgen heeft afgeleidt, en het echter van zeer veel belang is hierin een meerdere trap van zekerheid te hebben, zoo wordt gevraagd:
Welke is de reden, dat de Proeven omtrent het geleidend Vermogen der Lighaamen voor de Warmtestoffe zoo onzeker en zelfs met elkander strijdig zijn ? En welke is de zekerste en gemakkelijkste wijze, om de hoegrootheid van dit geleidend Vermogen zoo in de vaste als vloeibaare Lighaamen te kennen ?

P 70. Van welken aart is de stoffe, welke het menschelijk lighaam, in den gezonden staat, door de uitwaasseming der huid ontlast ? Aan welke onregelmaatigheden is deze ontlasting onderhevig ? En welke gevolgen kunnen er door de eenvoudige belemmering dezer ontlasting in het lighaam geboren worden ?

P 71. Daar wij door den onvermoeiden arbeid, voornamelijk der Fransche Scheikundigen, Fourcroy, Vauquelin en andere, zeer verre gevorderd zijn in de kennis der bestanddeelen van de pis, zoo in den gezonden staat, als in zommige ziekelijke omstandigheden, doch dit vak in verre na nog niet voor afgewerkt kan worden gehouden, zoo belooft het Genootschap haare gewoone Goudene Medaille, ter zwaarte van 30 Ducaaten, aan hem, die de beste Verhandeling zal inleveren, bevattende een volkomene Analijze van de Pis, in de verschillende tijdperken van eene of andere ziekte geloosd, en tot nog toe niet als zoodanig beschreven.

P 72. Schoon de zamenstelling van den Water-Ram of Bots-Hevel (bij de Franschen Belier Hydraulique, bij de Duitschers Stoss-Heber genaamd), zoo als die tot nog toe gebezigd is, van geen gebruik schijnt te kunnen zijn tot het ontlasten van overtollige binnenwateren hier te Lande, is het echter niet onwaarschijnlijk, dat men van het beginsel, waar op het vermogen van dit Werktuig steunt, op eene andere wijze toegepast, hiertoe nut zou kunnen trekken.
Er wordt dus gevraagd:
Zoude men van het beginsel, waarop de uitwerking des Water-Rams of Bots-Hevels gegrond is, namelijk den slag, stoot of botsing van het water, door eenig verval of op eenige andere wijze in beweging gebragt, ook gebruik kunnen maken tot het ontlasten van overtollige binnenwateren hier te Lande, en op wat wijze zoude zoodanig een Werktuig behooren te worden ingerigt en zamengesteld, waardoor dit beginsel tot het gemelde oogmerk met het meeste voordeel en de minste kosten, ook in vergelijking met Stoom-Machines en Water-Molens, zou kunnen worden aangewend ?

P 73. Men neemt niet zelden, voornamelijk in bergachtige streken, waar, dat op plaatsen, waar even te voren de dampkring geheel helder was, en de Vochtmeter geen spoor van vochtigheid aanwees, 'er zich eensklaps wolken vormen, die regen geven, waarbij de Barometer, even als ware de hoeveelheid veerkrachtige vloeistof verminderd, daalt, en waar bij te gelijk Electriciteit vrij wordt.
Op andere tijden bemerkt men, dat zich somwijlen in gansche streken zeer snel wolken oplossen, waar door de lucht helder en droog wordt, en de Barometer, even als door vermeerdering van veerkragtige vloeistoffe, rijst.
Zonder zich nu in twistgedingen in te laten over de wijze waarop het water in de lucht ontbonden is, waaromtrent de gedachten van De Luc, Hube, Parot, Zijlius, enz., zeer van den anderen verschillen, vraagt men:
Van waar komt in het eerste geval de tot vorming der dampen en des regens noodige Waterstof ? En waar blijft de, in eene zoo aanmerkelijke hoeveelheid dampkringlucht zich bevindende, Stikstof ? Daar de evenredigheid van deze tot de Zuurstof zich altoos zoo goed als gelijk blijft ? En aan den anderen kant bij de oplossing van het water in den dampkring, hoe dit ook geschiede, de Waterstof zich altijd op eene of andere wijze bij scheikundig onderzoek zou moeten ontdekken, waarvan men echter niets, of ten minste niets noemenswaardig, gewaar wordt ?
En in het tweede geval, waar blijft bij de oplossing der wolken, welke men oogenschijnlijk voor eenen waren overgang van dezelve in heldere en drooge lucht houden zoude, de Waterstof ? En van waar komt in de nieuwgevormde luchtvormige vloeistof de aanwezende Stikstof ?
Zoude men de verklaring van dit verschijnsel met grond kunnen zoeken in eene overeenkomst tusschen de tot nog toe onbekende grondstof der Stikstof-lucht met die der Waterstof-lucht ? En welke Proeven of Waarnemingen maken dit waarschijnlijk of ook wel zeker ?

P 74. Als men harde ligchamen, en zelfs zulke, welke voor geen verbranding of oxydatie vatbaar zijn, b.v. twee harde steenen, tegen elkander slaat of wrijft, zoo wordt men vuur en licht gewaar en een bijzondere reuk, welke wel eenigzins, doch niet ten volle, naar die der Electriciteit gelijkt, en die bij verschillende ligchamen eenigzins onderscheiden is; zelfs vertoont zich het licht onder water. Komt hier dit en dat vuur, of deze Electriciteit, of dit phosphoriek verschijnsel uit de ligchamen zelven, of uit de omringende vloeistof, waarin deze gedompeld zijn; van wat aard is hetzelve; en wat is hierbij verder op te merken ?

P 75. Het verbeteren van den staat onzer Rivieren, zoo wel met opzigt tot derzelver bevaarbaarheid, als met betrekking tot het voorkomen van overstroomingen, heeft ten allen tijde de aandacht van de Regeringen en Waterbouwkundigen dezer Landen in eene groote mate gevestigd. In onze dagen is de belangstelling, in deze zoo gewigtige zaak, geenszins verflaauwd: de belangrijke denkbeelden, die daaromtrent van tijd tot tijd zijn aan het licht gebragt, door de kundige en bekwame mannen, aan wie thans door of van wege Zijne Majesteit, onzen geëerbiedigden Koning, meer bijzonderlijk de zorg voor alles, wat den Waterstaat van dit Rijk betreft, is toevertrouwd, en de Werken, die daaraan geheel of gedeeltelijk hun bestaan verschuldigd zijn, leveren daarvan de ondubbelzinnigste bewijzen op.

Met dat al is het oogmerk in dezen nog niet bereikt: de toestand onzer Rivieren blijft bij voortduring ten uiterste ongunstig; de verwoestende overstroomingen houden nog niet op, onze landen, dikwerf zelfs met verdubbelde woede, te teisteren, en de treurigste uitzigten vertoonen zich hieromtrent in het verschiet.

Men mag daarom billijk onderstellen, dat iedere poging, die tot verbetering van dien toestand, of tot afwering der noodlottige gevolgen, die daaruit maar al te dikwijls ontspruiten, wordt in het werk gesteld, van welke zijde dezelve ook moge komen, den beminnaar van zijn vaderland niet anders dan ten hoogste welkom zijn kan.

Bestuurderen van het Genootschap zich hiervan overtuigd houdende, en in aanmerking nemende, dat het Genootschap, van deszelfs oorsprong af, mede de verbetering van onzen Waterstaat steeds heeft op het oog gehad, meenen dan ook onder het doen van de welmeenendste hulde aan de verdiensten en den verlichten ijver onzer tegenwoordige Waterbouwkundigen, dat eene proeve van hunne zijde, tot het uitlokken der denkbeelden van ieder, die mogt oordeelen over dit hoogst belangrijk onderwerp eenig nieuw of meerder licht te kunnen verspreiden, geenszins overbodig noch ondoelmatig kan worden geacht.

Dien ten gevolge stellen zij eene uitnoodiging tot het mededeelen dier denkbeelden voor, onder den vorm van de volgende vraag:

Welke middelen zijn er, bij den tegenwoordigen staat onzer Rivieren, in het werk te stellen, om zoo wel de schadelijke overstroomingen voor te komen, of ten minste zoo veel mogelijk te beteugelen, als om de bevaarbaarheid der verschillende Riviertakken te behouden en te verbeteren ?

Het spreekt van zelf, dat men met deze uitnoodiging niet bedoelt het verzamelen van een aantal onrijpe hersenvruchten, maar dat men de beantwoording dier Vraag alleen verwacht van mannen, die in het vak ervaren zijn.

P 76. De Meteorologie is een van die deelen der natuurkunde, waarin wij nog weinig gevorderd zijn. De voornaamste reden daarvan moet ongetwijfeld ook hier gezogt worden in het volslagen gemis van alle gronden, waarop men eene theorie zoude kunnen bouwen. Want de oorzaken, door welke de weersgesteldheid op eene gegevene plaats bepaald en veranderd wordt, zijn waarschijnlijk zoo menigvuldig, en huisvesten dikwerf geheel of ten deele in zoo verafgelegene streken, dat alle theoriën welke men daaromtrent op aangenomen onderstellingen van analogiën, enz. als gronden zoude willen vestigen, voorzeker niet anders dan hersenschimmig en ijdel zijn kunnen.

Men kan daarom ook wel veilig aannemen dat, indien men ooit in dit gedeelte der natuurkunde, waarin ieder bijzonder lid der burgerlijke zamenleving, hetzij vermaak - hetzij voordeelshalve, doorgaans zulk een levendig belang stelt, eenige vordering zal maken, het alleen langs den weg van waarnemingen zijn zal, en wel bepaaldelijk door waarnemingen,

die wel ingerigt en naauwkeurig, over eene grootte uitgestrektheid, op onderscheidene en in een geschikt verband met elkander gelegene punten, op vastgestelde tijden, dagelijks gedaan, en gedurende een ruim tijdvak, onafgebroken voortgezet worden, ten einde die vervolgens met en tegen elkander te vergelijken, en zoo doende daaruit, zoo niet zekere ten minste waarschijnlijke besluiten af te leiden. Want van waarnemingen op enkele, op zich zelfs staande punten gedaan, hoe verdienstelijk die ook anders zijn mogen, kan men blijkbaar nimmer de bereiking van dit doelwit hopen.
Het Genootschap dit in overweging nemende, en de zaak belangrijk oordeelende, ofschoon de moeyelijkheid daarvan inziende, vraagt dienvolgende:
Zou er niet een, en welk, uitvoerlijk plan zijn uit te denken voor het daarstellen eener duurzame inrigting, tot het eenstemmig doen van regelmatige Metereologische waarnemingen in alle landen van Europa en de beschaafde streken der andere werelddeelen; het verzamelen en vergelijken van die waarnemingen, en het daaruit achtervolgens opmaken van waarschijnlijke regelen, aangaande de vermoedelijke weersgesteldheid onder gegevene omstandigheden, zoo wel in het algemeen, als voor ieder land in het bijzonder ? Zou dit, bij voorbeeld, niet kunnen geschieden door de zamenwerking van de verschillende geleerde Genootschappen, Maatschappijen, enz., in Europa en elders gevestigd, of anderzins ?
Het Genootschap verlangt hierbij, dat men het op te gevene plan, waarbij men ook de waarnemingen, die op zee zouden kunnen gedaan worden, niet uit het oog behoort te verliezen, in alle zijne bijzonderheden duidelijk ontwikkele, en tevens aanwijze de meest geschikte en doelmatige wijze, op welke hetzelve zoude kunnen worden uitgevoerd.

P 77. Het is genoegzaam bekend, hoezeer de uitvloeiselen van eenige Fabrijken somwijlen de lucht besmetten, in den grond heterogene deelen doen overgaan, het water bederven, enz., waardoor niet zelden Fabrijken, die in elkanders nabijheid zijn, voor elkander schadelijk worden: zoo zijn, bij voorbeeld: Azijnmakerijen, Brouwerijen, Zoutkeeten en meer anderen, die zure dampen opgeven, voor de Zeepziederijen nadeelig; loogzoutige dampen zijn schadelijk voor de Jeneverstokerijen, enz.
Men vraagt daarom:
Welke Fabrijken kunnen, in elkanders meerdere of mindere nabijheid zijnde geplaatst, de eene de andere, of wederzijds elkander, nadeel toebrengen; op welke wijzen en waardoor geschiedt dit, en hoedanig zouden de afstanden, naar mate den aard der Fabrijken, behooren geregeld te worden, ten einde deze nadeelen voor te komen ?

P 78. Daar de Schrijvers onderscheidene methoden opgeven, om de betrekkingen der scheikundige hoeveelheden in gegevene zamenstellingen uit te drukken, zoo vraagt men:
Welke zijn de voordeelen en de gebreken van ieder dezer methoden in het bijzonder, en welke is degene, die de voorkeur verdient in het gewoonlijk gebruik der scheikundige onderzoekingen ?

P 79. Daar nu onlangs de Iöde (Violetstof, Kelpstof) als eene bijzondere opmerkelijke scheikundige grondstof, en waarschijnlijk, tevens als een belangrijk geneesmiddel in verschillende buitenlandsche Zeeplanten, is bekend geworden;
Zoo wordt een naauwkeurig onderzoek van onze verschillende Nederlandsche Zeeplanten en Zee-Voortbrengsels gevraagd, strekkende tot het bepalen, in hoe verre zij deze stof bevatten, en tot levering van dezelve het meest geschikt zijn; alsmede eene korte en geleidelijke opgaaf van de wijze, om deze stof daarin te herkennen, en daaruit te kunnen scheiden ?

P 80. Eene naauwkeurige beschouwing van den aard en de bestanddeelen van het Maas-Water, en van deszelfs meerder of minder voordeelige aanwending tot verschillende Fabrijken en Oeconomische Werkzaamheden, en deszelfs invloed op de gezondheid.

P 81. Daar het genoegzaam bekend is, dat men bij het brouwen van Bieren, eenzelfde handelwijze volgende, sommige Bieren overal en andere niet dan in den omtrek van bepaalde plaatsen kan brouwen, zoo vraagt het Genootschap:
Eene opgave van de scheikundige Theorie van het Bierbrouwen in het algemeen, en van de Nederlandsche Bieren in het bijzonder, en welke de oorzaak is van het aanmerkelijk onderscheid, dat, onafhankelijk van de zamenstelling, bij gelijke handelwijze, bij derzelver bereiding op verschillende plaatsen wordt waargenomen ?
Men verlangt daarbij ontwerpen van verbetering, hoofdzakelijk met opzigt tot middelbare Biersoorten.

P 82. Welke zijn de naaste Physische oorzaken van de Winden, die in ons Vaderland het meest heerschen, en van de Meteorologische verschijnselen, die dezelve vergezellen ? Hoe staan die verschijnselen in verband met die, welke gelijktijdig in naburige landen, en op den Oceaan, worden waargenomen; liggen de oorzaken van die veranderingen alleen in de scheikundige werkingen, die in onzen dampkring, onophoudelijk plaats hebben, of komen Geologische oorzaken hiermede in rekening ?

P 83. Naardien verscheidene door Wells opgegevene daadzaken, aangaande den Daauw niet bevestigd, maar door latere onderzoekingen tegengesproken zijn geworden, en daar zijne proeven, niet onder genoegzaam voordeelige omstandigheden gedaan, noch op genoegzaam onderscheide wijzen schijnen genomen te zijn, om algemeen te kunnen worden toegepast en volstrekte uitkomsten te geven, terwijl hij daarenboven den waren aard van den Daauw, van de daarmede verwante verschijnselen, niet genoegzaam onderscheiden noch in zijnen arbeid genoeg op bijkomende omstandigheden gelet heeft, daar nogtans eene naauwkeurige vergelijking van dit belangrijk verschijnsel, met en tegen de daarmede meerder of minder verwante luchtverschijnsels, vereischt wordt, om een volkomen begrip van hetzelve te kunnen vormen.
Zoo vraagt men:
Wat is de oorzaak van den Daauw ? Bestaat er slechts eene enkele soort, of zijn er meerdere soorten van denzelven ? Indien het laatste plaats heeft, waarin verschillen dezelve van elkander ? Welke kenteekens onderscheidt den Daauw van den vochtigen Mist of Nevel, van de avonddampen, die dikwijls bij verkoeling der temperatuur uit het water opstijgen ?
Vormt er zich des winters een ijssoortige Daauw, waarvan de eigenschappen met den vloeibaren Zomer-Daauw overeenkomen, en waarin is die weder onderscheiden van den Rijp, het zoogenaamde Ruigvriezen, en van andere dergelijke verschijnsels ?
Waaraan moet men toeschrijven, dat de Daauw zich te gelijker tijd op sommige ligchamen nederlaat en op andere niet, en dat wel, als het ware, met veranderde keuze ? Welke gesteldheid van de lucht en welke voorwaarden in het algemeen worden er vereischt tot deszelfs daarstelling, en hoedanig zijn, in het bijzonder, de omstandigheden, onder welke dezelve al dan niet verschijnt, nu eens bij het ondergaan der zon, dan weder bij deszelfs opgaan, en ook meermalen gedurende den nacht ?
Zou men, daarenboven, nog eenige gevolgen, uit de verschillende wijze van het bestaan dier dampen ten opzigte van het daarop volgende weder kunnen afleiden ?

Het Genootschap verlangt eene oordeelkundige beschouwing van de verschillende meerder of minder aannemelijke gevoelens, welke omtrent het een als ander bestaan, en eischt vooral, dat men dezelve, alsmede de nieuwe denkbeelden, welke de schrijvers zouden kunnen opgeven, bij herhaling en met de vereischte naauwkeurigheid, aan den toets der ondervinding zal onderwerpen, ten einde, zoo mogelijk, daaruit eene Theorie kunne afgeleid worden, die op echte en bestendige daadzaken gegrond is.

P 84. Eene beknopte Verhandeling over de vorderingen, welke de Natuurkundige wetenschappen in de laatste halve eeuw gemaakt hebben, en welke gevolgtrekkingen daaruit tot bevordering en uitbreiding van fabrijken en der nijverheid in het algemeen zijn af te leiden.

P 85. Daar men tegenwoordig aanmerkelijke vorderingen gemaakt heeft in het zamenstellen van zouten en vochten, ja zelfs metalen, die eene aanmerkelijke koude kunnen veroorzaken, en men ook daartoe de vluggere aether, de zwavel-koolstof en het vloeibaar zwavelig-zuur aanwendt.
Zoo vraagt men:
Eene opgave van die verschillende kunstkoude mengsels en vochten, met derzelver uitwerking en graden van koude, door hunne aanwending veroorzaakt; als mede, of het mogelijk is, daardoor, zonder onmiddellijke aanwending van ijs of sneeuw, op eene weinig kostbare wijze, in den zomer, eenige belangrijke hoeveelheid ijs te bereiden, en welke de geschiktste en minst kostbare wijze der kwikbevriezing geacht kan worden ?

P 86. Wat hebben latere scheikundige proeven geleerd aangaande de oorzaken van de ontkleuring en verschietingen der verwstoffen ?
Welke omstandigheden hebben op deze ontkleuring invloed, en welke veranderingen in zamenstelling ondergaan hierdoor zoo wel de delfstoffelijke als de plantaardige en dierlijke kleurstoffen ?
Welke middelen kunnen met vrucht tegen de ontaarding derzelve worden aangewend ?
Zijn er kenmerken, waaraan men de meerdere of mindere duurzaamheid der nieuwe verwmiddelen, die bovenal uit Frankrijk worden aangevoerd, met eenige zekerheid kan onderkennen en vooraf bepalen, en welke nuttige wenken kunnen uit dit onderzoek worden afgeleid, voornamelijk voor de Schilderkunst, de Verwerijen en Katoendrukkerijen ?

P 87. Daar het vroeger aangenomen gevoelen, dat de damp, bekend onder den naam van Veen-damp of Veen-rook, deszelfs ontstaan alléén verschuldigd is aan de verbranding der Veenen in de provincien Drenthe, Overijssel enz., in dezen tijd krachtig wordt bestreden,
Zoo vraagt men:
Is de zoogenaamde Veen-damp of Veen-rook iets anders dan de damp of rook, die bij de verbranding der Veenen ontwikkeld wordt, zoo dat zij voor een eigenaardigen nevel moet gehouden worden ?
Op welke wijze ontstaat zij dan en door welke eigenschappen onderscheidt die nevel zich van den wezentlijken Veen-damp ?
Zijn er gronden voor het gevoelen van anderen, die stellen, dat deze damp zamengesteld zou zijn uit eigenlijk gezegde Veen-damp en uit eenen eigenaardigen nevel, en op welke wijze zijn deze dan vereenigd?

P 88. Daar het niet te ontkennen is, dat, niettegenstaande de aanmerkelijke vorderingen, welke de natuur- en scheikundige Wetenschappen, sedert de verbetering der werktuigen, en de daardoor vermeerderde naauwkeurigheid der waar- en proefnemingen, maar vooral sedert de uitgebreidere

toepassing der Wiskunde op dezelve, in de laatste jaren gemaakt hebben, echter nog vele verklaringen en theoriën op bloote onderstellingen berusten van stoffen, krachten en werkingen, wier bestaan of opgegevene eigenschappen niet bewezen zijn; - daar het verder van groot belang is voor de wezenlijke bevordering dier Wetenschappen, zich op het voetspoor van Newton (vergelijk diens Schol. Gener. ad libr. III de phil. natur. princip.) en anderen, zooveel mogelijk van bloote onderstellingen te onthouden of daar, waar zij onvermijdelijk zijn, de waarschijnlijke, op dezelve gebouwde redeneringen en uitkomsten, wel te onderscheiden van hetgeen uit waarnemingen, proeven en wiskundige betoogen als zeker kan worden aangenomen.
Zoo stelt men de volgende Prijsvraag voor:
Men verlangt eene, zoo veel mogelijk naauwkeurige, volledige en beredeneerde opgave van de verschillende Atomistische, Dynamische, Mechanische, Mathematische en Metaphysische hypothesen, die in de meest beroemde tegenwoordige stelsels en verklaringen der proefondervindelijke natuur-en scheikunde gevonden worden, met aanwijzing van derzelver meerdere of mindere waarschijnlijkheid, en eene zorgvuldige daaruit af te leiden onderscheiding of tabelvormige opgave der natuur- en scheikundige leerstellingen, die, naar den tegenwoordigen staat dier Wetenschappen, voor proefondervindelijk zeker of slechts voor waarschijnlijk te houden zijn.

P 89. Eene vergelijking der verschillende Theoriën en Empyrische Equatiën, als van Mariotte, Euler, Don Juan, Romme, Chapman, Lagerhjelm, Eytelwein en anderen, wegens den tegenstand der in het water bewogen wordende ligchamen, met de proeven van de Fransche Akademisten, van het Engelsch Genootschap ter bevordering van den Scheepsbouw, van de Zweedschen geleerden Lagerhjelm, Torselles en Kalstenius enz.; met opgave tevens welke deze Theoriën op grond van die vergelijkingen, hetzij in deszelfs geheel of wel gewijzigd, zoo voor den volstrekten als voornamelijk ten opzigte van den betrekkelijken tegenstand, ter toepassing in den Scheepsbouw, het zekerste is, en hoedanig dezelve daartoe aangewend kan worden.

P 90. Onze kennis van de warmte-verschijnselen der Electriciteit is in den laatsten tijd door de uitmuntende proeven van Dr. P. Riess aanmerkelijk uitgebreid. Intusschen zijn die proeven uitsluitend met de Electriciteit der machiene en door het ontladen van Leijdsche flesschen genomen.
De naauwkeurige kennis, die wij vooral sedert het gebruik der Constante batterijen aangaande de wetten der Voltaische Electriciteit hebben verkregen, maakt het wenschelijk en mogelijk om de daardoor voortgebragte warmte-verschijnselen op eene soortgelijke wijze te onderzoeken.
Wordt derhalve gevraagd:
Eene reeks van meetbare en vergelijkbare proeven, aangaande de Thermische werking van den Electrischen Stroom, ten einde, op grond daarvan, de hoeveelheid warmte te bepalen, die in een gegeven geleider, door den Stroom van eene gegeven intensiteit, in een bepaald tijdverloop, ontwikkeld wordt.

P 91. Daar de scheepvaart op onze rivieren, door de steeds toenemende veranderingen in de bedding derzelve, meer en meer moeijelijkheden ondervindt,
Zoo vraagt men:
In hoe verre zou het mogelijk zijn, dat vaartuigen, zonder belemmering, zouden kunnen komen over zoodanige plaatsen, alwaar de diepte der rivier geringer is, dan de diepgang van de vaartuigen zelve ?
Reeds bekende middelen om schepen te ligten worden hierbij niet bedoeld.

P 92. Daar het aanleggen van IJzeren Spoorwegen in ons Land welligt binnen weinige jaren eene belangrijke uitbreiding zal kunnen verkrijgen,
Zoo vraagt men:
Eene korte en zakelijke beschouwing der verschillende systhema's van Spoorwegen, welke in Amerika, Engeland, Frankrijk, Duitschland, Zweden en België zijn daargesteld, zoo wel ten aanzien der verschillende constructie, spoorwijdte en alles, wat verder tot goed verstand van die systhema's vereischt wordt, mitsgaders eene met reden omkleedde bepaling, welk derzelve voor ons Land het doelmatigste kan worden geacht.

P 93. Men vraagt:
Eene korte en zaakrijke verklaring der Locomotiven, mitsgaders eene volledige en vooral duidelijke beschouwing van derzelver werking, kracht, snelheid enz. en de verschillende wrijvingen, die daarbij moeten overwonnen worden, zoo wel ten aanzien dezer werktuigen zelve, als den te trekken last; en eindelijk eene op theorie en ondervinding gegronde beschouwing omtrent het verbruik van water en brandstoffen, bij deze werking.

P 94. Het Zeegat van Goedereede is van het grootste belang voor den handel, vooral voor de stad Rotterdam, hetzelve blijft echter aan vele gebreken en veranderingen onderhevig.
Men vraagt daarom:
Eene volkomene en zeer juiste omschrijving van het Zeegat van Goedereede en het vaarwater tot aan den ingang van het Voornsche Kanaal, mitsgaders een voldoend ontwerp om dat Zeegat in eenen zoodanigen staat te brengen en te behouden, dat hetzelve ten allen tijde bevaarbaar zijn zal en blijven, voor dezelfde Schepen die het Voornsche Kanaal kunnen bevaren.

P 95. Er zijn in Engeland belangrijke proeven in het groot genomen, onder anderen bij het Forth en Clyde Kanaal, omtrent de toepassing van Stoomrijtuigen tot het trekken van Vaartuigen door kanalen.
Men vraagt:
Eene juiste opgave dier proeven en de resultaten die dezelve hebben opgeleverd, en tevens eene beredenering of deze werkkracht met eenig nut en voordeel op de kanalen van ons Vaderland zou kunnen worden toegepast, en eindelijk, welke onzer kanalen daartoe het geschiktste zouden voorkomen, met opgave der daarvoor noodige ontwerpen en de minste kosten.

P 96. Ofschoon de leer van het Licht in de laatste jaren aanmerkelijk is uitgebreid, blijft echter de behoefte aan een naauwkeurigen en algemeen bruikbaren lichtmeter (Photometer) bestaan.
Daarom vraagt men:
Eene opgave van de middelen, welke zouden kunnen dienen, om in deze gewigtige behoefte op eene gepaste en met den tegenwoordigen staat der wetenschap overeenkomstige wijze te voorzien.

P 97. Men vraagt:
Eene naauwkeurige beschrijving der in verschillende plaatsen in ons Vaderland, onder den grond, aangetroffen overblijfsels van vroegere bosschen, met opgave der plaatselijke omstandigheden en eene vergelijking dezer waarnemingen met andere dergelijke, aangaande onderaardsche bosschen in verschillende gewesten van Europa, ten einde daaruit die gevolgen te zien opgemaakt, welke er, volgens den tegenwoordigen staat der geologische kennis, uit voortvloeijen ?

P 98. Daar het gebruik van stoom of wind, bij droogmakerijen in vroegere jaren, aanleiding heeft gegeven tot velerlei twistgeschrift, en er nog bij velen een groot verschil van gevoelen omtrent dit punt bestaat, zoo dat het pleit dienaangaande nog niet beslist is; terwijl de vooruitgang der kunsten en wetenschappen en de meerdere toepassing van het gebruik des stooms doet onderstellen, dat de ondervinding omtrent deze zaak thans meerder licht zal kunnen verspreiden;
Zoo vraagt men:
Een vervolg op hetgene er in de geschriften van het Genootschap gevonden wordt, ten aanzien der toepassing van stoom, tot droogmaking en drooghouding van Plassen en Polders; en eene opgave van hetgene er dienaangaande zoo wel hier te Lande als in Engeland is daargesteld; en eindelijk, eene onpartijdige beschouwing en vergelijking, op daadzaken gegrond, van het gebruik van stoom of wind; tot droogmaken en drooghouden van Meren, Plassen en Polders ?

P 99. Wanneer de stoomkracht tot droogmaken van Meren of Plassen en drooghouden van Polders wordt aangewend, welke is alsdan de beste verhouding tusschen derzelver oppervlakte, diepte van uitmaling, hoogte van opmaling en de daartoe aan te wenden Paardenkrachten. Welke soort van stoomwerktuigen kunnen hiertoe als de doelmatigste worden geacht ?

P 100. De beveiliging der stad Rotterdam tegen hooge vloeden heeft vroeger (1775) het onderwerp eener Vraag van dit Genootschap uitgemaakt. In later tijden zijn daarvoor verschillende ontwerpen opgemaakt, zonder dat een derzelve in werking is gebragt.
De vermeerderde bevolking der stad Rotterdam heeft de regelmatige uitbreiding derzelve noodzakelijk gemaakt.
Men wenscht deze beide behoeften, in één ontwerp vereenigd, grondig behandeld te zien.
En vraagt alzoo:
Een voldoend ontwerp tot regelmatige vergrooting der stad Rotterdam; met eene gelijktijdige beveiliging derzelve tegen hooge vloeden, zonder dat de scheepvaart daardoor belangrijke verhinderingen ondervinde ?

P 101. Daar er nog veel verschil van gevoelen bestaat omtrent de voor de dienst op spoorwegen geschiktste constructie der rijtuigen en het wenschelijk ware, de middelen te vinden, om de schommelende en stootende bewegingen, die op sommige spoorwegen ondervonden worden, tegen te gaan,
Zoo wordt gevraagd:
Welke is de beste gedaante en constructie van de wielen dier rijtuigen ? Welke diameter moet voor dezelve als de raadzaamste worden geacht ? Welke is de beste vorm en zwaarte der assen en welke zijn de geschiktste middelen, om zich van derzelver sterkte te verzekeren ? Welke zijn de vereischten tot het bevorderen van de gemakkelijke en gelijkmatige beweging der rijtuigen ?

P 102. Welk is het maximum van snelheid, dat aan de gewone spoortreinen in alle veiligheid kan gegeven worden ? Welke is de beste constructie voor de vangen ? Is het voldoende, dezelve alleen aan den tender aan te brengen of op welke gedeelten van den trein kunnen dezelve mede als noodzakelijk worden gerekend ? Welke zijn de beste middelen, om den trein plotseling van de machines los te maken en te doen ophouden ? Welke middelen en voorzorgen kunnen er verder worden aangewend, om mogelijke ongevallen te voorkomen of de uitwerking derzelver gevolgen te verminderen ?

P 103. Daar in de Binnenstad en aangrenzende buitenwijken der stad Rotterdam het water, - zoo wel dat der grachten als dat van de meeste zoo openbare als bijzondere wellen, - veeltijds voor huisselijk gebruik ongeschikt, doorgaans althans niet drinkbaar is, en dus het opsporen der middelen tot het verschaffen van een zoo wel drinkbaar als tot huisselijk gebruik geschikt water, waardoor in dit belangrijk ongerief van dit meest bevolkte gedeelte der stad zoude kunnen worden voorzien, allezins nuttig mag geacht worden;
Zoo stelt men voor als onderwerp eener vraag:
Eene doelmatige wijze om de geheele Binnenstad en de aangrenzende buitenwijken ten allen tijde, ook bij vorst, en, zoo men de voorkeur aan Maaswater mogt geven, ook bij lang aanhoudenden oostenwind, van bruikbaar water te voorzien.
Men verlangt bij de opgave van het plan eene naauwkeurige beschrijving der middelen van uitvoering, benevens eene globale begrooting der kosten, zoo wel van de daarstelling als van het onderhoud der voorgestelde inrigting.

P 104. Aangezien het voor de kennis van den Waterstaat des Lands van belang te achten is, bepaalde en statistieke opgaven te bezitten van de verschillende hoofdwaterschappen van hetzelve, zoo heeft het Genootschap, ter bekoming daarvan willende medewerken, het niet onbelangrijk geacht door het uitschrijven eener prijsvraag, waarbij hetzelve zich tot één hoofdwaterschap van de provincie Zuid-Holland bepaald heeft en wel tot dat van Schieland, eene proeve te neme, in hoeverre dit doel bereikt zoude kunnen worden: zich voorbehoudende om, bij het wel slagen dezer poging, in het vervolg daaraan meerdere uitbreiding te geven.
Het Genootschap vraagt dan:
Eene statistieke opgave en beschrijving van het Hoogheemraadschap van Schieland.
Het antwoord op deze vraag moet bevatten eene beschrijving van den omvang, de ligging en de grootte van de binnen dit hoogheemraadschap gelegen landstreek; eene opgave der betrekkelijke hoogte der landen ten opzigte van het Rotte-peil; den staat van verdeeling dezer landstreek in afgezonderde polders of andere afscheidingen, die verschillende zomerpeilen mogten hebben; eene korte beschrijving der molens of andere toestellen, waardoor het overtollige water wordt ontlast, hoofdzakelijk dienende om de hoeveelheid opgebragt water en de hoogte van opbrenging te kunnen vinden, waarbij de veranderingen, waardoor men hetzij die hoogte of wel de waterhoeveelheid heeft trachten te vermeerderen, met den uitslag daarvan, dienen vermeld te worden; verder eene aanwijzing der waterwegen, waardoor het opgebragte water wordt geloosd, waarbij behoort de opgave van den loop en het dwarsprofiel dier waterwegen en van de afmetingen der sluizen of waterkeeringen, die zich aldaar mogten bevinden en invloed hebben op de waterlozing; hierbij de geschiedenis van hetgeen de ondervinding geleerd heeft over het al of niet voldoende dier lozingmiddelen, van de ontwerpen die gevormd zijn om die lozing te verbeteren, en, voor zoo verre die uitgevoerd zijn, welke de daaruit verkregene uitkomsten geweest zijn, hetzij vóór- of nadeelig; eindelijk eene opgave der verdedigingsmiddelen, tegen het water aan de rivierzijde in werking gebragt, met aanwijzing van de daaruit verkregene gevolgen.
Voor de mededeeling van dergelijke opgaven met betrekking tot andere hoofdwaterschappen zal het Genootschap ook, naar mate van de meerdere of mindere belangrijkheid dezer opgaven, deszelfs gouden of zilveren medaille uitreiken.

P 105. Aangezien het voor de kennis van den Waterstaat des Lands van belang te achten is, bepaalde en statistieke opgaven te bezitten van de verschillende hoofdwaterschappen, zoo heeft het Genootschap, meerdere uitbreiding willende geven aan zijne omtrent de provincie Zuid-Holland wèl geslaagde bemoeijingen, besloten thans voor te stellen:
Eene statistieke opgave en beschrijving van een der hoofdwaterschappen der provincie Noord-Holland.
Het antwoord op deze vraag moet bevatten eene beschrijving van den omvang, de ligging en de grootte van de binnen het waterschap gelegen landstreek; eene opgave van de betrekkelijke ligging der landen ten opzigte van het A.P.; den staat van verdeeling dezer landstreek in afgezonderde polders of andere afscheidingen, die verschillende zomerpeilen mogten hebben; eene korte beschrijving van de molens of andere toestellen, waardoor het overtollige water wordt ontlast, hoofdzakelijk dienende om de hoeveelheid opgebragt water en de hoogte van opbrenging te kunnen vinden, waarbij veranderingen, waardoor men hetzij die hoogte of wel de waterhoeveelheid heeft trachten te vermeerderen, met den uitslag daarvan, dienen vermeld te worden; verder eene aanwijzing der waterwegen, waardoor het opgebragte water wordt geloosd, waarbij behoort de opgave van den loop en het dwarsprofil dier waterwegen en van de afmetingen der sluizen of waterkeeringen, die zich aldaar mogten bevinden en invloed hebben op de waterlozing; hierbij de geschiedenis van hetgeen de ondervinding geleerd heeft over het al of niet voldoende dier lozingmiddelen, van de ontwerpen die gevormd zijn om die lozing te verbeteren, en, voor zoo verre die uitgevoerd zijn, welke de daaruit verkregene uitkomsten geweest zijn, hetzij vóór- of nadeelig; eindelijk eene opgave der verdedigingsmiddelen, tegen het buitenwater in werking gebragt, met aanwijzing van de daaruit verkregen gevolgen.

P 105a. De beschrijving van eenig hoofdwaterschap, uitsluitend belast met de zorg voor waterkeering. Een geschiedkundig overzicht van het beheer en de lotgevallen van de waterkeeringen en van de wijze van onderhoud; beschrijving van den tegenwoordigen toestand der waterkeering: dijk, sluizen enz., profiel, afmetingen, inrichting der sluizen; van den grondslag; van de waterstanden die moeten worden gekeerd en wat daarop invloed kan uitoefenen; van de dijksverdediging; van eventueel nog aan te brengen middelen ter verbetering.
Omschrijving van de landstreek, die belang heeft bij het behoud der waterkeering, van de onderhoudplichtige landen en contribueerenden tot het onderhoud, van de dijkslasten en contributiën en van het gebruik daarvan in de laatste jaren tot onderhoud, herstellingen, verbeteringen, kosten van bestuur enz. (Toelichting: zie 105).

P 106. De temperatuur van het water van de groote zeeën op aanmerkelijke diepten is nog weinig onderzocht:
het Genootschap, oordeelende dat dit onderzoek van hoog belang voor de kennis van den physischen toestand van onzen aardbol kan zijn en overtuigd dat op vele schepen bij stilstand van stroom en wind deze temperatuur kan bepaald worden, looft zijne gouden medaille uit aan dengenen, die met geschikte toestellen op lengten en breedten, waar zulks nog niet geschied is, deze naauwkeurig zal onderzoeken en dat onderzoek in goede orde met alle de bijzonderheden zal mededeelen.

P 107. Daar de nog niet lang bekende Gutta-Percha in de toepassing op de nijverheid niet minder belooft dan de elastieke gom reeds heeft opgeleverd, beide stoffen, hoezeer in vele opzigten groot verschil openbarende, echter in soortelijk gewigt en scheikundige bestanddeelen weinig onderscheiden zijn, de physische eigenschappen der Caoutchouc daarenboven,

blijkens de zoogenaamde vulcanisering, aanzienlijke wijziging kunnen ondergaan.
Zoo verlangt men:
Een wetenschappelijk onderzoek naar de natuur der Caoutchouc en Gutta-Percha en tevens van het melksap, waaruit de Gutta-Percha verkregen wordt, met volledige vermelding van de tegenwoordige uitgestrektheid van beider aanwending op de nijverheid en leidende om de grenzen dier aanwending nog verder uit te breiden.

P 108. Het electrisch kunstlicht zoude om zijne meerdere voortreffelijkheid ongetwijfeld in vele gevallen den voorrang boven andere kunstlichten verdienen, bijaldien men aan den daartoe gevorderden toestel genoegzame vereenvoudiging en waarborgen van zekerheid wist te geven.
Wordt alzoo gevraagd:
Een uitvoerig en beredeneerd plan ter voldoende en meest verkieslijke verlichting in bepaalde gevallen door middel van electrisch kunstlicht, met naauwkeurige raming vergelijkenderwijze der onkosten van inrigting en onderhoud, gestaafd door onwraakbare proefondervindelijke bewijzen.

P 109. Men vraagt door proefnemingen te bepalen, hoeveel soorten (kleuren bij het licht) van stralende warmte er bestaan, zoo naauwkeurig mogelijk den index van breking dier verschillende soorten in het klipzout op te geven en eindelijk eenige pogingen in het werk te stellen tot de kennis van den invloed dier soorten op scheikundige werking.

P 110. Daar de verdediging van het zeestrand van het Hoogheemraadschap van Delfland, bijzonder omtrent het dorp Ter Heide, voor de Provincie Zuid-Holland immer van groot belang is beschouwd en daarom sedert een ruim tijdvak de aandacht van deskundigen en belanghebbenden heeft tot zich getrokken,
Zoo vraagt men:
Wat leeren de onderzoekingen van vroegeren en lateren tijd omtrent het al of niet verminderen van bovengenoemd zeestrand; welke middelen zijn vroeger tot beveiliging aangewend; waarom zijn die verlaten en de tegenwoordige beveiliging van parabolische hoofden aangenomen ?
Hoedanig zijn de middelen om de door de zee beschadigde duinketen te herstellen; sedert wanneer en op welke plaatsen is daarmede een aanvang gemaakt; zijn deze middelen later meer uitgebreid, zijn de gevolgen bevredigend of is hierin eene verandering te verlangen; zoo ja, waarin zoude deze moeten bestaan ?
Wat leert de ondervinding omtrent de parabolische hoofden op genoemd zeestrand, zoo wel met betrekking tot de beveiliging der duinketen als omtrent de verhooging van het strandbedde; waarom en wanneer is hun getal achtereenvolgens vermeerderd ?
Strekt de plaatselijke verhooging van het strandbedde tusschen de hoofden tot benadeeling of verlaging van andere vakken van het zeestrand, buiten de hoofden gelegen; zoo ja, wat zijn hiervan de redenen; is het daarom noodzakelijk het tegenwoordige stelsel van verdediging te verlaten; welke zouden dan de doelmatigste middelen zijn om het zeestrand te verdedigen; zoo neen, is het dan wenschelijk het getal hoofden te vermeerderen en het tegenwoordige stelsel verder langs de kust uit te breiden ?

P 111. De kristalvorm behoort buiten twijfel tot de wezenlijkste eigenschappen der stof; voor zoo verre het onderzoek der wetenschappen is gevorderd, bezitten wij slechts eene onvolledige kennis van eene betrekking, die er waarschijnlijk bestaat tusschen den kristalvorm en de scheikundige zamenstelling eens ligchaams.

Het eigenlijke kristallographisch onderzoek bepaalde zich tot hiertoe hoofdzakelijk bij de stoffen, die de natuur ons als mineralen aanbiedt; oppervlakkig is daarentegen het meeste wat bekend is van de kunstmatig verkregene kristallen van scheikundige verbindingen of enkelvoudige ligchamen.

De gevolgtrekkingen, verkregen uit de kristallographische beschouwing der mineralen, kunnen niet tot algemeen geldende natuurwetten leiden, aangezien de vorm zoo dikwijls gewijzigd wordt naar de omstandigheden, onder welke hij geboren wordt, en naar het medium, waaruit hij zich afzondert, en ons toch deze omstandigheden en het medium, waaronder en waarin de mineralen eens gevormd zijn of nog gevormd worden, weinig bekend zijn.

Daar wij bij de kunstmatige vorming van kristallen allezins in de gelegenheid zijn, om beter over de omstandigheden en het medium te oordeelen,

Zoo wordt voorgesteld:

Een naauwkeurig kristallographisch onderzoek van zoodanige anorganische stoffen, bij welke de kristalvorm genoegzaam ontwikkeld is, om te gelijk over de klieving te kunnen oordeelen.

Een onderzoek naar de omstandigheden, waaronder de kristalvorm van de gekozen stoffen gewijzigd wordt, en zulks niet alleen met betrekking tot den secundairen vorm, maar ook met betrekking tot den primairen of type-vorm.

Een critisch overzigt van de anorganische stoffen, voor zoo verre men de kristalbeschrijving van verschillende auteurs mag vertrouwen, ten opzigte van den secundairen en primairen of type-vorm.

Hoeverre is men gevorderd in de kennis van den kristal-vorm, om zijne betrekking tot de zamenstelling te begrijpen ? Of wat ontbreekt er aan, om langs proefondervindelijken weg deze te vinden.

P 112. Nog altijd bestaat er onzekerheid en verschil van gevoelen, of tot het opbrengen van water de voorkeur moet worden gegeven aan vijzels, scheppraden of pompen;

Daarom wordt gevraagd:

a. Verdient aan een dier werktuigen onbepaald, in alle omstandigheden en welke ook de beweegkracht zij, de voorkeur te worden gegeven ?
b. Zoo neen, in welke gevallen verdient het een of ander de voorkeur ?
c. Welke zijn de afmetingen, die aan ieder dezer waterwerktuigen in onze gewone groote windwatermolens moet worden gegeven, om de voordeeligste uitwerking te verkrijgen ?

Het antwoord moet op theoretische gronden en op naauwkeurige proeven en waarnemingen steunen of ten minste op een van beide wijzen overtuigend worden gestaafd.

P 113. Niettegenstaande de veelvuldige en nuttige toepassingen van den stoom op allerlei fabrijken en bedrijven, zal nog in vele gevallen de windkracht met vrucht kunnen worden aangewend, vooral wanneer men niet blijft staan bij het oude, maar ook in de windmolens verbeteringen tracht te brengen.

Daarom wordt gevraagd:

Welke veranderingen moeten aan de molenwieken worden gemaakt, opdat zij meer wind vatten en daardoor een grooter vermogen kunnen uitoefenen ?

P 114. Sedert jaren is door deskundigen veel gesproken over het al of niet mogelijke, om aan stranden, zoo als die gevonden worden aan de kusten der Noord-Zee, langs de provinciën Zuid- en Noordholland, havens te maken, geschikt tot het bergen van diepgaande schepen.

Bij den voortgang van kennis en wetenschap wordt door sommigen beweerd, dat zoodanige havens thans gereedelijk zijn daar te stellen, en

dat die niet meer dan de gewone kosten tot het onderhouden vorderen, hetgeen vroeger als eene onoverwinnelijke zwarigheden werd beschouwd.
Men vraagt daarom:
Een volledig ontwerp voor eene haven aan een strand, b.v. gelijk aan dat te Scheveningen, geschikt om, bij gewoon laag water, schepen, diepgaande 5 el, te kunnen bergen, tevens met zoodanige wijdte in den mond, dat bij hevige noordwestelijke winden dergelijke schepen ongehinderd daar binnen kunnen loopen, en zoo ingerigt, dat het voortdurend onderhoud daarvan geene buitengewone kosten zal vorderen: wordende hierbij vereischt eene begrooting van kosten, zoowel van aanleg als van jaarlijksch onderhoud.

P 115. Aangezien in de Binnenstad en aangrenzende buitenwijken der stad Rotterdam vele plaatsen gevonden worden, waar, door het weinig of in het geheel niet afstroomen of ververschen van het water, alle de nadeelen van stilstaande, met allerlei vuilnis vermengde wateren ontstaan,
Zoo wordt gevraagd:
Door welke minst kostbare middelen kan in het bedoelde gedeelte der stad Rotterdam dit ongerief weggenomen worden, buiten bezwaar der nabijgelegene polders en zonder dat daardoor de onderlinge gemeenschap van de verschillende gedeelten der stad worde belemmerd: wordende hierbij verlangd eene opgave der kosten van de voorgestelde middelen, zoo voor aanleg als voor onderhoud.

P 116. De stroommeters van Brunings, Woltman, Pitot en anderen hebben het nadeel, dat zij wel de betrekkelijke, maar niet de volstrekte hoegrootheid der snelheden aangeven; de drijver of stroommeter van Kraijenhoff is slechts voor sommige riviervakken geschikt.
Daarom wordt gevraagd:
Een werktuig, geschikt om de middelbare snelheid in eenig riviervak te leeren kennen, waarbij de gebreken der tot nu toe bekende werktuigen, zoo niet geheel vermeden, althans in mindere mate aangetroffen worden.

P 117. Voor de kennis van den tegenwoordigen staat onzer rivieren is de geschiedenis van de veranderingen, die in den loop der stroomen en in hunne in- en uitmondingen hebben plaats gehad, als ook van de gebeurtenissen, die van deze veranderingen oorzaak of gevolg zijn geweest, van groot belang. Veel wetenswaardigs daaromtrent ligt verspreid in bijzondere verhandelingen en in deliberatiën en resolutiën van verschillende besturen. Dit te verzamelen en aan de kennisneming van belanghebbenden aan te bieden kan nuttig zijn.
Wordt daarom gevraagd:
Eene oordeelkundige geschiedkundige beschouwing van de Nederlandsche rivieren sedert de inbraak van den Zuid-Hollandschen Waard tot op den tegenwoordigen tijd.

P 118. Reeds in andere landen bestaan voorbeelden van sluizen van zeer groote wijdte; ook hier te lande zou de noodzakelijkheid tot het bouwen van zoodanige sluizen kunnen voorkomen.
Daarom wordt gevraagd:
Eene beoordeelende beschrijving van de wijze waarop buiten 's lands sluizen van buitengewoon groote afmetingen zijn zamengesteld; welke dezer zamenstellingen verdient de voorkeur ? Of zijn er andere en betere middelen denkbaar en uitvoerlijk voor den bouw van zoodanige sluizen hier te lande.

P 119. Men heeft door proeven het bestaan van twee verschijnselen bewezen, die eene opmerkelijke overeenkomst aanduiden tusschen de bestaande geluidgolven en de wel zeer waarschijnlijke, maar nog altoos hypothetische

aethergolven: namelijk de breking en de interferentie, in den laatsten tijd ook bij het geluid aangetoond.
In verschillende opzigten moet het van belang geacht worden, ook door proefneming het bestaan van polarisatie der geluidgolven te staven. Immers onze kennis geeft ons het regt niet dit a priori te ontkennen.
Het Genootschap vraagt dus:
Na te gaan, of er verschijnselen bestaan, die ten opzigte van het geluid overeenkomst hebben met de polarisatie-verschijnselen van het licht, en de proefnemingen, waardoor zij worden voortgebragt, naauwkeurig te beschrijven. Reeds door het boven bedenking stellen van eenige grond- of hoofdverschijnselen zoude men aan de bedoeling der vraag beantwoorden.

P 120. Daar de waarnemingen van Dr. H. Schacht omtrent het ontstaan van de melksapvaten in de planten, medegedeeld in de Botanische Zeitung van Von Mohl en Schlechtendal 1851 en in zijne Physiologische Botanik 1852, tot eene geheel andere uitkomst geleid hebben dan die van een "Ungenannte", voorkomende in dezelfde Bot. Zeitung 1846, en door vele beroemde kruidkundigen (von Mohl, Schleiden, Kützing, Unger) als zeer naauwkeurig geprezen, zoo komt het het Genootschap wenschelijk voor, dat omtrent dit punt nieuwe waarnemingen verrigt worden, opdat, zoo mogelijk, de thans omtrent het ontstaan van bovengenoemde organen bestaande twijfel worde opgelost.
Het Genootschap stelt derhalve de volgende vraag voor:
Hoe ontstaan de melksapvaten (vasa lactea of laticis) in het plantenrijk ? In intercellulaire gangen, uit cellen of op eene andere wijze ? En zijn deze organen, zoo als Schacht zulks aanneemt, met vertakte bastcellen identisch ?
Het Genootschap verlangt, dat de waarnemingen zich uitstrekken over verschillende natuurlijke familiën van het plantenrijk en opgehelderd worden door teekeningen en, zoo mogelijk, ook door mikroskopische preparaten.

P 121. Sedert eenige jaren lijden onderscheidene cultuurplanten door ziekelijke aandoeningen, derwijze, dat van sommige de oogst geheel of ten deele mislukt en het gewas zelf afsterft of kwijnt.
Zoowel uit een zuiver wetenschappelijk als uit een praktisch oogpunt verdient dit verschijnsel de aandacht van natuuronderzoekers of landhuishoudkundigen.
Geen wonder is het dan ook, dat vele natuurkundigen zich met dit onderwerp bezig houden. Daar echter hunne pogingen, tot hiertoe, niet tot voldoende uitkomsten hebben geleid; daar hunne inzigten en verklaringen vaak met elkander in strijd zijn; daar eindelijk de soorten of verscheidenheden van planten, die door ziekte lijden, in aantal schijnen toe te nemen, wordt de noodzakelijkheid voor zulke onderzoekingen meer en meer dringend.
Het Genootschap stelt uit dien hoofde de volgende prijsstoffe ter behandeling voor:
Een anatomisch-physiologisch onderzoek van de ziekten van eene der meest belangrijke cultuurplanten, met bijvoeging van eene kritiek van de voornaamste omtrent dezelve voorgedragene theoriën en de opgave der middelen tot hare voorkoming of bestrijding.
Het Genootschap wenscht tevens dat, zooveel mogelijk, de microscopische praeparaten en afbeeldingen, waartoe dit onderzoek moet leiden, worden overgelegd.

P 122. Men onderzoeke of sommige gedeelten van de oppervlakte der zon al dan niet eene hoogere temperatuur hebben dan andere en, zoo ja, of het altijd dezelfde gedeelten zijn.

P 123. In de laatste jaren heeft men de krachtsuitingen Licht, Warmte, Elektriciteit, Magnetismus, die men vroeger aan onweegbare vloeistoffen toeschreef, afgeleid van bewegingen in een volmaakt veêrkrachtigen aether, die alles zou doordringen. Volgens eenige natuurkundigen moet ook dit denkbeeld verlaten worden en moeten die krachtsuitingen worden toegeschreven aan werkingen der stof zelve.
Men beproeve door experimenten deze zaak tot klaarheid te brengen of ten minste te doen naderen.

P 124. Zijn magnetische verschijnselen onmiddellijk voort te brengen door warmteverschijnselen ?
Men verlangt deze vraag door proefnemingen beslist te zien.

P 125. Het Genootschap wenscht eene proefondervindelijke bepaling van de verschillende temperaturen, waarbij verschillende eenvoudige chemische verbindingen ontleed worden, en hoe die gewijzigd worden door de tegenwoordigheid van andere stoffen en onder andere omstandigheden: benevens eene poging tot toelichting daarvan uit de trillingstheorie der warmte.

P 126. De invloed van den druk, uitgeoefend op vloeistoffen, waar een galvanische stroom doorgeleid wordt, is nog weinig bekend. Het is nog niet voldoende onderzocht of de elektrolytische ontleding verminderd of geheel belet kan worden door drukking op de elektrolyte, b.v. door deze in een sterk vat geheel op te sluiten, wanneer de elektrolyse in gewone omstandigheden gassen zoude leveren.
Voor voltametrische bepalingen en uit het oogpunt van den arbeid, door den galvanischen stroom te leveren, schijnt een onderzoek hieromtrent belangrijk.
Men vraagt dus:
Welken invloed heeft de druk, waaronder eene elektrolyte gebragt wordt, op de elektrolyse, en in hoever bevestigt zich ook hierbij het beginsel van het behoud van arbeidsvermogen ?
Men verlangt dit onderzoek uitgebreid te zien tot minstens een drietal vloeistoffen ter keuze van den beantwoorder der vraag.

P 127. Eene wiskundige theorie van den Aneroïd-barometer van Vidi en van den metallieken barometer van Bourdon: daarbij lettende op den invloed van de temperatuur (Vide Lamé, Théorie de l'élasticité).

P 128. Eene geologische beschrijving van het eiland Banda.

P 129. Eene juiste waardering van de vraag of bij het springen van stoomketels - met terzijdestelling van andere oorzaken - aan de vorming van waterstofgas dan wel aan het optreden van den spheroïdaal-toestand van het water te denken zij: alles toegelicht door eene verzameling van juiste en bruikbare verslagen omtrent gesprongen ketels en, zoo doenlijk, door opzettelijk ingerigte proeven.

P 130. Eene beschrijving van de ontleedkundige en mikrochemische zamenstelling en van de levensgeschiedenis van een of meer soorten eener plantenfamilie, welke in Nederland of in eene zijner koloniën vertegenwoordigd wordt en welke nog niet of althans niet op eene voldoende wijze aan zoodanig onderzoek onderworpen is geworden.
Het antwoord dient vergezeld te zijn van de noodige figuren op zoodanige schaal als voor het duidelijk begrip der zaak wordt vereischt.

P 130a. Eene anatomische en physiologische beschrijving van een of meer soorten eener plantenfamilie, welke nog niet, of althans niet op eene voldoende wijze, aan zoodanig onderzoek onderworpen zijn geworden.

P 130b. Eene phytochemische beschrijving van een of meer soorten eener plantenfamilie, welke nog niet, of althans niet op voldoende wijze phytochemisch beschreven zijn.

P 131. Het Genootschap verlangt:
Een plan van bevloeijing van eene of andere onvruchtbare streek in de Veluwe of in Noordbrabant door middel van IJssel-, Rhijn- of Maaswater, begeleid door eene approximatieve berekening van kosten.
Men houde daarbij onder het oog, dat die bevloeijing in het voor- of najaar moet werken.

P 132. Het Genootschap verlangt proeven en juiste opgaven omtrent de hoeveelheid slib, die op eenig punt onzer hoofdrivieren gedurende verschillende tijden van het jaar wordt afgevoerd.

P 133. Het Genootschap verlangt metingen van brekings-coëfficiënten, minstens tot in de vierde decimaal naauwkeurig en voor minstens twaalf vaste punten in het spectrum: de tien door Frau(e)nhofer benoemde strepen en nog twee of drie andere punten, gelegen zoo omtrent midden tusschen E en F, tusschen F en G en tusschen G en H - voor eenige soorten van flintglas, bij verschillende temperaturen en verbonden met eene juiste vermelding van de chemische zamenstelling en het soortelijk gewigt van die gassoorten en, zoo mogelijk, ook van den coëfficiënt van dilatatie.

P 134. Naar aanleiding van de onderzoekingen van Matthiessen en Werner Siemens verlangt het Genootschap weêrstandsbepalingen, met betrekking tot den galvanischen stroom door vloeibare mengsels van kwik en zink en van kwik en goud, gepaard met eene juiste opgave van de hoeveelheden dier metalen, welke gemengd zijn, en van de soortelijke gewigten van die mengsels, kan het ook zijn, van de thermo-elektrische eigenschappen, die men mogt waarnemen.
Van elk dezer mengsels moeten minstens zes in onderscheidene verhouding worden onderzocht.

P 135. Voor hen, die zich met het beoefenen der elektriciteit bezig houden, is het van aanbelang bekend te worden met de voornaamste verschijnselen, die door het onweder en het noorderlicht in de telegraafdraden veroorzaakt worden. Vele dezer verschijnselen zijn slechts aan enkele personen bekend, hoewel het zeer wenschelijk zou zijn, dat de gedane waarnemingen meer algemeen werden medegedeeld, ten einde daaruit gevolgen te kunnen opmaken.
Daarom wordt gevraagd:
Een oordeelkundig geschiedkundig verhaal van de voornaamste waarnemingen, die gedaan zijn omtrent de stroomingen, die in de telegraafdraden ontstaan door het noorderlicht en het onweder.

P 136. Het is in den laatsten tijd bewezen dat eenige ligchamen bij verschillende temperaturen verschillende spectra geven.
Zijn er nog andere verschillen in moleculaire toestanden, die bij hetzelfde ligchaam verschillende spectra doen ontstaan ?
Vooral met het oog op magnetische toestanden wenscht men dit onderzocht te zien.

P 137. Tyndall meent uit zijne experimenten met zekerheid te mogen afleiden dat de waterdamp op stralende warmte een veel grooter absorberend vermogen uitoefent dan de drooge dampkringslucht. Daarentegen gelooft Magnus het regt te hebben uit zijne experimenten te besluiten dat er geen verschil bestaat in absorptie tusschen drooge en vochtige dampkringslucht.
Men vraagt door beslissende proefnemingen dezen strijd te vereffenen.

P 138. Gaugain meent uit zijne laatste proefnemingen met groote waarschijnlijkheid te mogen afleiden dat de voortplanting der elektriciteit bij de geleiding door de stof, bij de influentie daarentegen door den aether geschiedt. Reeds voor Gaugain is dit ook uit experimenten, door een anderen natuurkundige gedaan, opgemaakt.
Men vraagt dit vermoeden door nadere proefnemingen tot zekerheid te brengen.

P 139. Het Genootschap verlangt een historisch-critisch overzigt der theoriën van den hagel en eene naauwkeurige bepaling van het standpunt der laatste theoriën in betrekking tot wetenschappelijk bekende feiten.

P 140. Is de snelheid van het geluid verschillend voor verschillende toonen, zooals eenige opmerkingen zouden doen vermoeden ?
Men vraagt naauwkeurige proefnemingen.

P 141. Het Genootschap verlangt eene naauwkeurige kritische beschouwing van hetgeen reeds bekend is aangaande de vulkanen en de vulkanische verschijnsels in den Oost-Indischen Archipel, alsmede eene daarop en, voor zoo ver mogelijk, op eigen onderzoek steunende verklaring van de wording dier vulkanen.

P 142. De oplosbaarheid der gassen in vloeistoffen is nog weinig bekend; nog minder kent men den staat van derzelver physische en chemische verbinding.
Het Genootschap vraagt daarom voor ten minste vier gassen in ten minste acht vloeistoffen, door naauwkeurige proefnemingen den graad van oplosbaarheid te bepalen en den staat van physische vereeniging en van chemische zamenstelling van hunne verbindingen te doen kennen.

P 143. Het Genootschap vraagt eene wetenschappelijke beschouwing en kritiek der tot heden gegeven voorschriften voor de constructie en plaatsing van bliksemafleiders. Het antwoord zal tevens moeten dienen tot eene volledige handleiding voor bedoelde plaatsing.
Een en ander door waarnemingen en afdoende proeven toe te lichten.

P 144. Het Genootschap verlangt eene nadere uitbreiding van het onderzoek der geleiding door zoogenaamde half-geleiders, dat door Gaugain werd aangevangen.

P 145. Het Genootschap stelt als vraag eene theorie van de nog niet op voldoende wijze verklaarde electriseermachine van Holtz, door afdoende proefnemingen gestaafd en toegelicht.

P 146. Het Genootschap verlangt een uitvoerbaar en niet te kostbaar voorstel om de groote hoeveelheid ebbe-slib en rivier-slib van allerlei soort, die in het vaderland wordt aangevoerd en voor een groot deel weêr naar zee wordt afgevoerd, tot vruchtbaarmaking onzer zandgronden aan te wenden.

P 147. De toepassing van het electro-magnetisme op de telegrafie, hoewel onder de betrekkelijk jeugdige wetenschappelijke toepassingen behoorende, heeft reeds hare geschiedenis die uit meer dan één oogpunt belangrijk is. Na eene uiteenzetting van de wetenschappelijke gronden, waarop zij in Nederland is tot stand gekomen, als eene wenschelijke bijdrage tot de kennis van ons land worden beschouwd, waarbij tevens gelegenheid ontstaat van wenken op te nemen, die tot hare verbetering en ontwikkeling kunnen strekken.
Er wordt mitsdien gevraagd:
Eene geschiedenis van de invoering der electro-magnetische telegrafie in Nederland, in verband met haren tegenwoordigen toestand.

P 148. Wanneer een galvanische stroom gaat door lange telegraafgeleidingen onder den grond of onder water, doen zich bijzondere verschijnselen voor, die door de Duitschers Ladungserscheinungen genoemd worden.
Men vraagt:
Een overzigt en verklaring van deze verschijnselen en van de middelen, die bij de telegrafie zijn aangewend, om deze verschijnselen geen nadeeligen invloed op de telegrafische gemeenschap te doen uitoefenen.

P 149. Daar het voor de koopsteden in ons vaderland, die aan de benedenrivieren zijn gelegen, van overwegend belang is te achten, om ook gedurende den winter zoo lang mogelijk vrije gemeenschap voor de scheepvaart met de zee te onderhouden:
Zoo wordt gevraagd:
Welke middelen zijn het meest doeltreffend en het best aan te wenden, om, bij eene met ijs bezette benedenrivier, de vrije scheepvaart het spoedigst en volledigst te herstellen. Welke middelen wendt men daartoe in het buitenland aan en met welk gevolg ?

P 150. Daar het opruimen van droogten en hindernissen voor de scheepvaart van overwegend belang voor ons vaderland is te achten,
Wordt gevraagd:
Welke zijn de uitkomsten van de genomen proeven met nitro-glycerine, dynamiet, lithofracteur enz. tot verdieping van grootscheeps-vaarwaters ? Leveren de genoemde of eenige andere soortgelijke stoffen de middelen op, om, met eenige kans van goed te zullen slagen, droogten of hindernissen voor de scheepvaart weg te nemen, - en zoo ja, - op welke wijze moeten dan die middelen worden aangewend ?

P 151. Daar het in het algemeen belang van overgroote waarde is te achten, om op eene doelmatige en niet te kostbare wijze in het bezit van goed drinkwater te komen op die plaatsen, waar de bestaande pompen of putten zulks niet opleveren,
Zoo wordt gevraagd:
Eene nauwkeurige beschrijving van de bestaande of in aanleg zijnde drinkwaterleidingen hier te lande, met aanwijzing der, zoo noodig, te maken verbeteringen. Vooral verlangt men juiste bepaling der wijzigingen, welke de inrigtingen moeten ondergaan bij verschillende plaatselijke toestanden. Is een der stelsels boven andere te verkiezen en op welke gronden ?

P 152. Daar het van overwegend belang voor de welvaart van het vaderland is te achten, dat onze beide groote koopsteden op de sprekendste wijze door voldoend diepe vaarwaters met de zee verbonden worden en voordurend blijven,
Zoo vraagt men in verband daarmede:
1e. In hoeverre heeft de ondervinding geleerd, dat door middel van stoombaggervaartuigen in het gebrek aan diepte van de vaarwaters,

die onze beide groote koopsteden met de zee verbinden, -ook indien zulks slechts tijdelijk bestaat, - kan worden te gemoet gekomen ?

2e. Welke is de beste en meest doelmatige inrichting, en wat moet het vermogen zijn, van stoombaggervaartuigen met toebehooren, om met de minste kosten en in den kortsten tijd, de grootste hoeveelheid spetie uit te baggeren en te vervoeren?

3e. Wat is de beste wijze, waarop ook in het buitenland, de diepte van zoodanige vaarwaters, wordt verkregen en behouden ?

4e. Is de wijze, waarop zulks in het buitenland geschiedt ook hier te lande van toepassing, of welke wijze is voor ons land de beste ?

P 153. Men verlangt eene methode, alsmede een werktuig, om op eenvoudige wijze de hoogten van eenige punten van den waterspiegel, in een zelfde dwarsprofil, van een onzer hoofdrivieren, ten opzichte van een waterpasvlak te bepalen.
Voorts de mededeeling van den uitslag van eenige zoodanige metingen met dat werktuig verricht:
1e. in een sterk gebogen riviervak;
2e. op een recht gedeelte bij aanzienlijken was en bij snel intredenden val der rivier.

P 154. Daar de verwarming van groote gebouwen op zeer verschillende wijze en met zeer ongelijke kosten geschiedt en de uitkomsten dikwerf niet aan het doel beantwoorden,
Zoo vraagt men:
Wat is de beste en tevens goedkoopste wijze van verwarming van groote gebouwen en hoe moet die worden ingericht om aan de eischen der gezondheid te beantwoorden ?
Een en ander door teekeningen en ramingen van kosten van aanleg, onderhoud en exploitatie toe te lichten.

P 155. Men verlangt:
Een experimenteel onderzoek, vooral bij de lagere diersoorten, omtrent de oorzaak der phosphorescentie.

P 156. De thermo-electrische eigenschappen van sommige metaal-legeeringen blijken van dien aard te kunnen zijn, dat bij geschikte combinatie stroomen worden opgewekt, welke die der galvanische batterij in sterkte evenaren. Ook bewijzen de resultaten, door Clamond o.a. in den laatsten tijd verkregen, de mogelijkheid om electrisch licht er mede voort te brengen, en dit zou kunnen leiden tot eene minder omslachtige en minder kostbare wijze van electrische verlichting van gebouwen (gepaard met hun verwarming) dan door de nu gebruikelijke inductie-toestellen.
Men vraagt dus:
Een nieuw onderzoek omtrent de thermo-electrische eigenschappen van metaal-legeeringen, dat zou kunnen strekken tot leiddraad bij het samenstellen van krachtiger thermo-zuilen, dan tot nu toe bekend zijn.

P 157. De proeven van Chappuis (Wied. Ann. n. Folge Bnd. VIII 1879. pag. 1 en 761), omtrent de verdichting van gassen tegen het oppervlak van vele lichamen, hebben uitkomsten opgeleverd, die niet in overeenstemming zijn met die van Weber, (zie O.E. Meijer kinetische Theorie der Gase 309).
Men verlangt:
Een experimenteel onderzoek naar de verdichting van gassen tegen het oppervlak van vaste lichamen.

P 158. De verschillende onderzoekingen naar de veranderlijkheid van de soortelijke warmte van water met de temperatuur hebben tot zeer uiteenloopende resultaten geleid.

Men verlangt:
Eene nieuwe, zeer nauwkeurige bepaling van de veranderlijkheid van de soortelijke warmte van water met de temperatuur.

P 159. Volgens Winkelman zou de soortelijke warmte van kwikzilver afnemen bij verhooging van temperatuur, terwijl alle andere waarnemers (Dulong, Petit, Regnault en Peterssen) juist het omgekeerde gevonden hebben.
Men verlangt:
Eene nieuwe, zeer nauwkeurige bepaling van de veranderlijkheid van de soortelijke warmte van kwikzilver met de temperatuur.

P 160. Wordt verlangd:
Eene experimenteele bepaling van de kritische temperatuur, den kritischen druk en het verband tusschen volume, druk en temperatuur in de nabijheid van den kritischen toestand van zwavelig-zuur en van ammonia.

P 161. De proeven van Regnault, Fairbairn en Tate, Herweg, enz. hebben niet volkomen dezelfde waarden opgeleverd voor de dichtheid van verzadigden waterdamp bij verschillende temperaturen. Nieuwe bepalingen van de dichtheid der dampen in verzadigden toestand zijn daarom wenschelijk.

P 162. De proeven van Amagat, Siljesstroem, Mendelleef hebben afwijkende uitkomsten opgeleverd voor de grootte van de samendrukbaarheid der gassen bij zeer geringe drukkingen, kleiner dan de atmospherische drukking. Voor de theorie der gassen is het van het hoogste belang, die samendrukbaarheid bij zeer geringe drukkingen nauwkeurig te leeren kennen.
Nieuwe zeer nauwkeurige proeven zijn daarom wenschelijk.

P 163. De onderzoekingen van Lommel hebben twijfel doen ontstaan, of de wet van Stokes, dat de door fluorescentie opgewekte stralen altijd eene grootere golflengte hebben dan de opwekkende stralen, bij alle stoffen algemeen geldt.
Nieuwe onderzoekingen omtrent dit punt zijn wenschelijk.

P 164. Voor de theorie der dispersie van het licht zijn de verschijnselen bij abnormaal dispergeerende stoffen van groot belang.
Eene nauwkeurige bepaling van de brekings-exponenten van zoodanige stoffen voor de verschillende deelen van het spectrum en in verband daarmede van het absorptie-spectrum dierzelfde stoffen en van het spectrum der bij die stoffen dikwijls voorkomende oppervlakte-kleur is daarom wenschelijk.

P 165. Door de nieuwe theorie van Edlund over de atmospherische electriciteit en het noorderlicht zijn de verschijnselen van de zoogenaamde unipolaire inductie weder meer op den voorgrond gekomen. Deze verschijnselen worden op geheel verschillende wijze verklaard, naarmate men de eene of de andere theorie omtrent de electriciteit aanneemt. Volgens de eene theorie kunnen die verschijnslen optreden in gevallen, waarin zij volgens de andere theorie niet mogelijk zijn.
Eene nieuwe bestudeering dier verschijnselen der unipolaire inductie is daarom wenschelijk.

P 166. Niettegenstaande de hoogst belangrijke uitkomsten, die de onderzoekingen van H.F. Weber ten opzichte van de specifieke warmte van de verschillende vormen van koolstof, van borium en van silicium, bij verschillende temperaturen, hebben opgeleverd, ontbreken dienaangaande voor zwavel en phosphorus nog altijd verschillende gegevens.

Het genootschap vraagt daarom, ter aanvulling der waarnemingen van Dulong en Petit, Regnault, Kopp, Weber en anderen:
Een onderzoek naar de soortelijke warmte van rhombische zwavel boven 100°; van monoklinische en amorphe zwavel bij verschillende temperaturen;
van rooden phosphorus boven 100°; en van gewonen phosphorus bij verschillende temperaturen.

P 167. Hoewel van de inwerking van het licht op de verbindingen van zilver met chlorium, bromium en iodium de meest uitgebreide toepassingen gemaakt worden, is de aard dier inwerking, bepaaldelijk de verandering in samenstelling, die genoemde verbindingen door het licht ondergaan, nog altijd zeer onvolledig bekend.
Het genootschap vraagt derhalve:
Een experimenteel onderzoek naar de veranderingen, die bovengenoemde zilververbindingen door het licht ondergaan.

P 168. Bij de groote beteekenis, die de kennis van de dissociatie-verschijnselen voor de scheikunde heeft, en bij het groot aantal onderzoekingen over de ontleding van scheikundige verbindingen, door de warmte, in de laatste jaren gedaan, is een overzicht van de bekende feiten dienaangaande, doch vooral eene critische toelichting der daarop gebouwde theorieën gewenscht.
Daarom wordt gevraagd:
Een volledig overzicht en eene critische beschouwing te geven van de tot nu toe op het gebied van dissociatie in het werk gestelde onderzoekingen en van de daaruit afgeleide theoretische gevolgtrekkingen.

P 169. Ofschoon de onderzoekingen van Debray, van Wiedemann en van Pareau tot het resultaat leidden, dat de dissociatie-spanning onafhankelijk is van den ontledingstoestand der stof, zoo kan deze quaestie nog niet als voldoende uitgemaakt beschouwd worden. Immers al laten wij ook de waarnemingen van Weinhold, van Naumann en van Kraut en Precht, die tot een tegenovergesteld resultaat leidden, buiten beschouwing, omdat hunne wijze van proefneming te wenschen overliet, zoo is het aantal waarnemingen, door eerstgenoemde onderzoekers gedaan, nog te klein, dan dat men omtrent deze belangrijke zaak volkomen zekerheid zou hebben. Dus:
Men verlangt proefnemingen, die uitmaken of de dissociatie-spanning al of niet afhankelijk is van den ontledingstoestand der stof.

P 170. Er bestaat nog altijd belangrijk verschil van gevoelen onder de deskundigen over de wijze, hoe de vereischte diepte voor de scheepvaart in tijrivieren kan verkregen en behouden worden.
Het Genootschap verlangt hierover meer licht te ontvangen en looft zijn Gouden Medaille uit voor de best geoordeelde verhandeling, waarin bestaande verbeteringen van tij-rivieren getoetst zijn.

P 171. Daar de toestand van de grachten in vele steden van ons vaderland de gezondheid der bevolking benadeelt,
Zoo wordt gevraagd:
Welke middelen moeten aangewend worden om dit bezwaar in een of meer onzer groote gemeenten weg te nemen, en hoe groot zijn de daaraan verbonden kosten ?

P 172. De dijksverhoogingen langs de tegenoverliggende oevers der rivieren nemen steeds toe, evenals de, bij doorbraak van die dijken, ontstaande gevaren,

Daarom wordt gevraagd:
Welke bepalingen zijn er te maken - zonder de veiligheid der omdijkte landstreken te schaden - om aan dien strijd tusschen de tegenover elkander gelegen dijkdistricten een einde te maken en welke dijkhoogten kunnen in verschillende gevallen als een voldoende keering worden aangemerkt ?

P 173. Het aantal bruggen met groote ijzeren overspanningen is in de laatste jaren in Nederland sterk toegenomen, zoodat voor het verkeer de veiligheid dier bruggen van overwegend belang is.
Men vraagt dus:
Eene nauwkeurige critische omschrijving en beschouwing van hetgeen in andere landen wordt verricht, zoowel om de slijting en het bederf bij den bovenbouw van groote ijzeren bruggen tegen te gaan, als om de veiligheid te constateeren, met opgaaf van hetgeen hier te lande in dit opzicht zou behooren te geschieden.

P 174. Aangezien er nog altijd verschil van gevoelen bestaat aangaande de werktuigen, die de voorkeur verdienen bij polder- en boezembemaling voor verschillende omstandigheden,
Zoo vraagt men:
Eene duidelijke beschrijving met de noodige teekeningen, van een of meer der bestaande stoomgemalen, met opgave van: de hoofdafmetingen, de aanlegkosten, de onderhouds- en bedrijfskosten gedurende één of meer jaren, de werktijden in één of meer jaren, het verbruik van brandstof en smeer in één of meer jaren, en de uitkomsten van proefnemingen ten opzichte van kolenverbruik en wateropvoer.

P 175. Aangezien er nog altijd verschil van meening bestaat ten opzichte van het vereischte vermogen van stoomgemalen voor verschillende omstandigheden van polder- en boezembemaling,
Zoo vraagt men:
Een geschiedkundig overzicht van de bemaling van een of meer der bestaande polders of waterschappen, inhoudende, voor zoo ver daarvoor vereischt, de beschrijving van den polder, de opgave van de vroegere bemaling door windmolens, van de stoomgemalen die deze vervangen hebben, van de latere uitbreiding der stoombemaling, en van den toestand van den polder of het waterschap ten opzichte der drooghouding die daarmede verkregen is.

P 176. Bij den tegenwoordigen omvang der scheikunde en de uitgebreidheid der chemische litteratuur zijn goede monographieën over bijna alle onderwerpen gewenscht. Daar het Genootschap het verschijnen van zulke monographieën wenscht te bevorderen,
Zoo vraagt het:
Monographieën over een element, b.v. zwavel; eene verbinding van b.v. zwavelkoolstof, chinine; over eene klasse van verbindingen b.v. nitroverbindingen, verbindingen van zwavel met zuurstof of koolstof; een verschijnsel of eene reeks van verschijnselen, b.v. de werking van zwavelzuur of van salpeterzuur op andere lichamen.
Het onderwerp der monographieën kan de schrijver vrij kiezen, mits daarover nog geene goede monographie bestaat, maar het moet zoo volledig mogelijk en naar oorspronkelijke bronnen bewerkt worden en moet eene nauwkeurige opgave van de gebruikte bronnen bevatten.

P 177. Het Genootschap vraagt experimenteele, met de grootst mogelijke nauwkeurigheid uitgevoerde bepalingen van het atoomgewicht van minstens één element, dat nog niet met voldoende nauwkeurigheid bekend is.

P 178. Komt in den handel gewalst staal voor, dat met betrekking tot homogeniteit, draagkracht, rekbaarheid en buigzaamheid de volstrekte zekerheid aanbiedt, die gewaarborgd moet zijn om het staal als bouwstof voor bruggen te verwerken ?
Welke voorschriften omtrent bereiding, bewerking en onderzoek der stalen deelen moeten worden gegeven, opdat gevaar voor het verwerken van ten deele hard, bros staal volstrekt uitgesloten zij ?

P 179. Reeds Alexander von Humboldt heeft vermoed, dat de overgang van land tot zee een invloed heeft op het aardmagnetisme, merkbaar door inbuigingen van isogonen, isoklinen en isodynamen. Latere waarnemingen schijnen dit wel te bevestigen.
Daarom wordt gevraagd:
Eene kritische uiteenzetting van de waarnemingen, die op dit verschijnsel betrekking hebben.

P 180. De vorming van tonen door labiale orgelpijpen is nog niet voldoende verklaard. De proefondervindelijke onderzoekingen, die hieromtrent door Sonreck genomen zijn, leidden tot een ander resultaat dan die welke Lootens en Van Tricht verrichtten.
Men vraagt daarom:
Nieuwe proefondervindelijke onderzoekingen, welke tot eene voldoende verklaring van het ontstaan der tonen in labiale orgelpijpen leiden.

P 181. Het Genootschap vraagt eene beschrijving van de levensvoorwaarden en eigenschappen van een of meer soorten van schimmels, gist of bacteriën, gewichtig voor dezen of genen grooten tak van Nijverheid, bijv. voor den landbouw, den tuinbouw, de zuivelbereiding, het bierbrouwen, het stoken van spiritus, de azijnmakerij enz.; alsmede van de wijze waarop deze organismen bij de uitoefening van dien tak van Nijverheid hunnen invloed doen gelden.

P 182. Naar aanleiding van de proeven van Duter, Quincke, Montier en anderen en in verband met de berekeningen van Duhem, verlangt het Genootschap een theoretisch en proefondervindelijk onderzoek naar de volume-verandering van de lichamen door electrisatie, zoowel van goede als slechte geleiders.

P 183. Haal, Righi, Von Ettinghausen en anderen hebben bewezen, dat de electrische geleidingsweêrstand van bismuth en antimonium en enkele andere metalen, verandert in een magnetisch veld. Het Genootschap verlangt nadere onderzoekingen te dien opzichte.

P 184. Röntgen heeft proeven genomen met eene glazen schijf, draaiende tusschen de twee platen van een geladen condensator en daarbij eene werking meenen te vinden van de schijf op een nabijzijnden magneet. Het Genootschap verlangt een onderzoek naar de juistheid van deze merkwaardige ontdekking, en zoo zij juist bevonden wordt, eene verklaring van het feit.

P 185. Het Genootschap vraagt een critisch overzicht van de verschillende theorieën, die voor het verklaren van het vliegen zijn voorgesteld en van de proefondervindelijke onderzoekingen, welke aan die theorieën ten grondslag liggen.

P 186. Het Genootschap verlangt een onderzoek naar de oorzaak van de afwijking, die het moleculaire geleidingsvermogen van oplossingen van sterke zuren en basen, benevens van neutrale zouten van deze, bij groote verdunning vertoont.

Tot toelichting dezer vragen diene, dat de eenige tot nog toe van die afwijking gegeven verklaring door Ostwald slechts als een vermoeden is uitgesproken en nooit nader getoetst is aan de verschijnselen.

P 187. Het Genootschap verlangt nauwkeurige directe bepalingen van den osmotischen druk in oplossingen, vooral met het oog op de vaststelling der concentratiegrens, waar de afwijkingen van de wetten van Boyle en Gay Lussac merkbaar worden, bij oplossingen in welke geen electrolytische dissociatie aangenomen wordt.

P 188. Hoe lang blijven tuberkelbacillen virulent in melk, bepaaldelijk ook in karnemelk, onder de omstandigheden, die bij het in den handel brengen en het te koop aanbieden van de melksoorten gewoonlijk bestaan ?

P 189. Hoe lang blijven georganiseerde ziektekiemen, afkomstig uit het darmkanaal van den mensch, virulent in verschillende, niet gesteriliseerde, soorten van drinkwater, bepaaldelijk in stroomend rivierwater, grachtwater, polderwater en putwater ? Het Genootschap verlangt dit onderzoek ten aanzien van minstens éene soort der bedoelde micro-organismen, ter keuze van den onderzoeker.

P 190. Men vraagt een chemisch en bacteriologisch onderzoek van het Maaswater te Rotterdam, telkens op minstens drie verschillende plaatsen in de rivier geschept, van het water in het bezinkingsbassin en van het daaruit verkregen gefiltreerde water.

P 191. Op grond zijner waarnemingen heeft Decker (Journ. f. prakt. Chem. N.F. Bd. 45 p. 47) de gevolgtrekking gemaakt, dat het broomchinoline van Claus en Collinschonn (Ber. der Deutsch. Chem. Gesellsch. zu Berlin Bd. 19 p. 2508 en 2763) geen (gamma)broomchinoline is, zooals door hen wordt beweerd, maar het (beta)broomchinoline. Hiertegenover houdt Claus (Journ. f. prakt. Chem. N.F. Bd. 45, p. 222) zijne meening staande en blijft het bewuste broomchinoline als de (gamma) verbinding beschouwen.
Daar uit de constitutie van dit broomchinoline door Claus en zijne medewerkers de constitutie van verscheidene andere chinolinederivaten is afgeleid, heeft de quaestie aangaande de door het bromium ingenomen plaats in genoemde verbinding eene niet te miskennen beteekenis voor de kennis der chinolinederivaten.
Het Genootschap vraagt dus:
Door een zooveel mogelijk experimenteel onderzoek de onzekerheid weg te nemen, die aangaande de constitutie van het broomchinoline van Claus en Collinschonn bestaat.

P 192a. Volgens de onderzoekingen van Dr. J. Richard Ewald schijnt het besluit gerechtvaardigd, dat de Nervus acusticus andere en gewichtige niet met het gehoor samenhangende verrichtingen te vervullen heeft en als eene zenuw is te beschouwen, waarin zich vezelen van eene andere bevinden en dus eene samengestelde zenuw is, voor wie de naam acusticus niet meer kan gelden en door Ewald dan ook nervus octavus genoemd wordt.
Toch is het aan Ewald niet gelukt eene nauwkeurige scheiding van de vezelen van deze zenuw van die van den nervus acusticus tot stand te brengen.
Het Genootschap vraagt nu een onderzoek:
1e van den bouw van den Nervus acusticus (octavus);
2e naar het al of niet bestaan van een afzonderlijk, van dat van den Nervus acusticus afgescheiden eindorgaan van deze zenuw;
3e naar de verschijnselen, die niet aan den Nervus acusticus, doch aan eene met deze vermengde zenuw moeten worden toegeschreven.

P 192b. Er wordt gevraagd een onderzoek omtrent den oorsprong en de physiologische beteekenis der groene kleurstof in het lichaam van groene gelede dieren.

P 193. Nieuwe onderzoekingen worden gevraagd aangaande de werking van zwavelpoeder en van koperzouten op de parasieten der plantenziekten. Tevens wordt eene studie verlangd ten aanzien van de werking van andere metaalzouten op de ontwikkeling der Fungi.

P 194. Onderzoekingen worden gevraagd over de rol, welke de micro-organismen vervullen bij het ontstaan van humus uit plantendeelen in den bodem.

P 195. Men verlangt een experimenteel onderzoek naar de dissociatie van stoffen, opgelost in verschillende mengsels van alcohol en water.

P 196. De groote navraag naar caoutchouc, gutta-percha en soortgelijke producten in verband met de beginnende schaarschheid hunner stamplanten, heeft sinds eenige jaren doen zoeken naar verschillende methoden om deze stoffen door extractie uit de bladeren te winnen zonder de stammen te vellen.
Het Genootschap vraagt onderzoekingen omtrent het voorkomen, de ontwikkelingsgeschiedenis en de eigenschappen dezer melksappen in de bladeren, het gehalte der laatste in verschillende levensperioden, en den invloed van het drogen en bewaren der bladeren op de geaardheid van het product.

P 197. Wordt de afstrooming van het grondwater in de duinen zeewaarts merkbaar gewijzigd door onttrekken van water aan de duinen ?
Heeft die aftapping ook invloed op de stevigheid van den buitenduinvoet ?

P 198. Er is beweerd dat, wanneer door het zich voortplanten van een chemisch of electrisch proces in rustende stof, achtereenvolgens in verschillende punten van de gezichtslijn licht ontstaat, de voortplantingssnelheid van het proces invloed heeft op de golflengte.
Het Genootschap vraagt hierover een experimenteel onderzoek.

P 199. Er wordt gevraagd eene verhandeling over magnetische variatie en storingen, welke de kennis van en het inzicht in deze verschijnselen verrijkt en verbetert.

P 200. Wellicht is het mogelijk de voorwaarden te leeren kennen, waardoor de uitwisseling tusschen de bestanddeelen van bloedlichaampjes en omgeving beheerscht wordt, wanneer een onderzoek wordt ingesteld omtrent de permeabiliteit van roode en zoo mogelijk ook van witte bloedlichaampjes voor de ionen van NaCl, $NaNO_3$, Na_2SO_4 en de overeenkomstige kaliumzouten.
Het Genootschap vraagt daarom eene experimenteele, vooral door chemische analyse toegelichte, studie over de permeabiliteit van roode en zoo mogelijk ook van witte bloedlichaampjes voor bovengenoemde ionen.

P 201. Bekend is het groote belang, dat het onderzoek der urine-bestanddeelen bezit voor de diagnose van verschillende ziekten. Tot nog toe is echter bij het onderzoek dezer meerendeels kristallijne stoffen slechts weinig gebruik gemaakt van de hulpmiddelen der microscopische kristallographie, zooals bijv. het gepolariseerde licht, terwijl toch op ander gebied langs dezen weg zoo schitterende uitkomsten zijn bereikt en de bepaling van microscopische kristallen zooveel vasteren voet heeft gekregen.

Er wordt nu gevraagd de urine-bestanddeelen microscopisch te onderzoeken met toepassing der physische (optische) methoden. En aangezien de uitkomsten bruikbaar zullen moeten zijn voor den practiseerenden geneesheer, zal moeten voorafgaan een duidelijk overzicht der gebezigde methoden.

P 202. Wat is de oorzaak of wat zijn de oorzaken waaraan moet worden toegeschreven het in de laatste jaren zoo veel last en kosten verwekkend verteren aan boord van zeeschepen van geelkoperen pijpjes in oppervlakte-condensors, zoomede van roodkoperen pijpen waardoor zeewater vloeit, en wat is het middel of wat zijn de middelen waardoor dit verteren kan worden belet ?

P 203. Het Genootschap verlangt eene proefondervindelijke studie der scheikundige geaardheid van de suikers of suikerachtige lichamen, die bij de splitsing van plantaardige glucosieden optreden.

P 204. In het "Journal of physical Chemistry" V. p.339-p.392 1901, publiceerde Louis Kahlenberg eene verhandeling, waarin hij meende aan te toonen, dat de theorie van Arrhenius over de electrolytische dissociatie niet in overeenstemming is met de eigenschappen, die vele oplossingen toonen.
Onder anderen volgt uit zijne onderzoekingen omtrent de verhooging van het kookpunt door NaCl, KCl, KBr, KJ, $MgCl_2$ en $CaCl_2$, dat het moleculair gewicht dezer stoffen, in water opgelost, geregeld zou afnemen als de concentratie toeneemt, en ten slotte bij de oplossingen van 20 procent voor de vier eerstgenoemde zouten reeds minder dan de helft van het "theoretische" moleculair gewicht en voor de beide laatste zouten minder dan een derde van het "theoretische" moleculair gewicht zou bedragen.
Hieruit zou dus blijken, dat de dissociatie der moleculen, geheel in strijd met de voorstelling van Arrhenius, zou toenemen met de concentratie. Het moleculair-geleidend vermogen voor den electrischen stroom neemt bij deze stoffen geregeld toe met de verdunning, zooals de theorie van Arrhenius eischt.
Van KCl en NaCl gaf de methode van de vriespuntverlaging voor den graad van dissociatie slechts weinig verschil met de methode van het moleculair-geleidend vermogen.
Verder beroept Kahlenberg zich op de door Dieterici (Wied. Ann. 62 p. 616 1897) uitgevoerde bepalingen van de dampspanningsvermindering bij 0° van eenige verbindingen, waaronder ook NaCl en $CaCl_2$. Volgens deze proeven neemt eveneens in strijd met de theorie de moleculaire dampspanningsvermindering bij toenemende verdunning af.
Over de metingen van Dieterici, merkt Ostwald, terwijl hij ze refereert (Zeitschrift für phys. Chem. 26, p. 179, 1898) op, dat de nauwkeurigheid wel niet groot zal zijn en dat zij bovendien door het geringen concentratie-interval voor de dissociatie-theorie wel niet de beteekenis zullen hebben, welke Dieterici zich daarvan voorstelt. Overigens gaf Abegg daarvan een critiek in Wied. Ann. 64 p. 486-506, 1898.
Het Genootschap vraagt dientengevolge van de oplossingen in water der zouten NaCl, KCl, $CaCl_2$ en $MgCl_2$ bepalingen der dampspanningsvermindering tusschen de temperaturen $0-100^{o}$ voor minstens zes verschillende concentraties, en bepaaldelijk ook bij geringe concentratie der oplossingen; van dezelfde oplossingen de bepaling van het moleculair-geleidend vermogen bij verschillende temperaturen, de verlaging van het vriespunt en de verhooging van het kookpunt.

P 205. Met het oog op de nog zeer onvolledige kennis der scheikundige samenstelling van verschillende ooftsoorten, vraagt het Genootschap analyses

van eenige Nederlandsche vruchten, en van de veranderingen, die de bestanddeelen tot aan de boomrijpheid en eventueel bij de narijping ondergaan. In het bijzonder is daarbij te letten op de geaardheid der suikers en der zuren, in de vruchten voorkomende, op het ontstaan der samengestelde aethers, en op de aschbestanddeelen. Het is wenschelijk, van eene vruchtsoort eene of meer bepaalde variëteiten te nemen, en diezelfde variëteit te onderzoeken op exemplaren van verschillenden bodem afkomstig.
Tot toelichting diene:
1e. Boomrijp noemt men eene vrucht, als zij geplukt moet worden. Sommige zijn direct eetbaar (pruimen, perziken, sommige appelen en peren); andere, waaronder vooral vele peren, appelen en mispels, maken nog eene periode van narijping door, waarna ze pas eetbaar worden. In deze periode hebben zoowel chemische, als, waarschijnlijk tengevolge daarvan, mechanische veranderingen plaats (b.v. week, sappig, of "meelig" worden).
2e. Bij de rijping neemt het gehalte aan suikers toe, aan zuur af; dit geschiedt vrij snel, zoodat eene opgave op een bepaald oogenblik niets zegt, maar men de veranderingen moet trachten na te gaan.
3e. De aschbestanddeelen zijn niet, zooals men vroeger meende, alleen van den aard der planten afhankelijk, maar schijnen wel degelijk ook met het gehalte aan die stoffen in den bodem samen te hangen.

P 206. Tot verdediging van den onderzeeschen oever tegen vallen en afschuivingen is sedert 1876 in de Provincie Zeeland het zoogenaamde stelsel der vaste punten ingevoerd, ter vervanging van de verdediging door eene aaneengesloten bezinking of steenbestorting en door zinkstukken of steenbestorting met tusschenruimten.
Er wordt gevraagd eene beschrijving van de wijze waarop het stelsel langs eenige dijkvakken is uitgevoerd, van de verkregen uitkomst, benevens eene vergelijking met de hiervoren bedoelde stelsels uit een waterbouwkundig en uit een financiëel oogpunt.

P 207. Het Genootschap verlangt een experimenteel, nog liever een klinisch, door autopsiën streng gecontroleerd onderzoek, dat uitmaakt of localisatie van functies bij de verrichtingen van het cerebellum, al of niet moet worden aangenomen.

P 208. Bij herkenning van chinine wordt veelvuldig gebruik gemaakt van de z.g. thalleiochine-reactie, n.l. de smaragdgroene verkleuring, die optreedt indien men bij een chinine-oplossing achtereenvolgens voegt chloor- of broomwater en ammoniak. Hoewel deze reactie reeds in 1835 ontdekt is, is zij nog niet nader chemisch onderzocht. Alleen weet men, dat de thalleiochine isoleerbaar is, en dat de met chinine in structuurverband staande paramethoxylchinoline een soortgelijke verkleuring geeft. Het bezwaar, dat vroeger dit onderzoek zal belemmerd hebben, n.l. de kostbaarheid der kina-alkaloïden, bestaat thans, dank zij de Java-kinacultuur, niet meer, en een chemische studie van dit herkenningsmiddel voor een zeer gewichtige stof als chinine mag zoowel practisch als theoretisch van beteekenis geacht worden.
Het Genootschap vraagt dus een vernieuwd onderzoek der thalleiochinereactie, en bepaaldelijk een proefondervindelijke studie aangaande de scheikundige geaardheid en de structuur der zuivere thalleiochine.

P 209. Staring's verdienstelijk werk "De bodem van Nederland" is gedeeltelijk verouderd. De verhandelingen, die de nieuwere gezichtspunten, theorieën en gegevens bevatten, zijn voor een deel in niet-wetenschappelijke tijdschriften, - uitgaven van genootschappen, almanakken, vlugschriften

enz. -verspreid. Veel blijft nog te doen, alvorens een nieuwe uitgave van Staring's boek gerechtvaardigd zoude zijn. Intusschen is het wenschelijk, dat velen opgewekt worden, daartoe naar vermogen mede te werken.
Het Genootschap verlangt daarom, aansluitend aan Staring, een wetenschappelijk, doch voor niet-geologen duidelijk overzicht, met literatuuropgaven van alles wat ná Staring aan de geologie van Nederland gedaan is; - een uiteenzetting van de theorieën, die opgesteld zijn om de vorming van ons land en de Noordduitsche laagvlakte te verklaren; en een aanwijzing van de richtingen, waarin geologen en niet-geologen werkzaam kunnen zijn, voor het onderzoek van den vaderlandschen bodem.

P 210. Daar de gasmotoren zeer terecht meer en meer in gebruik komen voor groote machine-eenheden, doch nog niet algemeen genoeg de waardeering vinden, waarop zij bij den tegenwoordigen stand der techniek aanspraak mogen maken; daar voorts een meer algemeene toepassing van die motoren o.a. met het oog op de rookplaag in de steden aangemoedigd behoort te worden, zoo vraagt men:
Een critische beschouwing van de relatieve waarde van gasmotoren tegenover stoomwerktuigen, toegelicht door beproevingsuitkomsten betreffende het rendement van beide soorten van werktuigen in hun meest verbeterden vorm.

P 211. Aangezien bij een paar zoo eenvoudige en gemakkelijk toegankelijke verbindingen als kalium- en natriumsulfaat nog altijd meeningsverschil bestaat omtrent het wederkeerig gedrag en in 't bijzonder van de z.g. glaseriet onzeker is of deze een constante samenstelling heeft, wordt verlangd: Een stelselmatig onderzoek van de wederkeerige verhouding van kalium- en natriumsulfaat tusschen de laagste temperaturen, die nog belang hebben, en het smeltpunt, alles bij gewonen druk. In 't bijzonder is daarbij te letten op den invloed van de afscheidingssnelheid op het ontstane product en op de oorzaak van de lichtontwikkeling, die deze afscheiding somtijds vergezelt.

P 212. Bij de microchemische analyse van anorganische stoffen overeenkomstig de methoden van H. Behrens herkent men de metalen onder het microscoop door de vorming van samengestelde metaalverbindingen van uitnemende kristalliseerbaarheid en van het ongemeen hoog moleculair gewicht. In vele gevallen zijn de "macrochemische" geaardheid, samenstelling en eigenschappen dier verbindingen nog niet of onvoldoende bekend, en men mag aannemen, dat vele behooren tot geheel nieuwe reeksen van verbindingen.
Het Genootschap verlangt daarom een studie van een of meer groepen dezer verbindingen en van de verwante verbindingen bij andere metalen.

P 213. Het is een bekend verschijnsel, dat de aanslibbing van de verschillende havens, welke langs onze benedenrivieren voorkomen en daarmede open gemeenschap hebben, grooter is naarmate die havens dichter bij zee gelegen zijn. De toeneming van de aanslibbing is te groot, dan dat ze uitsluitend of zelfs maar in de voornaamste plaats, kan worden toegeschreven aan het grooter worden van het tijverschil in de benedenrivier, in de richting naar zee toe.
Men wenscht voor één of meer van onze benedenrivieren een op waarneming gegronde constateering van het boven bedoelde verschijnsel en een beredeneerde, zoo noodig door proefnemingen gestaafde, verklaring daarvan.

1906.

Bataafsch Genootschap

DER

PROEFONDERVINDELIJKE WIJSBEGEERTE,

OPGERICHT DOOR

STEVEN HOOGENDIJK

TE ROTTERDAM.

VERSLAG DER ALGEMEENE VERGADERING VAN 8 SEPTEMBER 1906

en

PROGRAMMA DER PRIJSVRAGEN.

Op Zaterdag 8 September 1906 hield het Bataafsch Genootschap der proefondervindelijke Wijsbegeerte zijn acht-en-zestigste Algemeene Vergadering.

Tegenwoordig waren: Praeses Magnificus *F. B. s' Jacob.* Administrateuren: *A. F. Ebeling, J. J. Havelaar, Mr. B. Mees* en *P. C. van Vollenhoven;* Directeuren: *Dr. G. J. W. Bremer, Dr. J. Büttikofer, Dr. R. H. van Dorsten, Dr. J. Vroesom de Haan* en *G. J. de Jongh;* Leden-Consultanten: *Prof. Dr. H. Wefers Bettink, Prof. Dr. E. Cohen, Prof. Dr. A. P. N. Franchimont, Prof. Dr. Th. H. Mac Gillavry, Dr. M. Greshoff, Prof. Dr. M. de Haas, Prof. Dr. A. F. Holleman, Prof. Dr. C. A. Pekelharing, Prof. Dr. C. Winkler, Prof. Dr. H. Zwaardemaker;* Leden: *Dr. G. Bakker, A. A. Beekman, Prof. W. K. Behrens, Dr. J. F. van Bemmelen, Dr. A. A. Hijmans van den Bergh, Dr. S. Birnie,*

P 214. Wanneer men tracht, zich rekenschap te geven van het vermogen, gevorderd voor de stoombemaling van een polder, door den eisch te stellen, dat de maximum-hoeveelheid hemelwater, welke in een zeker aantal dagen in de waterleidingen van den polder terecht komt, ook in datzelfde aantal dagen moet kunnen worden opgemalen, stuit men op twee factoren, die niet met voldoende zekerheid bekend zijn.
Die factoren zijn:
1e. De hoeveelheid water, die gedurende het bedoelde aantal dagen buiten rekening mag blijven, omdat ze van den begroeiden poldergrond verdampt, zonder de waterleidingen te bereiken;
2e. De hoeveelheid water, die in het bedoelde aantal dagen niet in de waterleidingen terecht komt omdat ze in den grond geborgen blijft.
Men wenscht voor één of meer van onze polders de sub 1 en 2 bedoelde hoeveelheden water geconstateerd te zien door feiten, afgeleid uit waarnemingen, zoo noodig aangevuld door proefnemingen.

P 215. Men vraagt een quantitatief onderzoek over de straling van een paar enkelvoudige gassen in een magnetisch veld.

P 216. Het is in een aantal gevallen gebleken, dat de lijnen van een zelfde spectraal serie op gelijke wijze in een magnetisch veld gesplitst worden.

Men vraagt omgekeerd met behulp der magnetische splitsing tot dusver onbekende spectraal-serieën in een der metaalgroepen.

P 217. Men vraagt nieuwe quantitatieve bepalingen over de verdeeling van radium in den aardkorst (Strutt, Proc. London Royal Society 1906) en wenscht in het bijzonder ook een studie in dit opzicht van gesteenten uit onze koloniën.

P 218. Men verlangt:
Een topographische en geologische beschrijving van de eilanden der afdeeling Babar, residentie Amboina (waartoe behooren: Babar, Dai, Dawera, Daweloor, Marsela, Wetan, Sermata, Kelapa en Loeang), toegelicht door een kaart minstens op een schaal van 1 : 200,000.
Bijzondere aandacht zal daarbij aan het verzamelen van versteeningen te wijden zijn, daar op Babar reeds jurassische ammonieten en op Loeang permische kalksteenen gevonden zijn.

P 219. Het Genootschap vraagt een gedocumenteerde studie der Japansche dansmuis, zoo mogelijk genealogisch, in elk geval functioneel, wat statische en acustische verrichtingen aangaat, en anatomisch wat gehoororgaan en centraal zenuwstelsel betreft.

P 220. Het Genootschap verlangt een onderzoek van een of van meerdere aan elkander verwante menschelijke dubbelmonstra. Het antwoord moet bevatten een nauwkeurige systematisch anatomische beschrijving en een kritische beschouwing in hoeverre de gevonden anatomische verhoudingen licht werpen op of af te leiden zijn uit de genese der verschillende organen en orgaansystemen, in het bijzonder ook met betrekking tot de segmentaal-anatomische verhoudingen.

P 221. De talrijke leemten, die er bestaan in onze kennis der Trypanosomidae moeten worden aangevuld, vooral wegens het groote belang dezer Flagellata als pathogene parasieten. Alleen van Trypanosoma noctuae is een min of meer volledige ontwikkelingscyclus bekend. Deze onderzoekingen van Schaudinn moeten echter getoetst worden aan andere species.
Het Genootschap verlangt daarom een zoo volledig mogelijke studie over den bouw en de ontwikkeling van een of andere soort van het geslacht Trypanosoma. Het ligt voor de hand daarvoor Trypanosoma lewisi te kiezen, waarvan dus bouw en ontwikkeling behoort te worden nagegaan, zoowel in de rat als in de rattenluis (Haematopinus spinulosus).

P 222. Het Genootschap vraagt een vergelijkend ontleedkundig onderzoek van twee of meer nauw met elkaar verwante diersoorten, bij voorkeur zulke die met elkaar bastaardvormen kunnen voortbrengen, en een op dit onderzoek gegronde beschouwing omtrent de phylogenetische verhouding tusschen de verschillende leden van het gekozen genus, waardoor licht wordt geworpen op de phylogenie van het genus zelf.

P 223. Er wordt gevraagd een systematisch, experimenteel, door nauwkeurige sectie-verslagen gestaafd, onderzoek naar de segmentale huidinnervatie (dermatomerie) eener vogel- of reptiliënsoort.

P 224. Er wordt gevraagd een in monographischen vorm gekleed onderzoek naar het voorkomen en c.q. naar de modaliteiten der reversibiliteit der werking van dierlijke fermenten, en in 't bijzonder der spijsverteringsfermenten van zoogdieren.

P 225. Uit de onderzoekingen van Herbig (Zeitschrift f. angew. Chemie 1909, p. 1882) zou volgen, dat het gehalte der rookgassen van een steenkolenvuur aan zwavelig zuurgas slechts een klein gedeelte zou bedragen van hetgeen zou worden afgeleid uit het zwavelgehalte van de steenkool, in verband met hare verbrandingsvoorwaarden en rekening houdende met het terugblijven van niet-vluchtige zwavelverbindingen in de asch; het grootste gedeelte van de vluchtige zwavel uit de brandstof zou volgens Herbig in den vorm van onschadelijk ammoniumsulfaat optreden en zich in dien vorm grootendeels afzetten. -Van andere zijde (zie o.a. Ost, Zeitschrift f. angew. Chemie 1909, p. 2196) wordt die opvatting bestreden.- Vermeerdering van onze kennis omtrent het gehalte der rookgassen van stoomketelvuren aan vluchtige zwavelverbindingen, bepaaldelijk aan vrij SO_2 en SO_3 (H_2SO_4) is van belang, met het oog op het aandeel, dat aan deze rookgassen in de beschadiging van planten in de omgeving der fabrieken al dan niet moet worden toegekend.
Het Genootschap vraagt beredeneerde onderzoekingen ten opzichte van het gehalte aan vluchtige zwavelverbindingen in een of meer stoomketelinstallaties hier te lande, waarbij de methoden, welke voor de bepaling van zwavelig zuurgas en van zwavelzuur - wat dit laatste betreft, zoowel vrij als gebonden - worden toegepast, met zorg moeten worden gekozen en de mate hunner nauwkeurigheid, voor zoover nog noodig, moet worden in het licht gesteld. - Het zwavel- en stikstof-gehalte van de steenkool, welke tijdens de proeven wordt verstookt, benevens de hoeveelheid zwavel, welke in de asch in gebonden toestand terugblijft, zal moeten worden bepaald. Ook zal betreffende de inrichting van de stoomketels, de wijze van stoken en de samenstelling der rookgassen het noodige moeten worden medegedeeld.

P 226. Het is bekend, dat vloeispaath in de gemengen van vele flesschenfabrieken wordt gebezigd en dat dit gebruik dikwerf aanleiding geeft tot beschadiging van den plantengroei in de omgeving, ten gevolge van het medegevoerd worden van fluor-verbindingen in de schoorsteengassen van die fabrieken.
Omtrent de hoeveelheid en de verbindingsvormen, waarin het fluor uit den schoorsteen dezer glasovens ontwijkt, zijn slechts weinig experimenteele gegevens bekend. - Toch zouden zoodanige gegevens, bepaaldelijk in verband met het vraagstuk van de fluorschade, van belang te achten zijn.
Het Genootschap vraagt derhalve een experimenteel onderzoek naar den aard en de hoeveelheid der fluor-verbindingen, welke in de rookgassen eener vloeispaath verwerkende glasfabriek worden medegevoerd. Voor zoover het fluor uit het gemeng niet in de atmosfeer zou blijken te worden uitgestooten, is het tevens van belang, zooveel mogelijk na te gaan, waar en in welke verbindingsvormen het terugblijft. Wegens de bezwaren, welke aan eene nauwkeurige kwantitatieve bepaling van fluor verbonden zijn, zullen de bij het onderzoek te bezigen methoden met zorg moeten worden gekozen en, voor zoover noodig, hunne betrouwbaarheid moeten worden gestaafd.

P 227. Er wordt een onderzoek gevraagd naar de bindingswijze van de koolstof en de stikstof in het cyaan en in zijn eenvoudigste verbindingen met waterstof, metalen enz., waarbij proeven althans aangaande den overgang van carbylaminen in nitrilen en omgekeerd.

P 228. Er wordt verlangd een methode te vinden tot zekere onderscheiding van ribbelingen (ripple-marks) veroorzaakt door water en ribbelingen veroorzaakt door wind. Door voorbeelden moet worden aangetoond, tot welke verklaringen en gevolgtrekkingen die methode kan leiden en welke wijzigingen in de heerschende meeningen daarvan het gevolg kunnen zijn.

P 229. Aangezien er in vele gevallen verschil van meening bestaat ten opzichte van de keuze der bedrijfskracht voor een polder- of een boezemgemaal, zoo vraagt men:
Een uiteenzetting van de technische en de oeconomische gronden, welke de keuze der bedrijfskracht voor bepaalde gevallen van polder-of boezembemaling beheerschen.
Het vergelijkend onderzoek moet omvatten:
A de stoomwerktuigen, zoowel die welke met oververhitten stoom, als die welke met verzadigden stoom werken;
B de verbrandingsmotoren, zoowel de zuiggasmotoren als die welke door petroleum of ruwe olie worden gedreven;
C de electromotoren, de gelijkstroomwerktuigen zoowel als andere.

P 230. Het Genootschap verlangt een experimenteel physiologisch onderzoek over de functie der zwemblaas van de visschen, zoowel over de statische en gas-secretorische (respiratorische ?) als over de vermeende zintuigelijke functie van het orgaan.

P 231. Wordt gevraagd: een onderzoek, dat uitwijst, hoe arsenicum, aanwezig in wandbekleeding of meubels, tot arsenicum-vergiftiging aanleiding geeft.

P 232. Gevraagd wordt een overzicht van den hedendaagschen stand van het vraagstuk der zuivering van huishoudelijk en industriëel afvalwater ter voorkoming van verontreiniging van openbaar water, van de middelen, die hiertoe ter beschikking zijn, van de resultaten, die hiermede zoowel in technisch als in chemisch en bacteriologisch opzicht te bereiken zijn en van de kosten, die zij veroorzaken aan inrichting en exploitatie.

P 233. Gevraagd wordt een onderzoek naar de wijze, waarop - en de oorzaken waardoor - verschillende ijzersoorten, zooals die voor oververhitters en stoomleidingen worden gebruikt, worden aangetast door stoom van hoogen druk (tot 50, zoo mogelijk 100 kg./cm^2) en hooge temperatuur (tot 500°, zoo mogelijk 600°) bij stoomsnelheden tot 80 m./sec.

P 234. Gevraagd wordt een verhandeling omtrent de verschijnselen, die zich bij hoog opperwater en bij stormvloed aan onze dijken, zoowel langs de bovenrivieren als langs de benedenrivieren en aan zee, voordoen en omtrent de middelen om te komen tot de meest veilige constructie-wijzen in verschillende gevallen en tot de beste wijze van onderhoud en verbetering. Tevens is aandacht te schenken aan die dijken, tegen welke steeds een belangrijke waterhoogte zal staan.

P 235. Gevraagd een verhandeling over den grondwaterstand en de wijzigingen (bedoelde en onbedoelde) daarin door het ingrijpen van den mensch, benevens de middelen ter voorkoming of bestrijding van ongewenschte gevolgen van het ingrijpen; het terrein, waarover de verhandeling gaat, zij minstens ongeveer 50000 Hektaren groot. De kom van daarin gelegen gemeenten blijve buiten beschouwing.

P 236. Het Genootschap verlangt eene monographie over de fauna, in het duingebied Hoek van Holland Zuid, bijgenaamd "De Beer"; inbegrepen de Zuiderpier van den Nieuwe Waterweg, binnen- en buitenzijde, het strand en de vlakten, weilanden enz., die in dit gebied voorkomen. De begrenzing van bedoeld terrein is aan alle zijden het water, behalve aan de Oostzijde, waar als grens genomen moet worden de lijn Noord-Zuid, getrokken door de Scheurpolder-Hoeve, gelegen dicht aan den Nieuwe Waterweg (Zie voor toelichting onder vraag 237).

P 237. Het Genootschap verlangt eene monographie over de flora, in het duingebied Hoek van Holland Zuid, bijgenaamd "De Beer"; inbegrepen de Zuiderpier van den Nieuwe Waterweg, binnen en buitenzijde, het strand en de vlakten, weilanden enz., die in dit gebied voorkomen. De begrenzing van bedoeld terrein is aan alle zijden het water, behalve aan de Oostzijde, waar als grens genomen moet worden de lijn Noord-Zuid, getrokken door de Scheurpolder-Hoeve, gelegen dicht aan den Nieuwe Waterweg.
Bedoeld wordt de monographie van vraag 236 resp. vraag 237 te illustreeren met platen, foto's en kaartjes betreffende het voorkomen van dieren of planten.
Toelichting: In dezen tijd van bedreigd natuurschoon, moet iedere monographie over een afgesloten stuk natuur met instemming worden begroet. In bewerking is een zoodanige monographie over een duingebied bij Meyendal, tusschen 's-Gravenhage en den Wassenaarschen slag. De voorloopige resultaten, deels reeds gepubliceerd, zijn van dat gedeelte der duinen zeer belangrijk. Verder herinnert de voorsteller aan de Zuiderzeemonographie, gepubliceerd in 1922-1923.
Het terrein: Hoek van Holland Zuid "De Beer" is, zijnde verboden gebied, nog geheel onvoldoende bekend. Toegang is te krijgen bij den Commissaris van Politie te Hoek van Holland, den heer Jas. Verder kan de boer van de Scheurpolder-Hoeve toegang verleenen en de Administratie van het Kroondomein te 's-Gravenhage. Voor overzetten over den Nieuwe Waterweg is steeds een motorboot beschikbaar.

P 238. Gevraagd wordt: Practische regels op te stellen voor het bereiken van een goede acustiek in zalen, gebaseerd zoowel op de reeds door andere onderzoekers verkregen uitkomsten, als op eigen metingen in een aantal besloten ruimten van verschillende aard, bij voorkeur in ons land.

P 239. De drinkwatervoorziening in Nederland -met toenemende bevolking-baart zorg, eenerzijds: wijl het gebruik van hemel- en bodem-water niet onbegrensd opgevoerd kan worden, anderzijds: wijl de open wateren, zelfs de groote rivieren, allengs meer verontreinigd worden. Gevraagd: Een verhandeling over de drinkwatervoorziening, zooal niet voor geheel Nederland, dan toch voor één of meer bevolkingsgroepen, die uit het oogpunt van watervoorziening bijeen behooren, welke verhandeling zoo mogelijk richtsnoeren voor de naaste toekomst geeft.

P 240. De toenemende mate en de wijze, waarop bestaande dijken en kaden gebruikt worden bij het aanleggen zoowel van wegen met zwaar verkeer, als van transportleidingen voor water, gas en electriciteit doen de vraag rijzen of en in hoeverre de stabiliteit dier waterkeeringen daardoor wordt beïnvloed.
Het Bataafsch Genootschap wenscht een verhandeling, waarbij eenerzijds de werking, die de, bij die werken gebruikte materialen en de bodem op elkaar uitoefenen, anderzijds de mogelijke aantasting der waterkeeringen door de aanwezigheid en het gebruik dier werken wordt nagegaan en waarbij tevens onderzocht wordt of bijzondere voorzorgsmaatregelen tot het behoud van het waterkeerend vermogen gewenscht zijn en zoo ja, op welke wijze deze behooren te worden getroffen.

P 241. Het Bataafsch Genootschap vraagt een verhandeling -mede op eigen onderzoek gebaseerd- over de betrekking der stofwisseling in de lever tot de anaemieën, in verband met het succes der levertoediening als therapie.

P 242. Voor een doelmatige bestrijdingswijze der ziekte van Weil is de vraag, of alleen de ratten een actieve rol spelen bij de verspreiding, dan wel of gewone waterbewoners, de lepto-spiren onder bepaalde omstandigheden (M. Zuelzer) pathogeen worden, van practisch belang.

Het Bataafsch Genootschap vraagt een onderzoek naar deze laatste mogelijkheid. Aanknoopend aan het onderzoek van Zuelzer zal getracht moeten worden de mogelijkheid na te gaan om normaliter in het water der Nederlandsche rivieren of binnenwateren voorkomende lepto-spiren door veranderingen in hun levensomstandigheden pathogeene eigenschappen te doen vertoonen.

P 243. Voor de vorming van ons land is de wording van het Kanaal tussen Engeland en Frankrijk van groot belang geweest.
Het Genootschap verlangt een verhandeling omtrent de vraag, in welke mate het vermogen van het Kanaal tussen Engeland en Frankrijk in de loop der eeuwen door verbreding en uitschuring van het dwarsprofiel en misschien ook door andere oorzaken, is toegenomen.

P 244. In de loop der eeuwen is het Kanaal tussen Engeland en Frankrijk door verbreding en uitschuring van het dwarsprofiel en misschien ook door andere oorzaken in vermogen toegenomen.
Het Genootschap verlangt een verhandeling omtrent de vraag, of -en in welke mate- de toename van het vermogen van het Kanaal tussen Engeland en Frankrijk invloed heeft gehad en nog heeft op de waterbeweging en de hoogste waterstand in de Nederlandse zeegaten.

P 245. Het Genootschap verlangt een studie van de samenstelling der Nederlandse schelpenwereld langs de kust der Noordzee. De bedoeling is het onderscheid tussen de verschillende gedeelten der kust uit te drukken in de aldaar voorkomende soorten, zoowel fossiele als recente.
Verspreidingskaartjes en foto's van merkwaardige soorten moeten bij de verhandeling worden overgelegd. Een speciale behandeling van de tertiaire schelpensoorten in Zeeland zal op prijs worden gesteld, daar deze typen zoveel beter bekend zijn uit dezelfde lagen in Engeland en België, zodat vergelijkingen eventueel nieuwe gezichtspunten kunnen openen.

P 246. In menige stadswijk daalt de grondwaterstand lager dan met het oog op de bebouwing wenschelijk is, zelfs lager dan verklaarbaar is uit den stand in nabije riolen en omgevende grachten of slooten.
Het genootschap vraagt, aan de hand van het liefst in verschillende stadswijken ervarene, een verhandeling, die inzicht geeft in den grondwaterstand in een bebouwde kom van een groote gemeente en in de wijzigingen van dien stand door menschelijken ingreep.

P 247. Het Genootschap vraagt een verhandeling over de wijzen van uitvoering van hygiënische contrôle op de reiniging van oppervlakte-water (rivierwater, water uit stuwen en meren) tot betrouwbaar drinkwater en in verband daarmede in het bijzonder een critische beoordeeling van de waarde der verschillende verontreinigingsorganismen (Bact. Coli, Streptoc. faecalis, Bact. enteritidis sporogenes, etc.) als indicatoren bij de beoordeeling van drinkwater.

P 248. Het uitstorten van stookoliresten door schepen in zee is een toenemend euvel, dat niet alleen vele slachtoffers onder de vogels maakt, doch ook badplaatsen en de visscherij bedreigt.
Het Bataafsch Genootschap vraagt een onderzoek naar de mogelijkheid om de physisch-chemische hoedanigheid van deze stookolieresten op eenvoudige, niet kostbare manier te wijzigen, of andere uitvoerbare maatregelen aan te geven, zoodat geen nadeel meer wordt ondervonden.

P 249. De groote rivieren van Nederland voeren hoeveelheden water aan, welke in grootte -en in zoutgehalte- varieeren. Het rivierwater is helaas juist

in tijden van weinig bovenwater het zoutst; zulks dus juist tijdens perioden van geringen regenval, gedurende welke de behoefte aan ruime doorspoeling van polders en binnenwateren het grootst is. Juist in die perioden van groote behoefte hier, is de aanvoer ervan gering.
Het gelijktijdig nastreven van alle de vele doeleinden, behoeften en belangen: éénerzijds het ontzouten en zoet houden van het IJsselmeer, anderzijds het doorspoelen van aan verzouting lijdende provincies en polders, van Zuid-Holland, met het Westland voorop, van Noord-Holland, zelfs van Friesland, stellen in de naaste toekomst eischen, welke in strijd komen met elkaar, met de drinkwatervoorziening van verschillende belangrijke onderdeelen van ons allengs dichter bevolkte land en ook al met de belangen der scheepvaart.
Gevraagd: Een verhandeling, welke een overzicht geeft van de verschillend groote behoeften aan watertoevoer in de onderscheiden gebieden van het midden en noorden van ons land, en welke de mogelijkheden en wenschelijkheden ter doelmatige verdeeling van den geenszins onbeperkt beschikbaren watertoevoer onzer rivieren voor de onderscheidene gebieden en verschillende doeleinden tegen elkaar afweegt.

P 250. In de Nieuwe Verhandelingen van het Bataafsch Genootschap der Proefondervindelijke Wijsbegeerte, IIde reeks, 3de deel, verscheen in 1890 de verhandeling van Dr W.C.L. van Schaik over de opwekking van de tonen in de lippijpen der orgels, zijnde het bekroonde antwoord op de prijsvraag voor het jaar 1888.
Men vraagt een studie die in het algemeen de uitkomsten van Van Schaik zal bezien in het licht van later verschenen werk op hydro- en aerodynamisch gebied en die in het bijzonder zal gewijd zijn aan de wederkeerige werking van twee tegelijkertijd klinkende pijpen, die zich uit in verandering van toonhoogte, uitblijven van zwevingen, en andere verschijnselen.

P 251. Gevraagd wordt -wegens het groot belang met betrekking tot de bloedtransfusie- een verhandeling over het bloed, in het bijzonder met het oog op de ontdekking van Landsteiner (bloedgroepering) en de in 1939 gevolgde vondsten van Landsteiner, Wiener, Levine, Fisher e.a., die het rhesusprobleem aan de orde hebben gesteld. Dit vraagstuk dient theoretisch bestudeerd, met eigen experimenten (serologisch) toegelicht en aan de praktijk (erythroblastosis foetalis) te worden getoetst.

P 252. De vervuiling door afvalwater van de Nieuwe Maas neemt meer en meer toe, deels als gevolg van de uitbreiding der industrie, deels als gevolg van de aanwas der bevolking van de aanliggende steden.
Het Bataafsch Genootschap vraagt een onderzoek naar deze vervuiling en verzoekt een antwoord op de vraag of het noodzakelijk is aan de voortgaande verontreiniging paal en perk te stellen, en zo ja welke maatregelen in aanmerking komen.

P 253. In de laatste jaren is veel wetenschappelijk werk verricht over de mineralogische samenstelling van klei en over de kleimineralen. Dit werk is van fundamenteel belang voor de landbouw en de keramische industrie, maar het is voor vele belanghebbenden moeilijk de resultaten van de onderzoekingen te overzien.
Gevraagd wordt een overzicht van de kwalitatieve en kwantitatieve mineralogische samenstelling van kleisoorten, in het bijzonder van de Nederlandse. Verder wordt gevraagd van de kleimineralen met plaatsroosterstructuur de chemische samenstelling, de structuur, de ontstaanswijze en de eigenschappen welke van belang zijn voor hun herkenning en voor de verklaring van de karakteristieke klei-eigenschappen als plasticiteit, vruchtbaarheid en bakkend vermogen. Het zal op prijs worden gesteld

als zeer beknopt wordt aangegeven hoe men deze klei-eigenschappen in verband brengt met de eigenschappen der mineralen, maar technische beschouwingen op landbouwkundig of keramisch gebied worden niet verlangd.

P 254. Voor openbare en particuliere werken (b.v. stadsuitbreiding, aanleg en verbetering van wegen en spoorwegen, beton) zijn grote hoeveelheden zand nodig van bepaalde kwaliteit.
Gevraagd wordt een Verhandeling, welke een overzicht geeft van
1. de hoeveelheden zand, welke in ons land in de naaste toekomst daartoe vereist zijn,
2. de plaatsen, waar dit zand zal kunnen worden gewonnen, zonder het algemeen belang te schaden,
3. de wijze, waarop deze zandwinning dient plaats te vinden,
4. het kosten-vraagstuk.

P 255. In de laatste jaren vragen wetenschap en techniek steeds dringender om grote eenlingkristallen en hieruit gesneden plaatjes en staafjes voor electrotechnische, optische en andere toepassingen. Er worden gekweekt kristallen met begrenzing door platte groeivlakken (vnl. uit oplossingen) en met willekeurige begrenzing (vnl. uit smelten). In vele gevallen is het gewenst, dat het kristal in bepaalde richtingen uitgroeit, dit is mogelijk, doordat bij de door groeivlakken begrensde kristallen bepaalde vlakken zich wel en andere zich niet ontwikkelen.
Gevraagd wordt een overzicht te geven van de methoden om grote eenling-kristallen te kweken, daarbij in het bijzonder na te gaan, wat er bekend is van georiënteerde groei, van de factoren, die van invloed zijn op de vlakken-ontwikkeling en van de theorie dienaangaande; vervolgens aan de hand van theoretische beschouwingen na te gaan, welke middelen toegepast zouden kunnen worden om georiënteerde kristal-groei te verwezenlijken. Hierbij wordt vooral gedacht aan niet-geleidende kristallen, dus minder aan geleidende en half-geleidende.

P 256. Gevraagd wordt een studie over de betekenis van de meest voorkomende zouten in polderwater, in bodemvocht en in gietwater voor de verschillende takken van Landbouw (weide-, akker- en tuinbouw, inclusief glascultures). Hierbij dient te worden omschreven:
a) de invloed van verzouting op de ontwikkeling van plant en dier,
b) de resultaten, uitgedrukt in hoeveelheden producten of in geld, die kunnen worden verkregen door bepaalde verlagingen van het zoutgehalte,
c) onderzoekingen, die eventueel nodig worden geacht, om het behandelde probleem tot meerdere klaarheid te brengen.

P 257. Het niveau-verschil tussen de zee en verschillende punten van de oppervlakte en de ondergrond van Nederland neemt in ongunstige zin toe. Uiteindelijk kan dit zeer vérstrekkende gevolgen hebben.
Het Genootschap verlangt een Verhandeling omtrent de vraag, welke maatregelen er genomen zijn en genomen zouden moeten worden om de huidige bodemdalingscoëfficiënten van de gemiddelde zeespiegel nauwkeurig te leren kennen. Indien uit de beschikbare meetgegevens of andere feiten reeds een conclusie kan worden getrokken ten aanzien van bepaalde punten of gebouwen op of in de bodem van Nederland, verlangt het Genootschap daaromtrent gaarne cijfers, in het bijzonder wat de kruinen van dijken betreft. Een toekomstverwachting zal niet achterwege mogen blijven.

P 258. Gevraagd: een onderzoek bij een insect met volkomen gedaanteverwisseling naar de samenhang tussen de metamorphose van (gedeelten van) het centrale zenuwstelsel en de veranderingen in het gedrag van het dier bij de overgang van larve en/of pop tot imago.

P 259. Wordt gevraagd: een critische litteratuurstudie van antibiotica tegen virusziekten bij mens, dier en plant.

P 260. Wordt gevraagd een overzicht van de huidige stand der wetenschap ten aanzien van het oriënteringsvermogen bij vogels, alsmede van de richting, welke de onderzoekers zullen moeten volgen of inslaan om dit vraagstuk met de meeste kans op succes te benaderen en nader tot een oplossing te brengen.

P 261. Gevraagd wordt, een studie te maken -al dan niet door eigen experimenten toegelicht- van de vraag, in hoeverre het "informatieverkeer" in het menselijke telecommunicatie-systeem, electrisch en magnetisch beschermd (afgeschermd) is tegen verminking van informaties, door sterke, matige en zeer zwakke electro-magnetische invloeden, welke van buiten af op het systeem zouden kunnen inwerken. De electromagnetische invloeden dienen daarbij gezien te worden in de meest algemene zin des woords, waarbij bovendien lopende en staande golven apart en ook de polarisatietoestand in beschouwing genomen dienen te worden. Het golflengtegebied kan het gehele traject omvatten.

P 262. Langs de benedenrivieren wordt in ons land in de ondergrond zoet water aangetroffen. Van dat water wordt in vele gevallen gebruik gemaakt voor industriële doeleinden, alsook voor het koelen van gebouwen. Deze onttrekking blijkt evenwel verschillende gevaren met zich mede te brengen.
Het Genootschap vraagt een studie, waarin de gevolgen van bedoelde wateronttrekking onder het oog worden gezien.

P 263. Het Bataafsch Genootschap vraagt een gedétailleerde bewerking -met afbeeldingen- van de fossiele zoogdierresten, welke reeds een groot aantal jaren bewaard worden in het Rijksmuseum van geologie en mineralogie te Leiden en/of in het Museum van het Zeeuwsch Genootschap te Middelburg en in de Oudheidkamer van het Raadhuis te Zierikzee.

P 264. De algemene veiligheid en het vlotte verloop van het rijdende verkeer, in het bijzonder binnen een bebouwde kom, zouden aanmerkelijk worden verhoogd, indien aan dit verkeer alleen rechtdoorgaan en rechts-afslaan zou zijn toegestaan.
Gevraagd wordt, onder deze voorwaarde, een goed doordacht verkeersplan te ontwerpen en zijn konsekwenties na te gaan voor een stadsdeel of stad van ca. 100.000 inwoners; gedacht wordt b.v. aan Rotterdam be-oosten het spoorwegviadukt of Delft. Toevoeging van een duidelijke schetskaart wordt nodig geacht.

P 265. Gevraagd wordt een analyse van het begrip "verwantschap", zoals dit in de systematische dierkunde wordt gebruikt.

P 266. Verzocht wordt om een onderzoek in te stellen naar de wijze van werkzaamheid van intra-uterine pessaria, ten doel hebbende zwangerschap te voorkomen. Met name te beantwoorden de vraag of dit pessarium werkt als een vroeg-abortivum of dat het de innesteling van een bevrucht ei in het baarmoederslijmvlies voorkomt.

BOULTON & WATT STOOMMACHINES VOOR FABRIEKEN EN VAARTUIGEN,

geleverd naar Nederland van 1798 tot 1832.

	Jaar	Bedrijf	Koper	Agent	Vermogen	B. & W. Arch. nr.
1	1798	Branderij (moutmolen) (zie ook het verslag van de Agent der Nationale Economie Goldberg 1799)	Leendert Boon Rotterdam	v. Liender	4 hp	box 36 pf 261
2	1807	Koperpletterij	de Heus Amsterdam	v. Liender	14 hp	box 36 pf 395
3	1816	Textiel	v. Lelyveld & zn Leiden	v. Heukelom	10 hp	246/040 pf 915
4	1821	Textiel (touwslagerij)	Maas & fils Delft	—	10 hp	248 pf 982
5	1832	Textiel (wolspinnerij -weverij?)	Krantz & Zn Leiden	—	14 hp	pf 1028
6	1819	Havenbaggermolen	? Amsterdam	Sampson & Co.	8 hp	box 33 012
7ab	1822	Veerboot Moerdijk	Min. v. Marine Den Haag	Roentgen	2 x 16 hp	box 11 pf 126
8ab	1822	Schip Koning der Nederlanden	Rotterdamsche Stoompaket-maatschappij	—	2 x 20 hp later 2 x 30 hp	410
9ab	1825	Sleepboot	v/d Hoop, Willink & Co. Amsterdam	Webster	2 x 30 hp	box 11 pf 121
10ab	1825	Sleepboot? binnenschip?	? Amsterdam	Haldimand & Co.	2 x 30 hp	M1
11ab	1826	Schip Koningin der Nederlanden	Rotterdamsche Stoompaket-maatschappij	—	2 x 30 hp	pf 125

Deze gegevens zijn ontleend aan een studie van ir J. W. van Lingen uit 1972, aangevuld met gegevens uit een artikel van dr. Jennifer Tann en M. J. Breckin in Economic History Review, 2nd series Vol XXXI/4 Nov. 1978.

P 267. Verzocht wordt een onderzoek in te stellen naar de geschiedenis van een aantal stoommachines die door de fabriek van Boulton & Watt in Soho in de jaren 1798 tot 1832 voor Nederlandse fabrieken en vaartuigen zijn geleverd, alsmede naar de betekenis hiervan voor de betreffende ondernemingen.
Toelichting: Uit de zeer volledig bewaard gebleven archieven van de firma Boulton en Watt is bekend welke machines aan welke Nederlandse afnemers zijn geleverd en wanneer. In de regel zijn kenmerkende gegevens aanwezig, alsmede één of meer tekeningen.
De geschiedenis hier te lande van die machines welke wateropvoerwerktuigen aandreven is goed tot zeer goed bekend. Dit is niet het geval met de machines voor aandrijving van fabrieksinstallaties en vaartuigen, waarvan een lijst met enige hoofdgegevens als bijlage hiernaast wordt afgedrukt.
De bedoeling is vast te stellen hoe en hoe lang die machines werkzaam zijn geweest, dus bijv. of het experiment als geslaagd beschouwd werd en of het gebruik van de stoomkracht voortgezet is of niet.
Hierbij kunnen particuliere en overheidsarchieven (bijv. bedrijfsvergunningen, stoomketel- en invoerregisters), alsmede courantenberichten de mogelijke bronnen zijn.
De vraag kan beantwoord worden voor het geheel van de lijst of desgewenst afzonderlijk voor de nummer 1 t/m 5 industriemachines en 6 t/m 11 machines voor vaartuigen (zie afb.).

3.4. Physisch-werktuigkundige prijsvragen

Op de algemene vergadering van 1861 kondigde het bestuur van het Bataafsch Genootschap aan dat in het vervolg ook prijzen zouden worden uitgeloofd "aan Nederlandsche werktuigkundigen voor deugdelijk vervaardigde werktuigen of voor voortbrengselen van eenig bepaaldelijk aangewezen vak der werktuigkunde, waarvan de beoefening en volmaking aanmoediging, leiding en rigting behoeven" (N. XII, xxxvi-xxxvii). Er werden in totaal tien vragen voorgesteld, waarvan er zeven zijn uitgeschreven. Het nieuwe initiatief bleek echter geen lang leven beschoren te zijn: nieuwe "physisch-werktuigkundige prijsvragen" heeft het genootschap na 1861 niet meer uitgeschreven.

I. De drie niet-uitgeschreven vragen waren:

1. Het Genootschap verlangt: Eene verzameling van mikroskopische doorsneden van de verschillende soorten van werk- en timmerhout, vooral ook Oost- en West-Indische, die tot herkenning en vergelijking zouden kunnen dienen. Minstens 50 houtsoorten van verschillende herkomst worden hierbij verlangd.

2. Het Genootschap verlangt: Eene verzameling koord van verschillende vezelstoffen.

3. Het Genootschap vraagt: Is er geen anderen chemischen weg aan te wijzen, om den koffijboon voor het bereiden der gebruikelijke infusie geschikt te maken, dan het tegenwoordige branden ?

II. De uitgeschreven prijsvragen waren de volgende:

PWP 1. Voor de wetenschap zoowel als voor het dagelijksch leven zoude het van hoog belang zijn een werktuig te bezitten, dat een constanten stroom van een gasvormig ligchaam met juistheid meet en die meting naauwkeurig aanwijst. Het instrument, bekend onder den naam van gasmeter, -hoe vernuftig ook gevonden en welke verbetering de werktuigkundige er ook aan hebbe aangebragt-, lijdt nog aan leemten.
Men verlangt daarom:
Een deugdelijk werktuig om een constanten stroom gas te meten (een gasmeter), dat ten minste gedurende een jaar juiste aanwijzing doet, zonder dat men voor de waterlijn behoeft zorg te dragen en dat in zijne eenvoudige constructie den waarborg heeft van niet menigmaal herstellingen te behoeven.
Of:
Een zoogenaamden droogen gasmeter, aan de opgegevene vereischten voldoende, waarvan de kleppen, zuigers of blaasbalgen met zoodanige stof zijn afgesloten dat men in groote hitte of koude, droogte of vochtigheid niet voor onjuiste werking en aanwijzing behoeft te vreezen.

PWP 2. Een zuiver stuk crown-glas, ongeveer 4 millimeters dik en 15 centimeters in middellijn, zuiver vlak geslepen.
Een plano-convexe lens van crown-glas, van ongeveer 80 à 200 meters straal en eene opening van 15 centimeters.
Twee gelijkbeenige prismas van 45° van flintglas (Zwitsersch of Fransch), hoog 4 centimeters en de beenen lang 6 à 7 centimeters: alleen de zijden om den hoek van 45° behoeven gepolijst te zijn.

PWP 3. Eene zuil of staaf en driehoekige prisma van het zoogenoemde zware glas van Faraday in bruikbare afmeting.

PWP 4. Eene verzameling gesneden, geslepen en gespleten kristalplaatjes, met name van kalkspath, nitras potassae, carbonas plumbi, suplhas calcis, mica, tourmalijn en suiker: bestemd voor de polarisatie-proeven van het licht.

PWP 5. Eene verzameling scheikundig zuivere stoffen voor de draaijing van het vlak van polarisatie, als suiker, acidum dextro- en laevo-tartaricum en andere; alles zoo veel mogelijk in oplossing en in kristallen, de linksdraaijende van de regtsdraaijende stoffen goed gescheiden en in hoeveelheden, die niet te gering zijn, te leveren.

PWP 6. Eene volledige verzameling rotssoorten en mineralen van het eiland Aruba.

PWP 7. Een galvanometer, niet minder dan die van Meyerstein.

3.5. Bijzondere prijsvragen

In 1794 maakte het genootschap bekend een zilveren ereprijs beschikbaar te stellen voor hen die ertoe zouden bijdragen, "dat ook de Nieuwe Vindingen, van welke andere Natiën met nut en voordeel gebruik maaken, ook in dit Land bekend en ingevoerd worden" (XI, xxxv-xxxvi). In totaal zijn in het kader van deze actie twee prijsvragen uitgeschreven, die echter geen resultaat opleverden. In de 19e eeuw hoort men niet meer over deze prijsvragen. De prijs wilde men toekennen voor de beste uitvoering van één van de volgende opdrachten:

BP 1. De volledigste Beschrijving, met de noodige Teekeningen opgehelderd, van de Vinding, waar van men in Engeland zedert het aldaar zeer algemeen in gebruik brengen van ronde, vier-, vijf-, zes- of achtkante hol gegotene IJzeren Molen-Assen, zig bedient, om de Zeilen der Molens op derzelver Wieken te doen zwigten en ontzwigten, in- of uitrollen, door den meer of min sterken aandrang des Winds alleen, zonder dat de Molenaar daar mede iets te doen heeft, en waar door ook de Molen altoos een geregelden en gelijken gang behoudt.

BP 2. De beste Beschrijving, met de noodige Teekeningen gepaard, van de onderscheidene wijzen, waarop men in Engeland door middel van zoogenaamde Gouverneurs of Regulateurs de Steenen der Windmolens, die Graan maalen, naar de kracht of de slapte der Winden doet daalen of rijzen, zonder dat zulks aan de oplettendheid der Molenaars behoeve te worden overgelaaten.

In 1789 opende het genootschap de mogelijkheid om te dingen naar een prijs voor nieuwe uitvindingen of ontdekkingen. Als reactie kwamen twee inzendingen binnen: "het eene om IJsdammen voor te komen, onder de Zinspreuk 'Principiis obsta'; het ander om de reeds aanweezige IJsdammen te verbreeken, onder de Zinspreuk 'Ad destruendum'". Zie voor dit onderwerp 3.2., concept-prijsvraag B. De voorgestelde middelen oordeelde het genootschap echter onuitvoerlijk, zodat er geen prijs kon worden toegekend.

3.6. Annotaties bij 3.2.-3.5.

Van iedere concept-prijsvraag wordt eerst de vindplaats opgegeven in het register met ontwerp-prijsvragen, aanwezig in het archief van het genootschap (inv. nr. 47). Dit register is vanaf fol. 149 ongepagineerd. Voor de periode ná 1876 is ook gebruik gemaakt van de gedrukte concept-prijsvragen. Na 1900 kregen alle concept-prijsvragen die op de algemene vergadering ter discussie werden gesteld, een volgnummer. Deze nummering is hier in de annotatie overgenomen.

CP 1. Reg. ontwerp-prijsvr. nr. 1, fol. 1; ontwerper was O.C. Eickma; ingezonden nov. 1822.

CP 2. Reg. ontwerp-prijsvr. nr. 3, fol. 9; ontwerper was P. Curten; ingezonden jan. 1823. De vraag refereert naar V 100, geschreven door L. Bicker.

CP 3a+b. Reg. ontwerp-prijsvr. nr. 4, fol. 11-12; ontwerper was P. Curten; ingezonden jan. 1823. In 1825 opnieuw geformuleerd door Curten, zie vraag 3b.

CP 4. Reg. ontwerp-prijsvr. nr. 5, fol. 13-16; ontwerper was M. Baelde Rochussen; ingezonden jan. 1823.

CP 5. Reg. ontwerp-prijsvr. nr. 6, fol. 17; ontwerper was C.F. van Wiebeking; ingezonden jan. 1823.

CP 6. Reg. ontwerp-prijsvr. nr. 8, fol. 21; ontwerper was J.B. van Mons; ingezonden febr. 1823.

CP 7. Reg. ontwerp-prijsvr. nr. 9, fol. 23; ontwerper was J.B. van Mons; ingezonden febr. 1823.

CP 8. Reg. ontwerp-prijsvr. nr. 12, fol. 29; ontwerper was J.B. van Mons; ingezonden febr. 1823.

CP 9. Reg. ontwerp-prijsvr. nr. 13, fol. 31-32; ontwerper was J.F. Bornewasser; ingezonden febr. 1823.

CP 10. Reg. ontwerp-prijsvr. nr. 16, fol. 37; ontwerper was P. Driessen; ingezonden febr. 1823.

CP 11. Reg. ontwerp-prijsvr. nr. 17, fol. 39-40; ontwerper was P. Driessen; ingezonden febr. 1823.

CP 12. Reg. ontwerp-prijsvr. nr. 18, fol. 41; ontwerper was P. Driessen; ingezonden febr. 1823.

CP 13. Reg. ontwerp-prijsvr. nr. 19, fol. 43-44; ontwerper was P. Driessen; ingezonden febr. 1823.

CP 14. Reg. ontwerp-prijsvr. nr. 20, fol. 45; ontwerper was S. Stratingh; ingezonden maart 1823.

CP 15. Reg. ontwerp-prijsvr. nr. 21, fol. 47-48; ontwerper was S. Stratingh; ingezonden maart 1823.

CP 16. Reg. ontwerp-prijsvr. nr. 22, fol. 49; ontwerper was S. Stratingh; ingezonden maart 1823.

CP 17. Reg. ontwerp-prijsvr. nr. 23, fol. 51; ontwerper was S. Stratingh; ingezonden maart 1823.

CP 18. Reg. ontwerp-prijsvr. nr. 24, fol. 53; ontwerper was S. Stratingh; ingezonden maart 1823. Bedoeld is de methode, beschreven door Jean D'Arcet (1725-1801) en het kooktoestel volgens de vinding van Denis Papin (1647-1712).

CP 19. Reg. ontwerp-prijsvr. nr. 26, fol. 57; ontwerper was S. Stratingh; ingezonden maart 1823.

CP 20. Reg. ontwerp-prijsvr. nr. 27, fol. 59; ontwerper is onbekend. De vraag werd anonym ingediend onder de spreuk "Stoom en wind, water slind".

CP 21. Reg. ontwerp-prijsvr. nr. 30, fol. 65-66; ontwerper was A. van Stipriaan Luïscius; ingezonden 18 april 1826.

CP 22. Reg. ontwerp-prijsvr. nr. 31; ontwerper was G. Moll; ingezonden april 1826.

CP 23. Reg. ontwerp-prijsvr. nr. 33, fol. 71; ontwerper was S. Speijert van der Eijk; ingezonden 28 april 1826.

CP 24. Reg. ontwerp-prijsvr. nr. 34, fol. 73; ontwerper was Jacob de Gelder; ingezonden 1 mei 1826.

CP 25. Reg. ontwerp-prijsvr. nr. 35, fol. 75; ontwerper was Jacob de Gelder; ingezonden 1 mei 1826.

CP 26. Reg. ontwerp-prijsvr. nr. 37, fol. 79; ontwerper was J.B. van Mons; ingezonden mei 1826.

CP 27. Reg. ontwerp-prijsvr. nr. 38, fol. 81; ontwerper was J.B. van Mons; ingezonden mei 1826.

CP 28. Reg. ontwerp-prijsvr. nr. 41, fol. 89; ontwerper was J.G.W. Merkes; ingezonden maart 1830.

CP 29. Reg. ontwerp-prijsvr. nr. 43, fol. 93; ontwerper was J.P. Delprat; ingezonden maart 1830.

CP 30. Reg. ontwerp-prijsvr. nr. 44, fol. 95; ontwerper was C.G.C. Reinwardt; ingezonden april 1830.

CP 31. Reg. ontwerp-prijsvr. nr. 46, fol. 99; ontwerper was S. Stratingh; ingezonden april 1830.

CP 32. Reg. ontwerp-prijsvr. nr. 47, fol. 101; ontwerper was S. Stratingh; ingezonden april 1830.

CP 33. Reg. ontwerp-prijsvr. nr. 48, fol. 103; ontwerper was S. Stratingh; ingezonden april 1830.

CP 34. Reg. ontwerp-prijsvr. nr. 49, fol. 105; ontwerper was S. Stratingh; ingezonden april 1830.

CP 35. Reg. ontwerp-prijsvr. nr. 50, fol. 107; ontwerper was A.H. van der Boon Mesch; ingezonden april 1830.

CP 36. Reg. ontwerp-prijsvr. nr. 53, fol. 113; ontwerper was J.B. Vrancken; ingezonden april 1830.

CP 37. Reg. ontwerp-prijsvr. nr. 54, fol. 115; ontwerper was E.J. Thomassen à Thuessink; ingezonden april 1830.

CP 38. Reg. ontwerp-prijsvr. nr. 55, fol. 117-119; ontwerper was J.B. van Mons; ingezonden mei 1830.

CP 39. Reg. ontwerp-prijsvr. nr. 56, fol. 121-125; ontwerper was D. Blankenbijl; ingezonden mei 1830.

CP 40. Reg. ontwerp-prijsvr. nr. 57, fol. 127; ontwerper was A. Quetelet; ingezonden mei 1830.

CP 41. Reg. ontwerp-prijsvr. nr. 59, fol. 128; ontwerper was G.J.J. Nairac; ingezonden 30 maart 1840.
De vraag refereert naar de bekende publikaties van Michaël Faraday (1791-1867) en naar het werk van Joseph Henry (1797-1878), de feitelijke ontdekker van de inductie.

CP 42. Reg. ontwerp-prijsvr. nr. 60, fol. 129; ontwerper was G.J.J. Nairac; ingezonden 30 maart 1840.

CP 43. Reg. ontwerp-prijsvr. nr. 61, fol. 130; ontwerper was A. Quetelet; ingezonden 15 mei 1840.

CP 44. Reg. ontwerp-prijsvr. nr. 62, fol. 131; ontwerper was B. Meylink; ingezonden 8 april 1840.

CP 45. Reg. ontwerp-prijsvr. nr. 64, fol. 133; ontwerper was W.H. de Vriese; ingezonden 17 april 1840.

CP 46. Reg. ontwerp-prijsvr. nr. 70, fol. 139; ontwerper was F.W. Conrad; ingezonden 14 april 1840.
In de vraag is sprake van het corrosief sublimaat ($HgCl_2$) dat in 1832 als beschermingsmiddel voor hout was beschreven door John Howard Kyan (1774-1850).

CP 47. Reg. ontwerp-prijsvr. nr. 75, fol. 144; ontwerper was F.W. Conrad; ingezonden 14 april 1840.

CP 48. Reg. ontwerp-prijsvr. nr. 76, fol. 145; ontwerper was J.B. van Mons; ingezonden 2 april 1840.

CP 49. Reg. ontwerp-prijsvr. nr. 77, fol. 146; ontwerper was J.B. van Mons; ingezonden 2 april 1840.

CP 50. Reg. ontwerp-prijsvr. nr. 78, fol. 147-148; ontwerper was waarschijnlijk J.B. van Mons; ingezonden 2 april 1840.

CP 51. Reg. ontwerp-prijsvr. nr. 79, fol. 149; ontwerper was J.B. Müller; ingezonden 15 okt. 1845.

CP 52. Reg. ontwerp-prijsvr. nr. 90; ontwerper was A.G. van Stipriaan Luïscius; ingezonden 1848.

CP 53. Reg. ontwerp-prijsvr. nr. ontwerper was C.H.D. Buys Ballot; ingezonden 1858.
De vraag refereert naar het werk van Joseph Jérome Lalande (1732-1807), Paul August Laugier (1812-1872) en Joseph Georg Böhm (1807-1868).

CP 54. Reg. ontwerp-prijsvr. nr. 110; ontwerper was A. van der Toorn; ingezonden 1858 (1861).

CP 55. Reg. ontwerp-prijsvr. nr. 121; ontwerper was W.C.H. Staring; ingezonden 1861.

CP 56. Reg. ontwerp-prijsvr. A; ontwerper is onbekend; ingezonden 1863. In 1880 zond M.H. Jansen een concept-prijsvraag in die direct aansluit bij het ontwerp van 1863. De tekst daarvan luidde (Reg. ontwerp-prijsvr. nr. 150):
Het Genootschap verlangt een antwoord op de drie volgende met elkander in verband staande vragen:

a. Op welke wijze bewegen zich de vloedgolven in de Noordzee en meer bepaaldelijk die, welke onze kust bereiken, met eene beschrijving hoe onze kust door die vloedgolven wordt aangedaan en meer in het bijzonder van het getij en de getij-stroomen die er voor en in de Maasmonden eertijds door gevormd werden en daar thans gevonden worden.

b. Een historisch overzicht van het verloop der Maasmonden in richting, in wijdte en in diepte gedurende de laatste 400 jaren, opgehelderd door schetskaarten.

c. Eene beschouwing van den nieuwen Maasmond door den Hoek van Holland in het licht dat de antwoorden op a en b zullen ontsteken.

CP 57. Reg. ontwerp-prijsvr. nr. 124; ontwerper was W.C.H. Staring; ingezonden 1865.

CP 58. Reg. ontwerp-prijsvr. nr. 126; ontwerper was F.A.T. Delprat; ingezonden 1865.

CP 59. Reg. ontwerp-prijsvr. nr. 130; ontwerper was V.S.M. van der Willigen; ingezonden 1867.

CP 60. Reg. ontwerp-prijsvr. nr. 132; ontwerper was V.S.M. van der Willigen; ingezonden 1867.

CP 61. Reg. ontwerp-prijsvr. nr. 135; ontwerper was W.C.H. Staring; ingezonden 1869.
De bedoelde heiputten waren beschreven door de Amerikaanse landbouwdeskundige John Pitkin Norton (1822-1852).

CP 62. Reg. ontwerp-prijsvr. nr. 136; ontwerper was H.A. van der Speck Obreen; ingezonden 1861.

CP 63. Reg. ontwerp-prijsvr. nr. 137; ontwerper was H.A. van der Speck Obreen; ingezonden 1861.

CP 64. Reg. ontwerp-prijsvr. nr. 138; ontwerper was H.A. van der Speck Obreen; ingezonden 1861.

CP 65. Reg. ontwerp-prijsvr. nr. 142; ontwerper was J.J. van Kerkwijk; ingezonden 1872.
De bedoelde telegrafische stelsels zijn van Samuel Finley Breese Morse (1791-1872) en David Edward Hughes (1831-1900).

CP 66. Reg. ontwerp-prijsvr. nr. 144; ontwerper was W.C.H. Staring; ingezonden 1874.

CP 67. Reg. ontwerp-prijsvr. nr. 145; ontwerper was W.C.H. Staring; ingezonden 1874.

CP 68. Reg. ontwerp-prijsvr. nr. 146; ontwerper was E.H. von Baumhauer; ingezonden 1874.
Zie Edouard Henri von Baumhauer (1820-1885), "Sur un météorographe universel destiné aux observatoires solitaires", Arch. Néerl. Sciences exactes et naturelles, 9 (1874) afl. 3, 230-258.

CP 69. Reg. ontwerp-prijsvr. nr. 148; ontwerper was V.S.M. van der Willigen; ingezonden 1876.

CP 70. Reg. ontwerp-prijsvr. nr. 149; ontwerper was V.S.M. van der Willigen; ingezonden 1876.

CP 71. Reg. ontwerp-prijsvr. nr. 151; ontwerper was G. van Diesen; ingezonden 1880.

CP 72. Reg. ontwerp-prijsvr. nr. 155; ontwerper was J. van der Toorn; ingezonden 1880.

CP 73. Reg. ontwerp-prijsvr. nr. 156; ontwerper was J. van der Toorn; ingezonden 1880. Het Plimsoll-merk is het uitwateringsmerk, geïntroduceerd door Samuel Plimsoll (1824-1898).

CP 74. Reg. ontwerp-prijsvr. nr. 158; ontwerper was L. Bleekrode; ingezonden 1880.

CP 75. Reg. ontwerp-prijsvr. nr. 160; ontwerper was J.J. van Kerkwijk; ingezonden 1880.
CP 76. Reg. ontwerp-prijsvr. nr. 174; ontwerper was G.J.W. Bremer; ingezonden 1880.
CP 77. Alleen vermeld in Not. Gecomb. Verg. 5 juli 1910; ontwerper was G.C.J. Verkerk; ingezonden 1910.
CP 78. Reg. ontwerp-prijsvr. nr. 175; ontwerper was H.A. Lorentz; ingezonden 1880.
CP 79. Reg. ontwerp-prijsvr. nr. II; ontwerper was A.D. Fokker; ingezonden 1922.
CP 80. Reg. ontwerp-prijsvr. nr. III; ontwerper was H.K. de Haas; ingezonden 1922.
Deze vraag werd herhaald januari 1924, waarna overleg volgde met de Leidse hoogleraar Hendrik Antoon Lorentz (1853-1928). In april besloot men van uitschrijving af te zien (Not. Directeuren 30 jan. en 28 april 1924). Het verschijnsel van de "partiële ether-medesleping" beschreef Augustin Jean Fresnel (1788-1827).
CP 81. Reg. ontwerp-prijsvr. nr. 1; ontwerper was Murk Jansen; ingezonden 20 sept. 1924.
CP 82. Reg. ontwerp-prijsvr. nr. 2; ontwerper was K.H. de Haas; ingezonden 20 sept. 1924.
CP 83. Reg. ontwerp-prijsvr. nr. 3; ontwerper was H.R. Kruyt; ingezonden 20 sept. 1924.
CP 84. Reg. ontwerp-prijsvr. nr. 4; ontwerper was H.R. Kruyt; ingezonden 20 sept. 1924.
CP 85. Reg. ontwerp-prijsvr. nr. 5; ontwerper was H.R. Kruyt; ingezonden 20 sept. 1924.
N.B. In Not. Directeuren dd. 9 april 1924 worden de concept-prijsvr. nr. 82-84 toegeschreven aan H.J. Jordan.
CP 86. Reg. ontwerp-prijsvr. nr. 6; ontwerper was J. Valckenier Suringar; ingezonden 20 sept. 1924.
CP 87. Reg. ontwerp-prijsvr. nr. 7; ontwerper was C. Winkler; ingezonden 20 sept. 1924.
CP 88. Reg. ontwerp-prijsvr. nr. VI; ontwerper was J.J. Taudin Chabot; ingezonden 1927.
CP 89. Reg. ontwerp-prijsvr. nr. VII; ontwerper: G. van Rijnberk; ingezonden 1927.
CP 90. Reg. ontwerp-prijsvr. nr. II; ontwerper was K.H. de Haas; ingezonden 1929.
CP 91. Reg. ontwerp-prijsvr. nr. IV; ontwerper was A.B. van Deinse; ingezonden 1932.
CP 92. Reg. ontwerp-prijsvr. nr. V; ontwerper was A. van der Hoeve; ingezonden 1932.
De inzender van de vraag was géén lid van het genootschap. In de toelichting wordt verwezen naar het werk van Evert Gorter (1881-1954) en François Grendel, "On the spreading of fatty acids, fats and proteins", Proc. Kon. Akad. Wet., Sect. Sciences 29 (1926) 1262-1274 en van Joh. Rud. Katz en Paulus Jacobus Petrus Samwel, Osmose en moleculair gewicht met acetylcellulose, Amsterdam 1930 (dissertatie).
CP 93. Reg. ontwerp-prijsvr. nr. VI; ontwerper was H.C. Jacobsen; ingezonden 1932.
CP 94. Reg. ontwerp-prijsvr. nr. VII; ontwerper was J. Goudriaan; ingezonden 1932.
CP 95. Reg. ontwerp-prijsvr. nr. VIII; ontwerper was J. Goudriaan; ingezonden 1932.
CP 96. Reg. ontwerp-prijsvr. nr. IV; ontwerper is onbekend; ingezonden 1934.

CP 97. Reg. ontwerp-prijsvr. nr. I; ontwerper is onbekend; ingezonden 1936.
CP 98. Reg. ontwerp-prijsvr. nr. II; ontwerper is onbekend; ingezonden 1936.
CP 99. Reg. ontwerp-prijsvr. nr. III; ontwerper is onbekend; ingezonden 1936.
CP 100. Reg. ontwerp-prijsvr. nr. IV; ontwerper is onbekend; ingezonden 1936.
CP 101. Reg. ontwerp-prijsvr. nr. V; ontwerper is onbekend; ingezonden 1936.
CP 102. Reg. ontwerp-prijsvr. nr. VI; ontwerper is onbekend; ingezonden 1936.
CP 103. Reg. ontwerp-prijsvr. nr. VII; ontwerper is onbekend; ingezonden 1936.
CP 104. Reg. ontwerp-prijsvr. nr. 1; ontwerper was M.G.J. Minnaert; ingezonden 1938.
CP 105. Reg. ontwerp-prijsvr. nr. 2; ontwerper was M.G.J. Minnaert; ingezonden 1938.
CP 106. Reg. ontwerp-prijsvr. nr. 3; ontwerper was G. Holst; ingezonden 1938.
CP 107. Reg. ontwerp-prijsvr. nr. 5; ontwerper was A.B. van Deinse; ingezonden 1938.
CP 108. Reg. ontwerp-prijsvr. nr. 6; ontwerper was A.B. van Deinse; ingezonden 1938.
CP 109. Reg. ontwerp-prijsvr. nr. 7; ontwerper was J.G. Bijl; ingezonden 1938.
CP 110. Reg. ontwerp-prijsvr. nr. 8; ontwerpers: J.M. Burgers en J. Struycken; ingezonden 1938. J. Struycken was geen lid van het genootschap.
CP 111. Reg. ontwerp-prijsvr. nr. 9; ontwerper was P.H. Kramer; ingezonden 1938.
CP 112. Nadere gegevens ontbreken.
CP 113. Nadere gegevens ontbreken. De vraag verwijst naar het werk van klokkenmakers familie Hemony.
CP 114. Nadere gegevens ontbreken.
CP 115. Nadere gegevens ontbreken.
CP 116. Nadere gegevens betreffende 116a en 116b ontbreken.
CP 117. Nadere gegevens ontbreken.
CP 118. De ontwerper was Joh. van Veen; ingezonden 1954.
CP 119. Ontwerper was B.S. ten Berge; ingezonden 1954.
CP 120. Ontwerper was M.W. Woerdeman; ingezonden 1954.
Zie Siegfried Mollier (1866-?), "Die Konstruktion der vorderen weichen Bauchwand des menschlichen Körpers", Zschr. ges. Anat. (Abt. 1), 93 (1930) 623-644.
CP 121. Ontwerper was A.Ch. Ruys; ingezonden 1954.
CP 122. Ontwerper was F.P. Mesu; ingezonden 1954.
CP 123. Nadere gegevens zijn onbekend. Zie Hermann Fritz (1830-1893), Verzeichnis beobachteter Polarlichter, Wenen 1873 en Simon Willem Visser (1884-?), "On the connections between the 11-year sunspot period and the periods of about 3 and 7 years world weather", Geophysica Pur E Applicata, 43 (1959) II, 302-318.
CP 124. Ontwerper was W.F. de Jong; ingezonden juli 1964.

In de volgende annotaties zijn de bijzonderheden verzameld betreffende de uitgeschreven prijsvragen. De uitschrijving vond in het algemeen plaats tijdens de algemene vergadering. Via de tabel in 2.1. vindt men dus bij het vermelde jaar de datum van uitschrijving. De tekst van de bijbehorende concept-vragen is alleen weergegeven wanneer deze verschilt met die van de uitgeschreven prijsvraag. De in 3.3. gegeven tekst van de prijsvraag is die volgens de eerste opgave; latere veranderingen worden in de annotaties vermeld. Personen en literatuurverwijzingen in de tekst van de prijsvragen zijn zoveel mogelijk toegelicht. De ontvangen antwoorden zijn in chronologische volgorde opgesomd. Een A, B, etc. nummering betekent dat meerdere versies van de desbetreffende vraag werden ontvangen. Men vindt de jury-rapporten in het Arch. BG, inv. nr. 49.

* Rivierkundige Stellingen.
Zie daarover uitvoerig het voorwoord van V 1. De verhandeling die het beste aan de bedoelingen van het genootschap had voldaan was onder de zinspreuk "Quaerendo" ingezonden door de heer Philip Renard, "voorheen Consul van hunne Hoogmogende in Spanje". Renard ontving hiervoor de gouden medaille (I, xli).

P 1
Uitgeschreven in 1770. Ontwerper was waarschijnlijk Steven Hoogendijk. In 1772 opnieuw voorgesteld met de toevoeging: "begeerende, dat de Schrijvers in het beantwoorden dezer Vraage bijzonderlijk in 't oog houden, dat in dezelve niet enkel bedoeld wordt het bewaaren van de Noorder-Lek-Dijken voor Doorbraken, maar tevens dat al, of wel het meeste Water van de Lek voorbij Rotterdam en den Briel afgeleid worde; waarop de Schrijvers der voorige Antwoorden niet genoeg gelet hebben" (I, xlii).
Antwoorden: (1a) 3 april 1771 "Time Dominum Fili mi et Regem"; (1b) 1773 idem tweede versie; (2) 6 april 1771 "Gelukkig is het Land, daer elk werd aangespoord, Dat Wetenschap, ten nut van't Algemeen breng voord"; (3) 19 april 1771 "Omne bonum est communicandum"; (4) 3 juni 1772 "Deus providebit et Experientia docebit"; (5) 6 juli 1772 "Tolle moras, semper nocuit differre paratis".
In 1772 werd geoordeeld dat "geene der ingekomene Verhandelingen voldoenend beantwoord" waren (I, xli). In 1773 kwamen eveneens geen voldoende antwoorden binnen (I, xlvi), waarna de vraag als ingetrokken werd beschouwd.

P 2
Uitgeschreven in 1770. Ontwerper was Steven Hoogendijk. De vraag lijkt veel op het voorbeeld dat Steven Hoogendijk in zijn testament van 3 juni 1769 als voorbeeld opnam (zie CP-C). In 1772 opnieuw door het genootschap voorgesteld, "omdat het meent, dat 'er, behalven die aan hun opgegeevene Middelen, nog anderen uit te denken of aan te wijzen zijn, die zonder Wind-of Molen-Werk aan het geëischte in de Vraage zouden kunnen voldoen" (I, xliv).
Antwoorden: (1) 8 aug. 1770 "God is mijn Heijl"; (2) 1 okt. 1770 "De Ondervinding is de beste Leermeester"; (3) 15 maart 1771 "Andere voor ons, en wij zijn voor andere" (met een tekening); (4) s.d. "Weetenschap laat niet verderven"; (5a) febr. 1772 "Een Inwooner van de laage Landen aan eene van de op- en afloopende Rivieren"; (5b) eind 1772 een verbeterde versie; (6) febr. 1772 "Door reden en ondervinding"; (7) 30 maart 1772 "Omnis Machinatio est a rerum natura procreata, et a praeceptrice et magistra mundi versatione instituta (Vitruvius)"; (8) 30 jan. 1773 "Nederlands Welvaaren"; (9a) 22 febr. 1773 "Tot nut van onze laage Landen"; (9b) 30 juli 1773 vervolg; (10a) s.d. "Voor mij en mijn Vaderland" (met tekeningen); (10b) 28 febr. 1774 vervolg; (11) s.d. zonder motto; (12) 16 aug. 1775 "N. van Overvelt, Roelandszoon".
Bij antwoord 4 staat aangetekend dat dit het vervolg schijnt te zijn van de antwoorden 2 en 3. Ten aanzien van de antwoorden 5 en 6 concludeerde de algemene vergadering in augustus 1772 "dat de Schrijvers' er van behooren aangemoedigd te worden om dezelven verder te onderzoeken en te volmaaken" (I, xliii). De auteurs werden daartoe een aantal voorstellen gedaan (I, xliii-xliv). Van antwoord 5 kwam reeds korte tijd later de tweede versie binnen, waarop besloten werd niet tot een volgende algemene vergadering te wachten om de auteur "de verdiende eer", d.w.z. een gouden medaille te geven. De prijsuitreiking aan Cornelis Vaandrager, meester-timmerman en molenmaker te Ouderkerk aan den IJssel vond plaats tijdens een gewone vergadering, dd. 4 maart 1773 (I, xliv-xlv). Ten aanzien van de antwoorden 7, 8 en 9 werd besloten de auteurs een gouden medaille, "ter zwaarte van 30 Dukaaten te geven, indien zij door de proef in 't groot toonen kunnen, dat hunne Werktuigen aan de opgaave beantwoorden" (I, xlv-xlvi). In de algemene vergadering van 1774 werd besloten de schrijver van antwoord 10 "uit hoofde van het vernuftige zijner uitvinding, tot het gebruik maaken van Vuur-Machines in allerleij Trafijken, en ook in de Schepradmolens van ons Land,

schoon de daadelijke bewerkstelling van zijne vinding voor als nog zeer moeijelijk aan het Genootschap voorkomt, den Eereprijs van een Zilveren Medaille verdiend heeft". De schrijver moest zich binnen zes weken bekend maken; of dit gebeurd is wordt niet vermeld (II, v).
Publikatie: I, 523-546 (V 15).

P 3
Uitgeschreven in 1770. Ontwerper is onbekend.
Antwoorden: (1) 2 juni 1772 "Deus Providebit et Experientia docebit"; (2) 13 jan. 1773 "Time Dominum Fili mi et Regem"; (3) 27 april 1773 "P.P.P.P."; (4) 11 nov. 1773 "Mars zal wel breeken, dat het water kan kweeken, Klij, Slijk en Sant, raakt er door aan kant"; (5) febr. 1774 "Tot nut voor Volk en Land"; (6) s.d. zonder motto; (7) s.d. "Door onderzoek vindt men veel dingt"; (8) s.d. "Zonder spreuk in 't Fransch"; (9) s.d. "P.M.".
Tot de jury behoorde o.a. G. Kuypers. In 1773 werd bericht, dat "geene Antwoorden zijn medegedeeld, die men voor voldoende houden kan" (I, xlvi). In 1774 werd antwoord 5 bekroond met een gouden medaille (I, iv); de inzender was Jan van der Linden Govertsz., architect en landmeter. In het "Antwoordenboek" staat hierbij de volgende notitie: "Copie. Brief van G. Kuypers. Aanmerkingen van het Bat. Gen. op de voorstaande Verh(andeling)". Antwoord 6 "konde niet in aanmerking komen", omdat de auteur zijn naam had genoemd (Hendrik Vos).
Publikatie: II, 1-18 (V 20), waaraan toegevoegd de aanmerkingen van het Bataafsch Genootschap: II, 19-26 (V 21).

P 4
Uitgeschreven in 1772. Ontwerper is onbekend.
Antwoorden: (1) 3 nov. 1773 "Verdeeld vuur, brand kwalijk"; (2) 20 febr. 1774 "Ons meeste voordeel is in de gezondheid".
Tot de jury behoorde o.a. G. Kuypers. Antwoord 1 werd ingezonden door Rienk Jelgerhuis (Leeuwarden). Na de bekroning werd van de auteur nog een "Aanhangsel" ontvangen, dd. 5 dec. 1776. Na de publikatie kwam er volgens het "Antwoordenboek" bij de secretaris nog binnen: "Aanmerkingen en uitbreidingen over deze verh. onder de zinspreuk: Het leven van den wind, baert leven in den gloedt." Deze inzending werd vervolgens bekommentarieerd door R. Jelgerhuis. In 1774 werd antwoord 2, ingezonden door Hendrik Spille, met een zilveren medaille bekroond. Dit antwoord werd niet gepubliceerd.
Publikatie: II, 27-49 (V 22).

P 5
Uitgeschreven in 1773. Ontwerper is onbekend.
Antwoorden: (1) 28 okt. 1774 " 't Geringste kan tot nut zijn"; (2) 7 febr. 1775 "Quod si aliquid ex unde et humano generi affertur utilitatis et arti accedit ornamenti, maximum laboris praemium existi(sse) maverim"; (3) 23 febr. 1775 zonder motto; (4) 27 febr. 1775 "Le Tems le fait voir"; (5) 28 febr. 1776 "Tot verbetering der Zeevaart"; (6a) 28 febr. 1777 "De eenvoudigste weg is de beste, en ook die der Natuur"; (6a) 1779 vervolg; (7) 1785 "De Ondervindinge en Zeemanschap is de beste Leermeester"; (8) s.d. "Met een goed oogmerk"; (9) s.d. zonder motto; (10) s.d. zonder motto; (11) s.d. "De ondervinding is de beste Leermeester"; (12) s.d. zonder motto.
Uit een notitie in het "Antwoordenboek" bij nr. 6a en 6b, namelijk "Aanm. van Frans van Limborch van der Gracht", zou men kunnen opmaken dat laatstgenoemde één van de beoordelaars is geweest. Enkele malen werd medegedeeld dat geen voldoende antwoorden waren ingekomen (II, vii en III, v). Antwoord 3 was een Duitse verhandeling; een vertaling werd geleverd door J.H. Hering. Antwoord 6 oordeelde de jury "voor zoo verre betreft de natuurkundige gronden, op welken het (voorgeslagen middel) steunt, zeer goed", maar een aantal bijzonderheden waren "in alle opzichten verre te klein ... opgegeven". De auteur werd een gouden medaille toegezegd, wanneer hij o.a. de beschrijving van het werktuig verder volmaakte en

"deszelfs nut tot het bedoelde oogmerk, door proeven, op Zee genomen" zou bevestigen, en de tweede versie van zijn verhandeling vóór 1 maart 1779 instuurde (IV, v-vi). In 1780 werd geconstateerd dat de auteur niet "aan de geeischten en nadere Verklaring van die Vraag voldaan heeft" (V, viii-ix). In 1780 bleef de vraag uitgeschreven; wanneer de vraag officieel is ingetrokken, is niet bekend.

P 6
Uitgeschreven in 1774. Ontwerper is onbekend.
Antwoorden: (1) 4 sept. 1774 "Liefde is het Fondament"; (2a) 14 dec. 1774 "Interest mea et Reipublicae"; (2b) 16 okt. 1775 vervolg, (3) 23 dec. 1774 "Quamvis difficile sit istud omnis, tamen eorum auxilio, qui humeris meis imposuerunt illud eo usque deportabo, ut qui mihi successerint ad finem usque sine magno labore perducere hoc opus queant"; (4) 7 febr. 1775 "Experientia docet"; (5) 15 febr. 1775 "Tot Liefde voor de Zeevaart en 't behoudt van mijn evenmensch"; (6) 22 febr. 1775 "God heeft den Mensch paal en perk gesteld, 't welk hij niet zal overtreden"; (7) 23 febr. 1775 "Ondervinding leert. D.H."; (8) 25 febr. 1775 "Gepaste middelen zijn het algemeen behoudt"; (9) 26 febr. 1775 "Betracht menschlievend 't nut van Volk en Vaderland, Want dat vereischt de plicht van 't Burgerlijk verband"; (10) 28 febr. 1775 "Die de gezondheid bewaart, doet meer, dan die ziektens geneest"; (11) 28 okt. 1775 "Salus Populi"; (12) 19 jan. 1776 "Quidquid praeter spem eveniet, omne id deputa esse in lucro. Terentius"; (13) 22 febr. 1776 "Voor 't Menschdom, voor mijn Land en voor den bloei van 't Oosten, Poog ik der veegen Staat tot aller nut te troosten"; (14) 25 febr. 1776 "Invia virtuti nulla est via"; (15) 28 febr. 1776 "Uit Zugt voor de Nederlandsche Oostindische Maatschappij"; (16) 28 febr. 1776 "Priusquam incipias, consulto, et ubi consulueris, mature facto opus est"; (17) 7 maart 1776 "Hollands Welvaart".
De jury werd gevormd door H.D. Gaubius, W. van Doeveren, J.D. Hahn, C.H. Velse, L. Patijn en A. Westerhoff. Over de antwoorden 2 en 9 oordeelde men in de algemene vergadering van 1775 (II, viii) dat deze "betreklijk de oorzaaken en behoedmiddelen dier meerdere sterfte, zeer nuttige en noodige opgaaven behelzen; doch dat de Schrijvers van dezelven aan den eenen kant zich niet genoeg bepaald hebben tot het geeischte in de Vraag ...". Antwoord 6, geschreven in het Hoogduits, werd voor de beoordeling vertaald. In 1776 werd antwoord 16 (die volgens het "Antwoordenboek" "naderhand aangevuld" is), ingezonden door Gerardus Gijsbertus ten Haaff, medicinae doctor te Rotterdam, "door 't lot" bekroond met een gouden medaille; eveneens werd antwoord 12 met een gouden medaille ("eerste Accessit, et par primo") bekroond. Dit antwoord was van Dirk Schuurman, chirurgijn, operateur en vroedmeester te Rotterdam. Met een zilveren penning werd antwoord 13, ingestuurd door I. Fr. Muller bekroond. Bij dit antwoord werd volgens het "Antwoordenboek" een brief bewaard betreffende de drukfouten (III, v-vi).
Publikatie: III, 1-44 (V 30); I, 45-85 (V 31) en I, 87-164 (V 32).

P 7
Uitgeschreven in 1774. Ontwerper is onbekend.
Antwoorden: (1) 3 jan. 1776 "Yder meend zijn Uil een Valk te zijn"; (2a) 29 jan. 1776 "Eöol, der Winden God, blaast nu eens meer, dan min, Uit d'een of d'ander hoek en roerd door zijn vermogen, de Molen wieken om 't vereischte werk te doen"; (2b) 17 febr. 1777 vervolg; (3) 14 febr. 1776 "Door den Vlijt van Veelen ontdekt men het beste"; (4) 19 febr. 1776 "t Voegt een ieder zijnen Geest te scherpen tot nut der Moolenaaren wijl hun ijver en arbeyd strekken tot welzijn van het Algemeen"; (5) s.d. "De molens verbeterd"; (6) 19 febr. 1776 "En schoon water rijst, het dreigende gevaar door Kunst blijft afgeweerd van Bato's zinkend Erf"; (7) 20 febr. 1776 "De beste hulp die men begeert is die ons d'ondervinding leert"; (8) 21 febr. 1776; "Armoede drukt dat Land, daar Weetenschap word uitgeband, en in tegendeel daar bloeid het Land, daar Weetenschap krijgt d'overhand"; (9) 23 febr. 1776 "Met de Molen-roedens groot profijt"; (10a) 24 febr. 1776 "Proficit et delectat"; (10b) 23 april 1776 vervolg; (10c) 17 mei 1776 tweede vervolg; (11) 24 febr. 1776 "Een kort

beraad, kan groote baat"; (12) 24 febr. 1776 "Tot nut van 't Algemeen, niet voor mij zelv alleen"; (13) 25 febr. 1776 "De beproefste ondervinding leert 't best. Bis."; (14) 25 febr. 1776 "Verba data non revocari possunt"; (15) 27 febr. 1776 "Eene die beste voor Land en Molens wenscht"; (16) 27 febr. 1776 "Waare zugt ten nutte van Hollands Molens"; (17a) 28 febr. 1776 "Tot Molens nut, en, zoo ik wensch, tot Voordeel van mijn evenmensch"; (17b) 26 febr. 1777 eerste vervolg; (17c) 3 aug. 1777 tweede vervolg "in een briev"; (18) 1 maart 1776 "Tot welzijn van ons Vaderlandt"; (19a) 1 maart 1776 "Beproefde Waarheyt om voor te komen het geduurig breeken der Roeden"; (19b) s.d. vervolg; (20) 20 febr. 1777 "Een Schriever die de waarheid meld, de zaken na de reden stelt, enz."; (21) 27 febr. 1777 "Hetzij waarheen de prijs geraakt, daar is geen werk oit volmaakt"; (22) s.d. "Het snelste dat men vient zijn mensche gedagte vliegen snelder dan de Vogels etc."; (23) s.d. "t Bataafs gewest zouw ras weer tot Moeras verkeeren, indien het Molenaar en Bootsman moest ontbeeren"; (24) s.d. "Verbeter-Lust" (met bijlagen); (25) s.d. zonder motto; (26) s.d. "God zegent alles"; (27) s.d. zonder motto (Gijsb. Ferd. Oost(gyer?).
De aantekening bij antwoord 9, "met een briev van J. Petit", doet vermoeden dat Petit één van de jury leden is geweest
In de algemene vergadering van 1776 (III, vii) oordeelde men, dat de antwoorden 1, 2 en 17 "zeer veele verdiensten hebben, en ook het naast gekomen zijn bij het oogmerk, 't welk het Genootschap met deeze Vraag voorheeft". Men verlangde toen "dat men, zoo veel mogelijk is, betooge het nut der middelen, die men ter vebetering aanwijst, en verder opgeeve de evenredigheid die dezelven dienen te hebben in reden van de lengte der Roeden, en van de magt, die zij moeten oeffenen". In 1777 oordeelde het genootschap dat de antwoorden 1, 2, 6, 17, 23 en (blijkens een advertentie in de Rotterdamsche Courant van 25 en 26 sept. 1777) een niet nader aangegeven antwoord, "ter verbetering der Windmolens, in de gemelde opzigten, zeer goede middelen aan de hand geeven, en welker bekendmaaking zeer veel nuttigheid hebben kan". Men besloot de auteurs een zilveren medaille toe te kennen, "mits dat zij binnen 6 weeken,... hunne naamen aan het Genootschap bekend maaken" (IV, iii). Zo werden in 1777 bekroond: antwoord 2, ingezonden door Jan Beerta Jr. (Groningen) met een eerste zilveren medaille; antwoord 17, ingediend door Hendrik de Blinde, oud-buurmeester en substituut secretaris te Hilversum met een tweede zilveren medaille; de antwoorden 1 en 23 met een derde zilveren medaille, waarbij aangetekend staat dat van antwoord 1 "de medaille niet is afgehaald, noch de schrijver bekend". De schrijver van antwoord 23 was Jan Spille Hendrikszoon, notaris te Noord-Waddinxveen; het antwoord 6, dat in het "Antwoordenboek" staat aangegeven als behorende bij antwoord 5, was eveneens ingezonden door Hendrik Spille en werd beloond met een zilveren medaille. Antwoord 11 zou, blijkens het "Antwoordenboek", behoren bij antwoord 10.
Het genootschap besloot in de algemene vergadering van 1777 "dat het, ingevolge het LIVste Artijkel van deszelfs Plan en Grondwetten, uit alle deze Antwoorden, gepaard met hetgeen het Genootschap zelve hier toe betreklijk uitgedagt heeft, door den Eersten Secretaris eene Verhandeling ter voldoende beäntwoording dezer Vraage zal opstellen, welke het Genootschap onder deszelfs Verhandelingen zal in het licht geeven" (IV, iii).
Publikatie: IV, 184-244 (V 42).

P 8
Uitgeschreven in 1775. Ontwerper was Steven Hoogendijk. "Buiten den gewonen tijd", d.w.z. niet tijdens een algemene vergadering, ingediend. Aanleiding was de watervloed van 14 nov. 1775 te Rotterdam. De uitschrijving geschiedde via de Rotterdamsche Courant, dd. 25 nov. 1775 (III, iv).
Antwoorden: (1) 11 maart 1776 "Luctor et emergo"; (2) 17 mei 1776 "Aedificationem Sero incipere prestat, quam eâ diutius sustentandâ damnum pati"; (3a) 27 mei 1776 "Om nuttig te zijn"; (3b) s.d. vervolg; (4) 29 mei 1776 "Doet, wat de gemeene welvaart bevordert, en de gemeene zeekerheid staande houdt (C. Wolff)"; (5) 30

mei 1776 "Tot Herstelling"; (6) 30 mei 1776 "Quovis meliori modo"; (7) 30 mei 1776 "Zum gemeen nutzen in Holland"; (8) 31 mei 1776 "G. Ferd. Or."; (9) 31 mei 1776 "Rottens Burgers voordeel ter toestaan kunst & oordeel"; (10) 6 juni 1776 "Door geld, overleg, naarstigheid en tijd, Raakt deze Stad voor 't water bevrijd"; (11) 30 juni 1776 "Al doende leert men"; (12) s.d. "Bedenkingen", zonder motto; (13) s.d. "Soekt konst en Weetenschap voor 't gemeene best te goede enz.".
In 1776 werd antwoord 3, ingezonden door Jan Roodenrijs, bekroond met een gouden medaille; in het biljet van Roodenrijs stond geen naam, maar waren slechts vier letters geschreven. De auteur maakte zich pas later bekend (III, vii). Een zilveren medaille werd toegekend aan de inzender van antwoord 1, namelijk Jan Horsman, "wegens de nieuwigheid, het vernuft en de minkostbaarheid van de Middelen die hij voorstelt" (III, vii).
Publikatie: III, 165-181 (V 33) en III, 183-250 (V 34).

P 9
Uitgeschreven in 1776. Ontwerper is onbekend. Zie de uiteenzetting door S. de Monchy in Arch. BG, inv.nr. 6, fol. 38-42.
Antwoorden: (1) 28 dec. 1776 "Quo major fuerit civium numerus, eo beatior erit Patria"; (2) 22 jan. 1777 "Populo Patriaeque"; (3) 27 jan. 1777 "Uti Sementem feceris, ita metes"; (4) 18 febr. 1777 "Chacun suit dans le monde une route incertaine, selon que son erreur le joue et le promene (Boileau)"; (5) 21 febr. 1777 "Non uni cuique contingit adire Corinthum"; (6) 22 febr. 1777 "Ad prorogandam nonnullorum vitam mortalium".
In 1777 werden antwoord 2 en 3, ingezonden door Johannes Veirac, bekroond met resp. een eerste zilveren en een gouden medaille. Antwoord 1, ingezonden door A. Ypey, werd bekroond met een tweede zilveren medaille (IV, iv-vi).
Publikatie: IV, 1-74 (V 36); IV, 75-98 (V 37) en IV, 99-123 (V 38).

P 10
Uitgeschreven in 1778. Ontwerper was Steven Hoogendijk (zie IX, ix). Naar aanleiding van het uitschrijven van deze prijsvraag plaatste het genootschap, dd. 6 juni 1778 een uitvoerig bericht met een toelichting in de kranten (vgl. IV, vii-viii). Voor "eenige nadere onderrigting, betrekkelijk de opgerigte Stoom- of Vuur-Machine en het thans daar aangevoegde Pompwerk" kon men zich wenden tot J.D. Huichelbos van Liender. Bij het uitschrijven van de prijsvraag werd, behalve de gouden medaille "ter waarde van 30 Dukaaten", nog toegezegd "de vergoeding van de kosten, die hij aan zijn Model mogt besteed hebben, mits dezelven de som van 150 Gulden niet te boven gaan" en verder nog een extra beloning van 100 dukaten, "ingevalle bij de Proefneemingen blijkt, dat zijn opgegeeven Werktuig aan de geëischten voldoet" (IV, viii).
Antwoorden: (1) 16 febr. 1779 "Kiest het beste"; (2) 17 febr. 1779 "Minimus", met een brief en tekeningen; (3) 22 febr. 1779 "Quid tandem non efficiant manus" (met tekeningen); (4) 22 febr. 1779 "Verbeter lust" (met tekeningen); (5) 25 febr. 1779 "Ik geev wat goeds, en hou noch over" (met een brief, tekeningen en een model); (6) 25 febr. 1779 "T.K.V." (zonder verzegeld biljet, met een kist én machine); (7) 28 febr. 1779 "Spero Meliora" (met brief en tekeningen); (8) 28 febr. 1779 "Tot nut voor 't Land" (met tekeningen); (9) 7 april 1779 "Een vrij gebooren Nederlander" (met een brief en tekeningen).
Van de antwoorden 2, 3 en 7 werd een vertaling uit het Engels gemaakt. In 1779 werd antwoord 7, ingezonden door John Wright, koolmijnmeester en ingenieur te Dunfermline, bekroond met de gouden medaille. Of Wright de extra beloningen heeft gekregen, wordt niet vermeld. De eerste zilveren medaille was voor antwoord 3, ingezonden door William Chapman, terwijl de tweede zilveren medaille werd toegekend aan antwoord 9, ingezonden door Rinze Lieuwe Brouwer. In de verhandelingen werden nog twee niet-bekroonde antwoorden opgenomen, namelijk van J. Greeve en W. Punshon.
Publikatie: N. I, 133-153 (V 101); N. I, 154-178 (V 102); N. I, 179-210 (V 103); N. I, 211-213 (V 104) en N. I, 214-216 (V 105).

P 11
Uitgeschreven in 1778. Ontwerper is onbekend.
Antwoorden: (1) 23 febr. 1779 "Nunc animum nobis adhibe veram ad rationem, Nam nova res molitur ad aures accidere et nova se species ostendere rerum (Lucretius)"; (2) 28 febr. 1779 "Qui curiosus postulat totum suae Patere menti, ferre qui non sufficit Mediocritatis conscientiam suae, Judex iniquus, aestimator est malus Suique Naturaeque, nam rerum Parens Nos scire pauca, multa mirari jubet (Grotius)"; (3) 20 maart 1779 "Disce legens, doctrinam ex me, verumque laborem, Doctrinam ex aliis (Bletius)"; (4) s.d. "Take Natur's path and made opinions leave (Pope)".
In 1779 werd antwoord 4, ingezonden door J.R. Deiman, medisch doctor te Amsterdam en A. Paets van Troostwijk (Amsterdam) bekroond met een gouden medaille, terwijl de eerste zilveren medaille werd toegekend aan antwoord 1, ingezonden door B. Tiboel. Voor antwoord 1 werd een tweede zilveren medaille toegekend aan een onbekende (zie V, iv-v).
Publikatie: V, 1-96 (V 45) en V, 97-192 (V 46).

P 12
Uitgeschreven in 1778. Volgens S. de Monchy (1780, Arch. Bat. Gen., inv. nr. 7) was de opgave van deze vraag destijds uitvoerig betoogd door Cornelis Nozeman. Bij de vraag behoorde een literatuurverwijzing naar de werken van J.P. Breynius, René A. de Reaumur (1683-1757), Martinus Houttuyn (1720-1798) en Carl Linnaeus (1707-1778) (zie IV, x).
Antwoorden: (1) 29 febr. 1780 "Quid tentasse nocet". Volgens het "Antwoordenboek" was hierbij (later) een brief gevoegd, met daarin de planten van Scleranthus anuus et perennis. Verder werd in het archief bij dit antwoord een dossier bewaard met gedroogde planten, met het opschrift "Scleranthus perennis, zoals die in de duyne na 's Gravenhage gevonden wort"; (2) s.d. "Tempus rite impensum sapiens non revocat".
Tot de jury behoorde o.a. Th. Schwencke. Volgens de vergadering van 1780 voldeed antwoord 1 niet (V, ix), terwijl antwoord 2 in 1787 geoordeeld werd "in alle opzichten ... gebrekkig" te zijn (VIII, xxxi).

P 13
Uitgeschreven in 1779. Ontwerper is onbekend.
Antwoorden: (1) 1782 "Omnipotens Genitor terrestria corpora dio Instinxit flatu, qui torpida membra moveret, Et vili Aethereum mentem cum pulvere junxit".
Dit antwoord, ingezonden door A. Ypey, werd in 1782 bekroond met een gouden medaille (VII, iv).
Publikatie: VII, 61-120 (V 58).

P 14
Uitgeschreven in 1779, vanwege het Bataviaasch Genootschap. Ontwerper is onbekend.
Antwoorden: (1) 28 febr. 1780 "Non ratiocinandum, sed tentandum, quid Natura faciat, aut ferat (Baco)".
De beoordeling geschiedde o.a. door J.F. Hennert (Utrecht) en J. Ingen-Housz (Brussel) (zie Arch. BG, inv. nr. 7). Het antwoord, afkomstig van Martinus van Marum, werd in 1780 bekroond met een gouden medaille (V, ix). Volgens S. de Monchy (1780, Arch. BG, inv. nr. 7) was men ondanks enkele bedenkingen van oordeel "dat er noit een antwoord op eenige vraag van het Genootschap meer volledig en voldoende aan het geheel en aan alle deelen der vrage ingekomen is". Op 21 okt. 1780 werd aan de verhandeling nog een brief van de schrijver toegevoegd.
Publikatie: VI, 1-74 (V 53).

P 15
Uitgeschreven in 1779, vanwege het Bataviaasch Genootschap. Ontwerper is onbekend.
Antwoorden: (1) 23 febr. 1782 "Experientia artem promovet". Op 28 febr. 1783 volgde volgens het "Antwoordenboek" nog een brief van de schrijver; (2) 1783 "Felix qui potuit rerum cognoscere causas".
Antwoord 1 voldeed niet (VII, iv). Antwoord 2, ingezonden door A. Paets van Troostwijk en J.R. Deiman werd in 1783 bekroond met een gouden medaille (VII, vii).
Publikatie: VIII, 63-153 (V 67).

P 16
Uitgeschreven in 1780. Ontwerper is onbekend. Over de formulering is nogal wat te doen geweest. Bij het voorstellen van deze vraag op de algemene vergadering van 1780 wees S. de Monchy er op dat de vraag "betreft de doorgaande ziekten, die men in de Droogmaakerijen gemeenlijk, en vooral in die nieuwe van Bleiswijk en Hilgersberg onder de bewoonders derzelven in den voorleeden jare waargenomen heeft, en die zoo uitermaate gevaarlijk en aan zeer veele doodelijk geweest zijn" (zie Arch. BG, inv. nr. 7).
Antwoorden: (1) 1781 "Door Behoedmiddelen kan grootlijks 't verzwaar Der Ziekten voorkomen werden van 't Najaar"; (2) 1781 "Mijne gedachten, eenvoudig geuijt"; (3) 1783 "Dit mijn voornaame doel, ja 't leven van mijn leven, Is om mijn Even-Mensch een duurzaam nut te geven"; (4) 1784 "Het verzwaar, 't gene de Nieuwe Droogmakerijen de Najaarsziekten aanbrengen"; (5) 1786 "Tantum humanitatis ergo".
Wat de antwoorden 1 en 2 betreft, oordeelde men in 1781 (VI, iii-iv) dat de auteurs behoorden te worden aangemoedigd, waartoe men als kritiek op de beide antwoorden aangaf, "dat zij te veel overhellen, om de Ziekten der Droogmakerijen als besmettelijke Ziekten (Morbi Contagiosi) te beschouwen, daar het slegts doorgaande Ziekten (Morbi Epidemici) zijn; dat zij den bijzonderen aart der Ziekten niet genoeg bepalen; dat zij niet aantoonen in hoe verre die Ziekten verzwaard worden; dat zij te overtollig zijn in het aanwijzen van bijkomende en medewerkende oorzaken, en niet genoeg staan blijven op de bijzondere voorname oorzaken, welke in de Droogmakerijen alleen plaats hebben; dat zij ook te overtollig zijn in het opgeven van Behoedmiddelen, zonder zich voornaamlijk op te houden met zulke Behoedmiddelen, welken naar die bijzondere oorzaken geschikt zijn, en dat zij, in het verhandelen van het een en ander, te weinig in acht hebben genomen de regelen der leerstellige orde en der Ziektekunde, noch ook genoeg gebruik gemaakt hebben van de nieuwe ontdekkingen der hedendaagsche Natuurkunde". Antwoord 3 werd met een zilveren medaille bekroond, echter met de toevoeging "dat men zijn Antwoord niet geheel maar gedeeltelijk zal drukken, voor zoo verre het nuttige en nieuwe Waarnemingen en Raadgevingen behelst". In de Verhandelingen treft men echter niets daarvan aan. Voorts oordeelde men in 1783 (VII, iv; NB. er staat viii) dat het antwoord "in eenige opzigten gebrekkig en in andere zeer overtollig" was; desondanks bekroonde men het antwoord. Antwoord 4 bevatte volgens de jury (1784: VIII, ii) "wel verscheiden weetenswaardige, nuttige en ter zaake dienende kundigheden", maar het voldeed in vele opzichten toch niet aan de vraag. Antwoord 5 zou het genootschap lang heugen. In 1786 merkte het genootschap, waarschijnlijk bij monde van Lambertus Bicker, hierover in de algemene vergadering op, dat de auteur van dit antwoord "met recht en naar verdienste" een gouden medaille verdiende (VIII, xvi-xvii). "Bij het openen van het Billet heeft men den naam van den Schrijver in hetzelve niet gevonden, maar alleen dezelfde Zinspreuk, waar mede de Verhandeling ondertekend is. Het genootschap heeft hier uit besloten, dat de Schrijver, schoon hij al verkiezen mogt zich bekend te maaken, ten minsten de gouden Medaille niet begeert, en zijn schoone Stuk alleen uit edelmoedige menschenliefde geschreven heeft. Dan, nadien zijne Verhandeling, dewijl dezelve bekroond is, zal gedrukt worden, en er eenige aanmerkingen op gemaakt zijn, zoo heeft het Genootschap goedgevonden hem te doen weeten, dat hij die aanmerkin-

gen, van den 1sten September aanstaande af, zal kunnen laaten afhaalen aan het huis van den heere L. Bicker, eerste Secretaris, onder overgift van eene behoorlijke Recepisse ...". Vervolgens verscheen enkele maanden na de algemene vergadering nog een advertentie in de Rotterdamsche Courant (dd. 11 jan. 1787) met het verzoek of de schrijver zich wilde bekend maken. Uiteindelijk kwam een brief binnen met daarin de ontknoping, dat de verhandeling was ingezonden door de Eerste-Secretaris van het genootschap, Lambertus Bicker! (VIII, xxv-xxvi). Zie ook diens "Inleiding" tot de verhandeling (IX, 3-4).
Publikatie: IX, 1-106 (V 71).

P 17
Uitgeschreven in 1780. Ontwerper is onbekend.
Antwoorden: (1) 21 jan. 1782 "Door ondervinding, door opmerking en door oordeel, Leert men veel tot zig zelfs en tot eens anders voordeel"; (2) 28 febr. 1782 "Den boomen schaduwen is wel goet, Wanneer de son heet branden doet, Maart valt zijn regen doop op 't zaet, Dat is een heel verteerendt kwaet, Daarom den boom agtergelaaten dient, Dan blijft men den saet akker vriend". Getekend door: Gerrit van Harderwijk, hovenier tot West-Zaandam; (3) 1782 "O Fortunatos nimium sua si bona norint Agricolas!"; (4) 1782 "Tot nut van 't Algemeen"; (5) 1782 "Door deze en andere dingen word het nut van het Algemeen bevorderd"; (6) 1782 "Bloys van Treslong".
Antwoord 3, ingezonden door C. Gronau werd bekroond met een zilveren medaille.
Antwoord 4, ingezonden door Aart Johan Verstolk, heer van Zoelen en Aldenhaag, werd in 1782 bekroon met een gouden medaille (VII, iv en 53). Ten aanzien van antwoord 6 werd bij Verhandeling 61 (VII, 173-194) vermeld: "Toen het Genootschap het voorgaande en ander antwoorden op de vrage ... ter beoordeeling aan deszelfs Leden Consultanten, benevens aan den Hr. Bloys van Treslong, als Lid van hetzelve, gezonden had, ontving het zelve van dezen Heer tot Advis, dit antwoord op dezelfde vrage, en heeft geoordeeld dat hetzelve agter de bekroonde prijsverhandeling eene bijzondere plaats onder deszelfs verhandelingen verdiende".
Publikatie: VII, 121-152 (V 59); VII, 153-172 (V 60) en VII, 173-194 (V 61).

P 18
Uitgeschreven in 1780, vanwege het Bataviaasch Genootschap. Ontwerper is onbekend.
Antwoorden: (1a) 27 mei 1787 "Tantum novimus, quantum experiendo didicimus"; (1b) 1788 zelfde spreuk; (1c) 1 juli 1790 bijvoegsel bij 1b; (2) 15 febr. 1790 "Hier is het bitter goed voor den Bezitter"; (3) 23 juni 1792 "Pro communi utilitate".
Jury: o.a. G.G. ten Haaff.
In 1787, 1788 en 1789 berichtte het genootschap, zowel op de algemene vergadering (VIII, xxvii en IX, xi-xii) als via een advertentie in de Rotterdamsche Courant (dd. 16 aug. 1788), dat de auteur van het in het Frans geschreven antwoord (nr. 1a) "wel nader mogt onderzoeken, of de Bestanddeelen in alle soorten van Roet wel dezelfde, ten minsten in dezelfde evenredigheid zijn; ten einde te kunnen opmaaken, uit welk soort het meeste Ammoniak-Zout te haalen zij, en verder met proeven in 't groot te bepaalen de doorgaande hoeveelheid, welke men van dat soort uit ieder soort van Roet verkrijgt". Het daarop ingekomen antwoord 1b oordeelde men echter "geene genoegzaame verbetering" te hebben ondergaan (IX, xiii). Ook de tweede aanvulling (antwoord 1c) vond geen genade bij de jury, die oordeelde "dat deze Waarneemingen op zulk eene losse wijze zijn ter nedergesteld, dat 'er waarlijk redenen zijn om derzelver uitkomsten volstrekt in twijfel te trekken" (XI, v-vi). De antwoorden 2 en 3 hadden "geene verdiensten hoegenaamd" (XI, v-vi en xv).

P 19
Uitgeschreven in 1780, vanwege het Bataviaasch Genootschap. Ontwerper is onbekend.
Hierop zijn geen antwoorden binnengekomen.

P 20
Uitgeschreven in 1781. Ontwerper is onbekend.
Op deze prijsvraag zijn geen antwoorden binnengekomen.

P 21
Uitgeschreven in 1781. Ontwerper is onbekend.
Antwoorden: (1) 23 jan. 1783 "Simplex erat ex simplici causa valetudo multos morbos multa fercula fecerunt" (Seneca); (2) 18 febr. 1783 "Si tibi deficiant medici, medici tibi fiant Haec tria: mens hilaris, requies moderata, diaeta" (Schola Salernitana); (3) 24 febr. 1783 "Qui bene distinguit, bene docet"; (4) 27 febr. 1783 "Zinspreuk op den dierlijken geest. 1 Joh. 9, vs. 8. Sum initium, quin immo cunctorum causa et quicunque haec omnia facit iterum per me finem facit"; (5) 27 febr. 1783 "Frankinse is preparing For you den Wierook voor u Bereid"; (6) 2 febr. 1784 "Ut desint vires tamen est laudanda voluntas"; (7) 1786 "Fert animus causas tantarum expromere rerum etc."; (8) 1787 "Felix qui potuit rerum cognoscere causas"; (9) s.d. "Satturnus hoog gy woont ook laag U sout is zoet dat maakt myn graag Mijn ziele geest zoekt naar u zout dat acht ik waerdiger dan gout".
Antwoord 1 is in de geschiedenis van het Bataafsch Genootschap een beroemde inzending geworden. Het werd ontvangen in januari 1783. Op de algemene vergadering van 1783 oordeelde het genootschap dat dit antwoord "zeer veel verdiensten heeft, als bevattende eene menigte zeldzame en nuttige Waarnemingen en verscheiden gewigtige eigen Opmerkingen en Ondervindingen". Maar het geheel was niet zodanig dat het voor de gouden medaille in aanmerking kwam, zoals uitvoerig werd betoogd (zie VII, iv en viii-ix). Men hield de vraag aan, "zich vleijende, dat de zoo kundige en bekwame Schrijver van dit antwoord, zoo wel als andere uitmuntende Natuur-, Ontleed- en Geneeskundigen, door deze nadere inlichtingen, beter in staat en aangemoedigd zijn zullen, om deze gewigtige en nuttige Vraag meer voldoende te beantwoorden". Men zou uit deze woorden kunnen opmaken dat men een vermoeden had wie de auteur was. Kort daarna verscheen van de hand van Petrus Camper zijn "Oplossing der vraage door het Bataafsch Genootschap te Rotterdam" (1783), waarin hij een uitvoerige reactie gaf op de zijns inziens onheuse behandeling door het Bataafsch Genootschap. Antwoord 6 werd onvoldoende geoordeeld (VIII, ii); antwoord 7 voldeed, ondanks "veele aanmerkenswaardige en nuttige opmerkingen", niet aan de vraag (VIII, xvii), terwijl ook antwoord 8 onvoldoende werd bevonden, "schoon verscheiden nuttige zaaken behelzende" (VIII, xxvi-xxvii).

P 22
Uitgeschreven in 1781, vanwege het Bataviaasch Genootschap. Ontwerper is onbekend.
Antwoorden: (1) s.d. "Ita res accendunt lumina rebus".
Dit antwoord, ingezonden door M. van Marum en A. Paets van Troostwijk, werd in 1782 bekroond met een gouden medaille (VII, v).
Publikatie: VII, 195-244 (V 62).

P 23
Uitgeschreven in 1781. Ontwerper is onbekend.
Geen antwoorden ontvangen.

P 24
Uitgeschreven in 1782. Ontwerper is onbekend.
Antwoorden: (1) 1784 "Voor de Zeevaart"; (2) 1785 "De geringste dingen hebben haar nut"; (3) 1787 "Iungantur sociae concordi foedere vires"; (4) 4 mei 1790 "Hostis hostorium horride horium".
Antwoord 1 kreeg een uitvoerige kritiek (zie VIII, ii) en kwam niet voor bekroning in aanmerking, terwijl antwoord 4, "met de onverstaanbaare Zinspreuk ... geenzins (voldeed) aan het vereischte in de Vraag" (XI, vi).

P 25
Uitgeschreven in 1782.
Antwoorden: (1) 15 febr. 1790 "Den Zegen Godes maakt rijk".
Dit enig ingekomen antwoord verdiende "volstrekt geene aanmerking ..., om eenen Prijs daaraan toe te wijzen" (XI, vi).

P 26
Uitgeschreven in 1782, vanwege het Bataviaasch Genootschap. Ontwerper is onbekend.
Antwoorden: (1) 1783 "Experientia optima rerum Magistra"; (2) 1783 "Heu quot habet mars saeva vias artesque nocendi ! Mille modis Lethi miseros mors una fatigat".
Antwoord 1, ingezonden door M. van Marum en A. Paets van Troostwijk, werd in 1783 bekroond met een gouden medaille, "doch is tevens besloten bij den Schrijver aan te dringen op zijne beløfte, om verdere Proeven, omtrent de verschillende middelen ter verbetering van de verschillende Uitdampingen en ter redding van hun, die 'er door verstikt zijn, mede te deelen" (VII, ix-x).
Publikatie: VIII, 1-61 (V 66).

P 27
Uitgeschreven in 1782, vanwege het Bataviaasch Genootschap. Ontwerper is onbekend. Het genoemde artikel is van Jan Hooyman, "Vervolg der verhandeling over den tegenwoordigen staat van den Landbouw in de ommelanden van Batavia", Verh. Bataviaasch Genootsch., II(1784) 163-185 (gehele artikel: 163-212 en I(1781) 173-262).
Er werden geen antwoorden ontvangen; de vraag werd in 1790 ingetrokken (XI, iii).

P 28
Uitgeschreven in 1783. Ontwerper is onbekend.
Er werden geen antwoorden ontvangen.

P 29
Uitgeschreven in 1783. Ontwerper is onbekend.
Antwoorden: (1) 1785 "Voor het Vaderland".
Dit antwoord, ingezonden door Hendrik Verhees, geadmitteerd landmeter, architect en aannemer van werken te Boxtel, werd in 1785 bekroond met een gouden medaille, "...niet tegenstaande eenige bedenkingen tegen het Plan van den Schrijver gemaakt ..., zullende tevens die zwaarigheden, en eenige hier en daar voorkomende gebreken aan den Schrijver medegedeeld, en hij verzogt worden zijne oplossingen en verbeteringen bij wijze van bijvoegzelen agter zijne Verhandeling te plaatsen".
Publikatie: VIII, 155-167 (V 68) en VIII, 168-172 (V 69).

P 30
Uitgeschreven in 1783, vanwege het Bataviaasch Genootschap. Ontwerper is onbekend. In 1785 opnieuw door het genootschap voorgesteld, in gewijzigde redactie, zie P 39.
Antwoorden: (1a) 12 febr. 1784 "Quid tentasse nocet ?"; (1b) 24 febr. 1785 Bijvoegsel.
In 1784 oordeelde men de beantwoording onvoldoende, vooral omdat de schrijver zijn "breedvoerige aanprijzing van de manier van den Heer Achard, om lucht te dephlogisteren" niet met proeven had onderbouwd (zie uitvoeriger VIII, iii). Men doelde daarbij op het toestel, beschreven door Franz Karl Achard (1753-1821), "Expériences sur l'Électrophore avec une théorie de cet instrument", Nouveaux Memoires Académie Royale des Sciences et Belles-Lettres année MDCCLXXVI (Berlijn: G.J. Decker, 1779) 122-135. Het later ontvangen bijvoegsel maakte het

antwoord volgens de jury "over het geheel niet zoo voldoende ... dat 'er een Prijs aan toe geweezen kan worden" (VIII, xi). De vraag werd toen enigszins gewijzigd, zie vraag 39.

P 31
Uitgeschreven in 1783, vanwege het Bataviaasch Genootschap. Ontwerper is onbekend.
Geen antwoorden ontvangen.

P 32
Uitgeschreven in 1784. Ontwerper is onbekend. De opgave van deze vraag motiveerde men met de opmerking dat er alle reden was te vrezen, "dat de overstroomingen langs de Rivieren de Waal en Leck, over de landen de Opper- en neder-Betuwe enz. van tijd tot tijd, en, nadien het blijkbaar is, dat het geheel voorkomen derzelve volstrekt ondoenlijk is, (en) het meer en meer ophoogen en opkisten der Dijken veel eer dezelve verhaasten en erger maaken moeten" (VIII, iv). Deze prijsvraag werd tevens gepubliceerd in een "bijzonder Programma ... hetwelk gratis te bekomen (was) bij den Boekverkooper D. Vis, te Rotterdam"; dit met het oogmerk "dat het publiek wel op eene bijzondere wijze mogt onderrigt worden van het gewigt en de noodzaaklijkheid van het uitdenken van zoodaanige middelen, en er reeds twee vrij aanneemelijke ontwerpen tot dat gewenschte einde aan het zelve zijn voorgekomen". Bedoeld zijn de antwoorden 1 en 2a.
Antwoorden: (1) 1785 "Vee en Menschenliefde is de grootste nuttigheid"; (2a) 1785 "Tot voorkoming van schadelijke inundatiën; (2b) 1786 vervolg; (3) 1785 "Ten nutte van 's Lands Inwoonders"; (4) 1785 "Natuur wijst ons den weg".
Antwoord 2a en 2b, ingezonden door Cornelis Zillissen, werden met een gouden medaille en met een premie van 100 Ducaten bekroond. Deze premie wilde men in eerste instantie niet uitreiken, aangezien er in het antwoord onvolkomenheden waren, "wordende daarin ook niett (sic) gerept van het geëischte in het afzonderlijk Programma van 1784, nopens het gebruik der Stoommachine in plaatze van Watermolens". Men zou een en ander de auteur laten weten en hem dan in de gelegenheid stellen het eerste antwoord te verbeteren, hetgeen Zillissen heeft gedaan (IX, 107 en VIII, xviii).
Publikatie: IX, 107-154 (V 72).

P 33
Uitgeschreven in 1784. Ontwerper is onbekend. In een voetnoot wees men er op de premie die de Staten van Holland en West-Friesland hadden uitgeloofd voor degenen "die een middel zal uitvinden, waar door het Rundvee, van de besmettelijke ziekte aangetast wordende, kan geneezen worden". De opsteller van de vraag was bovendien zeer pessimistisch over de mogelijkheid ooit de oorzaak en therapie van de veeziekte te zullen vinden. Blijkens de voetnoten bedoelde men met de verwijzing naar andere landen in het bijzonder Italië, Engeland, Schotland, Frankrijk, Braband, etc. Tenslotte werd in een voetnoot de vertaling gegeven van een bevel, uitgevaardigd door het Engelse parlement over het snel doden en begraven van ziek bevonden "Stieren, Koeyen, Hokkelingen, of Kalveren".
Antwoorden: (1) 1787 "Nulla nocent pecori contagia etc." (Horatius); (2) s.d. "Dat onze Runderkudden groeijen, Tot veelmaal duisent Koeyen"; (3) 15 febr. 1790 "Vreest God, Eert den koning"; (4) 5 juli 1790 "Nulla nocent pecori contagia etc.; (5) 24 nov. 1791 "Hij openbaard dieppe en verborgene dingen, enz." (Daniël 2, vs. 22).
Antwoord 2 bevatte volgens de jury "buiten hetgeen reeds elders geschreven gevonden word, geene aanmerkenswaardige zaaken" (IX, xiii). Antwoord 3 oordeelde men "geheel ongeschikt" en antwoord 4 (mogelijk een verbeterde versie van antwoord 1) niet ontbloot van "veele nuttige zaaken en aanmerkingen", maar gespeend van "den waaren betoogtrant, die vooral ter overtuiging van het nut en de noodzaakelijkheid van het dooden der Runderen hier zoude te pas komen" (XI, vii).
In 1791 werd de vraag ingetrokken (XI, vii).

P 34
Uitgeschreven in 1784, vanwege het Bataviaasch Genootschap. Ontwerper is onbekend.
Antwoord: (1) 1788 "Quam difficile est rerum cognoscere causas".
Van een beoordeling is niets bekend; vgl. vraag 46 en 47.

P 35
Uitgeschreven in 1784, vanwege het Bataviaasch Genootschap. Ontwerper is onbekend.
Geen antwoorden ontvangen.

P 36
Uitgeschreven in 1785. Ontwerper is onbekend.
Antwoorden: (1a) 1786 "Saepe latent alta tectae caligine causae"; (1b) 1787 bijvoegsels; (2a) 1786 "Sub lingua et mala et bona latent"; (2b) 1787 vervolg; (3) 1787 "Difficile est recte cogitare, recte scribere, difficilius, ut nobiscum idem sentiant, alios adducere".
Antwoord 1 werd in 1786 beoordeeld "zeer beknopt, geordend, oordeel- en geneeskundig geschreven" te zijn, maar op een belangrijk aantal punten, die uitvoerig worden vermeld (VIII, xviii-xix), voor uitbreiding vatbaar. Daarop zond de auteur, Gadso Coopmans, een aantal bijvoegsels, waarna in 1787 de beloning met een gouden medaille volgde (VIII, xxx). Antwoord 2 bevatte "zo veele onnauwkeurigheden en onvolmaaktheden, dat beloning niet mogelijk was. Antwoord 3, ingezonden door David Heilbron, werd "uit hoofde van zeer veele nuttige aanmerkingen, waarneemingen en ondervindingen, die in hetzelve voorkomen", beloond met een zilveren medaille (VIII, xxx).
Publikatie: IX, 155-227 (V 73) en X, 1-66 (V 77).

P 37
Uitgeschreven in 1785. Ontwerper is onbekend. In 1791 werd deze vraag opnieuw gesteld, waarbij een dubbele ereprijs (een gouden medaille van 60 ducaten) in het vooruitzicht werd gesteld, teneinde "de beantwoording van deze gewichtige Vraag zoo veel mogelijk aan te moedigen" (XI, viii).
Antwoorden: (1) 1786 "Vaart en handel is Neêrlandsch steun"; (2) 1787 "Goede oogmerken vereischen goede middelen; (3) 4 maart 1790 "De ondervinding is de beste Leermeester"; (4) 24 nov. 1791 "Grootmagtig is Gods hand, enz."; (5) 27 febr. 1798 "Geeft reden, geeft Natuur, geeft ondervinding raad, Die raad die is vol nut, die raad die weert veel kwaad"; (6) 26 febr. 1801 "Tijd, vernuft, en vlijt Maakt mogelijk de onmooglijkheid". Met enige tekeningen en een model.
Antwoord 1, "behelzende een Bagger- of Diepmachine, ... welke volgens genomene proeven en getuigenissen van de Heeren Blassière en Goudriaan, zeer bekwaam is, om de hardste klei- en zandgronden ter diepte van 25 en meerdere voeten in eenen korten tijd uit te diepen", werd ingediend mét vermelding van de auteur, uitvinder: Valentijn Victor van Koningsbergen uit Utrecht. Reglementair kwam het daarom niet voor bekroning in aanmerking (VIII, xix). Antwoord 3 bood niets nieuws, afgezien van "eenige algemeene bedenkingen omtrent het wegneemen van Zandplaaten in de Rivieren, en het voorstellen van een Werktuig hiertoe dienende, 't welk echter zeer onnaauwkeurig beschreven is" (XI, vii-viii). Antwoord 6 kon evenmin aanspraak maken op een beloning (N. II, xix).

P 38
Uitgeschreven in 1785, vanwege het Bataviaasch Genootschap. Ontwerper is onbekend.
Geen antwoorden ontvangen.

P 39
Uitgeschreven in 1785, zijnde de veranderde redactie van prijsvraag 30. Zie verder de annotatie van prijsvraag 30.

P 40
Uitgeschreven in 1786. Ontwerper is onbekend. Bij de vraag noteerde het genootschap "dat zij, die deeze Vraag willen beantwoorden, de moeite neemen, om de voorgeschreve Rheede, en vooral de have(n) van Middelharnas, bij laag zo wel als bij hoog water, zelve bezigtigen, en ook niet verzuimen in aanmerking te neemen de veranderingen, die sedert de bedijking van den Hals zijn voorgevallen" (VIII, xx).
Antwoorden: (1a) 26 nov. 1787 "Tot nut van Helvoets Rhede"; (1b) 20 febr. 1788 bijvoegsel; (2) 2 maart 1789 "Tot nut van Hellevoetsrede"; (3a) 14 febr. 1791 "Zuidhollands eenigste" (volgens de Handelingen XI, viii: Hollands, i.p.v. Zuidhollands..."); (3b) 6 febr. 1792 vervolg.
In 1791 werd antwoord 3 geoordeeld onvolledig te zijn, hoewel het "in eene zeer goede orde geschreven (was) en verscheidene opmerkenswaardige zaaken in zig bevat(te)". Na de belangrijkste lacunes te hebben opgesomd besloot men de vraag te handhaven. Wie de vraag wilde beantwoorden moest de situatie van "de voorschreven Reede, en vooral de haven van Middelharnis, bij laag zoo wel als hoog water", zelf bezichtigen en zich op de hoogte stellen van de veranderde bedijking van "de Hals" (XI, viii). Met de nagezonden bijvoegsels kon de prijs alsnog aan de auteur, Jan Blanken Jansz., luitenant der Artillerie en opzichter van 's Lands Fortificatiën te Brielle, worden toegekend. Wel zou bij de publikatie een en ander worden toegevoegd "uit naam van het Genootschap ... om langs dien weg dit Stuk zoo volleedig, als mogelijk is, in 't licht te doen verschijnen" (XI, xv-xvi). De bekroning vond plaats in 1792 met een gouden medaille. In de verhandelingen vindt men nog een bijdrage van M. Klaasz. Alewijn (V 81), welke kennelijk verband houdt met deze prijsvraag.
Publikatie: X, 67-91 (V 78); X, 92-118 (V 79) en X, 119-139 (V 80). Zie ook X, 140-150 (V 81).

P 41
Uitgeschreven in 1786. In 1792 opnieuw geredigeerd, zie P 57. Ontwerper is onbekend.
Antwoorden: (1a) 1787 "Arche kai odos euromene etc.; (1b) 25 febr. 1789 vervolg.
Antwoord 1a werd in 1787 geoordeeld "zeer geleerd, door bekwame handen en met veel arbeid geschreven" te zijn, doch vanwege enkele "wezenlijke onvolkomenheden" niet voor bekroning geschikt. De auteur zou gelegenheid worden geboden het antwoord te verbeteren, "terwijl het genootschap gaarne zien zou, dat de Schrijver(s), die vermoedelijk Hollanders zijn, zoo zij mogten goedvinden haare beantwoording verder in het Latijn te schrijven, zelve de vertaaling 'er van op zich te nemen" (VIII, xxxi). De verbeterde versie werd echter evenmin voldoende geoordeeld (IX, xiv). Tijdens de algemene vergadering van 1792 moest men constateren dat geen reacties meer waren ingekomen. Men besloot daarop de vraag te wijzigen (zie vraag 57), "in aanmerking neemende, dat misschien door de al te groote uitgestrektheid van dit gewigtig onderwerp verhindering aan het dingen naar den Prijs is toegebragt" (XI, xvii-xviii).

P 42
Uitgeschreven in 1786, vanwege het Bataviaasch Genootschap. Ontwerper is onbekend.
Antwoorden: (1) 10 aug. 1793 "Visu carenti magna pars veri latet" (Seneca).
Dit antwoord, dat in het Latijn was geschreven en ingezonden was door Petrus Jacobus van Maanen, medisch candidaat (Kampen), werd met een zilveren medaille bekroond.
Publikatie: XI, 307-363 (V 92).

P 43
Uitgeschreven in 1786, vanwege het Bataviaasch Genootschap. Ontwerper is onbekend.
Er zijn hierop geen antwoorden binnengekomen.

P 44
Uitgeschreven in 1787. Ontwerper is onbekend.
Antwoorden: (1) 20 febr. 1789 "Per varios usus Experientia fecit Exemplo monstrante viam"; (2) 20 dec. 1790 "Wie weet goed te doen en niet en doet, dien is het zonde"; (3) 26 dec. 1791 "De ondervinding is de beste Leermeester".
Geen der antwoorden kwam in aanmerking voor bekroning. Antwoord 1 was "geenzins voldoende" (IX, xiv-xv). Over antwoord 2 werd opgemerkt dat het "in eenen zeer langdraadigen stijl (is) geschreven, voor verre het grootste gedeelte zaaken in zig bevat, die in de Vraag niet bedoeld wierden ..., dat dierhalven dit Antwoord ook onvoldoende gekeurd is" (XI, ix). Het derde antwoord had "in 't geheel geene verdiensten" (XI, ix).

P 45
Uitgeschreven in 1787. Ontwerper is onbekend.
Antwoorden: (1) 6 febr. 1794 "Het Genootschappelijk doel is verbeetering met voordeel gepaard"; (2) 25 febr. 1797 "Een goede Kans is glibber glad en dient in haasten opgevat"; (3) 24 febr. 1798 "Met vereende Krachten".
Antwoord 1 voldeed niet "aan het waare oogmerk der Vraage" (zie uitvoeriger XI, xxx). Betreffende antwoord 2 verlangde het genootschap "dat de Schrijver of Schrijvers hun werk meer volkomen maaken". Antwoord 3, ingezonden door C. Brunings Jr, S. Kros en D. Spruytenburg, werd in 1798 niet met een gouden, maar met een zilveren medaille bekroond, omdat het antwoord met name voor het eerste gedeelte "vrij wel (is) beantwoort en kenmerken draagt van vereenigde Theoretische en Practische kundigheden, terwijl het tweede gedeelte,... min voldoende is behandeld ..."(XII, iv-v). In 1798 bleek bij de bekroning van prijsvraag 62, dat eigenlijk de broer van de auteur, Christiaan Brunings, directeur-generaal der Nieuwkoopse en Zevenhovense Plassen, de auteur was geweest van het bekroonde antwoord 3 (XII, vi-vii).
Publikatie: N. II, 69-81 (V 113).

P 46
Uitgeschreven in 1787, vanwege het Bataviaasch Genootschap. Ontwerper is onbekend. De vraag lijkt erg op P 34. In 1791 opnieuw voorgesteld in gewijzigde redactie: "Welke zijn de Oorzaaken der Verrotting in Plantaartige en Dierlijke zelfstandigheden ? En welke zijn de Verschijnsels en Uitwerksels, die door dezelve daarin geboren worden ?".
Antwoorden: (1a) 21 febr. 1788 "Quam difficile est rerum cognoscere causas"; (1b) 4 febr. 1789 brief met nadere ophelderingen; (2) 30 jan. 1792 "De Weetenschap is van God, enz."; (3) 27 maart 1793; "Natura sive generet, sive destruat, semper obsequitur legibus a summo rerum conditore institutis"; (4) 24 febr. 1795 "Simplex Sigillum veri"; (5) 26 febr. 1796 "Veniet tempus, quo ista, quae nunc latent, in lucem dies extrahet, et longioris aevi diligentia. Ad inquisitionem tantorum aetas una non sufficit" (Seneca); (6) 5 aug. 1796 "Mit den Verfaulung kehren allen Selbstandigkeiten bis ihren Anfang".
Met betrekking tot antwoord 1 werd opgemerkt, dat het "geene genoegzaame verdiensten (bevatte) ... om bekroond te kunnen worden" (IX, xv). Antwoord 3, dat in het Frans was gesteld, bezat "geene waardij ... ten opzichte van het waare oogmerk der Vraage" (XI, xxii). Antwoord 4 had volgens de jury "zekerlijk veele verdiensten", maar vooral het tweede gedeelte moest eerst verbeterd en aangevuld worden (XI, xxxvii). Van dit besluit werd mededeling gedaan in de Rotterdamsche Courant dd. 25 aug. 1795. Een tweede versie van het antwoord bleef echter achterwege (XI, xxxix-xl). Antwoord 5, ingezonden door Abraham van Stipriaan Luïscius, medisch doctor en lector chemiae te Delft werd in 1796 bekroond met een

gouden medaille (XI, xxxix-xl); volgens een besluit van 1791 had deze medaille een waarde van 60 Ducaten (XI, xii). Antwoord 6, dat overigens niet wordt genoemd in het "antwoordenboek", werd geoordeeld "een klein en weinig opmerking verdienend Stuk, in 't Latijn geschreven" te zijn.
Publikatie: XII, 43-154 (V 95).

P 47
Uitgeschreven in 1787, vanwege het Bataviaasch Genootschap. Ontwerper is onbekend. Vgl. ook prijsvraag 34 en 46.
Antwoorden: (1) 18 jan. 1792 "Ubi desinit Physicus, ibi incipit Medicus"; (2) 27 febr. 1792 "Artem medicam denique si videmus, si a naturali Philosophia destituatur, empericorum praxi haud multum praestare: Medicina, in Philosophia non fundata, res infirma est" (Bacon).
Zowel antwoord 1, in het Latijn geschreven, als antwoord 2, in het Duits, hadden "geene waardij ..., om eenigzins naar den Prijs te dingen" (XI, xvi); de vraag werd in 1792 ingetrokken.

P 48
Uitgeschreven in 1789, voorzien van een uitgebreide toelichting (zie IX, xv-xvi). Ontwerper is onbekend.
Antwoorden: (1) 2 maart 1794 "Facienda est corporum separatio & solutio, non per ignem certe, sed per rationem et inductionem veram cum experimentis auxiliatricibus & per comparationem ad alia corpora" (Bacon).
Antwoord 1, in het Duits, getuigde wel van "de algemeene kundigheid en het oordeel van deszelfs schrijver", maar raakte niet het doel van de vraag, aangezien de auteur "meer als Metaphysicus dan wel als Physicus" de vraag behandeld had (zie uitvoeriger XI, xxxii-xxxiii). De vraag bleef voor onbepaalde tijd uitgeschreven, en werd eindelijk in 1823 ingetrokken.

P 49
Uitgeschreven in 1789. Ontwerper is onbekend.
Antwoorden: (1) 1 febr. 1792 "Maxima parvo Tempore molimur"; (2) 27 febr. 1799 "In Physicis nil desperandum; duce Chemiâ, Omnia bona Speranda in Medicis" (Boerhaave).
Antwoord 1, in het Duits, had "geene genoegzaame verdiensten ... om bekroond te worden", hetgeen uitvoerig werd toegelicht (zie XI, xvii). "Dat ook de Schrijver daarteboven door het melden van zijn naam en de plaats, waar hij zijne proeven heeft gedaan, ofschoon de Verhandeling goedkeuring verdiende, geene aanspraak op den uitgeloofden Prijs zoude kunnen maaken". Het antwoord 2 bevatte "veel goeds ... en eene voor zulk soort van Vochten nog niet zeer gemeenzaam gebruikte methode van analyseeren". Besloten werd de zilveren medaille te verlenen wanneer de auteur zich bekend maakte, hetgeen echter niet gebeurde (N. II, i-ii). Deze verhandeling verscheen daarna wel in druk.
Publikatie: N. II, 117-158 (V 117).

P 50
Uitgeschreven in 1791. Ontwerper is onbekend.
Antwoorden: (1) 27 febr. 1793 "Een groot vooruitzigt strekt ten spoore van gewigtige onderneemingen"; (2) 25 febr. 1797 "Nooit volmaakt".
Antwoord 1 was volgens de jury "met oordeel en orde ... opgesteld" en bevatte "zeer veele nuttige voorslagen". Een der punten van kritiek was het voorbijgaan aan het voordeel van "droogmaaking met Stoom-Werktuigen ... die namelijk, waar door men in staat gesteld wordt om ten allen tijde zoo veel water in de Polders in te laaten, en 'er wederom uittehaalen, als men begeert en noodig vindt" (zie verder XII, xxiii). Antwoord 2 oordeelde de jury "onvoldoende" (XI, xlvii). De vraag werd in 1802 ingetrokken (N. III, ix).

P 51
Uitgeschreven in 1791, vanwege het Bataviaasch Genootschap. Ontwerper is onbekend.
Antwoord: (1) 3 febr. 1792 "Om onzer zonden wille, enz."
De vraag werd, zonder dat er antwoorden waren ingekomen, in 1808 ingetrokken (N. V, xvi).

P 52
Uitgeschreven in 1792. Ontwerper is onbekend.
Antwoorden: (1) 25 febr. 1793 "De zekerste en minst kostbaare wijze van uitvoering der Ontwerpen wordt het veiligste uit de theorie, met de bevinding vergeleken, opgemaakt". De jury vond dat antwoord 1 "zoo wel met betrekking tot de theorie als practyck zoo volledig" voldeed, dat een gouden medaille aan de auteur, Adrianus François Goudriaan, geadmitteerd landmeter te Amsterdam, werd verleend (XI, xxiv).
Publikatie: X, 151-224 (V 82).

P 53
Uitgeschreven in 1792; deze vraag kwam in de plaats van vraag 41. Ontwerper is onbekend.
Antwoorden: (1) 25 febr. 1794 "Errare humanum est, & nil humani a me alienum turpe esse, puto"; (2) 25 febr. 1794 "Nemo nostrum sufficit ad artem simul et constituendam et absolvendam; sed satis superque videri debet, si quae multorum annorum spatio priores invenerint, posteri accipientes, atque his addentes aliquid, aliquando compleant atque perficiant" (Galenus).
Antwoord 1, ingezonden door David Heilbron Czn, medisch doctor (Den Haag) kreeg het accessit van een zilveren medaille, terwijl antwoord 2 van de hand van Willem Hendrik van Haaften, medisch doctor (Amsterdam) bekroond werd met een gouden medaille, aangezien het laatste "met betrekking tot het practikaale nut, 't gene het ware doelwit der Vraage uitmaakt, merkelijk het eerste overtreft" (XI, xxxii-xxxiii).
Publikatie: XI, 145-218 (V 90) en XI, 219-306 (V 91).

P 54
Uitgeschreven in 1793. Ontwerper is onbekend. De inzendtermijn werd in 1795 verlengd, "daar uit het Intelligenz Blatt von Algem. Litteratur Zeitung 21 January 1795 gebleken is dat ... bijzonder op den Boven-Rhijn, wegens het tegenwoordig Oorlogstooneel onmogelijk zij geweest de vereischte Waarneemingen te doen" (XI, xxxviii).
Antwoorden zijn evenwel niet ingekomen.

P 55a
Uitgeschreven in 1794. Ontwerper is onbekend.
Antwoorden: (1) 6 juli 1795 "Bataafsche lust tot Neérlands hulp"; (2) 16 juli 1795 "Tot bevordering der Werktuigkunde"; (3) 25 febr. 1797 "Wel bedagt"; (4) 14 maart 1798 "Geen Kunsten hebben ooit het hoofd omhoog gestoken. Of 't een of ander heeft in d'aanvang 'er aan ontbroken"; (5) 3 mei 1798 "Bataafsche lust tot Neérlands hulp".
Op 11 aug. 1798 werd antwoord 4, ingezonden door J.J. Duister, meester-smid (Boskoop) bekroond met een zilveren medaille, terwijl ook antwoord 1, aangevuld met antwoord 5, van Willem Beijen, timmerbaas te Rotterdam, bekroond werd met een zilveren medaille.

P 55b
Uitgeschreven in 1794, in gewijzigde redactie: "Voor hem, die (de) beste Beschrijving, met de noodige Teekeningen gepaard, opgeeft van de onderscheidene wijzen, waar op men in Engeland door zoogenaamde Gouverneurs of Regulateurs de Steenen der Windmoolens, die graan maalen, naar de kragt of slapte der winden

doet daalen of rijzen, zonder dat zulks aan de oplettenheid der Molenaars behoeve te worden overgelaaten".
Antwoorden: (1) 25 febr. 1797 "Snel verzonnen"; (2) 1 maart 1803 zonder motto.
Antwoord 2, van John Southerne, werd bekroond met een zilveren medaille.
Publikatie: N. II, 83-100 (V 114) en N. II, 101-106 (V 115); N. II, 107-115 (V 116): aanmerkingen op 115.

P 56
Uitgeschreven in 1796. Ontwerper is onbekend.
Antwoorden: (1) 24 febr. 1797 "Ter beveiliging van onze Vaderlandsche Gronden".
Dit enig ingekomen antwoord werd met goud bekroond in 1797; het was van de hand van Adrianus François Goudriaan (Amsterdam) (XI, xlvi).
Publikatie: XII, 155-214 (V 96).

P 57
Uitgeschreven in 1796. Ontwerper is onbekend.
Antwoorden: (1) 28 febr. 1799 "Si specificam morborum genericorum (?,v.L.) diagnosin etc." (Störck).
Dit antwoord, ingezonden door David Heilbron (Den Haag), werd toch bekroond met de gouden ereprijs, "schoon dezelve nog voor Verbeteringen vatbaar zijn zoude, voornamelijk met opzicht tot de volledigheid der besluiten, uit de opgegeevene waarneemingen opgemaakt" (N. II, ii). Zie ook vraag 41.
Publikatie: N. II, 159-224 (V 118).

P 58
Uitgeschreven in 1796. Ontwerper is onbekend.
Antwoorden: (1a) 26 febr. 1800 "C'est beaucoup d'aller vite, et fort avant dans la route de la Nature; mais c'est plus encore de bien observer, de bien voir et de bien faire connaitre aux autres ce qui se trouve dans le chemin. J'en suis encore au voyage et j'avoue, que je suis bien loin d'arriver au lieu ou je tente d'aller" (Fourcroy); (1b) 18 febr. 1801 supplement.
In 1801 werd dit antwoord, van de hand van A. van Stipriaan Luïscius, bekroond met een zilveren medaille: geen gouden, hoewel "een zeer verdienstelijk stuk, het welk alleszins blijken draagt van de bekwaamheid en geöeffendheid des Schrijvers ... Een onpartijdige overweeging echter der Verhandeling, beschouwd als een Antwoord op de voorgestelde Vraag, ontdekt daarin gebreken, welke hetzelve als zoodanig onvolledig maaken, en niet zoo voldoende, dat men 'er den Gouden Eerprijs aan kan toewijzen" (N. II, xviii-xix en N. II, xxv).
Publikatie: N. III, 161-248 (V 124).

P 59
Uitgeschreven in 1796. Ontwerper is onbekend.
Antwoorden: (1) 27 febr. 1798 "Zal Neêrland blijven Nederland, Men zorg voor welvaart, duin en strand"; (2) 28 febr. 1807 "De onvolkomenheid van sommige middelen ter beveiliging aan te toonen, heeft zoowel deszelfs nuttigheid, als de beste aan te wijzen".
Aangaande antwoord 1 werd geoordeeld dat deze "geene genoegzaame verdiensten" had (XII, vi). Antwoord 2, ingezonden door A.F. Goudriaan werd in 1807 bekroond met de gouden ereprijs (N. V, ix).
Publikatie: N. V, 139-184 (V 136).

P 60
Uitgeschreven in 1798. Ontwerper is onbekend.
Antwoord: (1) 1805 "Nederlandsch Water-Bouwkunde".
Dit enig ingekomen antwoord werd niet voldoende geacht, omdat het, "schoon blijken draagende van practicaale kennis aan het Stoomwerktuig, echter op verre na niet voldoet aan het eigenlijke oogmerk en den inhoud der Vraage" (N. IV, xi). De vraag werd in 1808 ingetrokken (N. V, xvi).

P 61
Uitgeschreven in 1798. Ontwerper is onbekend. Met een zeer uitvoerige toelichting. Het Genootschap tekende bij deze vraag het volgende aan: "Het Genootschap verwacht, dat men bij de beantwoording dezer Vraage in het oog houden zal om alles met ontwijffelbaare bevinding te staaven, en, zulks noodig en doenlijk geoordeeld wordende, middelen ter verbetering aan de hand te geeven".
Antwoord: (1) 27 febr. 1808 "Door onderzoek en naspeuring komt men tot het begeerde".
Dit enig ingekomen antwoord van A. Latenstein, strandopzichter bij de Waterstaat (Noord-Holland) verkreeg een zilveren ereprijs (N. V, xiii).

P 62
Uitgeschreven in 1798. Ontwerper is onbekend.
Antwoord: (1) 28 febr. 1801 "In de Werktuigkunde stelt men vast, Het vermogen moet meer zijn dan de last".
Dit antwoord, van de hand van C.L. Brunings, werd geoordeeld "ver af (te zijn) ... van een genoegzaame beantwoording der Vraag" (N. II, xxi), maar verscheen wel in druk ! Later voegde de auteur er een aanvullende verhandeling aan toe.
Publikatie: N. II, i-xii en 1-68 (V 112) en N. III, 133-159 (V 123).

P 63
Uitgeschreven in 1798. Ontwerper is onbekend.
Antwoorden: (1) 1 maart 1799 "De Scheepsbouw"; (2) 3 maart 1799 "Tot bevordering der Scheepsbouwkunde".
Antwoord 2 werd geoordeeld "een kort, beknopt en welpassend Antwoord op de opgegeevene Vraag" te zijn. Van de auteur verlangde men "dat hij dat gedeelte zijns werks, hetwelk nog als eenigzins gebrekkig zou kunnen worden beschouwd, geheel zal verbeteren en zoo veel mogelijk volledig maaken" (N. II, ii). Het antwoord, geschreven door P. Glavimans, constructeur generaal bij de Bataafsche Marine te Rotterdam, werd evenwel toch bekroond met goud. Antwoord 1, eveneens ingediend door P. Glavimans, werd met een zilveren medaille bekroond, aangezien het "schoon mede blijke van 's Schrijvers bekwaamheid in dat vak draagende, echter zoo uit hoofde eener min noodige omslagtigheid in het beschrijven der practicaale manier van het in een stellen der Masten, als uit hoofde der mindere volledigheid in het opgeeven der onderscheidene wijzen van zamenstelling bij den Scheepsbouw in gebruik, en het vergelijken van dezelve onderling, minder voldoende wordt bevonden" (N. II, ii en xi).
Publikatie: N. II, 225-253 (V 119) en N. II, 255-274 (V 120).

P 64
Uitgeschreven in 1799. Ontwerper is onbekend.
Antwoord: (1) 27 febr. 1801 "Met behulp van Natuur, Kunst en Verstand, Maakt men van Veen- en Waterplassen Land".
Dit antwoord werd geoordeeld "even min verdienstelijk en vol gebreken" te zijn (N. II, xxi). De vraag werd in 1812 ingetrokken (N. VI, ix).

P 65
Uitgeschreven in 1799. Ontwerper is onbekend.
Antwoorden: (1) 27 febr. 1800 "Certos feret experientia fructus"; (2) 25 febr. 1801 "Doet alle proeven in het groot, Dan staat men aan geen dwalen bloot".
Zowel antwoord 1 als 2 werden geacht "geen van beiden genoegzaame verdiensten" te hebben (N. II, xix). De vraag werd in 1801 ingetrokken (N. II, xix).

P 66
Uitgeschreven in 1800. Ontwerper is onbekend.
Antwoorden: (1) 26 febr. 1802 "Bron van Voorspoed"; (2) 1 maart 1802 "Zijt voorzichtig en welberaaden in het onderneemen, en ook kloekmoedig en standvastig in het uitvoeren".

"Schoon niet geheel zonder gebreken zijnde" werd in 1802 antwoord 1, van Arie Blanken Jansz., gezworen landmeter en directeur van de geöctroijeerde vervening in de Krimpenerwaard (Gouda) met een gouden medaille bekroond (N. III, ii). Ondanks een groot aantal bezwaren, "als behelzende een zeer omslagtige opgave van onuitvoerlijke plannen werd de onbekende inzender van antwoord 2 met een zilveren medaille bekroond. Men eiste van de auteur dat hij zijn verhandeling zou inkorten "door daaruit bij een te trekken al hetgene eigenlijk tot beantwoording der Vraage dient, en dit opheldere met een figuratief Kaartje ... kunnende hij dan dit overtollige in een geschikte orde en met beleid bij één brengen en tot één of meer afzonderlijke Verhandelingen bewerken". Deze verhandelingen konden dan, volgens art. 2 en 5 van "Plan en Grondwetten", worden aangeboden (N. III, iii). De schrijver maakte zich niet bekend. Een uittreksel uit zijn verhandeling werd door het genootschap anonym gepubliceerd.
Publikatie: N. IV, 1-48 (V 127) en N. IV, 49-76 (V 128).

P 67
Uitgeschreven in 1801. Ontwerper is onbekend.
Er kwamen geen antwoorden binnen, zodat de vraag in 1812 werd ingetrokken (N. VI, ix).

P 68
Uitgeschreven in 1802. Ontwerper is onbekend.
Er werden geen antwoorden ontvangen. De vraag werd in 1812 (of 1823) ingetrokken.

P 69
Uitgeschreven in 1802. Ontwerper is onbekend.
Antwoord: (1) 26 febr. 1808 "Non fingendum aut recogitandum, sed experiendum quid natura faciat aut ferat".
Dit antwoord, in het Duits, ingezonden door Carl Wilhelm Böckman, leraar wijsbegeerte Karlsruhe, werd in 1808 bekroond met een gouden eremunt (N. V, xiv).
Publikatie: N. VI, 1-175 (V 138).

P 70
Uitgeschreven in 1803. Ontwerper is onbekend.
Antwoord: (1) febr. 1804 "Niets is volmaakt, dan daar de Natuur door zorgvuldigheid geholpen wordt" (Quintilianus).
Het antwoord werd niet bekroond, daar het "te veel kenmerken draagt van de oppervlakkige en onvolledige, zoo wel Practische als voornamelijk Theoretische kennis des Schrijvers" (N. IV, x). De vraag werd in 1812 ingetrokken (N. VI, ix).

P 71
Uitgeschreven in 1804. Ontwerper is onbekend. De vraag lijkt een herhaling van vraag 49. In de vraag wordt verwezen naar het werk van Antoine François Fourcroy (1755-1809) en Louis Nicolas Vauquelin (1763-1829).
Er zijn geen antwoorden binnengekomen. De vraag werd in 1823 ingetrokken.

P 72
Uitgeschreven in 1807. Ontwerper is onbekend. Voor literatuur werd in een voetnoot bij de vraag verwezen naar de studie van Johann Albert Eytelwein, Bemerkungen über die Wirkung und Vorteilhafte Anwendung des Stosshebers, Berlijn 1805 en de bijdrage van Ludwig Wilhelm Gilbert in de Annalen der Physik 7 (1805), stuk 1.
Antwoord: (1) 1809 "Die verschiedene wirkende Kräfte des Wassers sind und werden noch regieren zur mancherlei Maschine".
Over de beoordeling zijn geen bijzonderheden bekend. De vraag werd in 1823 ingetrokken.

P 73
Uitgeschreven in 1808. Ontwerper onbekend. De vraag bleef als enige in 1823 gehandhaafd. Op 21 april 1826 werd door Joh. Buys nog een nieuwe redactie voorgesteld: "Men neemt niet zelden waar dat op plaatsen waar even te voren de dampkring geheel helder was, zich eensklaps wolken vormen, die zomtijds regen geven en waarbij de barometer daalt, of reeds vooraf is beginnen te dalen. Op andere tijden bemerkt men dat zich zomwijlen zeer snel wolken oplossen en de lucht droog en helder wordt, terwijl de barometer rijzende is, en meest al te voren was begonnen te rijzen. Van waar komt dat verschijnzel; moet het verklaard worden door eene soort van loslating of wel praecipitatie van dampen, die met de dampkrings lucht scheikundig verbonden waren, en op andere tijden door deze lucht weder scheikundig worden opgelost, of kan men deze verschijnzelen op andere gronden met meer waarschijnlijkheid en duidelijkheid verklaren? Men verlangt alles door erkende waarnemingen gestaafd en is het mogelijk door proefnemingen bevestigd te zien". Deze nieuwe redactie werd echter niet uitgeschreven. In de eerste redactie wordt verwezen naar het werk van Jean André Deluc (1727-1817), Michat Hube (1737-1807), Georg Friedrich Parrot (1767-1852) en Johann Diederich Otto Zylius (1764-1820).
Antwoorden: (1) 1809 "Wie kan de wolken door zijn vernuft daarstellen en wie kan de flessen des hemels nederleggen ? (Job)"; (2) 1826 "The more the phaenomena of the universe are studied, the more distinct their connection appears, the more simple their causes". Een van beide antwoorden is in manuscript bewaard in het Gem. Archief Rotterdam, Hss. verz., inv. nr. 3836.
Van antwoord 2 kenmerkte zich "allerwegen derzelver schrijver als een man van groote verdiensten in het vak der Scheikunde". Ondanks dat oordeelde de jury "dat hetgene de schrijver in deze Verhandeling voorstelt, geenszins het licht over het bedoelde onderwerp verspreid, hetwelk het Genootschap regt had te verwachten van dengenen, die de beantwoording der Vraag zoude ondernemen" (N. VI, xxxi). De vraag werd in 1826 ingetrokken (N. VI, xxxi).

P 74
Uitgeschreven in 1812. Ontwerper is onbekend.
Er werden geen antwoorden ontvangen; de vraag werd in 1823 ingetrokken.

P 75
Uitgeschreven in 1823. Ontwerper was C.F. von Wiebeking. De concept-tekst, dd. jan. 1823, was beknopter: "Welche Mittel nun anzuwenden um sowohl die nachtheilige Ueberschümmungen des Flussgegende zu verhindern, als auch die fahrb(ar)keit der schiffbare Flussaerte oder Kanäle bey zubehalten ?" (Reg. ontwerp-prijsvr. nr. 7, fol. 19-20).
Antwoorden: (1) 1823 zonder spreuk; (2) 1823 "Zoekt het beste wat natuur ons leert, Dan is alles wijs en niets verkeerd"; (3) 1826 "Wie natuur tot leidsvrouw neemt en hare wetten volgt, zal niet verre van het pad der waarheid afwijken"; (4) 1826 "Tot heil voor Vorst en Volk"; (5) 1826 "De wetenschap verlengt het leven".
Antwoord 1, "een Octaaf blaadje", was geen vermelding waardig, hetgeen ook gold voor antwoord 2. De antwoorden 3 en 4 bevatten alleen wat "reeds van elders bekend, of van te weinig aanbelang is". Bovendien waren de auteurs in "dwalingen" vervallen. Antwoord 5, ingezonden door J.A. Scholten Hz. (Rotterdam), fabrieks- en landmeter van Schieland, werd met een gouden medaille bekroond, waarbij aangetekend werd dat deze verhandeling "een bewerkt stuk (was) met een kaart, teekening en tabellen voorzien, waarin, onder andere wetenswaardige bijzonderheden, eenige nieuw schijnende denkbeelden, aangaande de middelen ter zijdelingsche afleidingen der opgezwollene rivieren, voorkomen". De bekroning was vooral "eene blijk van erkentenis voor den tijd en arbeid aan dit werk besteed". Tot publikatie werd nog niet definitief besloten; dit zou gebeuren wanneer men ervan overtuigd raakte "dat het een of ander ter bevordering der belangens van ons dierbaar Vaderland, in dezen, al dan niet kan strekken" (N. VI, xxxiii-xxxiv). In 1843 werd tot publicatie overgegaan, in verband met "tijdelijk geldende redenen" (N. IX,

Publikatie: N. VIII/2, 1-79 (V 143).

P 76
Uitgeschreven in 1823. Ontwerper was J. de Kanter Phz., secretaris van het Zeeuwsch Genootschap; hij ontving hiervoor een zilveren medaille. De uitgeschreven prijsvraag was geredigeerd door P. Curten. Ingezonden dd. december 1822 (Reg. ontwerp-prijsvr. nr. 2, fol. 3-7).
Antwoord: (1) 1826 "Tantum plurimum ad inveniendum contulit, qui Speravit posse invenire" (Seneca).
Het antwoord, nog bewaard in handschrift (GA Rotterdam, Hss. verz., inv.nr. 3836), geschreven door Adrianus Stolker, Remonstrants leraar te Rotterdam, werd bekroond met een gouden medaille, vanwege de "vele heldere denkbeelden en belangrijke wenken, omtrent het voorgestelde onderwerp" (N. VI, xxxv).
Publikatie: N. VI, 221-261 (V 140).

P 77
Uitgeschreven in 1823. Ontwerper was P. Driessen. De concept-tekst, ingezonden dd. febr. 1823, luidde: "Welke Fabryken kunnen, in elkanders meerdere of mindere nabijheid zijnde geplaatst, de eene de andere of wederzijds nadeel toebrengen ?" (Reg. ontwerp-prijsvr. nr. 15, fol. 35-36).
Daar er geen antwoorden werden ontvangen, werd de vraag in 1837 ingetrokken (N. VIII, xiii).

P 78
Uitgeschreven in 1823. Ontwerper was J.B. van Mons. Ingezonden dd. febr. 1823 (Reg. ontwerp-prijsvr. nr. 11, fol. 27-28).
Antwoorden: (1a) febr. 1827 "Simplex veri Sigillum"; (1b) febr. 1830 "Simplex veri Sigillum".
Volgens de jury bevatte antwoord 1a "veel goede denkbeelden", maar kon toch, gelet op de vele gebreken, "naar het gevoelen van de meeste beoordeelaars" niet worden bekroond. De auteur, die het genootschap voor "eenen man van verdiensten" hield, "die wel berekend is, zijn werk tot meerdere volmaaktheid te brengen", mocht bij het genootschap "de aanmerkingen die op zijn Verhandelinge gemaakt zijn", komen afhalen (N. VII, iii-iv). Antwoord 1b, dat in het Frans was gesteld, was de verbeterde versie, waarvan de jury constateerde dat het antwoord "geene wetenschappelijke verbeteringen ... (had) ondergaan, doch alleen door eene andere rangschikking der zaken in duidelijkheid iets (had) gewonnen" (N. VIII, iv). Dit antwoord is nog in handschrift aanwezig in het GA Rotterdam (Hss. verz., inv. nr. 3836). De vraag werd in 1834 ingetrokken.

P 79
Uitgeschreven in 1823. Ontwerper was S. Stratingh. De concept-tekst, dd. maart 1823, geeft "doch bekwame" in plaats van "en geleidelijke" (Reg. ontwerp-prijsvr. nr. 25, fol. 55-56).
Antwoord: (1) 1825 zonder spreuk ("getekend A").
Dit zeer korte antwoord, dat in handschrift bewaard is in het GA Rotterdam (Hss. verz., inv.nr. 3836), werd niet bekroond, "daar in hetzelve het voorname doel der vraag geheel wordt uit het oog verloren" (N. VI, xii). De vraag werd 1834 ingetrokken (N. VIII, vi).

P 80
Uitgeschreven in 1825. Ontwerper was P. Driessen. De concept-tekst, dd. febr. 1823, luidde: "Eene naauwkeurige beschouwing van den aard en de bestanddeelen van het Maas-Water, en van deszelfs meerder of minder voordeelige aanwending tot verschillende Fabrijcken en Oeconomische Werkzaamheden, en deszelfs invloed op de gezondheid" (Reg. ontwerp-prijsvr. nr. 14, fol. 33-34). Een nieuwe redactie verscheen in 1843 (zie N. IX, viii), terwijl er in 1846 een toelichting werd bijgevoegd (N. IX, xxi).

Antwoorden: (1) 1846 "Zonder water is op de aarde geen leven denkbaar"; (2) 1846 "In's Innere der Natur dringt kein erschaff'ner Geist".
Antwoord 1 en 2 werden niet bekroond; alleen het in het Duits gestelde antwoord 2 kreeg een loffelijke vermelding. De auteur kon de "op zijne verhandeling gevallen bedenkingen" opvragen (N. IX, xviii-xix). De vraag werd in 1848 ingetrokken (N. X, ix).

P 81
Uitgeschreven in 1825. Ontwerper was J.B. van Mons, die hiervoor in 1828 een zilveren medaille kreeg toegewezen. Al in febr. 1823 had Van Mons een concept ingestuurd, luidende als volgt: "Welke zijn de verschillende soorten van bieren, die men in dit Koningrijk brouwt, en welke is de zamenstelling van ieder in het bijzonder en de werkwijze volgens welke men die bereidt ? Waar van hangt haar verschil in reuk en smaak af, en hoe verklaart men, dat hetzelfde bier, in twee onderscheiden plaatsen niet kan gebrouwt worden ?
Men geve de theorie van de daarstelling van het bier in het algemeen op; en men stelle uit de gevolgtrekkingen daarvan het inzicht van verbetering voor ten opzichte der bieren van middelmatige hoedanigheid" (Reg. ontwerp-prijsvr. nr. 10, fol.25). In juli 1825 stuurde hij een nieuwe tekst, die luidde: "Donner la pratique du brassages des bières en général, et cette des bières de la Belgique en particulier, quelle est la vraie théorie chimique de cette opération ? Quelle est la cause, indépendante de leur composition, des différences notables qui les distinguent suivant les lieux ou elles sont brassées ? en d'autres termes, pourqu'oi y-a-t-il des bières générales, qu'on peut, en suivant le mesme procédé, brasser partout, et d'autres qu'on ne peut brasser que dans le circuit de certaines villes ? Déduire des faits et des principes rapportés des vues d'amélioration applicables aux bieres de moyenne qualité" (Reg. ontwerp-prijsvr. nr. 28, fol. 61-62).
Antwoorden: (1) febr. 1827 "Fabricando fabri fimus"; (2) 1 febr. 1827 "Per varios usus artem experientia fecit" (Manil). Beide antwoorden zijn in handschrift bewaard gebleven in het GA Rotterdam (Hss. verz., inv. nr. 3836).
Over de beoordeling van antwoord 1 zijn geen bijzonderheden bekend. Antwoord 2, in het Frans gesteld en ingezonden door J.B. Vrancken, medisch doctor te Leuven, werd in 1828 bekroond met de gouden medaille (N. VII, iv-v).
Publikatie: N. VIII, 1-256 (V 141).

P 82
Uitgeschreven in 1826. Ontwerper was Jacob de Gelder. De concept-tekst werd ingediend dd. 1 mei 1826 (Reg. ontwerp-prijsvr. nr. 36, fol. 77-78).
Antwoorden zijn hierop niet binnengekomen; in 1837 werd de vraag ingetrokken (N. VIII, xiii).

P 83
Uitgeschreven in 1828. Ontwerper was J.B. van Mons. In juli 1825 stuurde Van Mons het eerste concept: "Décrire les différentes espèces de brouillard et de rosées, qui, aux diverses saisons, sont dans l'habitude d'apparaître dans ce pays; exposer les circonstances dans lesquelles ces météores se forment et en rechercher l'origine et en discuter la nature afin de pouvoir remonter à la cause de leur formation; pourqoui les rosées, si propices à la végétation dans les temps de sécheresse, deviennent-elles d'année en année, à la fois plus rares, moins générales et moins abondantes dans la plus grande partie de l'Europe ?" (Reg. ontwerp-prijsvr. nr. 29, fol. 63). In mei 1826 stuurde hij een nieuwe versie: "Quell'est la cause du méteore qu'on nomme rosée ? Y a-t-il une seule espèce ou différentes espèces de rosées ? En cas affirmatif, en quoi diffèrent-elles entre-elles ? Quels caractères la distinguent du serum, de la glace blanche, liquide et glacée et du brouillard humettant ? A quoi-on attribue le choix variant de corps que, dans sa disposition, elle exerce ? Quelles sont les circonstances dans lesquelles elle paraît au coucher du soleil, quelles au lève de cet astre et quelles dans le courrant de la nuit ? Quel état de l'air et quelles conditions influentes sont requis pour son apparition ? On passera en

revue et l'on soumettra a l'epreuve de l'expérience les diverses opinions raisonnables qui ont été émises sur ce phénomène, afin de pouvoir déduire de cet examen expérimental une théorie qui soit fondée sur des faits." Deze tekst werd door directeuren geredigeerd (Reg. ontwerp-prijsvr. nr. 39, fol. 83). De genoemde studie was van William Charles Wells (1757-1817), An Essay on Dew, and several appearances connected with it, London: Taylor and Hessey, 1814. Volgens een aantekening in het register van ontwerp-prijsvragen, kende men deze publikatie in de Franse vertaling van Auguste J. Tordeaux.
Antwoorden: (1) febr. 1830 "Ardua res est"; (1a) febr. 1836 verbeterde versie. De manuscripten zijn bewaard in het GA Rotterdam (Hss. verz., inv. nr. 3836).
Antwoord 1, in het Frans gesteld, werd in verband met verdeelde adviezen van de juryleden in febr. 1834 voorwaardelijk bekroond met de gouden medaille. De auteur werden drie voorwaarden gesteld, namelijk de gemaakte aanmerkingen te verwerken, de waarnemingen aan te vullen "tot meerder bewijs voor de door hem aangegevene nieuwe inzigten" en de niet overgenomen kritiek te weerleggen (N. VIII, v-vi), waarna in maart 1836 de bekroning volgde. De auteur was J.J. van Roosbroeck, medisch doctor te Leuven.
Publicatie: N. VIII/1, 1-164 (V 142).

P 84
Uitgeschreven in 1834. Ontwerper was J.G.W. Merkes. In de concept-tekst, ingestuurd dd. maart 1830 (Reg. ontwerp-prijsvr. nr. 42, fol. 91) werd, behalve naar de betekenis van de vordering voor de fabrieken en nijverheid, in het bijzonder gevraagd de gevolgtrekkingen "tot veredeling van den mensch in het maatschappelijke leven".
Antwoorden: (1) 1 maart 1836 "Artem quaevis alit terra".
Dit enig ingekomen antwoord, in het Nederlands, werd door de jury "geheel onvoldoende geacht" (N. VIII, xiii), waarna de vraag in 1840 werd ingetrokken (N. VIII, xxiv en xxvi).

P 85
Uitgeschreven in 1834. Ontwerper was S. Stratingh in april 1830. Tussen concepttekst (Reg. ontwerp-prijsvr. nr. 45, fol. 97) en prijsvraag zijn kleine stilistische verschillen.
Er zijn geen antwoorden op binnengekomen; de vraag werd in 1840 ingetrokken (N. VIII, xxvi).

P 86
Uitgeschreven in 1834. Ontwerper was A.H. van der Boon Mesch, ingestuurd april 1830 (Reg. ontwerp-prijsvr. nr. 51, fol. 109).
Er zijn geen antwoorden binnengekomen; de vraag werd in 1840 ingetrokken (N. VIII, xxvi).

P 87
Uitgeschreven in 1834. Ontwerper was B. Meylink, ingezonden in april 1830. De concept-tekst (Reg. ontwerp-prijsvr. nr. 52, fol. 111) luidde: "Eene opgave der geschiedenis van den veendamp van deszelfs vroegste verschijning af met die van de verschillende gevoelens over denzelven en eene beredeneerde vergelijking van deze gevoelens zoo wel onderling als met de thans door proeven bewezene daadzaken, om alzoo uit een en ander tot deszelfs juisten aard te kunnen besluiten, waarbij men dan mijns inziens het afgeleid gevoelen zoude moeten staven door scheikundige proeven op den damp die bij de verbranding ontstaat, genomen op de plaats der verbranding zelf en dan wanneer deze zelfde damp eene groote hoeveelheid waters reeds is overgetrokkken".
Er zijn geen antwoorden ingekomen; de vraag werd in 1846 ingetrokken (N. IX, xx).

P 88
Uitgeschreven in 1834. Ontwerper was J. Nieuwenhuis, ingezonden dd. maart 1830 (Reg. ontwerp-prijsvr. nr. 40, fol. 87).
De vraag verwijst naar Isaac Newton's (1642-1726), Philosophiae naturalis principia mathematica, Londen: J. Straeter, 1687 (Liber III, Scholim generalis). Er zijn geen antwoorden ontvangen; de vraag werd 1843 ingetrokken (N. IX, viii).

P 89
Uitgeschreven in 1837. Ontwerper was C.J. Glavimans. Bij de concept-tekst, dd. mei 1837, wordt ook John Scott Russell (1808-1882) genoemd (Reg. ontwerp-prijsvr. nr. 58, fol. 127-128).
Er zijn geen antwoorden ontvangen; de vraag werd in 1850 ingetrokken (N. X, ix).
De vraag verwijst naar het werk van Edme Mariotte (1620-1684), Leonard Euler (1707-1783), Jorge Don Juan y Santacilla (1713-1773), Nicolas Charles Romme (1745-1805), William Chapman (1749-1832), Pehr Lagerhjelm (1787-1856), G.S. Kallstenius en Johann Albert Eytelwein (1765-1849). Torselles is niet geïdentificeerd.

P 90
Uitgeschreven in 1840. Ontwerper was P.O. Vorsselman de Heer te Deventer; de concept-tekst, ingediend dd. 7 april 1840, luidde: "met de Electriciteit der machine en door het ontladen van Leydsche flesschen" i.p.v. "met spannings-electriciteit" (Reg. ontwerp-prijsvr. nr. 65, fol. 134-135). De bedoelde proeven waren van Peter Theophil Riess (1804-1859/1883?).
Er zijn geen antwoorden ontvangen; de vraag werd 1846 ingetrokken (N. IX, xx).

P 91
Uitgeschreven in 1840. Ontwerper was P. van Galen te Rotterdam, dd. 3 april 1840 (Zie Reg. ontwerp-prijsvr. nr. 63, fol. 132). De concept-tekst spreekt over "verzandingen", i.p.v. "veranderingen in de bedding derzelve". Aan de definitieve vraag werd een slotzin toegevoegd: "Reeds bekende middelen, om schepen te ligten, worden hierbij niet bedoeld."
Aangezien geen antwoorden werden ontvangen, werd de vraag in 1846 ingetrokken (N. IX, xx).

P 92
Uitgeschreven in 1840. Ontwerper was F.W. Conrad te 's-Gravenhage. In de concept-tekst, ingediend dd. 14 april 1840 , staat i.p.v. "in onderscheiden landen" "in Amerika, Engeland, Frankrijk, Duitschland en België" en i.p.v. "andere dienbetrekkelijke zaken" "wat verder tot goed verstand van die systhemas vereischt wordt" (Reg. ontwerp-prijsvr. nr. 68, fol. 137-138).
Er zijn geen antwoorden binnengekomen; de vraag werd in 1852 ingetrokken (N. XII, vi).

P 93
Uitgeschreven in 1840. Ontwerper was F.W. Conrad te 's-Gravenhage. In de concept-tekst, dd. 14 april 1840, staat "werktuigen" i.p.v. "werking" (Reg. ontwerp-prijsvr. nr. 69, fol. 138-139).
Er werden geen antwoorden ontvangen; de vraag werd in 1848 ingetrokken (N. X, x).

P 94
Uitgeschreven in 1840. Ontwerper was F.W. Conrad te 's-Gravenhage die hiervoor de zilveren medaille kreeg. In de concept-tekst, dd. 14 april 1840, staat "een ontwerp" i.p.v. "een voldoend ontwerp" (Reg. ontwerp-prijsvr. nr. 73, fol. 142-143).
Antwoord: (1) 1 febr. 1850 "Audaces fortuna juvat".
Het antwoord, ingezonden door A. Greve, ingenieur van de eerste klasse bij Rijkswaterstaat, werd met de gouden medaille en "eene premie van honderd gulden uit het P. Curtenfonds bekroond, aangezien het niet alleen het verlangde antwoord

bood, maar ook andere middelen tot verbetering van den geheelen vaarweg van Rotterdam tot in zee" opgaf (N. XI, iv-v). Verder ontving het genootschap nog een verhandeling van A.C. Twent, gepensioneerd vice-admiraal en oud-inspecteur van het Loodswezen, "de uitkomst bevattende van vroegeren arbeid", ingezonden "met de welwillende bedoeling, om bevordelijk te zijn aan eene gewenschte beantwoording" van deze prijsvraag. Deze bijdrage besloot men in de verhandelingen op te nemen (N. X, iv).
Publikatie: N. XI, 1-205 (V 149) en N. XI, 207-231 (V 150).

P 95
Uitgeschreven in 1840. Ontwerper was F.W. Conrad. In de concept-tekst, dd. 14 april 1840, werd gesproken van "de vereischte kosten", i.p.v. "eene berekening der minste kosten". Aan de definitieve vraag werd toegevoegd "eene aanwijzing" (Reg. ontwerp-prijsvr. nr. 74, fol. 143-144).
Er werden geen antwoorden ontvangen, zodat de vraag in 1848 werd ingetrokken (N. X, x).

P 96
Uitgeschreven in 1840. Ontwerper was P.J. Uylenbroek te Leiden. Concept-tekst ingezonden dd. 4 juni 1840 (Reg. ontwerp-prijsvr. nr. 66, fol. 135); in 1850 werd hem posthuum een zilveren medaille uitgereikt (N. IX, v).
Antwoorden: (1) 1 febr. 1848 "Wij kennen ten deele" (Paulus); (2) 1 febr. 1848 "Trado quae potui".
Antwoord 1, waaraan door de auteur modellen waren toegevoegd, werd niet bekroond (N. X, iv-v). Antwoord 2 werd in 1848 bekroond, op voorwaarde echter dat de auteur "zijn arbeid wijzigt naar eenige bedenkingen, door Advyseuren in het midden gebragt" (N. X, iv-v). In 1850 bleek aan die voorwaarde voldaan te zijn en kreeg F.W.C. Krêcke te Utrecht de gouden medaille (N. XI, iv).
Publikatie: N. XII/1, 1-86 (V 151). In 1848 werd de vraag ingetrokken (N. X, xi).

P 97
Uitgeschreven in 1840. Ontwerper was J. van der Hoeven te Leiden. In concept-tekst, dd. 4 juni 1840, staat: "in verschillende gewesten van Europa", i.p.v. "in het algemeen" (Reg. ontwerp-prijsvr. nr. 67, fol. 136). In 1854 werd de vraag opnieuw geredigeerd (N. XII, xvii).
Op deze vraag is geen antwoord binnengekomen, zodat de vraag in 1858 werd ingetrokken (N. XII, xxvii).

P 98
Uitgeschreven in 1840. Ontwerper was F.W. Conrad, die in 1843 "eene Zilveren Medaille ter dubbele waarde" kreeg uitgereikt (N. IX, vii).
Antwoord: (1) s.d. "Zoodat die werktuigen geschikt zijn om eenen veel voortreffelijker dienst te doen dan onze gewoone Wind-Molens" (Rapport van Klinkenberg en Blassière). Zie voor dit "rapport": V 107. De inzender beantwoordde vraag 98 en 99 in één verhandeling. Het antwoord is in handschrift aanwezig in GA Rotterdam (Hss. verz., inv. nr. 3836).
Het ingezonden antwoord was afkomstig van G. Simons, inspecteur-adviseur bij het ministerie van financiën (Den Haag) en A. Greve (Den Haag). Het gelijktijdig beantwoorden van twee vragen werd niet afgekeurd, waarna bekroning volgde: beide auteurs kregen "zo den schrijvers dit aangenaam waren ... de gewone gouden medaille", i.p.v. gezamenlijk een "Eerepenning van de dubbele waarde". Van beide antwoorden werd de beoordeling uitvoerig weergegeven, en werd besloten dat, "eenige aanmerkingen, door Heeren Beoordeelaars op sommige gedeelten zijner verhandeling gemaakt, aan de schrijver worden medegedeeld, om daarvan, naar goedvinden, gebruik te maken tot toelichting en uitbreiding van enkele punten van het behandelde onderwerp" (N. IX, iv-vii).
Publikatie: N. IX/1, 1-198 (V 144).

P 99
Uitgeschreven in 1840. Ontwerper was F.W. Conrad. De concept-tekst, dd. 14 april 1840, heeft als slotzin: "worden geacht en welke soort van waterwerktuigen, hetzij pompen, vijzels, schepraden of andere, zouden met de toepassing van stoomkracht als de bestwerkende kunnen worden gerekend" (Reg. ontwerp-prijsvr. nr. 71, fol. 140-141).
Antwoord: zie P 98, waar ook de beoordeling is weergegeven.
Publikatie: N. IX/1, 1-198 (V 144).

P 100
Uitgeschreven in 1840. Ontwerper was F.W. Conrad, die in 1848 de zilveren medaille kreeg (N. X, vi). De toelichting in de concept-tekst, dd. 14 april 1840, is iets gewijzigd. Onder andere de zin: "De ontwerpen echter ... zijn zonder gevolg gebleven", luidt in het concept: "of de daarstelling van de daarbij opgegevene ontwerpen is minder uitvoerbaar bevonden". De ontwerper doelt daarmee op P 8. De bedoelde concept-prijsvragen zijn niet bewaard. Later zijn nog verschillende ontwerpen opgemaakt, waarvan het echter bij geen tot een begin van uitvoering is gekomen (Reg. ontwerp-prijsvr. nr. 72, fol. 141-142).
Antwoord: (1) 1 febr. 1848 "Kannst du nicht Allen gefallen durch deine That und dein Kunstwerk. Mach'es Wenigen recht, Vielen gefallen ist schlimm" (Schiller).
Dit antwoord werd ingezonden door J.A. Beijerinck, ingenieur eerste klasse van Rijkswaterstaat (Leiden) en werd in 1848 met de gouden medaille bekroond (N. X, v-vi).
Publikatie: N. IX/2, 1-124 (V 145).

P 101
Uitgeschreven in 1843. Ontwerper was F.W. Conrad. Concept-tekst dd. 1843 (Reg. ontwerp-prijsvr. nr. 82).
Hierop zijn geen antwoorden ontvangen; de vraag werd 1850 ingetrokken (N. X, vi).

P 102
Uitgeschreven in 1843. Ontwerper was F.W. Conrad. Concept-tekst dd. 1843 (Reg. ontwerp-prijsvr. nr. 83).
Antwoorden: (1) 1848 zonder motto.
Dit antwoord, "een klein geschrift", werd "terzijde gelegd, als van te geringe waarde" (N. X, vi). De vraag werd in 1852 ingetrokken (N. XII, vi).

P 103
Uitgeschreven in 1846. Ontwerper was C.A. Kop te Rotterdam. Bij de opstelling van de concept-tekst, ingediend dd. 25 nov. 1845 (Reg. ontwerp-prijsvr. nr. 80, fol. 150-151) werd overwogen dat "het water in de grachten der Stad Rotterdam in de binnenstad gelegen, veeltijds voor huisselijk gebruik ongeschikt, doorgaans althans niet drinkbaar is, en van vele zoo openbare als bijzondere in de Binnenstad aanwezige wellen betrekkelijk weinige een bruikbaar water opleveren en dus het opsporen van de beste middelen tot het verstrekken van zoowel drinkbaar als tot huisselijk gebruik geschikt water, waardoor in dit belangrijk ongerief van dit meest bevolkte gedeelte der stad kon worden voorzien, allezins nuttig kan geacht worden. De opsteller ervan stelt voor als onderwerp ener vraag: 'Eene doelmatige wijze om de geheele Binnenstad ten allen tijde van drinkbaar water te voorzien, zoodat ook bij vorst, en, zoo men de voorkeur aan Maaswater mogt geven, ook bij lang aanhoudenden Oostewind, er geen gebrek aan water in het bedoelde gedeelte der stad kome. Men verlangt ... (de) hiertoe noodige inrigting.'"
Antwoorden kwamen niet binnen, zodat de vraag in 1858 werd ingetrokken (N. XII, xxvii).

P 104
Uitgeschreven in 1846. Ontwerper was J.P. Delprat te Breda, aan wie in 1848 een zilveren medaille werd uitgereikt (N. X, vi-viii). Concept-tekst, dd. 5 maart 1846 (Reg. ontwerp-prijsvr. nr. 81, fol. 152-153). Zie ook P 105.

Antwoorden: (1) 1 febr. 1848 "Sedert eeuwen herwaarts hebben de Polders zich gevormd, zich zelve bestuurd, de vereischte kosten in zich zelve gevonden. Evenzoo de Waterschappen, de Heemraadschappen, de Hoogheemraadschappen" (G.K. van Hogendorp, Bijdragen tot de huishouding van Staat); (2) 1848 "In magnis voluisse sat est"; (3) 1848 "De menschelijke nijverheid zegepraalt over de natuur" (Graaf de Ségur).
Antwoord 1, ingezonden door W.T. Gevers Deynoot (Rotterdam), dijkgraaf van Schieland, werd bekroond met de gouden medaille (X, vi-viii). Antwoord 2, dat betrekking had op het laatste gedeelte van de vraag, werd bekroond met "eene dubbele zilveren medaille"; de inzender was M.G. Beijerink, hoofdingenieur van Rijkswaterstaat ('s-Gravenhage) (X, viii-ix). Antwoord 3, dat eveneens op de toevoeging bij deze vraag betrekking had, was van de hand van J.A. Scholten Hz., fabriek- en landmeter van Schieland. Zijn verhandeling werd bekroond met een gouden medaille (X, viii-ix).
Publikatie: N. X, 1-110 (V 146); N. X, 113-184 (V 147); N. X, 185-264 (V 148).

P 105
Uitgeschreven in 1848, als nieuwe redactie van vraag 104. Waarschijnlijk ingediend door J.P. Delprat. Opnieuw gewijzigd in 1858 (N. XII, xxvii), toen "der provincie Noord-Holland" veranderd werd in "van eenig ander gewest in ons land"; in 1872 (N(2) II/2, 10-11), toen in de motivatie "omtrent de provincie Zuid-Holland" werd vervangen door "omtrent eenige waterschappen" en in de vraag "van eenig ander gewest" werd gewijzigd in "eenig ander hoofdwaterschap" en in 1892 (N(2) IV/1, 6-7), toen "eenig ander hoofdwaterschap" gewijzigd werd in "eenig hoofdwaterschap". Zie verder P 105a. De prijsvraag was voorzien van een uitvoerige toelichting, waarin bij de nieuwe redactie telkens kleine wijzigingen werden aangebracht: in 1858 "hoogte der landen" i.p.v. "ligging der landen", welke wijziging in 1872 weer verviel, en verder in 1872 "zoodat de hoeveelheid water ... kan worden beoordeeld" i.p.v. "hoofdzakelijk dienende ... te kunnen vinden". In 1892 "of andere afdeelingen" i.p.v. "of andere afscheidingen" (Reg. ontwerp-prijsvr. nr. 84).
Antwoorden: (1) 1 febr. 1865 "Tegen een vijand die sterker was, is en wezen zal dan wij"; (2) 1865 "Ainsi comme les nations destructives font des maux qui durent plus qu'elles, il y a des nations industrieuses qui font des biens, qui ne finissent pas même avec elles" (Montesquieu); (3) 1 febr. 1867 "Wenn der Kranke todt ist, kommt der Arzt"; (4) 1 febr. 1867 "Kennis is magt"; (5) 1892 zonder spreuk; (6) 1904 zonder spreuk; (7) 1904 zonder spreuk; (8) 1908 "Ex undis".
Antwoord 1, afkomstig van Jacobus van der Toorn, ingenieur van Rijkswaterstaat te Nijmegen, werd in 1865 "onder de voorwaarde, dat de Schrijver door eene gedeeltelijke omwerking van zijn geschrift tegemoet kome aan eenige gemaakte bedenkingen", bekroond met een gouden medaille. Op dezelfde voorwaarde werd antwoord 2, ingezonden door A. van Egmond, bekroond (N. XII, lxx-lxxi). In 1892 werd antwoord 5, ingezonden door L.A. Langeveld en C.A. Verheij te Gorinchem, bekroond met een gouden medaille (N(2) IV/1, 5-6). De antwoorden 3, 4, 6, 7 en 8 werden niet bekroond. De door de jury, waaronder R.H. van Dorsten, uitgebrachte adviezen werden in 1908 gepubliceerd. De vraag werd in 1912 ingetrokken.
Publikatie: N(2) I/1, 1-47 (V 154); N(2) I/2, 1-46 (V 155); N(2) IV/1, 1-103 (V 165).

P 105a
Uitgeschreven in 1897. De nieuwe redactie werd geleverd door een daartoe ingestelde commissie, bestaande uit F.W. Conrad, E.F. van Dissel en A.A. Beekman (N(2) IV/2, 7-8).
Er zijn op deze vraag geen antwoorden binnengekomen; de vraag werd ingetrokken in 1912 (1912, 14).

P 106
Uitgeschreven in 1848. Ontwerper was J.G.S. van Breda. De concept-tekst werd ingediend dd. 1848 (Reg. ontwerp-prijsvr. nr. 85). Nieuwe redactie in 1854, toen

"stilstand van stroom en wind" werd vervangen door "gunstige omstandigheden" (N. XII, xix).
Er werden geen antwoorden ontvangen; in 1886 werd de vraag niet meer uitgeschreven.

P 107
Uitgeschreven in 1848. Ontwerper was C.G.J. Matthes. Ingediend dd. 1848 (Reg. ontwerp-prijsvr. nr. 86).
Hierop zijn geen antwoorden binnengekomen; de vraag werd in 1850 ingetrokken (N. X, vi).

P 108
Uitgeschreven in 1848. Ontwerper was C.G.J. Matthes. Ingediend dd. 1848 (Reg. ontwerp-prijsvr. nr. 87). Hierop kwamen geen antwoorden binnen, zodat de vraag in 1852 werd ingetrokken (N. XII, vi).

P 109
Uitgeschreven in 1848. Ontwerper was K.M. Giltay. Ingediend dd. 1848 (Reg. ontwerp-prijsvr. nr. 88).
Antwoorden kwamen niet in. De vraag werd in 1858 ingetrokken (N. XII, xxvii).

P 110
Uitgeschreven in 1848. Ontwerper was J.A. Scholten Hz. Ingediend dd. 1848 (Reg. ontwerp-prijsvr. nr. 89).
Er kwamen geen antwoorden binnen, zodat de vraag in 1852 werd ingetrokken (N. XII, vi).

P 111
Uitgeschreven in 1848. Ontwerper was S. Bleekrode. Ingediend dd. 1848 (Reg. ontwerp-prijsvr. nr. 91). In nieuwe redactie in dec. 1872: "Het kristallieren behoort" i.p.v. "De kristalvorm behoort ..." en "de meest algemeene eigenschappen" i.p.v. "de wezenlijkste eigenschappen" (1872/11-12).
Op deze vraag zijn geen antwoorden binnengekomen; de vraag werd afgekeurd voor het programma 1880.

P 112
Uitgeschreven in 1850. Ontwerper was D.J. Storm Buysing. Ingediend dd. 1850 (Reg. ontwerp-prijsvr. nr. 92). In nieuwe redactie in dec. 1872: "van gevoelen, aan welk der bekende werktuigen tot het opbrengen van water de voorkeur moet worden gegeven" i.p.v. "van gevoelen, of ... pompen" (N. XII, x). In 1869 werd de eigenlijke vraag meer beknopt gesteld: "Eene vergelijkende beschouwing van de tot bovengemeld doel meest geschikte werktuigen en eene aanwijzing, in welke gevallen en onder welke omstandigheden het eene werktuig boven het andere de voorkeur verdient. Welke zijn de afmetingen, te geven aan de door dit onderzoek in de verschillende gevallen en omstandigheden als meest geschikt aangewezene werktuigen ?" (N(2) II/2, 12).
Antwoorden: (1) 1 febr. 1852 "Men verzwakt alles wat men overdrijft"; (2) 1 febr. 1869 "De groote Kampstrijd met het water, Blijf' Neerlands roem zoo nu als later"; (3) 1872 "De waterstrijd toont Neêrlands magt"; (4) 1886(?) zonder spreuk; (5) 1888 zonder spreuk.
Antwoord 1 betrof tevens P 113 (zie hierna). Over antwoord 2, "vergezeld van eenige schetsen en teekeningen", kwamen drie adviezen van de jury binnen: twee daarvan waren afwijzend, "wegens de daarin voorkomende en aangewezene onjuistheden, vergissingen en verkeerde berekeningen, die in naauw verband staan met hetgeen men heeft willen bewijzen, ook om den weinig geordenden vorm van het stuk en den gebrekkigen staat van de bijgevoegde schetsen en teekeningen, terwijl nogthans een dezer adviezen het door den schrijver aanbevolen werktuig nader onderzoek waardig keurt, en het andere advies verklaart, dat goede beschouwingen

over water-werktuigen in het stuk voorkomen. Het derde advies wijst op onnaauwkeurigheden, onduidelijken stijl, op gemis van bewijzen van aangenomen stellingen, ook op de weinig met zorg bewerkte schetsen en teekeningen; doch het beschouwt het antwoord van genoegzame wetenschappelijke waarde om ter bekrooning in aanmerking te komen, mits de schrijver te gemoet komt aan de gemaakte bevindingen, sommige gedeelten aanvult en meer duidelijk omwerkt en er eenige met zorg gekozene, net bewerkte teekeningen aan toevoegt" (N(2) II/2, 4). Men bood de schrijver deze beoordeling aan, om te gebruiken bij de omwerking van het antwoord, welk aanbod de schrijver accepteerde. Er kwam vóór de gestelde termijn van 1871 een verhandeling binnen, waarover onzekerheid bestond of de schrijver dezelfde was als van antwoord 2 (N(2) II/2, 4). Dit antwoord, dat hier gerekend is als antwoord 3, ging vergezeld van "acht calques met 105 figuren". De jury kwam daarop met de aanbeveling "een degelijk advies" in te winnen, i.c. de jury uit te breiden. Daarop zond het genootschap de adviezen, aangevuld met een uitvoerig pre-advies van het bestuur (afgedrukt in 1872/8-10), rond aan de leden "met uitnodiging om daarop schriftelijk hunne stem te willen uitbrengen". 18 leden voldeden aan dit verzoek. Uiteindelijk werd het antwoord niet bekroond. Antwoord 4 en 5 werden niet bekroond (N(2) III/2, 5 en N(2) III/3, 3). De vraag werd afgekeurd voor het programma van 1886.

P 113
Uitgeschreven in 1850. Ontwerper was D.J. Storm Buysing. Ingediend dd. 1850 (Reg. ontwerp-prijsvr. nr. 93).
Antwoorden: (1) 1 febr. 1852 "Men verzwakt alles wat men overdrijft".
Over de beoordeling is niets meegedeeld (zie ook P 112). De vraag werd in 1852 ingetrokken (N. XII, vi).

P 114
Uitgeschreven in 1850. Ontwerper was A. Greve. Ingediend dd. 1850 (Reg. ontwerp-prijsvr. nr. 94). In nieuwe redactie dd. 1858: "te maken" i.p.v. "daar te stellen ... werd beschouwd" (N. XII, xxix-xxx).
Op deze vraag zijn geen antwoorden binnengekomen; de vraag werd in 1863 ingetrokken.

P 115
Uitgeschreven in 1850. Ontwerper was C.J. Glavimans. Ingediend dd. 1850 (Reg. ontwerp-prijsvr. nr. 95).
Antwoord: (1) 1 febr. 1850 "Hydrodynamica".
De jury was verdeeld over de kwaliteit van het ingezonden antwoord. Men besloot tot "een loffelijke vermelding" (N. XII, vi). Naar aanleiding van de "op dit stuk gevallen bedenkingen" diende de auteur "een memorie van tegenbedenkingen" in (N. XII, xv). Verdere bijzonderheden worden niet vermeld. De vraag werd in 1854 ingetrokken (N. XII, xvii).

P 116
Uitgeschreven in 1852. Ontwerper was D.J. Storm Buysing. Ingediend dd. 1852 (Reg. ontwerp-prijsvr. nr. 96). In nieuwe redactie in 1874 en in 1886. In 1874 werd de zin "de drijver ... geschikt" weggelaten (1874/7-8) en in 1886 werd i.p.v. "Een werktuig ... te leeren kennen" tot "Een stroommeter" (1886/6). De bedoelde stroommeters waren van Christiaan Brunings (1736-1805), Reinhard Woltman (1757-1837), Henri Pitot (1695-1771) en Cornelis Rudolphus Theodorus Kraijenhoff (1798-1840).
Antwoorden: (1) 1 febr. 1863 "Détermination des débits dans la partie maritime des fleuves (Des échelles et rien de plus)"; (2) 1884 zonder spreuk.
Antwoord 1 gaf volgens de jury niet "wat de vraag eischt" (N. XII, liii). Ook antwoord 2 werd niet bekroond (1884/4). De vraag werd in 1906 ingetrokken (1906/9).

P 117
Uitgeschreven in 1852. Ontwerper was J.A. Scholten Hz. De concept-tekst, dd. 1852, luidde: "Naardien een onderzoek omtrent de veranderingen in den loop der stroomen, in- en uitmondingen, benevens de gebeurtenissen betrekkelijk de rivieren in Nederland, alleszins nuttig voor eene grondige kennis der rivieren mag worden beschouwd, omtrent welke zaak veel wetenswaardig voorkomt, doch grootendeels in bijzondere verhandelingen, resolutiën en deliberatiën van verschillende besturen is verspreid, waardoor zoo veel goeds aan de kennis van belanghebbenden onttrokken wordt en de geschiedkundige kennis onzer rivieren van veel belang mag worden geacht, zoo vraagt het Genootschap: Eene oordeelkundige beredeneerde geschiedkundige beschouwing van de Nederlandsche rivieren, sedert de inbraak van den Zuidhollandschen Waard in den jare 1421 tot op den tegenwoordigen tijd, met andere woorden: Eene geschiedkundige rivierkunde over genoemd tijdvak" (Reg. ontwerp-prijsvr. nr. 97). De vraag verscheen in nieuwe redactie in 1874: "en aan de kennisneming ... aan te bieden" verviel en i.p.v. "Eene oordeelkundige ... op den tegenwoordigen tijd" luidde de vraag: "De geschiedenis en beschrijving van het benedengedeelte van een der hoofdrivieren van Nederland gedurende de drie laatste eeuwen" (1874/8). In 1880 luidde de eigenlijke vraag: "De geschiedenis en de beschrijving van het gedeelte van een der Nederlandsche hoofdrivieren beneden Rotterdam, Dordrecht , Moerdijk of den Ooster-Schelde-dam, tot buiten de banken in zee, gedurende minstens de laatste twee eeuwen" (1880/5). In 1892 werd dit gedeelte opnieuw gewijzigd: "De geschiedenis en de beschrijving van een der Nederlandsche hoofdrivieren of van eene gedeelte daarvan" (1892/7).
Antwoorden: (1) 1892 zonder spreuk; (2) 1904 zonder spreuk.
Antwoord 1, ingezonden door J. van Heurn uit 's-Gravenhage, werd in 1892 bekroond met het "gouden eeremetaal" (1892/5-6). Antwoord 2, waarin "de Oostermoersche vaart of Hunze, de A, het Reitdiep en het Eemskanaal" werden beschreven, werd niet bekroond (1904/7). De vraag werd in 1922 vervallen verklaard (1922/14).
Publikatie: N(2) IV/1, 1-232 (V 166).

P 118
Uitgeschreven in 1852. Ontwerper was D.J. Storm Buysing. De concept-tekst, ingediend dd. 1852, luidde: "Reeds in andere landen bestaan voorbeelden van sluizen ter wijdte van 22 el. Daarom wordt gevraagd: Welke zamenstelling verdient de voorkeur voor groote sluizen van 16 tot 22 el doorvaart in ons land" (Reg. ontwerp-prijsvr. nr. 98).
Antwoord: (1) sept. 1854 "Mancher klopft mit dem Hammer an der Wand herum und glaubt er träfe jedesmal den Nagel auf dem Köpf" (Göthe).
Dit antwoord werd niet bekroond; wel bood men de auteur, gelet op "de verdiensten van het eerste gedeelte van dit stuk als verhandeling over de sluisbouw in het algemeen", het jury-rapport aan "met uitnodiging daarvan gebruik te maken bij het opnieuw uitschrijven der vraag" (N. XII, xvi-xvii). De vraag werd in 1865 ingetrokken (1865, lxxii).

P 119
Uitgeschreven in 1854. Ontwerper was K.M. Giltay. De concept-tekst, dd. 1854, luidde: "Overeenkomstige verschijnselen van het geluid met de polarisatieverschijnselen van het licht" (Reg. ontwerp-prijsvr. nr. 99).
Er zijn geen antwoorden op deze vraag binnengekomen; de vraag werd in 1858 ingetrokken (N. XII, xxvii).

P 120
Uitgeschreven in 1854. Ontwerper was C.A.J.A. Oudemans (Reg. ontwerp-prijsvr. nr. 100), die daarvoor de zilveren medaille ontving (N. XII, lii). In nieuwe redactie verschenen in 1861. De inleiding tot de eigenlijke vraag luidde toen: "Daar de waarnemingen van Dr. H. Schacht omtrent het ontstaan der melksapvaten bij Carica Papaya (Annales des Sciences naturelles, 4e Série Tome VIII, p. 164), zijne

vroegere onderzoekingen, medegedeeld in de Botanische Zeitung van Von Mohl en Schlechtendal 1851 en in Schacht's Physiologische Botanik, bevestigen en in strijd zijn met de uitkomsten van het welbekende opstel van "ein Ungenannter", in dezelfde Botanische Zeitung 1846, zoo komt het het Genootschap..." (N. XII, xliii).
Antwoord: 1 febr. 1863 "Die Entstehung der Milchsaftgefässe und deren Stellung in dem Gefässbündelsysteme der milchenden Gewächse", met het motto: "Das Ziel der Forschung ist die Erkenntnis der Wahrheit". Het bedoelde onderzoek was van Hermann Schacht (1814-1864): "Die sogenannten Milchsaft-Gefässe der Euphorbiaceen, usw. sind milchsaft-führende, nicht selten verzweigte Bastzellen", Bot. Zeit. 9 (1851) 513-521 en ibidem, Physiologische Botanik. Die Pflanzenzelle der innere Bau und das Leben der Gewächse, Berlijn: G.W. Müller, 1852. Het anonyme artikel heeft als titel: "Die Milchsaftgefässe, ihr Ursprung und ihre Entwicklung", Bot. Zeit. 4 (1846) 833-843, 849-859 en 865-872. Verder worden genoemd Hugo von Mohl (1805-1872), Mathias Jakob Schleiden (1804-1881), Friedrich-Traugott Kützing (1807-1893) en Franz Unger (1800-1870).
Het antwoord, ingezonden door Leopold Dippel (Idar-Birkfeld) werd bekroond met een gouden medaille (N. XII, lii en lxxii). De publikatie ondervond vertraging door "de zorgvuldige bewerking der daarbij behoorende platen" (N. XII, lxviii).
Publikatie: N. XII/3, 1-121 (V 153).

P 121
Uitgeschreven in 1854. Ontwerper was W.H. de Vriese. Ingediend dd. 1854 (Reg. ontwerp-prijsvr. nr. 101).
Antwoorden: (1) 1863 A. de Bary, "Die gegenwartig herrschende Kartoffelkrankheit, ihre Ursache und ihre Verhütung" (1861).
Deze publikatie, mét vermelding van de naam van de auteur, kwam niet voor beoordeling in aanmerking (N. XII, lv).De vraag werd in 1865 ingetrokken.

P 122
Uitgeschreven in 1858. Ontwerper was C.H.D. Buys Ballot. Ingediend dd. 1858 (Reg. ontwerp-prijsvr. nr. 103).
Er werden geen antwoorden ontvangen; de vraag werd in het programma van 1872 niet meer opgenomen.

P 123
Uitgeschreven in 1858. Ontwerper was K.M. Giltay, die hiervoor een zilveren medaille kreeg uitgereikt (N. XII, liii). Ingediend dd. 1858 (Reg. ontwerp-prijsvr. nr. 104).
Antwoorden: (1) 1863 "Felix qui potuit rerum cognoscere causas"; (2) 1863 G.A. Hirn, "Exposition analytique et expérimentale de la théorie mécanique de la chaleur" (1862) met supplement, "Théorie mécanique de la chaleur, confirmation expérimentale et démonstration analytique de la seconde proposition de la théorie (1863).
In 1865 werd antwoord 1, ingezonden door A.J. Docq, hoogleraar natuurkunde te Leuven, bekroond met een gouden medaille (N. XII, liii) nadat in 1863 tot een voorlopige bekroning was besloten op voorwaarde dat de verhandeling werd herzien op grond van "de op zijnen arbeid gevallen bedenkingen". Antwoord 2, evenals bij vraag 121 een reeds verschenen publikatie, kwam niet voor beoordeling in aanmerking (N. XII, liv).
Publikatie:N. XII/2, 1-182 (V 152).

P 124
Uitgeschreven in 1858. Ontwerper was K.M. Giltay. Ingediend dd. 1858 (Reg. ontwerp-prijsvr. nr. 105). In nieuwe redactie 1861: "Zijn door warmte onmiddellijk magnetische verschijnselen voort te brengen ? ..." (N. XII, xliv). Er werden geen antwoorden ontvangen, zodat de vraag in 1865 werd ingetrokken.

P 125
Uitgeschreven in 1858. Ontwerper was C.H.D. Buys Ballot. De concept-tekst, dd. 1858, luidde: "Het genootschap wenscht eene proefondervindelijke bepaling van de verschillende temperaturen, waarbij verschillende eenvoudige chemische verbindingen ontleed worden, en hoe die gewijzigd worden door de tegenwoordigheid van andere stoffen en onder andere omstandigheden, benevens eene poging tot toelichting daarvan uit de trillingstheorie der warmte" (Reg. ontwerp-prijsvr. nr. 106). Een nieuwe redactie werd vastgesteld in 1861; weggelaten werd de zinsnede "benevens eene poging ... theorie der warmte" (N. XII, xliv).
Op deze vraag zijn geen antwoorden binnengekomen; de vraag werd afgekeurd voor het programma van 1880.

P 126
Uitgeschreven in 1858. Ontwerper was T.A.F. Delprat. Ingediend dd. 1858 (Reg. ontwerp-prijsvr. nr. 107). Volgens het programma van 1861 werd de redactie gewijzigd (N. XII, xlii), maar tussen de beide teksten zijn echter geen verschillen vast te stellen (vgl. N. XII, xliv-xlv).
Antwoord: (1) 1 febr. 1867 "Tentavi".
Over dit antwoord, geschreven in het Frans, was de jury zeer verdeeld, zie uitvoerig het Programma 1869/5-6. Een "geldelijke aanmoediging tot voortzetting van het onderzoek" oordeelden Directeuren te gewaagd; het antwoord werd niet bekroond. Het voorstel de auteur inzage te geven in het jury-rapport werd aanvankelijk afgewezen (1869/7). Nadat toezending van het rapport alsnog was goedgekeurd, heeft de auteur niet meer van zich laten horen (1872/4). De vraag is 1886 vervallen.

P 127
Uitgeschreven in 1861. Ontwerper was V.S.M. van der Willigen. Ingediend dd. 1861 (Reg. ontwerp-prijsvr. nr. 108). De bedoelde aneroïd-barometer is van Lucien Vidie (1805-1866), de andere van Eugène Bourdon (1808-1884). Verwezen wordt naar Gabriël Lamé (1795-1870), Leçons sur la théorie mathématique de l'élasticité des corps solides, Parijs 1852.
Op deze vraag zijn geen antwoorden ingekomen; de vraag werd in 1865 ingetrokken.

P 128
Uitgeschreven in 1861. Ontwerper was V.S.M. van der Willigen. Ingediend dd. 1861 (Reg. ontwerp-prijsvr. nr. 109).
Er werden geen antwoorden ontvangen. De vraag is in het programma voor 1880 niet meer opgenomen. In 1901 zond J. Bosscha het genootschap een exemplaar van zijn "Geologische Beschrijving der Banda-eilanden", geschreven naar aanleiding van deze prijsvraag. Een bekroning was reglementair niet mogelijk; wel besloot het genootschap de auteur het honoraire lidmaatschap aan te bieden.

P 129
Uitgeschreven in 1861. Ontwerper was V.S.M. van der Willigen. Ingediend dd. 1861 (Reg. ontwerp-prijsvr. nr. 111).
Antwoorden werden niet ontvangen. In het programma van 1872 is deze vraag niet meer opgenomen.

P 130
Uitgeschreven in 1861. Ontwerper was H.A. van der Speck Obreen. De concept-tekst, ingediend dd. 1861, luidde: "Men vraagt eene beschrijving van de werktuiglijke en scheikundige zamenstelling en de levensgeschiedenis van een of meer leden

eener plantenfamilie, welke in Nederland of in een zijner koloniën vertegenwoordigd wordt. Dit onderzoek verlangt men behandeld te zien overeenkomstig de eischen der wetenschap in harer tegenwoordigen toestand. Ook zullen de mededingers zich bij hunne onderzoekingen moeten bedienen van de thans gebruikelijke hulpmiddelen. Bij de keuze der te beschrijven plantenfamilie moet men zich bepalen tot eene, welke nog niet of althans niet op eene voldoende wijze aan zoodanig onderzoek, als hier bedoeld wordt, onderworpen is geworden. Het antwoord dient verzeld te zijn van de noodige figuren op zoodanige schaal als voor het duidelijk begrip der zaak wordt vereischt" (Reg. ontwerp-prijsvr. nr. 113). In nieuwe redactie in 1863: "levenswijze" i.p.v. "levensgeschiedenis" en de zinsnede "in Nederland of in eene zijner koloniën vertegenwoordigd wordt en welke..." is weggelaten (N. XII, lxi). In 1876 werd "levenswijze" vervangen door "levensverrichtingen" (1876/10); in 1882 sprak men van "chemische" i.p.v. "microchemische" (1882/7). In 1912 werd de vraag op voorstel van L. van Itallie gesplitst in twee vragen, zie 130a en 130b (1912/14 en 16).
Op deze vraag zijn geen antwoorden binnengekomen, zodat de vraag in 1922 vervallen werd verklaard (1922/14; zie ook vraag 130b).

P 130a
Uitgeschreven in 1912. Ontwerper was H.A. van der Speck Obreen (L. van Itallie).
Er werden geen antwoorden ontvangen; de vraag werd in 1922 ingetrokken (1922/14).

P 130b
Uitgeschreven in 1912. Ontwerper was H.A. van der Speck Obreen (L. van Itallie).
Antwoorden: (1) 1919 "Beoefening der phytochemie overtuigt ons van de beperktheid onzer (scheikundige) kennis (der natuur), maar prikkelt ons tevens tot medewerking aan hare uitbreiding". Dit antwoord ging vergezeld van zes flesjes en een doosje chemicaliën.
Het antwoord (83 pp.) werd negatief beoordeeld door een jury, bestaande uit L. van Itallie (als vervanger van A.P.N. Franchimont), A. Grutterink, P. van Romburgh en J. Boëseken. Het jury-rapport verscheen in 1919 in druk.
De vraag werd in 1922 vervallen verklaard (1922/14).

P 131
Uitgeschreven in 1863. Ontwerper was V.S.M. van der Willigen. De concept-tekst, ingediend dd. 1863, luidde: "Ontginningen op groote schaal hebben tot nog toe geene gewenschte uitkomsten gegeven. Het Genootschap oordeelt dat daarvan alleen sprake kan zijn door gepaste bevloeijing van onvruchtbare gronden met vruchtbaar en veel slibvoerend rivierwater. In Duitschland vindt men wel leidingen, b.v. in Oostenrijk, waardoor water vele uren ver over en langs bergen gebragt wordt. Men verlangt daarom een plan van bevloeijing ..." (Reg. ontwerp-prijsvr. nr. 114). Een nieuwe redactie volgde in 1869: "in Nederland" i.p.v. "in de Veluwe of in Noordbrabant door middel van IJssel-, Rhijn- of Maaswater" (1869/11). In 1882 werd "door eene a(p)proximatieve berekening van kosten": "door eene raming van kosten" (1882/7). In 1890 werd "in Nederland": "in Nederland, door met fecaliën en rioolstoffen bezwangerd water" (1890/9).
Antwoorden: (1a) 1888 zonder motto; (1b) 1890 "Hei ontgonnen, land gewonnen".
Het advies van de jury verscheen in druk.
Antwoord 1b, van de hand van J. van Heurn, civiel ingenieur te 's-Gravenhage werd gunstig genoeg beoordeeld om de schrijver "de uitgebragte opmerkingen" toe te zenden (1888/5 en 1890/5). De schrijver maakte van deze mogelijkheid tot verbetering van het antwoord gebruik, waarna het antwoord met goud bekroond werd (1890/6-7). In 1902 werd de vraag als vervallen beschouwd (1902/9).
Publikatie: N(2) III/3, 1-75 (V 162).

P 132
Uitgeschreven in 1863. Ontwerper was V.S.M. van der Willigen. Ingediend dd. 1863 (Reg. ontwerp-prijsvr. nr. 112).
Antwoorden: (*) 1867 een schrijven van J. van der Toorn, die meedeelde dat zijn verhandeling als een nota betreffende de vraag moest worden beschouwd; (1) 1 febr. 1867 "Ceux qui étudient sérieusement la nature savent bien qu'on ne peut acquérir des connaissances solides sur un objet quel qu'il soit qu'après s'en être occupé tres longtemps" (J. Senebièr).
Volgens het "Antwoordenboek" werd het "antwoord" van J. van der Toorn, voorwaardelijk bekroond: men oordeelde het weliswaar "de algemeene bekendmaking waardig, doch missende eene gewenschte en bereikbare volledigheid". Met toestemming van de auteur werd het toch in de verhandelingen opgenomen (1867/4).
Antwoord 1, van J.G.W. Fijnje, werd in 1882 met goud bekroond. In het programma van 1880 werd de vraag niet meer opgenomen.
Publikatie: N(2) I/3, 39-50 (V 157) en N(2) III/1, 1-61 (V 160).

P 133
Uitgeschreven in 1863. Ontwerper was V.S.M. van der Willigen. De concept-tekst, ingediend dd. 1863, luidde: "Het Genootschap verlangt bepalingen en metingen van brekings-exponenten voor minstens 12 vaste punten van het spectrum voor eenige soorten, minstens 10, van Flintglas, verbonden met eene juiste opgaaf van de chemische zamenstelling en het soortelijk gewigt van die glassoorten" (Reg. ontwerp-prijsvr. nr. 115). Er wordt in de vraag verwezen naar het spectrumonderzoek door Joseph (von) Fraunhofer (1787-1826).
Er werden geen antwoorden ontvangen, zodat de vraag in 1867 werd ingetrokken (1867/8).

P 134
Uitgeschreven in 1863. Ontwerper was V.S.M. van der Willigen. De concept-tekst, ingediend dd. 1863, luidde: "Het Genootschap verlangt weêrstandsbepalingen voor vloeibare mengsels van kwik en zink en van kwik en goud gepaard met eene juiste opgave van de hoeveelheden dier metalen, welke gemengd zijn, en van de soortelijke gewigten van die mengsels, kan het ook zijn, van de thermo-electrische eigenschappen, die men mogt waarnemen. Van elke dezer vereenigingen moeten minstens 6 in onderscheidene evenredigheden worden onderzocht" (Reg. ontwerp-prijsvr. nr. 116). De vraag refereert naar het onderzoek van Augustus Matthiessen (1831-1870) en Ernst Werner (von) Siemens (1816-1892).
Op deze vraag zijn geen antwoorden binnengekomen; de vraag werd in 1886 niet meer uitgeschreven.

P 135
Uitgeschreven in 1863. Ontwerper was G.A. (of J.J. ?) van Kerkwijk. Ingediend dd. 1863 (Reg. ontwerp-prijsvr. nr. 117). Een nieuwe redactie verscheen in 1872: "Het is van belang bekend te worden met de voornaamste verschijnselen, door het onweder en het noorderlicht in de telegraafdraden veroorzaakt. Vele dezer verschijnselen zijn slechts aan enkele personen bekend; doch het zou zeer wenschelijk zijn, dat de gedane waarnemingen meer algemeen werden medegedeeld, ten einde daaruit gevolgen te kunnen opmaken. Daarom wordt gevraagd: Eene geschiedenis van de voornaamste waarnemingen, die gedaan zijn omtrent de verschijnselen, in de telegraafdraden ontstaan door het noorderlicht en het onweder" (1872/14).
Er werden geen antwoorden ontvangen; voor het programma van 1880 werd de vraag afgekeurd.

P 136
Uitgeschreven in 1863. Ontwerper was K.M. Giltay. Ingediend dd. 1863 (Reg. ontwerp-prijsvr. nr. 118).

Antwoorden: (1) 1874 "Non recuso laborem"; (2) 1876 "Summâ patientiâ improboque labore".
Over het tweede antwoord, in het Frans geschreven, kwam de jury, bestaande uit drie leden van het genootschap, niet tot een eensluidend oordeel. Een van hen wees erop, dat hele volzinnen woordelijk waren overgenomen uit de Comptes Rendus de l'Académie des Sciences te Parijs (i.h.b. 1876, 272-274). Deze beschuldiging van plagiaat bracht een tweede jurylid, die had voorgesteld om ondanks de tekortkomingen het antwoord toch te bekronen, tot wijziging van zijn oordeel (1876/3-4). Het antwoord bleef onbekroond.
De vraag werd voor het programma van 1880 afgekeurd.

P 137
Uitgeschreven in 1863. Ontwerper was K.M. Giltay. Ingediend dd. 1863 (Reg. ontwerp-prijsvr. nr. 119). Verwezen wordt naar het werk van John Tyndall (1820-1893) en van Heinrich G. Magnus (1802-1870).
Er werden geen antwoorden ontvangen, zodat de vraag in het programma van 1874 niet meer werd opgenomen.

P 138
Uitgeschreven in 1863. Ontwerper was K.M. Giltay. Ingediend dd. 1863 (Reg. ontwerp-prijsvr. nr. 120). De vraag betreft de studies van Jean-Mothée Gaugain (1810-1880).
Er zijn geen antwoorden binnengekomen. De vraag werd voor het programma voor 1880 afgekeurd.

P 139
Uitgeschreven in 1863. Ontwerper was K.M. Giltay, waarvoor deze een zilveren gedenkpenning ontving (1876/5). Ingediend dd. 1863 (Reg. ontwerp-prijsvr. nr. 122). Over de halfgeleiders van Jean-Mothée Gaugain (1810-1880), zie ook P 144.
Antwoorden: (1) 1 febr. 1865 "Nouvelle théorie de la grêle", met als zinspreuk: "Ante grandinem praeibit coruscatio" (Eccl. 3, 14); (2) 1874 "In natura nil fit per saltus"; (3) 1876 "Kein Phänomen erklärt sich an und aus sich selbst, nur viele zusammen ueberschauht, methodisch geordnet, giebt zuletzt etwas was als Theorie gelten könnte" (Goethe).
Het jury-rapport is opgenomen in het programma van 1876 (1876/4-5).
Antwoord 2 werd in 1874 door de jury, "alhoewel zeer van elkander verschillende in waardering van het geleverde", niet voor bekroning voorgedragen. Door de prijsvraag opnieuw uit te schrijven zou de auteur is staat gesteld worden, "zijn stuk af te werken" (1874/4-5). Van die mogelijkheid heeft de auteur geen gebruik gemaakt.
Antwoord 3, ingezonden door C. Waehner, medisch student uit Freiburg in Baden, werd in 1876 met goud bekroond.
Publikatie: N(2) II/2, 1-90 (V 159).

P 140
Uitgeschreven in 1863. Ontwerper was K.M. Giltay. Ingediend dd. 1863 (Reg. ontwerp-prijsvr. nr. 123).
Op deze vraag zijn geen antwoorden ingekomen. In 1869 werd de vraag niet meer uitgeschreven.

P 141
Uitgeschreven in 1865. Ontwerper was W.C.H. Staring. De concept-tekst, ingediend dd. 1865, luidde: "De opheffingstheorie der vulkanen van Von Buck heeft onder de natuuronderzoekers van den lateren tijd zoo vele bestrijders gevonden, dat die thans genoegzaam als geheel onhoudbaar kan worden beschouwd. Scrope, Lyell, Von Waltershausen, Vogelensang en vele anderen hebben het hunne bijgedragen om de uitwerpingstheorie als de beste en eenige verklaring der vulcanische verschijnselen te doen aannemen. Bij lange na evenwel zijn tot dusverre de waarnemingen dienaangaande van Junghuhn niet naar waarde geschat, want ontegenzeggelijk

heeft deze onvermoeide reiziger, misschien meer dan eenig ander bijgedragen tot de juiste kennis van de wording der vulkanen. Het Genootschap looft daarom ... (weglating orig., v.L) uit voor de beste verhandeling, waarin de waarnemingen van Junghuhn zoodanig bijeenverzameld en beoordeeld zijn, dat daardoor een helder overzigt worde gegeven van de verschijnselen betrekkelijk de wording der vulkanen, die J(unghuhn) in den Oost-Indischen Archipel waargenomen en in zijne werken geboekt heeft. Daarbij zal het echter onmisbaar zijn om de steensoorten, die J(unghuhn) verzameld heeft, op nieuw te onderzoeken en te bestemmen, terwijl het toch in lateren tijd gebleken is dat de bestemmingen van J(unghuhn) zelven alles te wenschen overlaten, en dat er alzoo op zijne redeneringen in zooverre die op de mineralogische gesteldheid der vulkanen berusten, geen peil is te trekken" (Reg. ontwerp-prijsvr. nr. 125). In 1912 wijzigde men het gedeelte van de vraag "alsmede ... dier vulkanen" als volgt: "en eene beschouwing over de beteekenis deezer gegevens voor de theorie van het vulkanisme". Bedoeld werden de publikaties van Baron Christian Leopold von Buck (1774-1853), George Julius Paulett Scrope (1797-1876), Sir Charles Lyell (1797-1875), Wolfgang Sartorius von Waltershausen (1809-1876), Hermann Peter Joseph Vogelensang (1838-1874) en Franz Wilhelm Junghuhn (1809-1864).
Op deze vraag zijn geen antwoorden binnengekomen; de vraag werd in 1922 vervallen verklaard (1922/14).

P 142
Uitgeschreven in 1867. Ontwerper was K.M. Giltay. Ingediend dd. 1867 (Reg. ontwerp-prijsvr. nr. 127). Opnieuw uitgeschreven in 1869(1869/12).
Er werden geen antwoorden ontvangen; de vraag werd in 1880 afgekeurd.

P 143
Uitgeschreven in 1867. Ontwerper was V.S.M. van der Willigen. Ingediend dd. 1867 (Reg. ontwerp-prijsvr. nr. 128). De vraag werd opnieuw voorgesteld inin 1869 (1869/12).
Er kwamen geen antwoorden binnen; de vraag werd in 1880 afgekeurd.

P 144
Uitgeschreven in 1867. Ontwerper was V.S.M. van der Willigen. Ingediend dd. 1867 (Reg. ontwerp-prijsvr. nr. 129). De vraag werd opnieuw uitgeschreven in 1869 (1869/12).
Er zijn geen antwoorden ontvangen; in 1880 werd de vraag afgekeurd.

P 145
Uitgeschreven in 1867. Ontwerper was V.S.M. van der Willigen. Ingediend dd. 1867 (Reg. ontwerp-prijsvr. nr. 131). Opnieuw uitgeschreven in 1869 (1869/12). De desbetreffende electriseermachine (1865) was van Wilhelm Holtz (1836-1913).
Er werden geen antwoorden ontvangen; de vraag werd in 1880 afgekeurd.

P 146
Uitgeschreven in 1867. Ontwerper was V.S.M. van der Willigen. Ingediend dd. 1867 (Reg. ontwerp-prijsvr. nr. 133). Nieuwe redacties volgden in 1869 (1869/13) met weglating van "en voor een groot deel weêr naar zee wordt afgevoerd" en "gronden" i.p.v. "zandgronden", 1872 (1872/16) met een inkorting tot een "... voorstel tot vruchtbaarmaking van gronden in ons vaderland door middel van ebbe-slib en rivier-slib), 1880 (1880/7) met "van slib" i.p.v. "ebbe-slib en rivier-slib", 1882 (1882/8) met als begin "Het Genootschap verlangt een voorstel, om op niet te kostbare wijze gronden in ons Vaderland door middel van slib vruchtbaar te maken" en een zeer ingrijpende herformulering in 1912 (1912/14 en 16): "Het genootschap wenscht eene critische beschouwing van hetgeen hier te lande op het gebied van bemesting met zeeslib, ter verbetering van zand- en veengronden, is geschied, zoowel uit een technisch als uit een economisch oogpunt, en daarbij tevens de middelen te vernemen, die het mogelijk zouden maken ten behoeve van dergelijke landerijen in

meerdere mate dan tot nog toe mogelijk was, van deze grondverbeterende materie gebruik te maken".
Antwoorden: (1) 1884 zonder motto; (2) 1886 zonder motto; (3) 1888 zonder motto.
Antwoord 1, ingezonden door P. Heidema, werd deels gunstig, deels ongunstig beoordeeld. Men besloot de verhandeling niet te bekronen, maar wel voor publikatie in aanmerking te laten komen (1884/4). Antwoord 2 werd niet bekroond (1886/5); evenmin als antwoord 3 (1888/3). De vraag werd in 1922/14 vervallen verklaard.
Publikatie: N(2) III/2, 1-64 (V 161).

P 147
Uitgeschreven in 1867. Ontwerper was J.M. Obreen, die hiervoor in 1872 de zilveren medaille ontving (1872/5). Ingediend dd. 1867 (Reg. ontwerp-prijsvr. nr. 134).
Antwoorden: (1) 1869 "Tandem fit Surculus arbor".
Het enige antwoord, van J.J. van Kerkwijk, ingenieur van de Rijkstelegraaf te 's-Gravenhage, werd in 1872 met goud bekroond (1872/5), na in 1869 reeds voorwaardelijk bekroond te zijn geworden (1869/6-7). De vraag werd in het programma van 1869 niet meer opgenomen.
Publikatie: N(2) II/1, 1-96 (V 158).

P 148
Uitgeschreven in 1869. Ontwerper was J.E. Cornelissen. Ingediend dd. 1869 (Reg. ontwerp-prijsvr. nr. 139). Een nieuwe redactie verscheen in 1872 (1872/15-16).
Er zijn geen antwoorden ontvangen; de vraag werd voor het het programma voor 1880 afgekeurd.

P 149
Uitgeschreven in 1872. Ontwerper was J. van der Toorn. Ingediend dd. 1872 (Reg. ontwerp-prijsvr. nr. 140).
Aangezien er op de vraag geen antwoorden werden ontvangen, werd de vraag in 1886 niet meer uitgeschreven.

P 150
Uitgeschreven in 1872. Ontwerper was J. van der Toorn. Ingediend dd. 1872 (Reg. ontwerp-prijsvr. nr. 141).
Er werden geen antwoorden ontvangen, zodat de vraag in 1882 werd afgekeurd.

P 151
Uitgeschreven in 1874. Ontwerper was J. van der Toorn. De concept-tekst, ingediend dd. 1874, luidde: "Daar het in het algemeen belang van groote waarde is te achten, om op eene doelmatige, niet te kostbare en voldoende wijze in het bezit van goed drinkwater te komen op die plaatsen waar de bestaande pompen zulks niet opleveren, Zoo wordt gevraagd: Wat heeft de ondervinding bij de bestaande en in aanleg zijnde waterleidingen hier te lande geleerd, en in hoeverre voldoen de aangenomene stelsels aan de eischen, die men thans hieromtrent mag stellen. Wat zijn de kosten voor gelijke waterhoeveelheden en de voor-en nadeelen aan de verschillende stelsels verbonden, en verdient een dezer stelsels stellige voorkeur boven de andere ? In hoeverre is eene navolging van het reeds bestaande in andere plaatsen van ons land aan te bevelen, en welke wijzigingen, behalve die van plaatselijken aard, zijn daarbij aan te raden ?" (Reg. ontwerp-prijsvr. nr. 143). Een nieuwe redactie werd voorgesteld in 1884: i.p.v. "beschrijving van de bestaande ... op welke gronden" kwam de formulering "beschrijving van eenige drinkwaterleidingen, met vermelding van de relatieve waarde van het door deze geleverde drinkwater" (1884/8).
Op de vraag zijn geen antwoorden ingekomen; de vraag werd in 1886 niet meer uitgeschreven.

P 152
Uitgeschreven in 1880. Ontwerper was J. van der Toorn. De concept-tekst, ingediend dd. 1874, luidde: "Daar het van overwegend belang voor de welvaart voor het Vaderland is te achten, dat onze beide groote koopsteden op de meest afdoende wijze door voldoend diepe vaarwaters met de zee verbonden worden en voortdurend blijven, Zoo vraagt men: 1e In hoeverre heeft de ondervinding geleerd, dat door middel van stoombaggervaartuigen in het gebrek aan diepte van vaarwaters nu kan worden tegemoet gekomen; 2e Welke is de beste en doelmatigste inrichting enz.; 3e Wat is de beste wijze ... enz.; 4e Is de wijze ... enz." (Reg. ontwerp-prijsvr. nr. 147).
Op deze vraag zijn geen antwoorden ontvangen; de vraag werd in 1886 niet meer uitgeschreven.

P 153
Uitgeschreven in 1880. Ontwerper was G. van Diesen. De concept-tekst, ingediend dd. 1880, luidde: "Men verlangt het ontwerp van eene inrichting, geschikt om op eenvoudige wijze den hoogtestand van het water in verscheidene punten van het dwarsprofil van eene onzer hoofdrivieren te meten. Zoo mogelijk wenscht men daarbij den uitslag eener zoodanige meting te leeren kennen: a. in een bochtig riviervak, ten einde bekend worde de mate der verheffing van het water onder den invloed der middelpuntvliedende kracht; b. tijdens val en tijdens was, opdat blijke op welk punt en tot welk bedrag in den waterspiegel over de breedte der rivier in het eerste geval eene holle en in het tweede geval eene bolle rondte zich vormt" (Reg. ontwerp-prijsvr. nr. 152).
Op de vraag zijn geen antwoorden binnengekomen; de vraag werd in 1922 vervallen verklaard (1922/14).

P 154
Uitgeschreven in 1880. Ontwerper was J. van der Toorn. De concept-tekst, ingediend dd. 1880, luidde: "Daar de verwarming van groote gebouwen op zeer verschillende wijze en met zeer ongelijke kosten geschiedt en de uitkomsten dikwerf niet aan het doel beantwoorden, Zoo vraagt men: Wat is de beste en tevens goedkoopste wijze van verwarming van groote gebouwen en hoe moet die worden ingericht om aan de eischen der gezondheid te beantwoorden ? Een en ander door teekeningen en ramingen van kosten van aanleg, onderhoud en exploitatie toe te lichten" (Reg. ontwerp-prijsvr. nr. 153).
Antwoord: (1) 1895 zonder spreuk.
Dit antwoord werd niet bekroond; als jury fungeerden Th.H. MacGillavry, J.H. Neisen en H.P. Scholten. De vraag werd in 1895 vervallen verklaard (1897/7).

P 155
Uitgeschreven in 1880. Ontwerper was L. Bleekrode. De concept-tekst, ingediend dd. 1880, luidde: "Vroegere onderzoekingen, vooral van Matteucci, hebben geleerd dat phosphorescentie bij dieren waargenomen, die in water leven, moet worden toegeschreven aan eene zekere zelfstandigheid, die zij afscheiden en die zich met het water vereenigt; dat daarentegen de phosphorescentie van dieren in lucht levende, bijv. bij ringwormen, insecten enz. de aanwezigheid van zuurstof vereischt. Proeven uit den laatsten tijd, vooral bij de Lampyris, hebben tot de opvatting geleid, dat het verschijnsel zou moeten worden toegeschreven aan scheikundige veranderingen in de protoplasma-zelfstandigheid te weeg gebracht onder biologische voorwaarden. En hieruit zou dan op te maken zijn dat daardoor de lagere dieren (infusiedieren, enz.), zonder afzonderlijk georganiseerd zenuwstelsel, evenzeer phosphorescentie kunnen vertoonen, als mede organische stof in zekeren toestand van ontbinding" (Reg. ontwerp-prijsvr. nr. 157). De concept-vraag verwijst naar het onderzoek van Carlo Matteucci (1811-1868).
Antwoorden: (1) 1892 zonder motto; (2) 1916 "Errare est humanum".

Beide antwoorden werden niet bekroond; het tweede antwoord ging niet over lagere diersoorten en voldeed dus niet aan de vraag. De vraag werd vervallen verklaard in 1922 (1922/14).

P 156
Uitgeschreven in 1880. Ontwerper was L. Bleekrode. Ingediend dd. 11 sept. 1880 (Reg. ontwerp-prijsvr. nr. 159); in nieuwe redactie in 1886. De vraag werd toen: "Men vraagt: Een experimenteel onderzoek naar de thermo-electrische eigenschappen van eenige metaal-legeeringen" (1886/8). In 1912 werd daaraan nog toegevoegd: "... waarbij de invloed van de samenstelling der legeering op de grootte der thermo-electromotorische kracht met betrekking tot die der bestanddeelen in het licht te stellen is, en tevens moet worden nagegaan of tusschen de geleidingsvermogens der legeringen en der bestanddeelen een overeenkomstig verband bestaat" (1912/14 en 17). Het bedoelde onderzoek was van Christiaan Clamond.
Op deze vraag zijn geen antwoorden ingekomen; de vraag werd in 1922 vervallen verklaard (1922/14).

P 157
Uitgeschreven in 1880. Ontwerper was R.A. Mees. Ingediend dd. 1880 (Reg. ontwerp-prijsvr. nr. 161). De gerefereerde publikaties zijn van Pierre Eugène Chappuis (1855-1916), "Ueber die Verdichtung der Gase auf Gasoberflächen", Wied. Ann., n.s. 8 (1879) 1-29 en 671-675, en van H.F. Weber, beschreven door Oskar Emil Meijer (1834-1909) onder de titel: Die kinetische Theorie der Gase, Breslau: Maruschke en Berendt, 1877.
Er zijn geen antwoorden ingezonden, zodat de vraag in 1884 vervallen werd verklaard.

P 158
Uitgeschreven in 1880. Ontwerper was R.A. Mees. Ingediend dd. 1880 (Reg. ontwerp-prijsvr. nr. 162).
Er werden geen antwoorden ontvangen; de vraag werd in 1884 vervallen verklaard.

P 159
Uitgeschreven in 1880. Ontwerper was R.A. Mees. Ingediend dd. 1880 (Reg. ontwerp-prijsvr. nr. 163). In 1884 luidde de vraag in nieuwe redactie: "Eene nieuwe zeer nauwkeurige bepaling van den invloed der temperatuur op de soortelijke warmte van kwikzilver" (1884/10). De vraag verwijst naar het onderzoek van Pierre Louis Dulong (1785-1838), Alexis Thérèse Petit (1791-1820), Adolph August Winkelmann (1848-?) en Henri Victor Regnault (1810-1878). Peterssen is niet geïdentificeerd.
Op deze vraag zijn geen antwoorden ontvangen; de vraag werd in 1906 ingetrokken.

P 160
Uitgeschreven in 1880. Ontwerper was R.A. Mees. De concept-tekst, ingediend dd. 1880, luidde: "Wordt verlangd: 'Eene experimenteele bepaling van de kritische temperatuur van zwaveligzuur en van ammonia'" (Reg. ontwerp-prijsvr. nr. 164).
Antwoorden werden niet ontvangen; de vraag werd in 1884 vervallen verklaard.

P 161
Uitgeschreven in 1880. Ontwerper was R.A. Mees. Ingediend dd. 1880 (Reg. ontwerp-prijsvr. nr. 165). De vraag verwijst naar de proeven van William Fairbairn (1789-1874), Hermann Anton Bernhard Herwig (1844-1881?) en Henri Victor Regnault (1810-1878). De genoemde onderzoeker Tate is niet geïdentificeerd (G.H. Tate ?).
Op deze vraag zijn geen antwoorden binnengekomen; de vraag werd in 1884 vervallen verklaard.

P 162
Uitgeschreven in 1880. Ontwerper was R.A. Mees. Ingediend dd. 1880 (Reg. ontwerp-prijsvr. nr. 166). Het bedoelde onderzoek is van Emile-Hilaire Amagat

(1841-1915), Per Adam Siljeström (1815-1892) en Dmitri Ivanovich Mendeleev (1834-1907).
Op de vraag zijn geen antwoorden ontvangen; de vraag werd in 1904 ingetrokken.

P 163
Uitgeschreven in 1880. Ontwerper was R.A. Mees. Ingediend dd. 1880 (Reg. ontwerp-prijsvr. nr. 167). Er wordt verwezen naar het onderzoek van Eugen Cornelius Joseph von Lommel (1837-1899) en Sir George Gabriël Stokes (1819-1903).
Er zijn geen antwoorden ontvangen; in 1886 werd de vraag niet meer uitgeschreven.

P 164
Uitgeschreven in 1880. Ontwerper was R.A. Mees. In de concept-tekst, ingediend dd. 1880, staat: "verschillende kleuren van het spectrum" i.p.v. "verschillende deelen van het spectrum" (Reg. ontwerp-prijsvr. nr. 168). In 1904 werd de vraag officieel ingetrokken (1904/8); echter hetzelfde jaar weer opgenomen met een kleine redactionele wijziging (1904/26). In 1910 werd het eerste gedeelte van de vraag gewijzigd als volgt: "Men vraagt eene nauwkeurige bepaling van de brekingsaanwijzers en opslorpingscoëfficiënten van stoffen met anomale kleurschifting in verschillende deelen van het spectrum, ook bij verschillende dichtheden der stof en eene zorgvuldige toetsing der uitkomsten aan verschillende voor de anomale kleurschifting opgestelde theorieën, ook wat den vorm der kleurschiftings- en opslorpingskrommen in het opslorpingsgebied betreft. Hiermede moet gepaard gaan een onderzoek van het spectrum der dikwijls voorkomende oppervlaktekleur" (1910/13). In 1912 vond de volgende wijziging plaats: "... zoowel wat den vorm der kleurschiftings- als der opslorpingskromme, voornamelijk in het opslorpingsgebied betreft. Hiermede moet gepaard gaan een onderzoek van het spectrum der dikwijls optredende oppervlaktekleur" (1912/14 en 17).
Antwoorden: (1) 1910 "Wissen ist Macht"; (2) 1914 "longum iter est per praecepta, breve et efficax per exempla".
Voor de beoordeling van de antwoorden zie men de twee in druk verschenen jury-rapporten. Géén van beide antwoorden werd bekroond.
De vraag werd in 1922 vervallen verklaard (1922/14).

P 165
Uitgeschreven in 1880. Ontwerper was R.A. Mees. Ingediend dd. 1880 (Reg. ontwerp-prijsvr. nr. 169). In nieuwe redactie verschenen in 1884: "Men vraagt een nieuw onderzoek naar de verschijnselen..." i.p.v. "Eene nieuwe bestudeering...". In 1904 werd de vraag door M. Wind gewijzigd in: "Men vraagt een proefondervindelijk onderzoek omtrent den zetel en de grootte der magneto-electrische krachten bij een cylindervormigen magneet of electromagneet, die om zijn as roteert" (1904/8 en 26). In 1906 is de redactie opnieuw gewijzigd; de vraag is echter hetzelfde als in 1904 (1906/5). De bedoelde theorie is van Erik Edlund (1819-1888).
Antwoorden: (1) 1890 "In medio Veritas"; (2) 1902: zonder motto; (3) 1904: "Nil novi sub sole" (in het Frans); (4) 1904: "Vergleich der alten Theorie der unipolarer Induction mit derjenigen von Adlund mit besonderen Rücksicht auf die aus diesen Theorien gezogenen Folgerungen betreffend der kosmischen Physik" (in het Duits).
Geen van deze vragen werd bekroond. De beoordeling van de antwoorden vindt men in een tweetal jury-rapporten, die beide in druk verschenen. De vraag werd in 1922 vervallen verklaard (1922/14).

P 166
Uitgeschreven in 1880. Ontwerpers waren G.J.W. Bremer en S. Hoogewerff. Ingediend dd. 1880 (Reg. ontwerp-prijsvr. nr. 170). In 1900 werd de vraag iets gewijzigd: "... warmte van rhombische zwavel ..." i.p.v. "... warmte van rhombische zwavel boven 100° ..." (1906/13-14). Er wordt gedeeltelijk verwezen naar dezelfde onderzoekers als in prijsvraag 159; de overigen zijn: Hermann Franz Moritz Kopp (1817-1892) en H.F. Weber (zie P 157).

Antwoorden: (1) 1906 "In minimis deux maximus" (in het Duits).
Het jury-rapport verscheen in 1906 in druk. De bekroning vond plaats onder bezwaar van één jurylid, die de schrijver verweet, "dat hij geen eigen bepalingen gedaan heeft van de soortelijke warmte van gelen phosphorus". De schrijver bleek te zijn A. Wigand, "Assistent am physikalischen Institute der Universität Marburg", aan wie een gouden medaille werd toegekend (1906/8). Zijn verhandeling verscheen uiteindelijk in het Frans. De vraag is in 1906 ingetrokken.
Publikatie: N(2) VI/2, 1-33 (V 172).

P 167
Uitgeschreven in 1880. Ontwerper was G.J.W. Bremer. Ingediend dd. 1880 (Reg. ontwerp-prijsvr. nr. 171).
Er zijn geen antwoorden ontvangen; de vraag werd in 1886 niet meer uitgeschreven.

P 168
Uitgeschreven in 1880. Ontwerper was G.J.W. Bremer. Ingediend dd. 1880 (Reg. ontwerp-prijsvr. nr. 172). In 1886 werd het tweede deel van de vraag als volgt gewijzigd: "Een zoo volledig mogelijk overzicht van de tot nu toe op het gebied van dissociatie in 't werk gestelde onderzoekingen en van de daaruit afgeleide gevolgtrekkingen. Dit onderzoek moet naar oorspronkelijke bronnen bewerkt en van eene nauwkeurige opgaaf der gebezigde bronnen voorzien zijn".
Op deze vraag zijn geen antwoorden binnengekomen; de vraag werd in 1890 vervallen verklaard (1890/7).

P 169
Uitgeschreven in 1880. Ontwerper was G.J.W. Bremer, die hiervoor een zilveren medaille ontving (1892/4). Ingediend dd. 1880 (Reg. ontwerp-prijsvr. nr. 173). De genoemde onderzoekers zijn: Henry Jules Debray (1827-1888), Gustav Heinrich Wiedemann (1826-1899), Adolf Ferdinand Weinhold (1841-1917), Alexander Naumann (1837-1922), A.H. Pareau, Heinrich Precht (1852-?) en Karl Johann Kraut (1829-1912). De genoemde onderzoekers Pareau en Precht zijn niet geïdentificeerd.
Antwoorden: (1) 1890 met als motto, volgens de Not. Gecomb. Verg.: "Pantoon anthrokos meiron".
De inzender van dit antwoord, J.L. Andreae te Sneek, werd bekroond met het "gouden eeremetaal" (1890/6-7). Het jury-rapport verscheen in druk.
Publikatie: N(2) III/3, 1-45 (V 163).

P 170
Uitgeschreven in 1882. Ontwerper was H.F. Fijnje. Ingediend dd.1882 (Reg. ontwerp-prijsvr. nr. 176). Een nieuwe redactie werd geleverd in 1904: "In de tweede helft der 19de eeuw zijn een aantal tijrivieren hier te lande en in het buitenland verbeterd, zoodanig dat daarin de voor de groote zeescheepvaart van den tegenwoordigen tijd noodige, belangrijk grootere vaardiepte is verkregen, welke met goed gevolg wordt in stand gehouden. Het genootschap vraagt eene critische en vergelijkende beschrijving van de daartoe aangewende middelen, alsmede beschouwingen over de grondslagen, waarop de verbeteringen berusten en over de wijze, waarop de ten deze nog bestaande moeilijkheden het best zijn te overwinnen" (1904/8 en 26-27).
Op de vraag zijn geen antwoorden ontvangen; de vraag werd in 1922 vervallen verklaard (1922/14).

P 171
Uitgeschreven in 1884. Ontwerper was J. van der Toorn. Ingediend dd. 1884 (Reg. ontwerp-prijsvr. nr. 177).
Er werden geen antwoorden ontvangen. In 1886 werd de vraag niet meer uitgeschreven.

P 172
Uitgeschreven in 1884. Ontwerper was J. van der Toorn. Ingediend dd. 1884 (Reg. ontwerp-prijsvr. nr. 178).
Antwoorden op deze vraag zijn niet ontvangen; in 1886 werd de vraag niet meer uitgeschreven.

P 173
Uitgeschreven in 1884. Ontwerper was waarschijnlijk J. van der Toorn. Ingediend dd. 1884 (Reg. ontwerp-prijsvr. nr. 179). Een nieuwe redactie werd in 1895 door G. van Diesen: "Het aantal ijzeren bruggen zoowel voor spoorwegverkeer als voor gewoon verkeer is in de laatste jaren in Nederland sterk toegenomen, zoodat voor het verkeer de veiligheid dier bruggen van overwegend belang is. Eene nauwkeurige studie gegrond op persoonlijk onderzoek van hetgeen in andere landen wordt verricht, zoowel om de roestvorming in de samenstellende deelen tegen te gaan, als om eene mogelijke verzwakking der verbindingen op te sporen en de blijvende draagkracht van het geheel te bepalen, met opgaaf van hetgeen hier te lande in dit opzicht nog zou kunnen geschieden" (1895/12). In 1900 werd de vraag nogmaals gewijzigd door J. Schroeder van der Kolk: de zinsneden "in Nederland" en "gegrond op persoonlijk onderzoek" vervielen, en i.p.v. "hier te lande" kwam "hier te lande en in onze koloniën" (1900/14).
Antwoorden: (1) 1892 zonder motto; (2) 1902 "Oost West, Thuis Best".
De beoordeling van het tweede antwoord vindt men in het gedrukte jury-rapport. Beide antwoorden werden niet bekroond. In 1902 werd de vraag vervallen verklaard (1902/9).

P 174
Uitgeschreven in 1886. Ontwerper was A. Huet. Ingediend dd. 1886 (Reg. ontwerp-prijsvr. nr. 180a). Nieuwe redactie in 1888, de zinsnede "de werktijden in één of meer jaren" is daarin vervallen (1888/10). In 1900 werd de vraag ietwat gewijzigd: i.p.v. "ten opzichte van kolengebruik" staat nu "ten opzichte van stoomverbruik" (1900/9 en 14).
De vraag werd in 1904 ingetrokken, aangezien er geen antwoorden waren ontvangen (1904, 8).

P 175
Uitgeschreven in 1886. Ontwerper was A. Huet. Ingediend dd. 1886 (Reg. ontwerp-prijsvr. nr. 180b).
Er zijn geen antwoorden binnengekomen. De vraag werd in 1912 ingetrokken (1912/14).

P 176
Uitgeschreven in 1886. Ontwerper was A.P.N. Franchimont. Ingediend dd. 1886 (Reg. ontwerp-prijsvr. nr. 181).
Antwoorden: (1) 1902 "Ueber Wismuthoxydul, über Wismuthstannat und über Wismuthsulfuret"; (2) 1902 over het thema "Das Natriumsuperoxyd in der Wissenschaft und Technik", ingezonden onder het motto "Frei schreitet die Wissenschaft durch die ganze Welt".
De beoordeling van beide antwoorden verscheen in druk. Antwoord 1 bleek grotendeels een plagiaat te zijn van het artikel "Ueber Wismuthoxydul" in de Ber. Dtsche Chem. Gesellsch. 31 (1898) 1113-1118 en 2267-2272 en 32 (1899) 1072-1081, geschreven door Ludwig Vanino (1861-?) en Franz Treubert. Antwoord 2 kwam niet voor bekroning in aanmerking. Verwarrend is dat in de verslaggeving over beide antwoorden gesproken wordt over P 176a en P 176b. Deze verdeling hangt samen met de keuzemogelijkheid die in de vraag geboden werd. In 1902 werd de vraag vervallen verklaard (1902/9).

P 177
Uitgeschreven in 1886. Ontwerper was H.C. Dibbets. Ingediend dd. 1886 (Reg. ontwerp-prijsvr. nr. 182).

Op deze vraag werden geen antwoorden ontvangen; de vraag werd in 1912 ingetrokken (1912/14).

P 178
Uitgeschreven in 1886. Ontwerper was J.M. Telders. Ingediend dd. 1886 (Reg. ontwerp-prijsvr. nr. 183). In nieuwe redactie verschenen in 1888: "Bij herhaling is ondervonden, dat voorwerpen, uit aan elkander geklonken, getrokken stalen deelen samengesteld, breken wanneer daarin spanningen worden opgewekt, die volgens berekening veel kleiner zijn, dan die aan welke proefstukken uit de samenstellende deelen weerstand hebben geboden, terwijl daarentegen goed geconstrueerde voorwerpen uit aan elkander geklonken, getrokken ijzeren deelen samengesteld, aan dezelfde of ongeveer dezelfde spanningen weerstand bieden als de proefstukken uit die deelen. Men verlangt te weten waarom bij staal andere resultaten worden verkregen als bij ijzer en welke maatregelen, zoowel bij de productie, als bij de verdere behandeling van getrokken staal moeten genomen worden, om het, met gelijke zekerheid te kunnen gebruiken als getrokken ijzer" (1888/5 en 11).
Antwoorden: (1) 1888 zonder motto; (2) 1890 zonder motto.
De beide antwoorden zijn geen bekroning waardig gekeurd (1888/5 en 1890/5). De vraag werd in 1892 ingetrokken (1892/6).

P 179
Uitgeschreven in 1886. Ontwerper was E. van Rijckevorsel. Ingediend dd. 1886 (Reg. ontwerp-prijsvr. nr. 184).
Op de vraag werden geen antwoorden ontvangen; de vraag werd in 1922 vervallen verklaard (1922/14).

P 180
Uitgeschreven in 1886. Ontwerper was G.J.W. Bremer, die hiervoor een zilveren medaille ontving (1892/4). Ingediend dd. 1886 (Reg. ontwerp-prijsvr. nr. 185). Van de genoemde onderzoekers is alleen Le Frère Charles Lootens geïdentificeerd.
Antwoorden: (1) 1890 "La construction des orgues présente une foule de phénomènes d'acoustique, tres dignes d'occuper les physiciens".
Het antwoord, ingezonden door W.C.L. van Schaik uit Rotterdam, werd "het gouden eeremetaal waardig gekeurd" (1890/6-7). Het desbetreffende jury-rapport verscheen in druk.
Publikatie: N(2) III/3, 1-84 (V 164).

P 181
Uitgeschreven in 1888. Ontwerpers waren H. de Vries, C.A. Pekelharing en S. Birnie. Ingediend volgens register van ontwerp-prijsvragen in 1890.
Antwoorden: (1) 1904 zonder motto.
Het antwoord werd geen bekroning waardig gekeurd; de vraag werd in 1922 vervallen verklaard (1922/14).

P 182
Uitgeschreven in 1888. Ontwerper was J.L. Hoorweg. Ingediend volgens register van ontwerp-prijsvragen in 1890. De bedoelde proeven zijn van Pierre Duhem (1861-1916), Emile Duter (1847-?), Gaspard Montier (1855-?) en George Hermann Quincke (1834-1924).
Op deze vraag zijn geen antwoorden ontvangen; de vraag werd in 1902 vervallen verklaard (1902/9).

P 183
Uitgeschreven in 1888. Ontwerper was J.L. Hoorweg. Ingediend volgens register van ontwerp-prijsvragen in 1890. De bedoelde onderzoekers zijn Johannes Andreas von Ettingshausen (1796-1837) en Augusto Righi (1850-1921). De genoemde onderzoeker Haal is niet geïdentificeerd.
Op deze vraag werden geen antwoorden ontvangen, zodat deze werd ingetrokken in 1904 (1904/8).

Op deze vraag werden geen antwoorden ontvangen, zodat deze werd ingetrokken in 1904 (1904/8).

P 184
Uitgeschreven in 1888. Ontwerper was J.L. Hoorweg. Ingediend volgens register van ontwerp-prijsvragen in 1890.
Er werden geen antwoorden ontvangen; de vraag werd in 1904 ingetrokken (1904/8).

P 185
Uitgeschreven in 1892. Ontwerper was Alb. Kapteyn.
De jury werd gevormd door J.P. Kuenen en P. Ehrenfest.
Antwoorden: (1) 1922 "S'il y a accord convenable entre les resultats expérimentaux et les formules, qu'on déduit des hypothèses, cela ne prouvera pas que celles ci sont exactes, mais seulement qu'elles donnent une bonne image des phénomènes réels". Bij het ingekomen antwoord is een toelichting gevoegd, blijkens welke de schrijver zich voorgenomen had, de stof in zeven hoofdstukken te behandelen. Slechts hoofdstuk 1 en 4 zijn nu voltooid. Blijkens het jury-rapport, dat in druk is verschenen, werd er negatief gestemd over bekroning met goud; indien voltooid, zou het zeker uitgegeven verdienen te worden (1922/12). De vraag werd in 1922 vervallen verklaard (1922/14).

P 186
Uitgeschreven in 1892. Ontwerper was P. Molenbroek. In 1904 werd een nieuwe redactie van de vraag voorgesteld, luidende: "Het Genootschap vraagt een theoretisch en experimenteel onderzoek naar de oorzaken van de afwijking van de zoogenaamde verdunnigswet van Ostwald, die sterke zuren en basen, en neutrale zouten van deze vertoonen, als zij opgelost zijn in water of andere vloeistoffen" (1904/8 en 28). Zie voor Ostwald: P 204.
Op deze vraag werden geen antwoorden ontvangen. In 1922 werd hij vervallen verklaard (1922/14).

P 187
Uitgeschreven in 1892. Ontwerper was P. Molenbroek. Volgens het programma van 1904 werd de vraag gewijzigd (1904/8), hoewel de tekst in dit verslag (1904/28) dezelfde is. De vraag verwijst naar de bekende wetten van Robert Boyle (1627-1691) en Joseph-Louis Gay-Lussac (1778-1850).
Op deze vraag kwamen geen antwoorden binnen. In 1922 werd de vraag vervallen verklaard (1922/14).

P 188
Uitgeschreven in 1892. Ontwerper was G. van Overbeek de Meijer, die hiervoor een zilveren medaille werd toegekend (1904/7).
Antwoorden: (1) 1904 zonder motto.
Het antwoord, ingezonden door C.W. Broers, officier van gezondheid Utrecht, werd met een gouden medaille bekroond in 1904 (1904/7). De vraag werd in 1904 ingetrokken (1904/8).
Publikatie: N(2) VI/1, 1-48 (V 169).

P 189
Uitgeschreven in 1892. Ontwerper was G. van Overbeek de Meijer.
Op deze vraag werden geen antwoorden ontvangen, zodat de vraag in 1902 vervallen werd verklaard (1902/9).

P 190
Uitgeschreven in 1892. Ontwerper was G. van Overbeek de Meijer. In 1897 verscheen een nieuwe redactie: "Men vraagt een chemisch en bacteriologisch onderzoek van het water eener groote rivier, waarin de rioolstoffen eener groote stad geloosd worden, met het doel den graad van verontreiniging vast te stellen van het water op verschillende plaatsen in de rivier" (1897/15).

Op deze vraag werden geen antwoorden ingezonden. Op 17 sept. 1917 besloten Directeuren de vraag "zoodra mogelijk" te schrappen, hetgeen eerst in 1922 officieel gebeurde (1922/14).

P 191
Uitgeschreven in 1892. Ontwerper is onbekend. Zie ook P 192a en 192b. De bedoelde studies zijn van Hermann Decker, "Zur Kenntniss des sogenannten (gamma)-Bromchinolins", J. prakt. Chem., NF 45(1892) 47-55 en 160; Adolf Carl Ludwig Claus (1838-1900) en Friedrich Collischonn (niet: Collinschonn), "Zur Kenntnis des Chinolins", Ber. Dtsche Chem. Gesellsch. Berlin, 19(1886) 2502-2508 en idem, "Ueber ein neues im Pyrichinkern gebromtes Bromchinolin", Ber. Dtsche Chem. Gesellsch. Berlin, 19(1886) 2763-2769 en A. Claus, "Zur Kenntnis des (gamma)-Bromchinolins", J. prakt. Chem. NF 45(1892) 222-236.
Antwoorden: (1) 1895 zonder motto.
De jury werd gevormd door S. Hoogewerff, W.A. van Dorp en A.P.N. Franchimont. Het antwoord werd niet bekroond, omdat het vooraf "door den druk" openbaar was gemaakt. Om welke publikatie het gaat is niet bekend. De vraag werd in 1895 vervallen verklaard (1895/7).

P 192a
Uitgeschreven in 1892, in plaats van vraag 191. Ontwerper is onbekend. De vraag kwam in 1895 in de plaats van vraag 191 (1895/7). De bedoelde onderzoeker is Ernst Julius Richard Ewald (1855-1921).
Er werden geen antwoorden ontvangen. De vraag werd vervallen verklaard in 1904 (1904/8).

P 192b
Uitgeschreven in 1895. Ontwerper was M.W. Beijerinck.
Aangezien er geen antwoorden werden ontvangen, werd de vraag in 1922 als vervallen beschouwd (1922/14).

P 193
Uitgeschreven in 1895. Ontwerper was M.W. Beijerinck.
Er werden geen antwoorden ontvangen; de vraag werd in 1922 vervallen verklaard (1922/14).

P 194
Uitgeschreven in 1895. Ontwerper was M.W. Beijerinck.
Op deze vraag zijn geen antwoorden ontvangen, zodat de vraag in 1922 vervallen werd verklaard (1922/14).

P 195
Uitgeschreven in 1895. Ontwerper was J.J. van Laar. In 1900 werd de vraag in nieuwe redactie gepubliceerd: "Men verlangt een voortgezet experimenteel onderzoek naar de dissociatie van stoffen, opgelost in verschillende mengsels van alcohol en water" (1900/18).
Antwoorden: (1) 1897 zonder motto. Dit enig ingekomen antwoord werd in 1897 met een gouden medaille bekroond. De inzender was Ernest Cohen te Amsterdam (1897/6). De vraag werd in 1908 ingetrokken.
Publikatie: N(2) IV/2, 1-61 (V 167).

P 196
Uitgeschreven in 1895. Ontwerper was H.P. Wijsman. In nieuwe redactie verschenen in 1900: "Het Genootschap vraagt onderzoekingen omtrent het voorkomen, de ontwikkelingsgeschiedenis en de eigenschappen van caoutchouc-leverend melksap in eene of meer plantensoorten, met eene vergelijkende studie van het caoutchouc uit verschillende deelen eener zelfde plant bereid" (1900/18).

Op de vraag werden geen antwoorden ingezonden. De vraag werd in 1922 vervallen verklaard (1922/14).

P 197
Uitgeschreven in 1895. Ontwerper was G. van Diesen.
Er werden geen antwoorden ontvangen; de vraag werd in 1912 ingetrokken (1912/14).

P 198
Uitgeschreven in 1895. Ontwerper was A. Brester.
Op deze vraag werden geen antwoorden ontvangen, zodat deze in 1912 werd ingetrokken (1912/14).

P 199
Uitgeschreven in 1897. Ontwerper was M. Snellen.
Op de vraag kwamen geen antwoorden binnen, zodat deze in 1922 vervallen werd verklaard (1922/14).

P 200
Uitgeschreven in 1900. Ontwerper was H.J. Hamburger.
Er werden geen antwoorden ontvangen; de vraag werd in 1922 vervallen verklaard (1922/14).

P 201
Uitgeschreven in 1900. Ontwerper was J.L.C. Schroeder van der Kolk, aan wie een zilveren medaille werd uitgereikt (1902/9). In de concept-prijsvraag staat achter de eerste zin: "De herkenning dezer bestanddeelen is slechts mogelijk langs streng wetenschappelijken weg".
Antwoorden: (1) 1902 zonder motto.
Dit antwoord, ingezonden door E.G.A. ten Siethoff, med. dr. te Scheveningen, werd met de "gouden eereprijs" bekroond, hoewel de schrijver werd uitgenodigd "in zijne verhandeling vóór zij zou worden gedrukt, de door de jury wenselijk geachte wijzigingen aan te brengen (1902/9). Het jury-rapport verscheen in druk. De vraag werd in 1902 vervallen verklaard (1902/9).
Publikatie: N(2) V, 1-308 (V 168).

P 202
Uitgeschreven in 1900. Ontwerper was J.H. Beucker Andreae.
Op de vraag werden geen antwoorden ontvangen. In 1902 werd de vraag vervallen verklaard (1902/9).

P 203
Uitgeschreven in 1900. Ontwerper was M. Greshoff, aan wie een zilveren medaille werd toegekend (1904/7).
Antwoorden: (1) 1904 zonder motto.
Het antwoord op deze vraag, ingezonden door H. ter Meulen uit Delft, werd met de gouden medaille bekroond (1904/7). De vraag werd in 1904 ingetrokken (1904/8).
Publikatie: N(2) VI/1, 1-43 (V 170).

P 204
Uitgeschreven in 1902. Ontwerper was G.J.W. Bremer. Nieuwe redactie in 1912: "Onderzoekingen van Louis Kahlenberg (Journal of Physical Chemistry V, p. 339-392, 1901), Dieterici (Wied. Ann. 62, p. 616, 1897) en anderen hebben uitkomsten opgeleverd, waaruit zou blijken, dat verschillende eigenschappen van een aantal oplossingen niet in overeenstemming zijn met de theorie der electrolytische dissociatie van Arrhenius.
Over Dieterici's onderzoekingen is strijd gevoerd door Ostwald (Zeitschr. f. phys. Chemie 26, p. 179, 1898) en Abegg (Wied. Ann. 64, p. 486-506, 1898). De bezwaren

van Kahlenberg worden nog meermalen aangehaald en nieuwe worden er aan toegevoegd. Het genootschap verlangt daarom van ieder der zouten NaCl, KCl, $CaCl_2$ en $MgCl_2$ oplossingen in water van minstens zes verschillende, waaronder ook geringe, concentraties tusschen 0° en 100° vergelijkend te onderzoeken wat betreft dampspanningsvermindering, moleculairgeleidend vermogen, vriespuntsverlaging en kookpuntsverhooging" (1912/14 en 20). De bedoelde onderzoekers en publikaties zijn: van Louis Albrecht Kahlenberg (1870-1941), "The theory of electrolyte dissociation as viewed in the light of facts recently ascertained", J. phys. Chem. 5 (1901) 339-392, van Conrad Heinrich Dieterici (1858-1929), "Ueber die Dampfdrucke verdünnter wässeriger Lösungen", Wied. Ann. 62 (1897) 616-643, van Svante August Arrhenius (1859-1927), van Wilhelm Ostwald (1853-1932), "Ueber die Dampfdrücke verdünnter wässeriger Lösungen van 0° von C. Dieterici", Zschr. phys. Chem. 26 (1898) 179-180 en van Richard Abegg (1869-1910), "Ueber die an verdünnten Lösungen ausgeführten Gefrierpunktsbestimmungen und ihre Beziehung zu den Theorien der Lösungen", Wied. Ann. 64 (1898) 486-506.
Antwoorden: (1) 1914 "Tene quod bene". Dit antwoord werd door de jury onvoldoende geoordeeld. Het jury-rapport verscheen in druk.
De vraag werd geschrapt in 1916 (1916/12).

P 205
Uitgeschreven in 1902. Ontwerper was M. Greshoff. De concept-tekst werd aanzienlijk gewijzigd volgens het voorstel van H. Bos, zie 1902/9. Een nieuwe redactie verscheen in 1912, waarbij de toelichting werd weggelaten (1912/14 en 20-21).
Hierop zijn geen antwoorden ontvangen; de vraag werd vervallen verklaard in 1922 (1922/14).

P 206
Uitgeschreven in 1902. Ontwerper was F.W. Conrad. De vraag werd opnieuw voorgesteld in 1912 en luidde : "Voor de verdediging van den onderzeeschen oever in de Provincie Zeeland is sedert 1876 het stelsel der vaste punten toegepast ter vervanging van de aaneengesloten oeververdediging. Gevraagd wordt eene beschrijving van het stelsel der vaste punten, toegelicht door voorbeelden van uitgevoerde werken, voorts eene beschouwing over de uitkomsten, die met de oeververdediging door vaste punten zijn verkregen, ook in financiëel opzicht" (1912/14 en 21).
Er werden geen antwoorden ontvangen; de vraag werd in 1922 vervallen verklaard (1922/14).

P 207
Uitgeschreven in 1904. Ontwerper was C. Winkler, aan wie een zilveren medaille werd toegekend (1906/9). In een nieuwe redactie verscheen de vraag in 1906: "Het genootschap verlangt een klinisch, door autopsiën streng gecontroleerd onderzoek, dat uitmaakt of localisatie van functies bij de verrichtingen van het menschelijk cerebellum, al of niet moet worden aangenomen" (1906/18).
Antwoorden: (1) 1906 "Res arduas etiam tentare juvat".
Dit antwoord werd in 1906 met goud bekroond; de inzender was G. van Rijnberk te Rome (1906/9). Het jury-rapport verscheen in druk. De vraag werd in 1922 vervallen verklaard (1922/14).
Publikatie: N(2) VI/2, 1-56 (V 171).

P 208
Uitgeschreven in 1904. Ontwerper was M. Greshoff. Nieuwe redactie in 1912: "Bij herkenning van chinine wordt veelvuldig gebruik gemaakt van de z.g. thalleiochine-reactie. Fuehner heeft een uitvoerig onderzoek over deze reactie gepubliceerd (Berliner Ber. 1905, 3, 2713) en Commanduci (Chem. Zentralblatt 1911, 1, 325) heeft den weg gewezen om de thalleiochine zuiver af te scheiden. Het blijft echter nog steeds gewenscht de thalleiochine op hare structuur te onderzoeken. Het genootschap vraagt daarom een vernieuwd onderzoek van de thalleiochine-reactie

en bepaaldelijk een proefondervindelijke studie aangaande de scheikundige geaardheid en de structuur der zuivere thalleiochine". De bedoelde publikaties zijn van Hermann(?) Fuehner (1871-1944), Berliner Ber. 3 (1905) 2713 en van Commanduci, Chem. Zblatt 1 (1911) 325.
Antwoorden: (1) 1906 zonder motto (in het Duits). Hoewel de drie beoordelaars de geleverde arbeid prijzen, waren zij toch éénstemmig in het "oordeel dat het antwoord niet bekroond kan worden, omdat het bewijs niet geleverd is, dat het bestudeerde product 'Oxychinoline-thalleiochine' hetzelfde is als dat, wat bij de thalleiochine-reactie ontstaat" (1906/8). Het desbetreffende jury-rapport verscheen in druk. In het programma van 1916 is de vraag niet meer opgenomen.

P 209
Uitgeschreven in 1904. Ontwerper was E.A. Klobbie. De verwijzing betreft het bekende boek van Winand Carel Hugo Staring (1808-1877), Den Bodem van Nederland, Haarlem 1860.
Er werden geen antwoorden ontvangen. De vraag werd in 1908 ingetrokken (1908/9), nadat nog door G.A.F. Molengraaff was voorgesteld de vraag te beperken tot een monografie over "het Scandinaafsch Diluvium in Nederland" òf in het algemeen beschouwd, of "met bijzondere studie van den invloed dien de groote rivieren, Rijn, Maas en Schelde, op de genoemde afzettingen tijdens en na den tijd hunner vorming hebben gehad", welk voorstel door de ontwerper Klobbie werd afgewezen (Not. Gec. Verg. 9 sept. 1908).

P 210
Uitgeschreven in 1904. Ontwerper was J.H. Neiszen. In het verslag van 1906 staat vermeld dat de redactie is gewijzigd. De formulering is echter dezelfde als in 1904 (1906/5).
Er werden geen antwoorden ingezonden; de vraag werd in 1908 ingetrokken (1908/9).

P 211
Uitgeschreven in 1906. Ontwerper was J.H. van 't Hoff.
Er werden geen antwoorden ingezonden; de vraag werd in 1922 vervallen verklaard (1922/14).

P 212
Uitgeschreven in 1906. Ontwerper was M. Greshoff. De bedoelde micro-chemische methoden werden ontwikkeld door Heinrich Behrens (1842-1905).
Antwoorden zijn niet ontvangen; de vraag werd vervallen verklaard in 1922 (1922/14).

P 213
Uitgeschreven in 1906. Ontwerper was W.K. Behrens.
Er werden geen antwoorden ingezonden; de vraag werd in 1922 vervallen verklaard (1922/14).

P 214
Uitgeschreven in 1906. Ontwerper was W.K. Behrens.
Er werden geen antwoorden ingezonden; de vraag werd in 1922 vervallen verklaard (1922/14).

P 215
Uitgeschreven in 1906. Ontwerper was P. Zeeman.
Hierop werden geen antwoorden ontvangen; de vraag werd in 1922 vervallen verklaard (1922/14).

P 216
Uitgeschreven in 1906. Ontwerper was P. Zeeman.
Er werden geen antwoorden ingezonden; de vraag werd in 1922 vervallen verklaard (1922/14).

P 217
Uitgeschreven in 1906. Ontwerper was P. Zeeman.
De bedoelde studie is van Robert John Strutt (1875-1947), "On the distribution of Radium in the Earth's Crust, and on the Earth's Internal Heat", Proc. Royal Soc. London 77(1906) 472-485.
Antwoorden: (1) 1910 "Vor jeder physikalischen Untersuchung ist es wichtig zu wissen, was gemessen werden soll".
Het jury-rapport verscheen in druk. Eén beoordelaar was tegen bekroning, terwijl de andere twee wel tot bekroning adviseerden, maar toch op leemten in het antwoord wezen. De verhandeling werd niet bekroond (1910/10). De vraag werd in 1922 vervallen verklaard (1922/14).

P 218
Uitgeschreven in 1906. Ontwerper was R.D.M. Verbeek.
Er werden geen antwoorden ontvangen. In 1922 werd de vraag vervallen verklaard (1922/14).

P 219
Uitgeschreven in 1906. Ontwerper was H. Zwaardemaker, die hiervoor een zilveren medaille kreeg uitgereikt (1912/14).
Antwoorden: (1) 1912 "Quousque tandem ... abutere patientia nostra?".
De jury bekroont dit antwoord, ingezonden door Taco Kuiper te Castricum en geschreven in het Duits met goud (1912/13-14), "niet tegenstaande slechts de helft van de prijsvraag is beantwoord, en wel op grond van de voortreffelijke anatomische hoedanigheden" (Not. Gec. Verg. 9 sept. 1912). Het jury-rapport verscheen in druk. De vraag verviel in 1912 (1912/14).
Publikatie: N(2) VII/1, 1-157 (V 175).

P 220
Uitgeschreven in 1908. Ontwerper was L. Bolk, die hiervoor in 1910 een zilveren gedenkpenning kreeg. In het register van ontwerp-prijsvragen ontbreekt de laatste zinsnede: "in het bijzonder ... verhoudingen".
Antwoorden: (1) 1910 "Que d'efforts d'imagination pour remplacer une erreur par une erreur sauvent plus grossière".
Dit antwoord, ingezonden door Anna F.A.S. van Westrienen te Rotterdam, werd met goud bekroond (1910/9-10). Het jury-rapport verscheen in druk. De vraag werd in 1910 ingetrokken (1910/10).
Publikatie: N(2) VI/3, 1-237 (V 173).

P 221
Uitgeschreven in 1908. Ontwerper was G.J.C. Vosmaer.
Antwoorden: (1) 1910 "Upon the issue of the struggle with trypanosomiasis depends to a large extent the destiny of Equatorial Africa".
Eén beoordelaar was tegen bekroning, terwijl de andere twee wel tot bekroning adviseerden, maar toch op leemten in het antwoord wezen. Het antwoord werd niet bekroond (1910/10). Het jury-rapport verscheen in druk. De vraag werd in 1922 vervallen verklaard (1922/14).

P 222
Uitgeschreven in 1908. Ontwerper was J.F. van Bemmelen.
Er werden geen antwoorden ontvangen; de vraag werd in 1922 vervallen verklaard (1922/14).

P 223
Uitgeschreven in 1910. Ontwerper was G. van Rijnberk, die hiervoor een zilveren gedenkpenning ontving (1916/12). Nieuwe redactie in 1916, waarbij "of reptiliën" werd geschrapt (1916/12).
Jury: R. de Josselin de Jong, J.F. van Bemmelen en C. Winkler.
Antwoorden: (1) 1914 "The problem in all cases is to ascertain the resultant of internal organizing forces and external modifying forces"; (1a) 1916 is de omgewerkte en aangevulde versie van antwoord 1; (2) 1922 "Beter een handvol wijsheid, dan een zak hoop" (vertaling van het Tsjechisch: "Lepši hrst pravoly než pytel naděje").
Antwoord 1a, ingezonden door H. van Trigt, Phil. Nat. Doct. te Leiden, werd in 1916 bekroond (1916/7 en 11). De eerste versie was teruggestuurd omdat men de stijl ervan "buitengewoon slecht" vond en de inhoud onwetenschappelijk door het weglaten van een persoonlijke visie. Antwoord 2, van Mw L. Kaiser, 1e assistente Physiologisch Laboratorium te Amsterdam, werd in 1922 bekroond met "den gouden gedenkpenning, ter zwaarte van 30 dukaten of de waarde daarvan". Deze verhandeling was tevens haar dissertatie. De drie jury-rapporten zijn in druk verschenen. De vraag werd in 1922 vervallen verklaard (1922/14).
Publikatie: N(2) VII/2, 1-136 (V 176); N(2) IX/1, 1-104 (V 179).

P 224
Uitgeschreven in 1910. Ontwerper was G. van Rijnberk.
Antwoorden: (1) 1912 "Nihil sub sole novi".
Dit antwoord werd niet bekroond; zie voor de beoordeling het gedrukte juryrapport. De vraag werd in 1922 vervallen verklaard (1922/14).

P 225
Uitgeschreven in 1910. Ontwerper was S. Hoogewerff, die hiervoor een zilveren gedenkpenning ontving (1912/13). De gerefereerde studies zijn van W. Herbig, "Rauchschaden durch Dampfkesselfeuerungen", Zschr. angew. Chem. 22 (1909) 1882-1890 en van Hermann Ost, "Die Rauchgasse der Kesselfeuerung", Zschr. angew. Chem. 22 (1909) 2196-2197.
Antwoorden: (1) 1912 "Glück auf"; (2) 1912 "Felix qui potuit rerum cognoscere causas".
Antwoord 2, afkomstig van J.D. Ruys, technisch student te Delft, werd met de gouden medaille bekroond (1912/13). Het jury-rapport betreffende beide antwoorden verscheen in druk. De vraag werd in 1912 ingetrokken (1912/14).
Publikatie: N(2) VII/1, 1-56 (V 174).

P 226
Uitgeschreven in 1910. Ontwerper is onbekend. Nieuwe redactie in 1912: i.p.v. "Het Genootschap ... worden gestaafd", staat er "Het Genootschap vraagt derhalve een experimenteel onderzoek naar den aard en de hoeveelheid der fluor-verbindingen, welke uit den schoorsteen eener vloeispaath verwerkende glasfabriek ontwijken. Wegens de bezwaren, welke aan eene nauwkeurige kwantitatieve bepaling van fluor verbonden zijn, zullen de bij het onderzoek te bezigen methoden met zorg moeten worden gekozen en zal, voor zoover noodig, hunnen betrouwbaarheid moeten worden gestaafd. Het onderzoek moet tevens gegevens verschaffen betreffende de vraag, of een deel van het fluor uit het gemeng in den oven of de rookkanalen wordt teruggehouden" (1912/14 en 25).
Er werden geen antwoorden ingezonden; de vraag werd in 1922 vervallen verklaard (1922/14).

P 227
Uitgeschreven in 1912. De ontwerper is onbekend.
Jury: J. Boëseken, A.F. Holleman en P. van Romburgh.
Er werd één antwoord ontvangen, onder het motto "Labor improbus omnia vincit", maar na het afwijzend oordeel én de kritiek te hebben vernomen, wenste de

schrijver het antwoord als niet-ingezonden te beschouwen. Het jury-rapport verscheen in druk. De vraag werd in 1922 vervallen verklaard (1922/14).

P 228
Uitgeschreven in 1912. De ontwerper is onbekend.
Hierop zijn geen antwoorden zijn ontvangen; de vraag werd in 1922 vervallen verklaard (1922/14).

P 229
Uitgeschreven in 1912. De ontwerper is onbekend.
Er zijn geen antwoorden ontvangen; de vraag werd in 1922 vervallen verklaard (1922/14).

P 230
Uitgeschreven in 1912. De ontwerper is onbekend.
Antwoorden: (1) 1914 "De mensch ontworstele met kalme volharding, schrede voor schrede, de natuur zijn geheimen".
Over dit antwoord werd in 1914 het volgende verslag gedaan: "Het stuk is 22 bladzijden groot. Het eigenlijke antwoord begint halverweg blz. 7 en omvat dus even 15 bladzijden, ruim geschreven. De stijl is onbeduidend, oppervlakkig; de inhoud allersimpelst. Wat de schrijver zijn onderzoek noemt, bestaat in eenige proefjes, sommige niet onaardig, maar volstrekt niet gedocumenteerd en voor het meerendeel uiterst onbeteekenend. Men krijgt den indruk alsof een handig aquarium-amanuensis eenige proefjes genomen heeft en deze nu in populairen vorm beschrijft. Zelfs al zou de door den schrijver gestelde hypothese over de functiën der blaas wellicht juist zijn, dan is toch het werk te weinig wetenschappelijk dan dat het aan adviseurs ter beoordeeling mocht worden gegeven. Het Bestuur stelt voor, het stuk niet te bekronen" (1914/12). De vraag werd in 1922 vervallen verklaard (1922/14).

P 231
Uitgeschreven in 1916. Ontwerper was H.K. de Haas.
Op deze vraag zijn geen antwoorden binnengekomen; zij werd in 1922 vervallen verklaard (1922/14).

P 232
Uitgeschreven in 1922. Ontwerper was A.H. op ten Noort, die hiervoor een zilveren medaille ontvangt (1924/11). Ingediend dd. 1922; het slot van de vraag luidde: "aan bouw en exploitatie", i.p.v. "aan inrichting en exploitatie" (Reg. ontwerp-prijsvr. 1922, I).
Antwoorden: (1) 1924 "Wie dorst ons watering vergeven"; (2) 1924 "Dem Reinen ist Alles rein".
Antwoord 2, ingezonden door Jan Smit, 1e assistent Laboratorium voor Hygiene der Univ. te Amsterdam, werd door de jury bestaande uit C.A. Verheij, H.J.N.H. Kessener en A.H. van Delden met een gouden medaille bekroond (1924/9-11), zij het dat niet onverdeeld gunstig was geadviseerd (Not. Gec. Verg. 23 juni 1924). In 1927 werd de vraag niet meer uitgeschreven.
Publikatie: N(2) IX/2, 1-170 (V 182).

P 233
Uitgeschreven in 1924. Ontwerper was A.C. van Rossem (Reg. ontwerp-prijsvragen 1924, 8).
Er werden geen antwoorden ontvangen; de vraag werd in 1932 niet meer uitgeschreven.

P 234
Uitgeschreven in 1927. Ontwerper was B.A. Verhey (Reg. ontwerp-prijsvr. 1927, II). Er werden geen antwoorden ontvangen; in 1929 werd de vraag niet meer uitgeschreven.

P 235
Uitgeschreven in 1927. Ontwerper was H.K. de Haas (Reg. ontwerp-prijsvragen 1927, VII), die hiervoor een zilveren medaille ontving (1929/7).
Antwoorden: (1) 1929 "Panta rhei"; (2) 1929 "Geleerdheid staat gelijk aan goud, En wordt als heel iets goeds beschouwd. Doch de eenige waarde die het heeft, Is die 't recht gebruik aangeeft" (Mr. Willem Bilderdijk).
Het jury-rapport verscheen in druk. Het eerste antwoord bestond uit slechts een honderdtal regels en werd dan ook terzijde gelegd. Antwoord 2, geschreven door J.G. Bijl, ingenieur te Hoofddorp, werd met een gouden medaille bekroond (1929/6-7). De vraag werd in 1929 vervallen verklaard.
Publikatie: N(2) X/2, 1-60 (V 186).

P 236
Uitgeschreven in 1927. Ontwerper was A.B. van Deinse (Reg. ontwerp-prijsvragen 1927, IV). Zie ook vraag 237; beide vragen vormden aanvankelijk één geheel.
Er werden geen antwoorden ingezonden; in 1932 werd de vraag niet meer uitgeschreven.

P 237
Uitgeschreven in 1927. Ontwerper was A.B. van Deinse (Reg. ontwerp-prijsvragen 1927, V). Zie ook vraag 236.
Er werden geen antwoorden ontvangen; de vraag werd in 1932 niet meer uitgeschreven.

P 238
Uitgeschreven in 1929. Ontwerper was F. Zernike (Reg. ontwerp-prijsvragen 1929, I).
Er zijn geen antwoorden binnengekomen; de vraag werd in 1932 niet meer uitgeschreven.

P 239
Uitgeschreven in 1929. Ontwerper was H.K. de Haas (Reg. ontwerp-prijsvragen 1929, III).
Antwoorden: (1) 1932 "Luctor et emergo".
In het convocaat voor de algemene vergadering werd over dit antwoord verhaald dat het kon doorgaan voor "een prospectus van een fabrikant ter aanbeveling van diens ozonisatie-procedee, waarvan hij de details als fabrieksgeheim wenscht te verzwijgen". Dit antwoord werd niet bekroond. De vraag werd in 1932 niet meer uitgeschreven.

P 240
Uitgeschreven in 1932. Ontwerper was J.G. Bijl. De concept-tekst luidde: "De toenemende mate en de wijze, waarop bestaande dijken en kaden gebruikt worden bij het aanleggen van openbare wegen met zwaar verkeer, als van transportleidingen voor water, gas en electriciteit, doet de vraag rijzen of de stabiliteit dier waterkeeringen voldoende gewaarborgd blijft. Het Bataafsch Genootschap wenscht een verhandeling, waarbij eenerzijds de werking, die de, bij de werken gebruikte materialen en de bodem op elkaar uitoefenen, anderzijds de mogelijke aantasting der waterkeeringen door het gebruik dier werken wordt nagegaan en waarbij tevens wordt onderzocht of bijzondere voorzorgsmaatregelen tot het behoud van het waterkeerend vermogen gewenscht zijn en zoo ja, op welke wijze deze behooren te worden voorgeschreven" (Reg. ontwerp-prijsvragen 1932, I).
Antwoorden: (1) 1934 "Een gouden band". Dit antwoord werd niet bekroond; het jury-rapport verscheen in druk.
De vraag werd in 1934 niet meer uitgeschreven.

P 241
Uitgeschreven in 1932. Ontwerper was K.A. Rombach (Reg. ontwerp-prijsvragen 1932, II).
Op de vraag zijn geen antwoorden binnengekomen. De vraag verviel in 1934.

P 242
Uitgeschreven in 1932. Ontwerper was H. Burgerhout. De concept-tekst luidde: "Voor een doelmatige bestrijdingswijze der ziekte van Weil is de vraag, of de ratten een actieve rol bij de verspreiding, dan wel of de gewone water-spirillen onder bepaalde omstandigheden (M. Zuelzer) pathogeen worden, van practisch belang. Het Bataafsch Genootschap vraagt een onderzoek naar deze laatste mogelijkheid. Aanknoopend aan het onderzoek van Zuelzer zal getracht moeten worden, al of niet de mogelijkheid te bewijzen om normaliter in het water der Nederlandsche rivieren of binnenwateren voorkomende lepto-spirillen door veranderingen in hun levensomstandigheden pathogeene eigenschappen te doen vertoonen". Het bedoelde onderzoek was van Margarete Zuelzer (1877-?).
Er werden geen antwoorden ingezonden; in 1934 werd de vraag niet meer uitgeschreven.

P 243
Uitgeschreven in 1934. Ontwerper was M.C.E. Bongaarts (Reg. ontwerp-prijsvragen 1934, I).
Jury: J.Th. Thijsse, V.J.P. de Blocq van Kuffeler. Het jury-rapport verscheen in druk.
Antwoorden: (1) 1936 "De choc des opinions jaillit la vérité"; (2) 1936 "Audi et alteram partem"; (3) eind 1935 "Zoeken en meten".
Antwoord 3, betreffende de vragen 243 en 244, wilden Directeuren niet beschouwen als prijsvraag-antwoord, "wijl de naam van den inzender geen geheim was, al was zulks buiten zijn toedoen". De inzender was J. van Veen, wiens antwoord werd bekroond met de "gouden eerepenning". Over dit antwoord rapporteerde het verslag van 1936: "Bij het Genootschap is een verhandeling ingekomen van Ir. J. van Veen, getiteld: Onderzoekingen in de Hoofden. Ir. Van Veen is Hoofdingenieur van de Rijks Waterstaat. Directeuren achtten deze studie van buitengewone waarde voor de waterstaatkundige toestanden langs onze kust, zoodat zij besloten om deze studie in de Verhandelingen op te nemen, zulks in samenwerking met het Departement van Waterstaat, dat het werk uitgeeft. Eén onzer Leden stelde het Genootschap door een gift in staat om de gekleurde bijlagen bijzonder te verzorgen. Een voorstel tot bekroning zal in deze vergadering aan de orde komen" (1936/15). In 1936 werd de vraag niet meer uitgeschreven.
Publikatie: N(2) XI, 1-252 (V 189).

P 244
Uitgeschreven in 1934. Ontwerper was M.C.E. Bongaarts (Reg. ontwerp-prijsvragen 1934, II). Deze vraag is vrijwel gelijkluidend aan vraag 243.
Voor de antwoorden zie men aldaar. In 1936 werd de vraag niet meer uitgeschreven.

P 245
Uitgeschreven in 1934. Ontwerper was A.B. van Deinse, die hiervoor een zilveren medaille ontving (1936/6).
Jury: Th. van Benthem Jutting en P. Tesch.
Antwoorden: (1) 1936 "Het is te verwonderen, datter treffelijcke lieden zijn, die groot gelt besteden aan kinckhorens en mosselschelpen, daer niet fraeys aan is, als de seldsaemheit (Roemer Visscher)"; (2) 1936 "O what an endless work have I in hand, To count the seas abundant progeny".
Antwoord 2, van de hand van C.O. van Regteren Altena te Amsterdam, werd bekroond met de "gouden eerepenning". In 1936 werd de vraag niet meer uitgeschreven. Het jury-rapport verscheen in druk.
Publikatie: N(2) X/3, 1-184 (V 187).

P 246
Uitgeschreven in 1936. Ontwerper was H.K. de Haas (Reg. ontwerp-prijsvragen 1936/VIII).
Jury: M. de Haas, D.W.(?) Dijkstra en W.N. van Nooten.
Antwoorden: (1) 1946 zonder motto.
De jury leverde een verdeeld advies, zodat geen bekroning kon volgen. Wel zou de schrijver, P. Dekker, worden voorgesteld dit antwoord als verhandeling te laten drukken, welk voorstel werd aanvaard. De vraag werd in 1946 niet meer uitgeschreven.
Publikatie: N(3) I/2, 15-47 (V 195).

P 247
Uitgeschreven in 1936. Ontwerper was T. Folpmers (Reg. ontwerp-prijsvragen 1936, IX).
Op de vraag zijn geen antwoorden ingekomen; in 1938 werd deze vraag niet meer uitgeschreven.

P 248
Uitgeschreven in 1938. Ontwerper was J.J. Prins (Reg. ontwerp-prijsvragen 1938, 4).
Jury: W. Reinders en T. Folpmers.
Antwoorden: (1) 1940, motto onbekend. (2) jan. 1946 "Orando, cogitando, laborando patefiet rerum (natura)".
Volgens Not. Direct. dd. 19 jan. 1940 was antwoord 1 zeer kort, omdat de schrijver door de mobilisatie niet in staat was geweest de noodzakelijke proeven te doen. Zie het manuscript (52 pp.) in Arch. BG, inv. nr. 51. Het tweede antwoord kwam niet voor bekroning in aanmerking. In 1946 werd de vraag niet meer uitgeschreven.

P 249
Uitgeschreven in 1946. De ontwerper is onbekend (Reg. ontwerp-prijsvragen 1946, 1).
Er zijn geen antwoorden ontvangen; deze vraag werd in 1950 niet meer uitgeschreven.

P 250
Uitgeschreven in 1946. De ontwerper is onbekend (Reg. ontwerp-prijsvragen 1946, 2). Verwezen wordt naar de publikatie van Willem Cornelis Loran van Schaik (1851-1900), zie V 164.
Er werden geen antwoorden ontvangen; de vraag werd in 1950 niet meer uitgeschreven.

P 251
Uitgeschreven in 1948. De ontwerper is onbekend. De bedoelde onderzoekers zijn Sir Robert Aylmer Fischer (1890-1962), Karl Landsteiner (1868-1943), Philip Levine (1900-?) en Alexander Solomon Wiener (1907-1976).
Antwoorden: (1) 1950 "Ik weet wel, dat men mij kan aanwijzen, dat mijn doen niet volmaakt is, maar ik hebbe het sooverre soeken te brengen, als ik voor dees' tijd konnen bedenken".
Dit antwoord, een typescript van 121 pp. dat bewaard wordt in het Arch. BG, inv. nr. 52, beloonde de jury met een eervolle vermelding. Een bekroning moest achterwege blijven, omdat er "van eigen experimenten nauwelijks sprake was". Wel wilde men de verhandeling publiceren (1950/6-7). Op de volgende algemene vergadering werd daarover het volgende meegedeeld: "Het is voorschrift, dat de namen van de inzenders niet bekend mogen zijn, doch er is toegestaan, een correspondentie-adres op te geven. Daardoor kon aan de inzender van het niet bekroonde antwoord op de betreffende prijsvraag worden verzocht, zich aan Directeuren bekend te maken teneinde tot publicatie van zijn antwoord te geraken.

Er is echter een weigerend antwoord ontvangen, zodat de inzender onbekend is gebleven, en niet tot publicatie kon worden overgegaan" (1952/3).

P 252
Uitgeschreven in 1948. Ontwerpers waren W.N. van Nooten en T. Folpmers.
Er zijn geen antwoorden ingezonden.

P 253
Uitgeschreven in 1948. Ontwerper was W.F. de Jong.
Jury: J.A. Ringers en L.T. van der Waal.
Antwoorden: (1) 1950 "Omnia ex terra".
Dit antwoord, getiteld "Twintig jaren kleimineralogisch onderzoek" (75 pp. + Tab. 10 + Fig. 7, typescript) en bewaard in het Arch. BG, inv. nr. 53, werd geen bekroning waardig geoordeeld.

P 254
Uitgeschreven in 1950. De ontwerper is onbekend.
In het Arch. BG, inv. nr. 54 bevindt zich een typescript (50 pp.), getiteld "Zandhonger", dat kennelijk als antwoord was bedoeld. Tot de jury behoorden J.A. Ringers en A.G. Maris. Het antwoord werd geen bekroning waardig gekeurd.

P 255
Uitgeschreven in 1950. De ontwerper is onbekend.
Op deze vraag zijn geen antwoorden ontvangen.

P 256
Uitgeschreven in 1950. De ontwerper is onbekend.
Er werden geen antwoorden ontvangen.

P 257
Uitgeschreven in 1954. Ontwerper was Joh. van Veen.
Jury: J.L. Klein en A. Pannekoek.
Antwoorden: (1) 29 maart 1956 "Doorgrondt Poseidon"; (2) zonder motto. Het eerste antwoord, onder de titel "Ontwikkeling van een waarnemingstechniek tot het vastleggen van bodem- en zeespiegelbeweging" (28 pp. + Tek. 7) bevindt zich in het Arch. BG, inv. nr. 55.
De jury oordeelde een van beide antwoorden zonder verdienste en tekende bij het andere aan dat het afkomstig was van "een nauwelijks anonyme schrijver in het Groninger land". Laatstbedoeld antwoord was verdienstelijk maar onvoldoende voor bekroning.

P 258
Uitgeschreven in 1954. Ontwerper was A.B. Droogleever Fortuyn.
Hierop kwamen geen antwoorden binnen.

P 259
Uitgeschreven in 1954. Ontwerper was T.H. Thung.
Jury: E. van Slogteren en A.Ch. Ruys.
Antwoorden: (1) 1956 "Nec tamen haec simplex nobis natura putanda est (Lucretius, De rerum natura III, 231)".
Het antwoord, een typescript (38 pp.) bewaard in het Arch. BG, inv. nr. 56, werd niet voor bekroning voorgedragen.

P 260
Uitgeschreven in 1956. Ontwerper was F. Appelman (Reg. ontwerp-prijsvragen 1954, 2)
Er werden geen antwoorden ontvangen.

P 261
Uitgeschreven in 1956. De ontwerper is onbekend (Reg. ontwerp-prijsvr. 1954, 4). Er zijn geen antwoorden ontvangen.

P 262
Uitgeschreven in 1956. De ontwerper is onbekend.
Op deze vraag zijn geen antwoorden ontvangen.

P 263
Uitgeschreven in 1960. Ontwerper was A.B. van Deinse.
Antwoorden zijn niet binnengekomen.

P 264
Uitgeschreven in 1960. Ontwerper was W.F. de Jong.
Antwoorden: (1) 1964 zonder motto.
Het antwoord was van onvoldoende kwaliteit.

P 265
Uitgeschreven in 1966. De ontwerper is onbekend.
Op deze vraag zijn geen antwoorden binnengekomen.

P 266
Uitgeschreven in 1966. De ontwerper is onbekend.
Antwoorden: (1) 1968, doch zonder motto, zodat dit niet voor beoordeling in aanmerking kwam.

P 267
Uitgeschreven in 1980. De ontwerper was K. van der Pols. Bij de vraag werd vermeld dat "een copie van een résumé van een aantal aanvullende gegevens uit de stukken van Boulton & Watt Collection" ter inzage lag bij de administratie van de Medische Bibliotheek der Erasmus Universiteit Rotterdam.
Antwoorden: (1) 1982, "na verleend uitstel", motto ontleend aan Francis Bacon, Voorrede tot "Verklaring der Natuur". De algemene vergadering van 1982 machtigde Directeuren om buiten de vergadering om over bekroning van het antwoord te beslissen. De beslissing was negatief (1984/4-5).

Over de beantwoording van de uitgeschreven physisch-werktuigkundige prijsvragen (PWP) en de bijzondere prijsvragen (BP) zijn slechts weinig bijzonderheden bekend:

PWP 1. Uitgeschreven in 1861, zie N. XII, xlvi. Deze vraag werd in 1867 vervallen verklaard.
PWP 2. Uitgeschreven in 1861, zie N. XII, xlvi.
PWP 3. Uitgeschreven in 1861, zie N. XII, xlvi.
PWP 4. Uitgeschreven in 1861, zie N. XII, xlvii.
PWP 5. Uitgeschreven in 1861, zie N. XII, xlvii.
PWP 6. Uitgeschreven in 1861, zie N. XII, xlvii.
PWP 7. Uitgeschreven in 1861, zie N. XII, xlvii. Alleen op deze physisch-werktuigkundige prijsvraag werd een reactie ontvangen, namelijk "een galvanometer, met een beschrijving en de kernspreuk: Want in Zijne hand zijn beide, wij en onze woorden, ook allerlei kloekheid en wetenschap van handwerken" (N. XII, li). Op grond van de uitgebracht adviezen oordeelde de vergadering in 1863 dat, "aangezien de galvanometer ... op een niet aannemelijk beginsel berust en ook in de uitvoering als werkstuk niet onberispelijk is, de uitgeloofde eereprijs niet wordt toegekend; dat even-

wel aan den inzender, als de eerste, die aan de oproeping van de Nederlandsche werktuigkundigen heeft beantwoord, ter erkenning van loffelijken ijver en tot aanmoediging, eene premie van vijf en twintig gulden wordt aangeboden" (N. XII, lv). Op de daarop volgende algemene vergadering van 1865 werd bekend gemaakt dat T. van Spanje uit Tiel de inzender was (N. XII, lxix). De bedoelde meter was van Moritz Meyerstein (1808-1882).

BP 1. Uitgeschreven in 1794. De termijn van inzending liep tot 1 maart 1796. Uitgeloofd was "eenen zilveren Eereprijs op den stempel des Genootschaps geslagen" (XI, xxxv-xxxvi).

BP 2. Uitgeschreven in 1794. De inzendtermijn liep tot 1 maart 1796. De prijs zou dezelfde zijn als hierboven genoemd (XI, xxxvi). In 1803 kon de zilveren medaille worden uitgereikt aan John Southerne uit Birmingham (N. VI, i).

4. VERHANDELINGEN

De serie "Verhandelingen van het Bataafsch Genootschap der Proefondervindelijke Wijsbegeerte", bestaande uit 17 delen die veelal weer samengesteld zijn uit los verschenen "stukken" (zie 2.2), bevat niet alleen de bekroonde antwoorden op de prijsvragen. Volgens "Plan en Grondwetten" stond het aan het genootschap vrij ook de niet bekroonde antwoorden "ten deele, of geheel, onder deszelfs Verhandelingen te doen drukken, met bijvoeging van de Spreuken, onder welken zij aan het Genootschap gezonden zijn" (1771, art. LXX; 1788 en 1843, art. LXXVIII; 1890, art. LXXVI; 1927, 1946 en 1958, art. LXXIV). De serie bood verder de gelegenheid tot het uitgeven van "alle Verhandelingen, Berigten, Ontdekkingen, Uitvindingen, Proeven, Waarneemingen, tot de gemelde Takken ... der Proefondervindelijke Wijsbegeerte behoorende". Over het al of niet plaatsen werd beslist bij meerderheid "der ingenomene Advijzen en Stemmen der gesamenlijke Directeuren en geraadpleegde Leden" (1771, art. LXXXI en 1788, art. XCI). De namen van de adviseurs moesten strikt geheim blijven (1771, art. LXXXIV; 1788, art. XCIV; 1843, art. LXVIII; 1890, 1927, 1946 en 1958, art. LXVI). In 1771 gold als voorwaarde dat de stukken waren ondertekend "met de eigen naamen der Schrijveren" (1771, art. LXXXIX), maar in 1779 werden anonieme inzendingen toegestaan wanneer de naam in een bijgaand verzegeld biljet te vinden was zodra tot bekroning zou zijn besloten (V, viii). In "Plan en Grondwetten" van 1788 werden ook anonieme publikaties toegestaan, mits de naam van de auteur bij Directeuren bekend was (1788, art. LXXXVIII). Teksten die al in druk waren verschenen werden sinds 1890 nadrukkelijk van opname in de verhandelingen uitgesloten (1890, art. LXXVII; 1927, 1946 en 1958, art. LXXV).

De inhoud van de verhandelingen lieten Directeuren voor verantwoording van de auteurs (1771, art. LXXXV; 1788, art. XCV; 1843, art. LXXXVII; 1890, art. LXXXIV; 1927, 1946 en 1958, art. LXXXII). In "Plan en Grondwetten" van 1771 en 1788 was bepaald dat het genootschap vooral niet mocht dulden "eenige haatlijke uitdrukkingen of schertsende reedeneringen, die den Persoon wiens gevoelen men betwist beledigen kunnen", maar behield zij de vrijheid "om dezelven bij de uitgaaven dier Stukken, wanneer zij voor het overige goedgekeurd zijn, daaruit te laten met voorkennisse der Schrijveren" (1771, art. LXXX en 1788, art. LXXXIX).

Nauwkeurig reglementeerde "Plan en Grondwet(ten)" de mogelijkheden voor het aanbrengen van auteurscorrecties, hetzij in het ingeleverde manuscript, hetzij in de proefdruk van de verhandelingen (1771, art. LXXXII en LXXXVI; 1788, art. XCII en XCVI; 1843, art. LXXXVIII; 1890, art. LXXXV; 1927, 1946 en 1958, art. LXXXIII). Ook het geven van aanvullingen was toegestaan, "mits veranderingen van eenig gewigt door het woord Bijvoegsel telkens worden aangeduid" (in verkorte vorm 1771, art. LXXXVIII; 1788, art. XCIX; 1843, art. XC; 1890, art. LXXXVI; 1927, 1946 en 1958, art. LXXXIV). Vóór 1890 was er bovendien de mogelijkheid om na ontvangst van de gedrukte tekst direct melding te maken van "zinhinderende fouten", zodat die in het corrigendum van de verhandelingen konden worden opgenomen (1771, art. LXXXVII; 1788, art. XCVII en 1843, art. LXXXIX). Bovendien werden de auteurs nog in de gelegenheid gesteld om verbeteringen en aanvullingen, "indien Directeuren zulks noodig oordeelden", in een volgend deel te publiceren (1771, art. LXXXIX; 1788, art. C; 1843, art. XCI; 1890, art. LXXXVII; 1927, 1946 en 1958, art. LXXXV).

De verhandelingen moesten volgens "Plan en Grondwetten" van 1771 en 1788 in het Nederlands worden gedrukt. Wel mocht de oorspronkelijke taal "nevens of onder de Nederduitsche Vertaaling" worden geplaatst (1771, art. LXXVI; 1788, art. LXXXIV). In 1843 werd dit gewijzigd en kon op voordracht van Directeuren door de gecombineerde vergadering worden besloten de tekst "in het oorspronkelijke alleen of met de nederduitsche vertaaling uit te geven" (1843, art. LXXXII). Over de volgorde van de waarin de verhandelingen moesten worden uitgegeven was tot 1927 bepaald dat zoveel mogelijk de volgorde van ontvangst moest worden aangehouden (1771, art. LXXVII; 1788, art. LXXXV; 1843, art. LXXXIII; 1890, art. LXXX). Bij het uitgeven van de verhandelingen moesten vertragingen zoveel mogelijk worden vermeden (1771, art. LXXXIII; 1788, art. XCIII; 1843, art. LXXXVI; 1890, art. LXXXIII; 1927, 1946 en 1958, art. LXXXI).

In de eerste twee edities van "Plan en Grondwetten" vindt men de bepaling dat aan ieder boekdeel van de verhandelingen een bericht moest worden opgenomen "van nieuwe Ontdekkingen, Proeven en Werktuigen, die betreklijk de Proefondervindelijke Wijsbegeerte, in andere Landen van tijd tot tijd gemaakt en door Proeven bevestigd zijn, en die zij (Directeuren, v.L.) ten dienste van ons Vaderland van een bijzonder nut zullen oordeelen" (1771, art. XXIII en LXXV; en 1788, art. XXIII en LXXXIII). Aan deze verplichting blijkt echter nooit voldaan te zijn. Ten slotte vormden ook de ledenlijsten een verplicht gedeelte van ieder deel van de verhandelingen (zie 2.3).

4.1. Lijst van verhandelingen

V 1. Bicker, L. — I, 1-210
Rivierkundige Grondwaarheden bijzonderlijk toegepast op de Rivieren onzes Lands tot herstelling derzelven; eerst opgesteld en daarna, volgens ingekomene Aanmerkingen en eigene Overweegingen, verbeterd.
Hierin is opgenomen: D. Klinkenberg, Nader Elucidatie, over een Poinct van Aanmerking, op de 98 en volgende der Rivierkundige Stellingen van het Bataafsch Genootschap der Proefondervindelijke Wijsbegeerte te Rotterdam, aangaande de oorzaaken van meerder of minder Snelheid van het Affstroomen der Rivieren, p. 149-158.

V 2. Hoogendijk, S. — I, 211-234
Beschrijving van eenen nieuwen Pyrometer, of Vuurmeeter.

V 3. Camper, P. — I, 235-244
Verhandeling over het Zaamenstel der Groote Beenderen in Vogelen, en derzelver verscheidenheid en bijzondere soorten.

V 4. Camper, P. — I, 245-252
Aanmerkingen over het Gezang der Mannetjes Kikvorschen.

V 5. Camper, P. — I, 253-276
Verhandeling over het toestellen van Breukbanden.

V 6. Hennert, J.F. — I, 277-432
Eerste Verhandeling over de Acromatique of Dollondsche Verrekijkers, bevattende de algemeene Eigenschappen dier Werktuigen.

V 7. Veirac, J. — I, 433-454
Waarneeming van eene doorgaande Gal- of Kwijlkoorts, in het Eiland Overflakkee.

V 8. Nozeman, C. — I, 455-472
Het Rhabarber van de echtste soort.

V 9. Schwencke, M.W. — I, 473-476
Beschrijving en Afbeelding van een nieuw Geslacht van Planten, Fagelia genaamd.

V 10. Gorter, D. de — I, 477-492
Beschrijving van een Bloem-Horologie.

V 11. Heiligers, R. — I, 493-496
Waarneeming van eene doorgaande Borst-Wonde.

V 12. Haaff, G. ten — I, 497-508
Korte Aanmerkingen over de Beenwordinge der zagte Deelen, doch bijzonder over die der Mannen Ballen, met een bijgevoegde Waarneeming gesterkt.

V 13. Koole, J. — I, 509-516
Waarneeming van drie Steenen, uit eene Verzweering der Galblaas, uitwendig door den Buik geloosd.

V 14. Haaff, G.G. ten — I, 517-522
Korte Verhandeling over de Gal-Steenen, gevonden in de Galblaasen der Runderen.

V 15. Vaandrager, C. I, 523-546
Antwoord op de Vraage, Is 'er eenig middel om onze Landen, die door Regen- of Opperwater overstroomd zijn, en het Water uit zig zelve niet loozen kunnen, op eene spoediger en gereeder wijze, en met geen meerder kosten, dan tot hier toe door Wind- en Molenwerk geschied is, van het zelve te ontlasten? zoo ja, welk?

V 16. Doeveren, G. van I, 547-574
Verhandeling over de nieuwe manier van 't doorsteeken der Blaas, met proeven bevestigd.

V 17. Jorissen, J. I, 575-578
Waarneeming van eene groote hoeveelheid van Galsteentjes, met den afgang ontlast.

V 18. Lil, W. van I, 579-582
Bericht, In: Berichten aan het Genootschap gezonden.

V 19. Bruineman, J. I, 582-583
Bericht, In: Berichten aan het Genootschap gezonden.

V 20. Linden, J. van der II, 1-18
Antwoord op de Vraage, Dewijl de Rivieren de Merwe van Loevestein af, en de Oude en Nieuwe Maas voorbij den Briel, sedert een reeks van Jaaren, zoo zeer Vernaauwd en Ondiep geworden zijn, dat de vrije Uit- en Invaart der Zee-Schepen, door het Zeegat van de Nieuwe Maas, 'er merklijk door belemmerd worden, welk is het beste Middel om dezelven te verbeteren, en vooräl de Ondiepte der Krab bij de Lint weg te neemen, of ten minsten haar die Wijdte en Diepte, welke zij nu heeft, te doen behouden?

V 21. (---) II, 19-25
Aanmerkingen van het Bataafsch Genootschap, op de voorstaande Verhandeling.

V 22. Jelgerhuys, R. II, 27-49
Antwoord op de Vraage, Welke en hoedanige Verbeteringen zijn 'er te maaken, omtrent de Vorm en den Toestel der Vaten, Fornuizen of Stookplaatsen en Vuurgangen, als mede omtrent der Brandstoffen, in alle de Tafrijken (sic!) onzes Lands, en in allerlei andere gevallen, waar in vogten moeten heet gemaakt, gekookt en in den veröischten graad van hitte onderhouden worden, om dit op de spoedigste, gemakkelijkste en minst kostbaare wijze, en met den besten uitslag te doen?

V 23. Roskam Kool, A. II, 50-78
Verhaal van twee Proeven met gezaaid en geplant Koolzaad, in de Jaaren 1772 en 1773, in de Breezaap agter Velzen.

V 24. Bloys van Treslong, C. II, 79-91
Beschrijving van eene nieuw uitgedagte en beproefde Hooy-Egge, Waar door men het Hooy veel spoediger, met zeer weinig kosten, en veel beter droogmaaken kan, dan op de gewoone wijze; en waar door het voor het Vee, zoo Paarden, Rundvee als Schapen, veel voedzaamer en gezonder is.

V 25. Bezoet, H. en M. Schouten II, 92-128
Waarneeming van een zonderling Ongemak, aan het onderste gedeelte van den Ruggraat.

V 26. List, F.G. II, 129-146
Waarnemingen omtrent het ontbindend Vermogen van de Colophonia, of Gemeene Hars in de Cupia, of het Boon-Gezwel der Gewrigten.

V 27. Bicker, L. II, 147-194
Beschrijving van eene Nieuwe Dubbelde Lugtpomp die zelve haare Kraan opent en sluit, uitgedagt door Jacob Kogel, de Jonge.

V 28. Witt, G. de II, 195-198
Waarneeming van eene zonderlinge legging van de Maag en Darmen in een Vrouwen Lijk.

V 29. Klinkenberg, D. II, 199-203
Aanmerkingen, over de Nader Elucidatie in het eerste Deel dezer Verhandelingen, op Pag. 149-158, door den Schrijver van dezelve.

V 30. Haaff, G.G. ten III, 1-44
Verhandeling over de Oorzaaken en Behoedmiddelen, ter Voorkoming van de tegenwoordige meerdere Sterfte van het Volk op onze Oost-Indische Scheepen.

V 31. Schuurman, D. III, 45-85
Verhandeling over de Oorzaaken en Behoedmiddelen, ter Voorkoming van de tegenwoordige meerdere Sterfte van het Volk op onze Oost-Indische Scheepen.

V 32. Muller, J.F. III, 87-164
Verhandeling over de Oorzaaken en Behoedmiddelen, ter Voorkoming van de tegenwoordige meerdere Sterfte van het Volk op onze Oost-Indische Scheepen.

V 33. Roodenrijs, J. III, 165-181
Antwoord op de Vraage: Is 'er, in aanmerking nemende de gelegenheid der Stad Rotterdam, eenig Middel ter uitvoer te brengen, om uit derzelver Buiten-Stad het Water te keeren, alleen ten tijde wanneer het Water tot 3 à 4 Voeten beneden het Peil van den Vloed van den 14den November 1775 gewassen is, zonder dat 'er de Scheepvaart en Koophandel door belemmert worden? Zoo neen; waar om niet? Zoo ja; welk en hoe het zelve in 't werk te stellen?

V 34. Horsman, Hermans Zoon, J. III, 183-250
Antwoord op de Vraage: Is 'er, in aanmerking nemende de gelegenheid der Stad Rotterdam, eenig Middel ter uitvoer te brengen, om uit derzelver Buiten-Stad het Water te keeren, alleen ten tijde wanneer het Water tot 3 à 4 Voeten beneden het Peil van den Vloed van den 14den November 1775 gewassen is, zonder dat 'er de Scheepvaart en Koophandel door belemmert worden? Zoo neen; waar om niet? Zoo ja; welk en hoe het zelve in 't werk te stellen?

V 35. Bonn, A. III, 251-287
Verhandeling, over het Maaksel en de beweeglijke Loswording der Been-Vereenigingen van het Bekken, in Vrouwen, omtrent den tijd der bevallinge: uit Waarneemingen opgemaakt.

V 36. Veirac, J. IV, 1-74
Antwoord op de Vraag, Welke zijn de geschiktste Middelen, om den gemeenen Man in ons Vaderland, zoo ten platten Lande, als in de Steden, tot het gewillig gebruik maaken van de Inëntinge der Kinderpokjes aan te moedigen, en om deze practijk op de minst kostbaare wijze, en zonder gevaar van de besmettinge te verspreiden, aan hun toe te dienen?

V 37. Anoniem (J. Veirac) IV, 75-98
Verhandeling van de geschiktste Middelen, om den gemeenen Man in ons Vaderland, zoo ten platten Lande, als in de Steden, tot het gewillig gebruik maaken van de Inëntinge der Kinderpokjes aan te moedigen, en om deze practyk, op de minst kostbaare wijze, en zonder gevaar van de besmetting te verspreiden, aan hun toe te dienen.

V 38. Ypey, A. IV, 99-123
Verhandeling van de geschiktste Middelen, om den gemeenen Man in ons Vaderland, zoo ten platten Lande, als in de Steden, tot het gewillig gebruik maaken van de Inëntinge der Kinderpokjes aan te moedigen, en om deze practyk, op de minst kostbaare wijze, en zonder gevaar van de besmetting te verspreiden, aan hun toe te dienen.

V 39. Lil, J. van IV, 124-127
Waarneemingen, Welke dienen tot staving, dat het gebruik van Colophonia, met Alcohol vini vermengd, van de grootste Nuttigheid in het geneezen van het Boongezwel der gewrigten zij.

V 40. Lil, J. van IV, 128-135
Waarneemingen, van zonderlinge Verzweeringen.

V 41. Roskam Kool, A. IV, 136-182
Aanteekeningen van twee Proeven, De ééne met Garst gezaaid, en geplant, op een stukje Geestland, groot 317 Rijnlandsche Roeden, gedaan in den Jaaee (sic!) 1774, en de andere met Tarw, in den Jaare 1775, in Breezaap, onder Velzen, op de Boerderij, genaamt Onrust.

V 42. Bicker, L. IV, 184-244
Verhandeling over de Molenroeden.

V 43. Bicker, L. IV, 245-284
Beschrijving eener Doorgaande Scharlaken Koorts, gemeenlijk Roodvonk genoemd, zooals die in de laatste Maanden van het jaar 1778, en in de eerste van het jaar 1779, te Rotterdam geregeerd heeft.

V 44. Scholl, D. IV, 285-289
Berigt, Van eene afscheiding van bijkans het gantsche Elleboogs-Been, met behoud van een genoegzaame beweging des Onderarms.

V 45. Deiman, J.R. en A. Paets van Troostwijk V, 1-96
Verhandeling over de Vaste Lucht.

V 46. Tiboel, B. V, 97-192
Verhandeling over de Vaste Lucht.

V 47. Haaff, G.G. ten V, 193-198
Scheikundige Verhandeling over den zouten aanslag der Turfkoolen.

V 48. Haaff, G. ten V, 199-205
Waarneeming van eene zeer aanmerkelijke groote verstropte Balzaks Breuk, voornamentlijk door de Taxis hersteld.

V 49. Gesscher, D. van V, 206-215
Beschrijving van eene zeer aanmerkelijke Hoofdwonde.

V 50. Haaff, G. ten V, 216-220
Kort Vertoog, Nopens de Genezing der Doofheid, Ruising en Tuiting der Ooren, door het Inspuiten der Eustachiaansche Trompetten.

V 51. Wy, G.J. van V, 221-225
Berigt. Van een middel, om het ongemak van 't oog, Chemosis genaamd, te geneezen.

V 52. Baggers, E. V, 226-228
Berigt Van eene Waterzugt (Hijdrops) door de Tong ontlast.

V 53. Marum, M. van VI, 1-74
Verhandeling over de Electrische Luchtverhevelingen.

V 54. Haar, J. van der VI, 75-98
Aanmerkingen over het schadelijk en gevaarlijk afhalen van de Nageboorte, aanstonds na de geboorte van een Kind.

V 55. Lis, W. van VI, 99-106
Waarneming van een voldragen Kind, zonder Voor-, Opper- en Agterhoofd en zonder Herssenen, Levend ter Weereld gekomen binnen Bergen-op-den-Zoom, den 12 Sept. 1780.

V 56. Ingen-Housz, J. VI, 107-160
Verhandeling over de Gedéphlogisteerde Lucht, en de manier, hoe men dezelve kan bekomen en tot de Ademhaaling doen dienen.

V 57. Klinkenberg, D. VII, 1-60
Verhandeling over een kleine doch ongewoone Sterre, Dewelke het allereerst in Engeland is ontdekt in de Maand Maart 1781 en vervolgens in verscheide Plaatsen van Europa is waargenomen.

V 58. Ypey, A. VII, 61-120
Verhandeling over Lichamelijk Levensbeginsel.

V 59. Verstolk, A.J. VII, 121-152
Verhandeling over de Zaai- en Weilanden.

V 60. Gronau, C. VII, 153-172
Verhandeling over de Zaai- en Weilanden.

V 61. Bloys van Treslong, C.J. VII, 173-194
Verhandeling over de Zaai- en Weilanden.

V 62. Marum, M. van en A. Paets van Troostwijk VII, 195-244
Verhandeling over den Electrophore.

V 63. Haar, J. van der VII, 245-261
Aanmerkinge, Over het Nadeel van heete Geesten en uitdroogende Poeders, en het Voordeel van etterlokkende Middelen bij ontbloote of bedorven Beenderen.

V 64. Haar, J. van der VII, 262-269
Aanmerkingen, over de nuttigheid en noodzaaklijkheid van een Voorbereidend Verband, Voor het Opereeren van Hazenmonden en den Kanker der Lippen.

V 65. Haaff, G.G. ten VII, 270-274
Berigt wegens een Steatoma of Spekgezwel In den buik gevormd, en na den dood bij de Opening van het Lijk gevonden.

V 66. Marum, M. van en A. Paets van Troostwijk VIII, 1-61
Verhandeling over de schadelyke Uitdampingen.

V 67. Paets van Troostwijk, A. en J.R. Deiman VIII, 63-153
Verhandeling over de geneeskonstige Electriciteit.

V 68. Verhees, H. VIII, 155-167
Verhandeling over een Kanaal van 's Hertogenbosch tot Luyk.

V 69. (---) VIII, 168-172
Aanmerkingen op de voorgaande Verhandeling.

V 70. Radermacher, D. VIII, 173-180
Berigt wegens de uitwerkingen van den Donder op een Oost Indisch Schip.

V 71. Bicker, L. IX, 1-106
Verhandeling over de doorgaande Najaarsziekten der Droogmaakerijen ter beantwoordinge van de vraag: Brengen de Droogmaakerijen, onder de Bewoonderen derzelve, doorgaande Ziekten van eenen bijzonderen aart voort, of verzwaaren zij alleen de gewoone Ziekten van het Najaar ? - Zoo ja, welken zijn 'er de oorzaken van ? -En welke de middelen om die te voorkomen, en 'er zich tegen te behoeden.

V 72. Zillissen, C. IX, 107-154
Antwoord op de Vraage: Welke zijn de beste middelen, om de overstroomingen der Rivieren te bepaalen, in haare gevolgen minder verderflijk, en in sommige opzichten voor die Landen voordeelig te maken? Welke kosten zouden daar toe vereischt worden?

V 73. Coopmans, G. IX, 155-227
Verhandeling over het Beslag op de Tong.

V 74. Sande, J.B. van der IX, 228-231
Memorie. Om op eene minkostbaare wijze saam te stellen het Zout in Engeland bekend en in gebruik onder den naam van Sal Catharticus novus, of nieuw Purgeerzout.

V 75. Leurs, W. IX, 232-241
Waarneemingen, met de Etterdragten, van den Heere Percivall Pott, in de lammigheid, of onbruikbare staat der onderste Ledemaaten.

V 76. Nozeman, C. IX, 242-257
Verhandeling over de Inlandsche Zoetwater-Spongie, Eene Huisvesting der Maskers van Puistenbijteren.

V 77. Heilbron, D. X, 1-66
Verhandeling over het Beslag op de Tong.

V 78. Blanken Jansz., J. X, 67-91
(Opdragt eener) Memorie over de Rivier het Haringvliet, en de Reede van Hellevoetsluis, (aan het Bataafsch Genootschap der Proefondervindelijke Wijsbegeerte te Rotterdam).

V 79. Blanken Jansz., J. X, 92-118
Vervolg op de Memorie over de Rivier het Haringvliet, en de Reede van Hellevoetsluis.

V 80. (---) X, 119-139
Aanmerkingen en Uitbreidingen, uit naam van het Bataafsch Genootschap der Proefondervindelijke Wijsbegeerte, op de voorstaande Verhandeling.

V 81. Alewijn, M. Klaasz. X, 140-150
Korte Aanmerkingen raakende den Tegenwoordigen Staat van het Haringvliet, de Oorzaaken der gebreken, en de middelen om dezelven, zoo veel mogelijk, te keer te gaan.

V 82. Goudriaan, A.F. X, 151-224
Antwoord op de Vraage, voorgesteld door het Bataafsch Genootschap der Proefondervindelijke Wijsbegeerte te Rotterdam, Welke is de zekerste en minstkostbaare wijze om Fondeeringsputten of Kolken, voor de grondslagen der Waterwerktuigen, ter diepte van 21 of 22 voeten beneden het omringende water, in losse Veenlanden te graaven, droog te maaken en droog te houden ?

V 83. Thuessink, E.J.T. à XI, 1-9
Geval van een gelukkige Geneezing eener Borstwonde.

V 84. Leeuw, F.W. van der XI, 10-17
Beschrijving van eene aanmerkelijke Zak-Waterzugt, welke zig als een Buik-Waterzugt voordeed, beneevens een daar in bevat Gezwel.

V 85. Bicker, L. XI, 18-26
Bericht van eene verbaazende meenigte van Etter door de Paracenthesis ontlast uit den Buik van eene Buikwaterzuchtige Vrouw.

V 86. Rôbol, J. XI, 27-48
Twaalf Waarneemingen, wegens het gebruik van het Heulsap in de Verstervingen der Teenen en Voeten, waar agter twee Waarneemingen, wegens het gebruik van ditzelfde Middel in de Venerische Ongemakken.

V 87. Bicker, L. XI, 49-126
Waarneeming van een oogenschijnlijk Bevrucht Eijernest, en Beschrijving van de zonderlinge Ziekten en Toevallen, die hetzelve vergezeld hebben.

V 88. Rochussen, J. XI, 127-134
Verhandeling over het Vervaardigen van Teekeningen voor den Conusspiegel.

V 89. Florijn, J. en H.W. Rouppe XI, 135-143
Bericht, wegens de Waarneeming der Zons-Verduistering van den 5den September 1793, gedaan op eene der Vertrekken van het Bataafsch Genootschap der Proefondervindelijke Wijsbegeerte te Rotterdam.

V 90. Haaften, W.H. van XI, 145-218
Verhandeling over de Ziekteteekenen uit de Oogen.

V 91. Heilbron, D. XI, 219-306
Verhandeling over de Ziekteteekenen uit de Oogen.

V 92. Maanen, P.J. van XI, 307-363
Verhandeling over het gebruik der Brillen en Oogglazen.

V 93. Blanken Jansz., J. XII, 1-19
Verhandeling over het Aanleggen en Maaken van zoogenaamde Drooge-Dokken in de Hollandsche Zee-Havens, bijzonder toegepast op de gelegenheid van 's Lands Dok en Werf te Hellevoetsluis.

V 94. Glavimans, P. XII, 21-42
Verhandeling over de Nuttigheid en Noodzakelijkheid der Drooge-Dokken.

V 95. Stipriaan Luïscius, A. van XII, 43-154
Verhandeling ter beantwoording der Vraage: Welke zijn de Oorzaaken der Verrotting in Plantaartige en Dierlijke Zelfstandigheden? en welke zijn de Verschijnsels en Uitwerksels, die door dezelve daar in geboren worden?

V 96. Goudriaan, A.F. XII, 155-214
Verhandeling ter beantwoording der Vraage: Welke aanleg van Paal-en Rijswerken, betrekkelijk derzelver stand en zamenstelling, is het meest bestand tegen den slag en aandrang van het water en de kruijing van het ijs, zo wel aan onze Zeeöevers, als aan die van onze Rivieren en Meiren?

V 97. (---) XII, 215-222
Bericht wegens de beide volgende Verhandelingen.

V 98. Gelder, J. de XII, 223-238
Verhandeling over het Theorema van Newton, strekkende om eene tweeledige grootheid tot eenige magt te verheffen, zijnde eene volkomene stelkundige demonstratie van hetzelfde a priori.

V 99. Gelder, J. de XII, 239-268
Verhandeling over de Reeksen, dienende om de Rapporten van de Cirkelboogen tot derzelver Sinussen, Cosinussen, Tangenten en Cotangenten wederkeeriglijk, uit eenvoudige stelkunstige beginselen, zonder behulp der Differentiaal- of Integraal Rekening, af te leiden.

V 100. (Bicker, L.) N. I, 1-132
Historie der Vuur-Machines of Stoom-Werktuigen hier te Lande.

V 101. Wright, J. N. I, 133-153
Eerste Antwoord op de Vraag: Welke is het beste middel of Werktuig, het welk aan eene Stoom- of Vuur-Machine gevoegd, bekwaam is om, zonder merkelijk te ontstellen, geduurende eenige maanden agter een te werken, en tot allerley hoogten beneden de vijf voeten, op te brengen, eene hoeveelheid waters, welke toeneemt naar maate de hoogte, tot welke het moet opgebragt worden, vermindert, en die overeenkomstig is aan het bekend vermogen der Machine?

V 102. Chapman, W. N. I, 154-178
Tweede Antwoord op de Vraag: Welke is het beste middel of Werktuig, het welk aan eene Stoom- of Vuur-Machine gevoegd, bekwaam is om, zonder merkelijk te ontstellen, geduurende eenige maanden agter een te werken, en tot allerley hoogten beneden de vijf voeten, op te brengen, eene hoeveelheid waters, welke toeneemt naar maate de hoogte, tot welke het moet opgebragt worden, vermindert, en die overeenkomstig is aan het bekend vermogen der Machine?

V 103. Brouwer, R.L. N. I, 179-210
Derde Antwoord op de Vraag: Welke is het beste middel of Werktuig, het welk aan eene Stoom- of Vuur-Machine gevoegd, bekwaam is om, zonder merkelijk te ontstellen, geduurende eenige maanden agter een te werken, en tot allerley hoogten beneden de vijf voeten, op te brengen, eene hoeveelheid waters, welke toeneemt naar maate de hoogte, tot welke het moet opgebragt worden, vermindert, en die overeenkomstig is aan het bekend vermogen der Machine?

V 104. Greeve, J. N. I, 211-213
(Vierde Antwoord over de Stoom-Machines): Korte gedachten omtrent de inrichting van een Stoom-Werktuig om water op te brengen uit den binnen-en buiten-Boezem te Rotterdam.

V 105. Punshon, W. N. I, 214-216
(Vijfde Antwoord over de Stoom-Machines): Een Stoom-Werktuig, Dienende om groote hoeveelheden Waters 5, 4, enz. Voeten op te brengen, bijzonder geschikt om een Poel of Plas, uitwaterende op een Buiten-Rivier, die aan Eb en Vloed onderworpen is, droogtemaaken.

V 106. Graaf, C.J. van de, P. Steenstra, J. van der Wall en J.J. Blassière N.I, 217-242.
(Eerste Rapport wegens de Stoom-Machines).

V 107. Klinkenberg, D. en J.J. Blassière N. I, 243-271
(Tweede Rapport wegens de Stoom-Machines).

V 108. Swinden, J.H. van en C.H. Damen N. I, 272-296
(Derde Rapport wegens de Stoom-Machines).

V 109. Bicker, L. N. I, 297-538
Natuurkundige Leezingen, over de Stoom-Machines, en alles wat daartoe betrekkelijk is.

V 110. Liender, H. van N. I, 539-548
Lijst der Bijzonderheden van vijftien Stoom-Machines van de samenstelling van Newcomen, en James Watt, uit welker vergelijking de meerdere

of mindere voortreffelijkheid dier beide samenstellingen kan worden opgemaakt.

V 111. Bicker, L. en H.W. Rouppe N. I, 549-564
Beschrijving van eenen Stoom-Meter en Verslag van Proefneemingen met dien genomen.

V 112. Brunings, C.L. N. II, I-XII + 1-68
Proeve eener nieuwe Theorie nopens de uitwerking der Staande Schepradmolens.

V 113. Brunings jr., C., S. Kros en D. Spruytenburg N. II, 69-81
Verhandeling over de Vierdeelige Molenassen.

V 114. Beyen, W. N. II, 83-100
Eerste Antwoord over de Pomp-Molens

V 115. Duister, J.J. N. II, 101-106
Tweede Antwoord over de Pomp-Molens.

V 116. Goudriaan, A.F. N. II, 107-115
Aanmerkingen op het Tweede Antwoord over de Pomp-Molens.

V 117. (---) N. II, 117-158
Antwoord op de Vraage: Welke zijn de Natuurlijke zamenstellende deelen der Pis van een gezond Mensch?

V 118. Heilbron, D. N. II, 159-224
Antwoord op de Vraage: Welke Teekens of Verschijnzels doen 'er zig op in de veranderde gesteldheid en werkingen van de Oogen der Menschen, zoo wel derzelver algemeene als bijzondere Deelen, waar uit men den verschilllenden aart en oorzaaken der sleepende Ziekten (Morbi Chronici) kan onderkennen, en derzelver onderscheidene uitkomsten en gevolgen opmaaken?

V 119. Glavimans, P. N. II, 225-253
Antwoord over de beste en onkostbaarste wijze van zamenstelling der Masten.

V 120. Glavimans Jansz., P. N. II, 255-274
Verhandeling over der zamenstelling der Masten van Oorlog- en andere zwaare Schepen.

V 121. Rochussen, J. N. III, 1-24
Iets over de Uitwaterende Sluizen.

V 122. Brunings, C.L. N. III, 25-131
Over de Zijdelingsche Drukking der Aarde, en de hier naar te regelen afmetingen der Muuren.

V 123. Brunings, C.L. N. III, 133-159
Bijvoegzel tot de "Proeve ener nieuwe Theorie nopens de uitwerking der Staande Schepradmolens".

V 124. Stipriaan Luïscius, A. van N. III, 161-248
Antwoord op Vraage 58. Welke nuttige kundigheden kan de Geneeskunde trekken uit de nieuwe Scheikundige kennis van de verrotting ten aanzien van den aart, de oorzaaken, voorbehoeding en geneeswijze der Rotziekten?

V 125. Florijn, J. N. III, 249-284
Waterweegkundig Onderzoek Over de verschillende wijzen, waarop onderscheidene vaste Lighaamen, hoewel van dezelfde grootte en gedaante, in eene Vloeistof drijven.

V 126. Duister, J.J. N. III, 285-288
Beschrijving van een Werktuig, dienende tot het daarstellen eener rondgaande beweeging bij een Stoommachine van een dubbel vermogen.

V 127. Blanken Jansz., A. N. IV, 1-48
Verhandeling over de Verbetering van den Krimpenerwaard, door het inlaaten van troebel Rivier-water, in Antwoord van de in den Jaare 1800 voorgestelde Vraag 66.

V 128. (---) N. IV, 49-76
Uittreksel uit een Tweede Verhandeling, in Antwoord op Vraage 66, Over de Verhooging en Beneficeering der laage en schraale Landen in den Krimpener-Waard, door het inlaaten van troebel Rivier-water.

V 129. Beukman, C.W. N. IV, 77-109
Proeven en Waarneemingen over de Verschijnsels bij de verrotting van Vleesch in verschillende Gas-soorten.

V 130. Cappelle, J.P. van N. IV, 111-167
Verhandeling over de Schut-sluizen en Aanmerkingen over het doorlaten van Schepen door dezelve.

V 131. Curten, P. N. IV, 169-283
Verhandeling over den gang, de buiging en de breeking van het Licht, door het straalbreekend Prisma.

V 132. (---) N. IV, 285-287
Verklaaring der Teekening, op hoedanige wijze de Gouverneur of Regulateur van den Koornmolensteen aan denzelven wordt toegepast.

V 133. Blanken Jansz., A. N. V, 1-39
Verslag van de aanleding tot en het dadelijk bouwen van een Stoom-Machine, ten dienste van de Geoctroyeerde Verveening in den Krimpenerwaard, aan den IJsseldijk voor den Berkenwoudschen Boezem, onder Ouderkerk aan den IJssel, in den Jaare 1803 en 1804 opgeregt, en van de Proefneemingen met dezelve in 't werk gesteld.

V 134. Beeck Calkoen, J.F. van N. V, 41-57
Verhandeling over het voordeeligste Gespan, vooral bij Vragt-Sleeden.

V 135. Curten, P. N. V, 59-138
Schets en Proeve eener Exponent Rekening. Waarin de Formulen der Differentiaal Rekening uit zuivere Analytische Beginselen gevonden, betoogd en op verschillende onderwerpen toegepast worden; zonder eenige inmenging van het denkbeeld van oneindig kleinen, of gebruikmaking van verdwijnende betrekkingen.

V 136. Goudriaan, A.F. N. V, 139-184
Antwoord op de Vraag over de Middelen ter beletting der zandstuiving.

V 137. Beeck Calkoen, J.F. van N. V, 185-214
Verhandeling over de Verschillende Theorien, om den Inhoud van Vaten te berekenen, en den invloed, welke de gedaante der Duigen op den Inhoud heeft.

V 138. Böckmann, C.W. N. VI, 1-175
Antwoord over het Warmte-geleidend Vermogen der Ligchamen.

V 139. Blanken Jansz., J. N. VI, 176-220
Beschrijving, kort en zakelijk verklarende de wijze, hoe eenvoudig en onkostbaar, door vermindering van de Raden of gaande Werken der thans bestaande Schepradmolens, te bewerken zij, dat iedere Molen zoogenaamd één hoog opmalende, met minder kracht van Wind meerder zal uitwerken dan hij tegenwoordig doet, alsmede dat dezelfde Molen zoogenaamd twee hoog kan opmalen, en, des begeerende, bij stilte, door het Stoomvermogen met gelijken spoed en ontlasting bestendig werkend kan blijven.

V 140. Stolker, A. N. VI, 221-261
Antwoord op de Vraag over het doen van Algemeene Weerkundige Waarnemingen.

V 141. Vrancken, J.B. N. VII, 1-256
Antwoord op Vraag 81: Daar het genoegzaam bekend is, dat men bij het brouwen van Bieren, eenzelfde handelwijze volgende, sommige Bieren overal en andere niet dan in den omtrek van bepaalde plaatsen kan brouwen, zoo vraagt het Genootschap:
Een opgave van de scheikundige Theorie van het Bierbrouwen in het algemeen, en van de Nederlandsche Bieren in het bijzonder, en welke de oorzaak is van het aanmerkelijk onderscheid, dat, onafhankelijk van de zamenstelling, bij gelijke handelwijze, bij derzelver bereiding op verschillende plaatsen, wordt waargenomen.

Men verlangt daarbij ontwerpen van verbetering, hoofdzakelijk met opzigt tot middelbare biersoorten.

V 142. Roosbroeck, J.J. van N. VIII/1, 1-146
Réponse sur la Question proposée sous le nr. 83 (de la Rosée).

V 143. Scholten, J.A. N. VIII/2, 1-79
Proeve tot beantwoording der 75e vraag.

V 144. Simons, G. en A. Greve N. IX/1, 1-198
Verhandeling over de Stoombemaling van Polders en Droogmakerijen.

V 145. Beijerinck, J.A. N. IX/2, 1-124
Verhandeling over de Indijking en Uitbreiding der Stad Rotterdam.

V 146. Gevers Deynoot, W.T. N. X, 1-110
Statistieke Opgave en Beschrijving van het Hoogheemraadschap van Schieland.

V 147. Scholten, J.A. N. X, 113-184
Statistieke Opgave en Beschrijving van den Alblasserwaard en de Vijf Heeren Landen.

V 148. Beijerinck, M.G. N. X, 185-264
Statistieke Opgave betreffende den Waterstaat van het Hoogheemraadschap van Delfland en van den Krimpenerwaard.

V 149. Greve, A. N. XI, 1-205
Verhandeling over het Zeegat van Goedereede.

V 150. Twent, A.C. N. XI, 207-231
Vlugtige Gedachten nopens middelen om het Zeegat van Goedereede te verbeteren.

V 151. Krêcke, F.W.C. N. XII/1, 1-86
Proeve ter beantwoording van vraag 96.

V 152. Docq, A.J. N. XII/2, 1-182
Réponse à la Question 123.

V 153. Dippel, L. N. XII/3, 1-121
Entstehung der Milchsaftgefässe und deren Stellung in dem Gefässbündelsysteme der milchenden Gewächse.

V 154. Toorn, J. van der N(2) I/1, 1-47
Statistieke opgaven en beschrijving van den Bommelerwaard boven den Meeldijk (Bevattende antwoord op vraag 105).

V 155. Egmond, A. van N(2) I/2, 1-46
Beschrijving van den waterstaat van het Hoogheemraadschap van Rijnland (Ter beantwoording van Vraag 105).

V 156. Dippel, L. N(2) I/3, 1-38
Die Intercellularsubstanz und deren Entstehung.

V 157. Toorn, J. van der N(2) I/3, 39-50
Proeven aangaande het Slibgehalte van het water der rivieren de Waal en de Maas.

V 158. Kerkwijk, J.J. van N(2) II/1, 1-96
Geschiedenis van de invoering der electromagnetische telegrafie in Nederland, in verband met haren tegenwoordigen toestand (Beantwoording der vraag 147).

V 159. Waehner, C. N(2) II/2, 1-90
Historisch-Kritische Uebersicht ueber die Hageltheorien, und eine Zusammenfassung, des Status-quo der letzten Theorien mit Beruecksichtigung wissenschaftlich festgestellter Thatsachen (Beantwoording der vraag 139).

V 160. Fijnje, J.G.W. N(2) III/1, 1-61
Verhandeling over het slibgehalte van het water van eenige Nederlandsche rivieren.

V 161. Heidema, P. N(2) III/2, 1-64
Verhandeling over de vruchtbaarmaking van gronden door middel van slib (In antwoord op de prijsvraag 146).

V 162. Heurn, J. van N(2) III/3, 1-75
Verhandeling over een plan van bevloeiing van eene onvruchtbare streek in Nederland.

V 163. Andreae, J.L. N(2) III/3, 1-45
Verhandeling over dissociatiespanning en ontledingstoestand der stof.

V 164. Schaik, W.C.L. van N(2) III/3, 1-84
Ueber die Tonerregung in Labialpfeifen.

V 165. Langeveld, L.A. en C.A. Verheij N(2) IV/1, 1-103
Statistieke opgave en beschrijving van de Alblasserwaard met Arkel beneden de Zouwe.

V 166. Heurn, J. van N(2) IV/1, 1-232
De geschiedenis en de beschrijving der Merwedetakken beneden Dordrecht.

V 167. Cohen, E. N(2) IV/2, 1-61
Experimentaluntersuchung über die Dissociation gelöster Körper in Alkohol-Wasser gemischen.

V 168. Siethoff, E.G.A. ten N(2) V/1-308
Handleiding bij het mikrophysisch onderzoek van urine.

V 169. Broers, C.W. N(2) VI/1, 1-48
Onderzoekingen over den tijd, gedurende welken tuberkelbacillen hunne virulentie behouden in melk, karnemelk en boter.

V 170. Meulen, H. ter N(2) VI/1, 1-43
Onderzoek naar den aard van den suiker van eenige plantaardige glucosieden.

V 171. Rijnberk, G. van N(2) VI/2, 1-56
Over functioneele localisatie(s) in het cerebellum. Experimenteele en kritische bijdrage.

V 172. Wigand, A. N(2) VI/2, 1-33
Un examen de la chaleur spécifique du soufre rhombique, du soufre monoclinique et amorphe à différentes températures; du phosphore rouge au dessus 100° et du phosphore commun à différentes températures.

V 173. Westrienen, A.F.A.S. van N(2) VI/3, 1-237
Untersuchung einer Serie dicephaler Doppelbildungen.

V 174. Ruys, J.D. N(2) VII/1, 1-56
Onderzoek naar het gehalte aan vluchtige zwavelverbindingen in rookgassen van stoomketelinstallaties.

V 175. Kuiper, T. N(2) VII/1, 1-157
Die funktionellen und hirnanatomischen Befunde bei der japanischen Tanzmaus.

V 176. Trigt, H. van N(2) VII/2, 1-136
De dermatomerie bij de hagedis (Lacerta viridis).

V 177. Kuenen, J.P. N(2) VIII/1, 1-341
Het aandeel van Nederland in de ontwikkeling der natuurkunde gedurende de laatste 150 jaren.

V 178. Lorentz, H.A. N(2) VIII/2, 24-49
De electrische stroom. Oude en nieuwe denkbeelden. In: Herdenking van het 150-jarig bestaan van het Bataafsch Genootschap der Proefondervindelijke Wijsbegeerte te Rotterdam.

V 179. Kaiser, L. N(2) IX/1, 1-104
De segmentale innervatie bij de duif (Columbia livia var. domestica).

V 180. Dijxhoorn, J.C. N(2) IX/1, 1-24
De werktuigen van het stoomgemaal voor de provincie Friesland, nabij Lemmer, en van het electrisch gedreven gemaal voor het waterschap "Electra", nabij Zoutkamp.

V 181. Taudin Chabot, J.J. N(2) IX/2, 1-2
Meetkundige benadering van het getal (pi). Proefondervindelijk merkwaardige bijdrage tot het vraagstuk der quadratuur van den cirkel.

V 182. Smit, J. N(2) IX/2, 1-170
De hedendaagsche stand van het vraagstuk der zuivering van huishoudelijk en industriëel afvalwater.

V 183. Went, F.A.F.C. N(2) IX/2, 1-18
Nieuwere inzichten omtrent prikkels bij planten.

V 184. Scheffer, F.E.C. N(2) X/1, 1
Natuurwetenschappelijk onderzoek van schilderijen (Noot betreffend de voordracht over dit onderwerp).

V 185. Haas, K.H. de N(2) X/1, 1-16
Een meetkundige reconstructie van het oorspronkelijke formaat van Rembrandts nachtwacht.

V 186. Bijl, J.G. N(2) X/2, 1-60
Het Grondwater in Rijnland.

V 187. Regteren Altena, C.O. van N(2) X/3, 1-184
Bijdrage tot de kennis der fossiele, subfossiele en recente mollusken, die op de Nederlandsche stranden aanspoelen, en hunner verspreiding (With an English summary).

V 188. Haas, K.H. de N(2) X, bijlage I, 1-31
Albrecht Dürer's meetkundige bouw van Reuter en Melencolia (par.) I.

V 189. Veen, J. van N(2) XI, 1-252
Onderzoekingen in de Hoofden in verband met de gesteldheid der Nederlandsche kust.

V 190. Sneller, Z.W. N(2) XI/bijlage I, 1-6
Anderhalve eeuw Stoomwezen in Nederland (Overdruk De Ingenieur, 1937, nr. 41).

V 191. Muller, F. N(2) XI, bijlage II, 7-18
De eerste stoom-machines van ons land (Overdruk De Ingenieur, 1937, nr. 42).

V 192. Haas, H.K. de N(2) XII/1-19
Over hetgeen in de oorlogsdagen van 10 Mei tot 15 Mei 1940 van het Bataafsch Genootschap der Proefondervindelijke Wijsbegeerte door oorlogsgeweld vernietigd is.

V 193. Havinga, A. N(3) I/1, 1-56
Windwaarnemingen in Holland in de 18e eeuw.

V 194. Ringers, J.A. N(3) I/2, 1-13
Wederopbouw.

V 195. Dekker, P. N(3) I/2, 15-47
Grondwaterstanden in de gemeente 's-Gravenhage.

V 196. Hollander, F.Q. den N(3) I/2, 49-62
Beschouwingen over verkeer en vervoer.

V 197. Maris, A.G. N(3) I/3, 1-25
De Deltaplannen.

V 198. Oort, J.H. N(3) I/4, 1-13
Perspectieven der radio-astronomie.

V 199. Vening Meinesz, F.A. N(3) I/5, 1-15
Het ontstaan van plooiingsgebergten, middelgebergten en grootslenken; het ontstaan van continenten en oceanen.

V 200. Tillema, J.A.C. N(3) I/6, 1-16
Het oeververbindingsvraagstuk in Rotterdam.

V 201. Kronig, R. N(3) II/1, 1-15
Eenheid en veelheid van de hedendaagse natuurkunde.

V 202. Joosten, J.H.L. N(3) II/2, 1-21
Het wereldvoedselvraagstuk.

V 203. Sobels, F.H. N(3) II/3, 1-21
De overerfbare effecten van straling.

V 204. Burgers, W.G. N(3) II/4, 11-23
Verslag der herdenking van het 200-jarig bestaan van het Bataafsch Genootschap der Proefondervindelijke Wijsbegeerte.

V 205. Jager, C. de N(3) II/5, 1-9
Röntgensterrekunde.
V 206. Böttcher, C.J.F. N(3) II/6, 1-19
Nationaal en internationaal wetenschapsbeleid.
V 207. Knoppert, P.L. N(3) II/7, 1-22
Recente ontwikkelingen in de drink- en industriewatervoorziening.
V 208. Schilthuis, U.G. N(3) II/8, 1-24
Schieland en zijn bemaling.
V 209. Gehrels, A.M.J. N(3) II/9, 1-14
Ruimtevaart-onderzoekingen naar het ontstaan van het zonnestelsel.
V 210. Frankena, H.J. N(3) II/10, 1-15
Lasers en hun toepassingnen.
V 211. Zwaal, R.F.A. N(3) III/1, 1-17
Moderne inzichten in biomembranen; patho-biochemische aspecten.

4.2. Annotaties bij 4.1.

V 1. Zie vooraf 3.3 en 3.6. Zie ook V 29.
V 15. P 2, bekroond antwoord.
V 20. P 3, bekroond antwoord.
V 21. P 3, aanvulling vanwege het BG
V 22. P 4, bekroond antwoord.
V 24. AV 5 (1775)
V 29. Aanvulling V 1.
V 30. P 6, bekroond antwoord.
V 31. P 6, bekroond antwoord.
V 32. P 6, bekroond antwoord.
V 33. P 8, bekroond antwoord.
V 34. P 8, bekroond antwoord.
V 35. GV 10 dec. 1776
V 36. P 9, bekroond antwoord.
V 37. P 9, bekroond antwoord.
V 38. P 9, bekroond antwoord.
V 42. P 7, niet-bekroond antwoord.
V 45. P 11, bekroond antwoord.
V 46. P 11, bekroond antwoord.
V 53. P 14, bekroond antwoord.
V 58. P 13, bekroond antwoord.
V 59. P 17, bekroond antwoord.
V 60. P 17, bekroond antwoord.
V 61. P 17, advies over V 59 en V 60.
V 62. P 22, bekroond antwoord.
V 66. P 26, bekroond antwoord.
V 67. P 15, bekroond antwoord.
V 68. P 29, bekroond antwoord.
V 69. P 29, aanmerking op V 68.
V 71. P 16, bekroond antwoord.
V 72. P 32, bekroond antwoord.
V 73. P 36, bekroond antwoord.
V 77. P 36, niet-bekroond antwoord.
V 78. P 40, niet-bekroond antwoord.
V 79. P 40, vervolg van V 78.
V 80. P 40, aanvulling vanwege het BG.
V 81. Mogelijk P 40, zie 3.6.
V 82. P 52, bekroond antwoord.
V 90. P 53, bekroond antwoord.

V 91.	P 53, bekroond antwoord.
V 92.	P 42, bekroond antwoord.
V 95.	P 46, bekroond antwoord.
V 96.	P 56, bekroond antwoord.
V 97.	Betreft V 98 en V 99.
V 101.	P 10, bekroond antwoord.
V 102.	P 10, bekroond antwoord.
V 103.	P 10, bekroond antwoord.
V 104.	P 10, niet-bekroond antwoord.
V 105.	P 10, niet-bekroond antwoord.
V 112.	P 62, niet-bekroond antwoord.
V 113.	P 45, bekroond antwoord.
V 114.	P 55a, bekroond antwoord.
V 115.	P 55a, bekroond antwoord.
V 116.	P 55a, aanvulling op V 115.
V 117.	P 49, voorwaardelijk bekroond antwoord.
V 118.	P 57, bekroond antwoord.
V 119.	P 63, bekroond antwoord.
V 120.	P 63, bekroond antwoord.
V 123.	P 62, aanvulling op V 112.
V 124.	P 58, bekroond antwoord.
V 127.	P 66, bekroond antwoord.
V 128.	P 66, niet-bekroond antwoord.
V 136.	P 59, bekroond antwoord.
V 138.	P 69, bekroond antwoord.
V 140.	P 76, bekroond antwoord.
V 141.	P 81, bekroond antwoord.
V 142.	P 83, bekroond antwoord.
V 143.	P 75, bekroond antwoord.
V 144.	P 98 en 99, bekroond antwoord.
V 145.	P 100, bekroond antwoord.
V 146.	P 104, bekroond antwoord.
V 147.	P 104, bekroond antwoord.
V 148.	P 104, bekroond antwoord.
V 149.	P 94, bekroond antwoord.
V 150.	P 94, niet-bekroonde inzending.
V 151.	P 96, bekroond antwoord.
V 152.	P 123, bekroond antwoord.
V 153.	P 120, bekroond antwoord.
V 154.	P 105, bekroond antwoord.
V 155.	P 105, bekroond antwoord.
V 156.	geen P, wel erepenning.
V 157.	P 132, bedoeld als notitie.
V 158.	P 147, bekroond antwoord.
V 159.	P 139, bekroond antwoord.
V 160.	P 132, bekroond antwoord.
V 161.	P 146, niet-bekroond antwoord.
V 162.	P 131, bekroond antwoord.
V 163.	P 169, bekroond antwoord.
V 164.	P 180, bekroond antwoord.
V 165.	P 105, bekroond antwoord.
V 166.	P 117, bekroond antwoord.
V 167.	P 105, bekroond antwoord.
V 168.	P 201, bekroond antwoord.
V 169.	P 188, bekroond antwoord.

V 170. P 203, bekroond antwoord.
V 171. P 207, bekroond antwoord.
V 172. P 166, bekroond antwoord.
V 173. P 220, bekroond antwoord.
V 174. P 225, bekroond antwoord.
V 175. P 219, bekroond antwoord.
V 176. P 223, bekroond antwoord.
V 177. Gedenkboek BG 1919.
V 178. AV 70 (1919)
V 179. P 223, bekroond antwoord.
V 180. AV 71 (1922)
V 182. P 232, bekroond antwoord.
V 183. AV 72 (1924)
V 184. AV 73 (1927)
V 185. AV 73 (1927)
V 186. P 235, bekroond antwoord.
V 187. P 245, bekroond antwoord.
V 188. GV 1931-1932.
V 189. P 243, bekroond (zie 3.6).
V 191. GV 1933-1934.
V 193. eigener beweging ingediend, bekroond antwoord.
V 194. AV 79 (1946)
V 195. P 246, niet-bekroond antwoord.
V 196. AV 80 (1948)
V 197. AV 83 (1954)
V 198. AV 84 (1956)
V 199. AV 85 (1958)
V 200. AV 86 (1960)
V 201. AV 87 (1962)
V 202. AV 88 (1964)
V 203. AV 89 (1966)
V 204. AV 90 (1968)
V 205. AV 91 (1970)
V 206. AV 92 (1972)
V 207. AV 93 (1974)
V 208. AV 94 (1976)
V 209. AV 96 (1980)
V 210. AV 97 (1982)
V 211. AV 98 (1984)

5. VOORDRACHTEN EN CURSUSSEN

Het genootschap kent vanaf de oprichting vier soorten vergaderingen: algemene, gewone, buitengewone en bijzondere (1771, art. XXX, XLII en XLIII). Vanaf 1788 werd er ook gesproken over gecombineerde vergaderingen (1788, art. XXX; 1843, 1890, 1927, 1946 en 1958, art. XXXIV). Na het verschijnen van "Plan en Grondwet" van 1890 werden de buitengewone vergaderingen afzonderlijk vermeld als een bijeenkomst op initiatief van Directeuren (1890, 1927, 1946 en 1958, art. XXXVIII).

Aanvankelijk waren alle vergaderingen besloten (1771, art. XLVI en 1788, art. L); maar in 1843 opende men de mogelijkheid om na toestemming van Directeuren "den toegang tot bovengenoemde vergaderingen ook te vergunnen aan beoefenaren der wetenschappen, geene Leden des genootschaps zijnde" (1843, art. XLIX; 1890, 1927, 1946 en 1958, art. L). Aan alle geledingen van de leden was het toegestaan een actief aandeel in alle vergaderingen, behalve in de gecombineerde (in 1771: bijzondere), te hebben. Wel werd onderscheid gemaakt in leden die in een vergadering zitting hadden en zij die een vergadering bijwoonden (1771, art. XLII en XLIII en 1788, art. XLV; 1843, art. XLVIII; 1890, 1927, 1946 en 1958, art. XLIX). Behalve over de bekroning van prijsantwoorden (zie 3.1. sub 6) werd ter vergadering alles bij meerderheid van stemmen beslist; bij een staking van de stemming werd beslist door Steven Hoogendijk en na diens dood door het lot (1771, art. XLIV; 1788, art. XLVII). In 1843 werd bij staken van de stemmen de beslissing in handen gelegd van de voorzitter der vergadering (1843, art. L; 1890, 1927, 1946 en 1958, art. LI). Teneinde "niemant zig over verrassing zoude kunnen beklaagen, of onkunde voorwenden "werd in 1788 bepaald dat "nieuw voorkomende zaaken" eerst de leden moest worden aangekondigd, alvorens daarover te beslissen (1788, art. XLVIII). In 1843 werd in dat verband alleen nog gesproken over de bijzondere en gecombineerde vergaderingen (1843, art. LI). In 1890 verviel laatstgenoemd artikel en bepaalde men dat in beide vergaderingen alleen bij meerderheid van stemmen mocht worden beslist (1890, 1927, 1946 en 1958, art. LII). Tot 1843 bestond bovendien nog een regeling voor een situatie van onenigheid tussen de leden; de beslissing was dan aan de Praeses-Magnificus of aan een commissie van drie leden (1771, art. XLV en XLVII; 1788, art. XLIX en LII). Het voorzitterschap van de verschillende vergaderingen werd in 1788 hiërarchisch geregeld: was de Praeses-Magnificus aanwezig dan trad hij op als voorzitter, bij diens afwezigheid op de algemene of gecombineerde vergadering volgde de oudste van de Administrateuren; bijzondere en gewone vergaderingen stonden onder leiding van de President-Directeur of bij diens afwezigheid, de oudste van de Directeuren (1788, art. LI; 1843, art. LII; 1890, 1927, 1946 en 1958, art. LIII).

Over de frequentie van algemene vergaderingen, de uitnodigingen (programma's) daarvoor en de verslagen ("handelingen") is reeds gesproken in hoofdstuk 2 (zie 2.1). In 1788 werd de aanvangstijd op 12.00 uur vastgesteld (1788, art. XXXIII); later verviel deze bepaling. Nadat de President-Directeur verslag had gedaan over de werkzaamheden in het afgelopen jaar (1771 en 1788, art. XXXIII), later over de twee voorafgaande jaren (1843, 1890, 1927, 1946 en 1958, art. XXXVII), werd een beslissing genomen over de bekroning van prijsverhandelingen, over de vraag welke van de meegedeelde ontdekkingen en uitvindingen "de nuttigste" was en ten slotte over de toekenning van het "accessit" (de zilveren penning) aan niet-bekroonde geschriften, ontdekkingen of uitvindingen (1771, 1788, art. XXXIV; 1843, art. XXXVIII). In "Plan en Grondwetten" van 1843 en later werd de mededeling betreffende de ontvangen stukken, "tot welker uitgave Directeuren besloten hebben", als speciaal agendapunt van de algemene vergadering genoemd (1843, 1890, 1927, 1946 en 1958, art. XL). Na afloop van de algemene vergadering wordt in de regel aan de Voorstanders, (Bestuurders) en Leden, althans zij die ook de vergadering hadden bijgewoond, een maaltijd aangeboden (1771, art. XLVIII; 1788, art. LIII; 1843, art. LIV; 1890, 1927, 1946 en 1958, art. LV).

Ter vergadering mochten de aanwezigen voorstellen doen of aanmerkingen laten horen, alles "ten nutte van het Genootschap" en ter nadere overweging voor Directeuren (1771 en 1788, art. XXXVI; 1843, art. XLI). In "Plan en Grondwetten" van 1890 en later werd dit kortweg omschreven als het ter sprake brengen door de leden van "de belangen van het genootschap" (1890, 1927, 1946 en 1958, art. XLI).

De gewone vergaderingen werden maandelijks gehouden, eerst op "de eerste donderdag van iedere maand" (1771 en 1788, art. XXXVIII). De vergadertijd was bepaald van 18.30-21.00 uur (1771 en 1788, art. XXXIX). Later vergaderde men "gedurende de wintermaanden op den eersten Maandag in de maand, ten half acht ure des avonds" (1843, art. XLV; 1890, art. XLVI). In "Plan en Grondwetten" van ná 1900 werd deze tijdsbepaling niet langer dwingend opgelegd, maar zou "in den regel op de eerste maandag van de maand worden vergaderd" (1927, 1946 en 1958, art. XLVI). Volgens "Plan en Grondwetten" van 1771 werden in de gewone vergadering "de ontfangene Brieven, ingekome Berigten, enz." gelezen en discussieerde men er over "alle voorgestelde zaaken". In de 19e eeuw kregen de gewone vergaderingen kennelijk een meer wetenschappelijk karakter, zoals valt op te maken uit "Plan en Grondwetten" van 1843, waarin bepaald werd dat na de mededelingen van Directeuren "aan ieder gelegenheid tot het doen van eenige wetenschappelijke medeeeling gegeven en verder de tijd aan wetenschappelijk onderhoud gewijd (zal) worden" (1843, art. XLVI; enigszins verkort in 1890, 1927, 1946 en 1958, art. XLVII). In 1788 werd het opstellen van een agenda en het houden van notulen verplicht gesteld (1771 en 1788, art. XL).

Een vergadering van Administrateuren en Directeuren gezamenlijk, onder voorzitterschap van de Praeses Magnificus, werd in 1771 een "bijzondere vergadering" genoemd (1771, art. XLI), maar deze naam werd (zoals vermeld) in 1788 gewijzigd in "Gecombineerde Vergadering" (1788, 1843, 1890, 1927, 1946 en 1958, art. XLII). Deze vergadering diende voor de beoordeling van de ingekomen antwoorden en de selectie van de ingekomen concept-prijsvragen (vgl. hoofdstuk 3; 1890, art. XLIV). Deze werden ten minste één maand vóór de algemene vergadering gehouden. In 1890 bepaalde "Plan en Grondwetten" nog een tweede vaste gecombineerde vergadering, jaarlijks "vóór den aanvang van het nieuwe dienstjaar" te houden, waarin de financiële zaken van het Genootschap moesten worden afgehandeld (1890, 1927, 1946 en 1958, art. XLIII).

De bijeenkomsten van Directeuren werden sinds 1788 "bijzondere vergaderingen" genoemd. Deze werden vóór 1843 op de laatste woensdag van ieder maand en sindsdien op de derde maandag van iedere maand gehouden, "of zoo dikwijls, als de belangen van het Genootschap zulks vorderen" (1788, art. XXXVIII; 1843, art. XLIV en 1890, 1927, 1846 en 1958, art. XLV).

Tenslotte definieerde "Plan en Grondwetten" van 1788 de term "buitengewone vergaderingen", als zijnde die vergaderingen die "betrekkelijk het Wetenschappelijke" door de President-Directeur zouden worden belegd (1788, art. XLI). In 1843 werd alleen gesproken over de mogelijkheid dat Directeuren, "het noodig oordeelende", de leden voor een buitengewone vergadering konden bijeen roepen (1843, art. XLVII; 1890, 1927, 1946 en 1958, art. XLVIII)

In dit hoofdstuk is tevens een lijst opgenomen van de cursussen die door het Bataafsch Genootschap zijn georganiseerd. Desbetreffende paragraaf is voorzien van een eigen inleiding over de geschiedenis van deze cursussen.

5.1. Algemene vergaderingen

De titels van de voordrachten, mededelingen en demonstraties zijn verzameld uit de programma's en handelingen. Officiële titels staan tussen aanhalingstekens; omschrijvingen van titels niet. Achter de titels staan de vindplaatsen vermeld. In kolom 1 staat aangegeven op welke algemene vergadering de voordracht of demonstratie is gehouden. Hiervoor is de nieuwe nummering gebruikt (zie 2.1). Vanuit de indices (7.1-7.3) wordt naar deze nummers verwezen.

AV	Spreker	Onderwerp
AV 1.	S. de Monchy	"Over de geringe oorzaaken, uit welken het verval en de wederopkomst der Konsten en Wetenschappen ontstaan zijn, en de gewigtige zoo wel als duurzaame gevolgen, die zij gehad hebben (I, xli).
AV 1.	W. May	Mededeling over "Eenige aanmerklijke verbeteringen, zoo ten aanzien der beweegingen als ten opzigte van het gebruik der Azimuth-compassen op Zee" (I, xlii).
AV 1.	G. van Doeveren	Demonstratie van "Eenen ongewoonen grooten steen en eenen kleinderen, den eersten gevonden in de blaas en den anderen in den waterweg in het lijk van eenen Jongman, aan eene verzweeringe der nieren overleden" (I, xlii-xliii).
AV 2.	J.N.S. Allamand	Demonstratie van "Eene vuur-machine, naar de laatste verbetering vervaardigd, ... en deszelfs samenstelling en werking verklaard" (I, xliv).
AV 3.	W. May	Mededeling over "Eenige aanmerkelijke verbeteringen, zoo ten aanzien der beweegingen als ten opzigte van het gebruik der Azimuth-compassen op zee" (I, xlvi).
AV 4.	A. Bonn	Demonstratie van "Eenige onderscheiden soorten van galsteenen uit de galblaazen van menschen, en eenige voorbeelden niet alleen van de beweeglijkheid, maar ook van een soort eener ware geleding der schaambeenderen, voor en na den tijd der verlossing, in de lijken van gestorven vrouwen gevonden" (II, vi).
AV 4.	J. Baart de la Faille	Demonstratie van de "Samengestelde ('s-Gravezandische) microscopia" (II, vi).
AV 5.	----	Demonstratie van een "Nieuwe hooij-egge, volgens de vinding van den Heere C. Bloys van Treslong", en van "de nieuw uitgedagte dubbelde lugtpomp van den Heere Jacob Kogel de Jonge" (II, ix).
AV 6.	A. Bonn	Demonstratie van "Eenige anatomische praeparata, betreklijk ... het maaksel en de beweeglijke loswording der been-vereenigingen van het bekken, in vrouwen, omtrent den tijd der bevallinge" (III, viii).
AV 44.	K.M. Giltay	Mededeling over "Eenige eigenschappen der ultraviolette stralen en hunne verhouding tot sommige deelen van het oog, vooral tot de kristal-lens van verschillende dieren" (N. XII, xxxiii).
AV 44.	T.A.F. Delprat	Demonstratie van de "Elektrobalistischen slinger van Navez" (N. XII, xxxiii-xxxiv).
AV 46.	T.A.F. Delprat	1. De noodzakelijheid en de wenschelijkheid om hier te lande op eenige plaats de lengte van den secondeslinger juist te bepalen. 2. De leer van het mechanisch aequivalent der warmte, in hare toepassingen, met name op stoommachinerie en artillerie, - en van het licht, zoo mogelijk toegepast op de chemische werking die daardoor geboren wordt. 3. De spectra-onderzoekingen van Bunsen en Kirchhoff.
AV 50.	E.H. von Baumhauer	Mededeling over "eene beschrijving en verklaring van den door hem ontworpen en voorgestelden meteorograaf met overseining" (1874/4).
AV 51.	L. Bleekrode	Demonstratie van een onder zijn toezicht vervaardigde "Electro-machine met eboniet-schijven" (1876/6).

AV 51.	G. van Diesen	Mededeling over "het nieuwe droge dok te Middelburg" (1876/6).
AV 52.	L. Bleekrode	Mededeling over en demonstratie van "de eigenschappen der zoogenaamde stralende materie, ... met voortreffelijke instrumenten toegelicht" (1880/3).
AV 56.	M. Snellen	Mededeling over het "onderzoek van bliksemafleiders" (1888/5).
AV 57.	L. Bleekrode	Demonstratie over "electrische verstuiving" (1890/7).
AV 58.	L. Bleekrode	Over "de condensatie van waterdamp, die door belangwekkende proeven opgeluisterd werd" (1892/6).
AV 61.	L.H. Siertsema	Over "de nieuwere hulpmiddelen ter verkrijging van dispersie van het licht" (1900/9).
AV 61.	L. Bleekrode	"Over uraniumstralen" (1900/9).
AV 62.	L. Bleekrode	Over "polonium" (1902/10).
AV 62.	J.M.G. Scheffer	Over "den telegrafoon van Paulsen" (1902/10).
AV 63.	E. Cohen	"Een physisch-chemisch caricatuur" (1904/10).
AV 63.	L. Bleekrode	"Eenige eigenschappen der radiumstralen" (1904/8).
AV 63.	J.J. van Laar	"Over niet-verdunde oplossingen" (N (2) VI/1, 8).
AV 64.	W. Einthoven	"Electrische veranderingen in den nervus vagus bij ademhaling" (1906/9).
AV 66.	E. Cohen	"De piëzochemie" (1910/11).
AV 67.	A.A. Nijland	"De zoneclips van 17 April 1912 ... verduidelijkt door lichtbeelden ..." (1912/15).
AV 69.	H.K. de Haas	"Een klassiek theorema proefondervindelijk bewezen" (1912/15).
AV 70.	H.A. Lorentz	"Over den electrischen stroom, oude en nieuwe denkbeelden" (1919/5).
AV 71.	J.C. Dijxhoorn	"De werktuigen van het stoomgemaal voor de Provincie Friesland, nabij Lemmer, en van het electrisch gedreven gemaal voor het Waterschap Electra, nabij Zoutkamp" (1922/15).
AV 72.	F.A.F.C. Went	"Nieuwere inzichten omtrent prikkels bij planten" (1924/12).
AV 73.	F.E.C. Scheffer	"Natuurwetenschappelijk onderzoek van schilderijen" (1927/12).
AV 73.	K.H. de Haas	"Een meetkundige reconstructie van het oorspronkelijk formaat van Rembrandt's Nachtwacht" (1927/12).
AV 74.	J. Boeke	"Kan de bouw en de verbinding der zenuwcellen ons iets omtrent het vraagstuk van geheugen en ervaring leeren? (1929/8).
AV 75.	L.P. le Cosquino de Bussy	"De invloed van den huidigen tijd op de Europeesche en inlandsche cultures in Nederlandsch Indië" (1932/8).
AV 76.	F.F.M. Wirtz	Bezoek aan het waterwerk van de drinkwaterleiding (1934/9).
AV 76.	J. Clay	De kosmische stralen in het magnetisch veld (Met demonstratie).
AV 77.	M. de Haas	"Wetenschappelijk onderzoek en thermotechniek" (1936/7-8).
AV 78.	F. Westendorp	"De toekomst der ijzeren wegen" (1938/8).
AV 79.	J.A. Ringers	"De wederopbouw" (1946/10).
AV 80.	F.Q. den Hollander	Beschouwingen over verkeer en vervoer (1948/5).
AV 81.	J.F. Schouten	"Wat is te verwachten van de denkende machines?" (1950/7-16).
AV 82.	D. Dresden	"De vooruitzichten van de energievoorziening" (1952/7-20).
AV 83.	A.G. Maris	"Over de Deltaplannen" (1954/8).
AV 84.	J.H. Oort	"Perspectieven van de radio-astronomie" (1956/8).

AV 85.	F.A. Vening Meinesz	"Het ontstaan van plooiingsgebergten, middelgebergten en grootslenken; het ontstaan van continenten en oceanen" (1958/10-11).
AV 86.	J.A.C. Tillema	"Het oeververbindingsvraagstuk te Rotterdam" (1960/8).
AV 86.	K. van der Pols	Demonstratie van de stoommachine van Newcomen (1960/9).
AV 87.	R. Kronig	"Eenheid en veelheid van de hedendaagse natuurkunde" (1962/7).
AV 87.	K. van der Pols	Demonstratie van de stoommachine van Watt (1962/7-8).
AV 87.	J.A.C. Tillema en G. Plantema	Excursie metrowerken (1962/8).
AV 88.	J.H.L. Joosten	"Het wereldvoedselvraagstuk" (1964/10). I.v.m. ziekte van de spreker werd de tekst voorgelezen door J.H. de Haan.
AV 89.	F.H. Sobels	"De erfelijke effecten van straling" (1966/10).
AV 90.	J.H. Bakker	"De toepassing van kernenergiecentrales bij de elektriciteitsvoorziening" (1968/7-8).
AV 91.	C. de Jager	"Röntgensterrekunde" (1970/10).
AV 92.	C.F.J. Böttcher	"Nationaal en internationaal wetenschapsbeleid" (1972/8).
AV 93.	P.L. Knoppert	"Recente ontwikkelingen in de drink- en industriewatervoorziening" (1974/10).
AV 94.	U.G. Schilthuis	"Schieland en zijn bemaling" (1976/11).
AV 95.	D. Bootsma	"Genen in de reageerbuis" (1978/11).
AV 96.	A.M.J. Gehrels	"Ruimtevaart-onderzoekingen naar het ontstaan van het zonnestelsel" (1980/8).
AV 97.	H.J. Frankena	"Lasers en hun toepassingen" (1982/9).
AV 98.	R.F.A. Zwaal	"Pathobiochemische aspecten van celmembranen" (1984/12).

5.2. Gewone vergaderingen

Alle titels zijn overgenomen uit de handelingen. Veel van deze tweejaarlijkse verslagen geven weliswaar in chronologische volgorde de namen en onderwerpen van de gewone vergaderingen, maar zonder opgave in welk jaar de voordrachten plaatsvonden.

GV 1870-1872

P.J. Haaxman	Over eene wijze om versche plantendeelen photografisch af te drukken.
Th. van Doesburgh	Over den Franschen transatlantischen kabel, als vroeger over den Engelschen.
P.J. Haaxman	Over eene wijze om gedroogde planten met drukinkt af te drukken.
Th. van Doesburgh	Photometrische vergelijking der lichtsterkte van verschillende gasbranders.
E. Piaget	Over parasieten die op dieren leven.
N.T. Michaëlis	Funderingswijze van de pneumatische pijlers van de spoorwegbrug over de Maas.
Th. van Doesburgh	Monsters van telegraafkabels.
G.Ph.F. Groshans	Over pokziekte en vaccinatie.
Th. van Doesburgh	Over pseudoskopie.
G.Ph.F. Groshans	Over de chinine.
Th. van Doesburgh	Over den statischen barometer.
G.Ph.F. Groshans	Over de Oostersche pest.
N.T. Michaëlis	Eenvoudige praktische handelwijze om de vezelachtige structuur van het ijzer in teekening te brengen.
G.Ph.F. Groshans	Geschiedenis van de studie der anatomie.

Th. van Doesburgh	Autografische lijnen, voorstellende de storingskrommen van de declinatie-naald gedurende het noorderlicht op 4 Februarij j.l., en ter vergelijking eenige dergelijke krommen van vorige noorderlichten.
K.M. Giltay	Over den invloed van gist op suikeroplossing.
Th. van Doesburgh	Over figuren, ontstaan door vloeistofvliezen tusschen ijzerdraadfiguren.
J.A. Groshans	Over Samuel Pepijs.
Th. van Doesburgh	De vraag van den spheroidaaltoestand.

Van de vergaderingen 1872-1876 en 1878-1886 zijn alleen de namen van de sprekers bekend. Deze namen zijn hier overgenomen in chronologische volgorde van de gewone vergaderingen.

GV 1872-1874	Th. van Doesburgh, E.F. van Dissel, F.J. Dupont en S. Hoogewerff.
GV 1874-1876	Th. van Doesburgh, J. Menalda van Schouwenburgh, J.W. Hagers, E.F. van Dissel, J.A. Groshans, J.E. de Vrij, F.J. Dupont en L. Bleekrode.
GV 1878-1880	Th. van Doesburgh, J.H. de Haas, F.J. Dupont, L. Bleekrode, J. Leijds, J.W. Hagers, S. Hoogewerff. J. Timmers, G.J.W. Bremer, J.A. Groshans en P.J. Haaxman.
GV 1880-1882	J.H. de Haas, G.J.W. Bremer, J.J. Pennink, F.J. Dupont, J.G. Kramers en G.J. de Jongh.
GV 1882-1884	J. Hoogewerff, F.J. Dupont, J.H. de Haas en P.J. Haaxman.
GV 1884-1886	J.H. de Haas, P.J. Haaxman, G.J.W. Bremer, H.J. Veth, Th. van Doesburgh, W.C.L. van Schaick en V.A. Julius.

GV 1886-1887

S. Birnie	Over afkoeling door methylchloride.
F.A. Hoefer	Electrische tijdaanwijzing.
J.L. van Schaïk	De werking van magneten op gepolariseerd licht.
G.J.W. Bremer	Over den door spreker uitgevonden differentiaaltonometer, ter bepaling van de dampspanningen van vloeistoffen.
R. van Dorsten	De rekenmachine van Tomas.
J. Menalda van Schouwenburg	Het weegwerktuig van Everitt.
H.J. Veth	Over de diepzee-visschen.

GV 1887-1888

S. Birnie	Mendeleïeff's methode tot systematische rangschikking der elementen.
H.J. Veth	"Toont eenige exemplaren behoorende tot de familie der coleoptera en vestigt de aandacht op het buitengewoon verschil in grootte bij leden van hetzelfde geslacht".
G.J.W. Bremer	De electrodynamometer van Bellati.
S. Birnie	Rechtstreekse waarneming der warmte-ontwikkeling bij condensatie van een damp tot vloeistof.
H.J. Veth	Proefnemingen van Poulton betrekkelijk het leven der insecten.
F.D.A.C. Moll	Het gemis van rolbeweging in het oog bij zijdelingsche convergentie.
J.L. van Schaïk	De eerste slinger-uurwerken.

GV 1888-1889

E. van Rijckevorsel	Over zijne magnetische waarnemingen in Brazilië.
R.H. van Dorsten	Over weervoorspelling.
W. Nolen	De morfologie der bacteriën.
A. Kempe	De centrale verwarming in het gymnasium en in het ziekenhuis.
G.J.W. Bremer	Het stroomen van vloeistoffen in buizen.

GV 1889-1890

G.J.W. Bremer	Toestel van Puluj voor de bepaling van het mechanisch warmte-aequivalent. Gewijzigde volumenometer van Kopp.
J.L. van Schaïk	Over gyroscopen.
H.J. Veth	De kruisbevruchting bij planten.
H.A. van IJsselsteijn	De verbetering van het westelijk stoomgemaal te Rotterdam.

GV 1890-1891

W.C.L. van Schaïk	Het ontstaan van tonen in orgelpijpen.
H.J. van 't Hoff	Galsteenen.
J. Menalda van Schouwenburg	De brug over het kanaal (plan van Schneider en Hersent).
A.E. Arkenbout Schokker	Het hedendaagsch kompas.

GV 1891-1892

R.H. van Dorsten	Een proportionaalpasser van 1665 en een arithmograaf van Troucet.
G.J.W. Bremer	Onze tegenwoordige kennis van de grootte der moleculen.
W.A.M. Piepers	Ontploffing van een stoomketel van een baggermolen.
H.J. Veth	De kiwi van Nieuw Zeeland.

GV 1892-1895

G.J. de Jongh	Het leggen van zinkers in het bijzonder van den door de Maas in aug. en sept. 1892.
A.E. Arkenbout Schokker	De oorzaken van de verschillende luchtstroomingen met betrekking tot hare richting.
E.J. Hoos	Chronometers.
P.J. Kaiser	Kompasrozen.
H.J. Veth	Demonstratie van preparaten van insecten.
A.E. Arkenbout Schokker	Het onderzoek van de scheepslantaarn ten opzichte van lichtsterkte en kleur.
A. Kempe	Eenvoudige constructie eener kromme lijn voor de verdeeling van een hoek in 2n + 1 gelijke deelen.
E. van Rijckevorsel	Overzicht van door hem gedane magnetische waarnemingen in Nederland.
G.J.W. Bremer	De beteekenis van het gasonderzoek als bijdrage tot de kennis van het water.
S. Birnie	De vlam.
J. Menalda van Schouwenburg	Oppervlaktespanning van vloeistoffen.
A. Kempe	Eenvoudige constructie eener kromme lijn voor de verdeeling van hoeken in een willekeurig aantal gelijke delen.

H.A. van IJsselsteijn	De electrische installatie voor verlichting en krachtsoverbrenging te Rotterdam.

GV 1895-1897

G.J.W. Bremer	Over de diëlectrische constante van verschillende stoffen.
H.J. Veth	Opmerkingen naar aanleiding van eenige merkwaardige voorbeelden van mimicry bij insecten.
A. Brester	Theorie omtrent de zon.
A.E. Arkenbout Schokker	Over het golfstillend vermogen van sommige vloeistoffen.
H.J. Veth	Over motten en andere in onze woningen schadelijke insecten.
S. Birnie	Over de methode van goudbereiding door middel van cyaankalium.
F.D.A.C. van Moll	Projectiebeelden van het netvlies.
F.W. Hudig	Stedelijke telephonie.

GV 1897-1898

L. van Itallie	Het ontstaan en de samenstelling van enkele balsems.
G.J.W. Bremer	Argon en helium.
A. Lam	Onderzoek van vetten met behulp van het doppelprisma van Carl Zeiss.
S. Birnie	Zelfontbranding.

GV 1898-1899

H.J. Veth	Lichtgevende insecten.
A. Kempe	Eene rectificatie van den cirkel door W. Kuntze.
A.E. Arkenbout Schokker	Weervoorspellingen bij jaargetijden.
J.C. Dijxhoorn	Eenige mededeelingen over centrifugaalpompen.
H.A. van IJsselsteijn	De watergasfabriek op Feijenoord.

GV 1899-1900

F.J. Vaes	Regelmatige lichamen en daarvan afgeleide.
J.C. Ramaer	De waterweg van Rotterdam naar zee.
A. Lam	Acetyleen.
L. van Itallie	Bloedonderzoek ten dienste van justitie.

GV 1900-1902

G.J.W. Bremer	Electrolytische dissociatie.
N.C. Vogel	Watermeters.
H.E. van Gelder	Gemeenschappelijke opleiding voor alle hooger onderwijs.
A. Brester	Eenige toelichtingen bij photographiëen van hemellichamen.
J. Schotel	Grondwaterleidingen.
A. Lam	Oude en nieuwe voedingsmiddelen.
H.J. Veth	Een en ander over zeevisschen.
F.J. Vaes	Hulpmiddelen bij het rekenen.
H.J. van 't Hoff	Differentiëel diagnose tusschen typhusbacillen en colicommune.
A. Nolen	De bemaling der Rotte.

GV 1902-1904

C. Nobel	Het tegenwoordig standpunt der luchtvaart (2 voordrachten).
F.J. Vaes	Hulpmiddelen bij het rekenen (2 voordrachten).
A. Lam	Kleine bijdrage over den stofregen van februari 1903.
E. van Rijckevorsel	Magnetische opnemingen in Zuid-Italië.
G.J.W. Bremer	Bezwaren tegen de electrolytische dissociatietheorie.
W. van Rijn	Brand als chemisch verschijnsel.
C. Nobel	De gemeentelijke dokken te Rotterdam.
H.A. van IJsselsteijn	Iets over de gevonden fundamenten van het Blijdorpsche stoomgemaal, door Steven Hoogendijk gesticht.
M.C. Sissingh	Distillatie van steenkolengas met hellende retorten.

GV 1904-1906

H.J. Veth	Over orchideeën.
G.J.W. Bremer	Over radium.
A. Lam	De verwerking van vrije stikstof tot assimileerbare verbindingen.
C. Easton	Veranderingen op de zon en in het klimaat.
F.J. Vaes	Beschrijving van een reis in Amerika.
A. Lam	Melkenzymen.
A.A. Hijmans van den Bergh	Over de koorts.
H.C.J. Gritters	Stoomturbines.
C.A. Jolles	De mond van den Rotterdamschen waterweg.

GV 1906-1907

G.J.W. Bremer	Het wezen der electriciteit.
A. Kempe	Een passcher tot het verdeelen van een hoek in een willekeurig aantal gelijke deelen.
S. Birnie	De werking van fijn verdeeld ijzer op water.
W. Cool	Groote overstroomingen in Nederland.

GV 1907-1908

G.H.J. Peter	Immuniteit, in het bijzonder met betrekking tot Ehrlich's zijketen-theorie.
J.M.G. Scheffer	Kleurenphotographie.
P.H. Schoute	Regelmatige ruimtevulling.
J. Büttikofer	Het Yellow-stone park.
W. Cool	De moderne bestuurbare ballons en vliegmachines.

GV 1908-1909

A. Brester	De nieuwste bewijzen voor de afwezigheid van radiale stormen in de zon.
J.N. Kooy	Ketelontploffingen, oorzaken en gevolgen.
D.J. Blok	Scheelzien.
W. Noorduyn	De nieuwere astronomische plaatsbepaling op zee.
A. Kempe	Het oplossen van een vijfde- en zesde-machtsvergelijking.

GV 1909-1910

W. van Rijn	Dierlijke giftstoffen.
R.H. van Dorsten	Johan de Wit, als actuaris.

M.C. Dekhuyzen	De Zuiderzee.
J.C. Dijxhoorn	Stoomturbines als stuwingswerktuigen voor stoomboten.
R. de Josselin de Jong	Carcinoom.

GV 1910-1911

H.K. de Haas	De bepaling der massa van den aardbol met demonstratie der proef van Michael (sic: Michell-) Cavendish. "Bovendien vertoonde Dr. De Haas een vroeger door hem zelf vervaardigden windmolenmotor, die recht tegen den wind inloopt".
S. Birnie	Samengeperst koolzuur kan zeer sterke zuren verdringen.
A. Grutterink	Over de verhouding van de microchemie tot de chemische kristallographie.
H. van Oordt	De waterbeweging in eenige benedenrivieren in Zuid-Holland. Bovendien de vraag: Zal een haven voor zeer groote en diepgaande schepen aan den Hoek van Holland mogelijk en noodig zijn?
F. van der Feen	De mensch vóór de geschiedenis.

GV 1911-1912

S. Birnie	Enkele proeven over snelheid van reactie.
S. Birnie	Bepaling der reactie-snelheid in eenvoudige gevallen. Proeven in verband met evenwicht en katalyse.
J.F. Niermeijer	De groote moderne bevloeiingswerken.
P. van Mourik	De wet van Weber en de logarithmische wet van Fechner met voorbeelden uit de dagelijksche ervaring toegelicht.
A.F.A.S. van Westrienen	Experimenteele onderzoekingen over de ontwikkeling van de eicel.
A.C. Burgdorffer	Vuilverbranding.

GV 1912-1913

M.C. Dekhuyzen	De eerste studie der natuurwetenschap volgens de onderzoekingen van Norman Lockyer en J.G. Frazer.
R. de Josselin de Jong	De tegenwoordige stand van het constitutie-vraagstuk.
J. van Rees	De "denkende" paarden van Karl Krall te Ebersfeld.
P. Huffnagel	De Rotterdamsche waterleiding.
R. Croll	Reisindrukken van Egypte.
J. Kunst	Eenige proeven over de buiging van het licht.
H.W. Wouterlood	Cleistogame bloemen.

GV 1913-1914

H.K. de Haas	Kosmische kinematoskopie.
A. Grutterink	Indrukken van een geologische excursie door Canada.
M.A. van Herwerden	Erfelijke factoren, die het geslacht bepalen.
R.H. van Dorsten	Electrische telmachine van Hollerith. Een tweetal vragen uit de kansrekening.
M.C.F.J. Cosijn	Tolwerking.
A.H. van Delden	De kringloop van de stikstof.

De voordrachten die zijn gehouden op de gewone vergaderingen van de genootschapsjaren 1914-1915 tot en met 1925-1926 zijn uitgegeven (zie 2.3). De vindplaats van de afzonderlijke voordrachten is hier achter de titel aangegeven. Voor de juiste datering van de voordracht raadplege men de gedrukte tekst ervan.

GV 1914-1915

J. Clay	Wat hebben wij onder natuurwetten te verstaan? (I-1, 3-19).
S. Birnie	De Brown'sche beweging. Aantal en massa der moleculen en atomen naar Jean Perrin (I-1, 20-40).
A.J.P. van den Broek	Over dwerggroei bij den mensch en zijne beteekenis (I-1, 41-49).
H.K. de Haas	Kurven, photographisch geregistreerd bij een experimentele poging de vraag te onderzoeken: Behoeft de gravitatie tijd voor haar verbreiding in de ruimte? (I-1, 50-57).
J.E. Verschaffelt	Het relativiteitsbeginsel (I-1, 58-73).

GV 1915-1916

H.K. de Haas	De "Trage massa" als aberratieverschijnsel beschouwd (I-2, 75-80).
R.H. van Dorsten	De wetten van Pareto en Gini (I-2, 81-88).
R. de Josselin de Jong	Over oud worden (I-2, 89-97).
A. Steger	Over de delfstoffen in Nederland en haar beteekenis voor de chemische industrie (I-2, 98-104).
J.J.A. Muller	De bepaling van de gedaante der aarde door internationale samenwerking (I-2, 105-116).
P. van Braam van Vloten	De Nederlandsche kustverlichting en eenige harer recente verbeteringen (I-2, 117-127).

GV 1916-1917

H.K. de Haas	Een klassiek theorema proefondervindelijk bewezen (I-3, 133-138).
J.A. Schouten	Meetkunde en moderne algebra (I-3, 139-143).
C. Eijkman	Te zuivere voeding (I-3, 144-149).
C.W. Broers	Over bacillendragers (I-3, 150-156).
H.K. de Haas	Over het evenwicht tusschen de traagheid der stof en de aantrekking der stof. Met demonstratie van twee natuurkundige proeven: a. Het 7de theorema van Huygens; b. De proef van Michell-Cavendish (I-3, 157-160).
H.C. Wesseling	Moderne beweegbare bruggen (I-3, 161-177).
R. de Josselin de Jong	Een en ander over plotselinge dood (I-3, 178-188).

GV 1917-1918

H.K. de Haas	Als schaduwzijde van het Arsenicum in zijn huidige concentratie in onze dagelijksche omgeving: een dertigtal vergiftigingsgevallen (I-4, 189-204).
J.W. van Nouhuys	De vaststelling eener tropische sneeuwgrens op Nieuw-Guinea (I-4, 205-215).
A. Vas Nunes	Iets over lage temperaturen (I-4, 216-222).
J.A. Grutterink	De bouw der kristallen (I-4, 223-236).
A.H. van Delden	De planten en dieren van het Rotterdamse Waterwerk en hun beteekenis voor het bedrijf (I-4, 237-249).
D. Croll	Een paar problemen in verband met scheepsbouw (I-4, 250-260).

GV 1918-1919

G. de Josselin de Jong	De beschieting van Parijs op 120 K.M. afstand (I-5, 261-270).

D.A. de Jong	De ziekmakende werking der ingewandswormen (I-5, 271-283).
P.W. Scharroo	De moderne toepassing van het gewapend beton, in het bijzonder voor militaire doeleinden (I-5, 284-296).
S. Birnie	Zelfontbranding, in het bijzonder van hooi (I-5, 297-302).
A.C. van Rossem	Electriciteitsvoorziening van groote gebieden (I-5, 303-306).
A.C. Burgdorffer	Kanaalaanleg in en om Rotterdam (I-5, 307-351).

GV 1919-1920

D. Klinkert	Over steenvorming in het menschelijk lichaam (I-6, 353-364).
R. de Josselin de Jong	Een merkwaardig voorbeeld van autonomen doelmatigen weefselgroei (I-6, 365-370).
H.K. de Haas	I. Over het stroomingsmechanisme in verband met uit- en inwendige moleculaire wenteling (I-6, 371-376). II. Over enkele gevolgen van inconstante lichtsnelheid (I-6, 376-377).
J. Büttikofer	Herinneringen uit de Nederlandsche Borneo-expeditie van 1893-'94 (I-6, 378-387).
R. Magnus	Het tot stand komen der darmbeweging (Cholin als hormon der darmbewegingen) (I-6, 388-401).
J.A. Schouten	De ontwikkeling der begrippen ruimte en tijd in verband met de relativiteitstheorie (I-6, 402: Vermeldt alleen de publikatie van J.A. Schouten, Over de ontwikkeling der begrippen Ruimte en Tijd in verband met het Relativiteitsbeginsel, Rotterdam: Nijgh en Van Ditmar, 1920).
K.H. de Haas	Over aantoonbaar meetkundig verband tusschen formaat en compositie van schilderijen (I-6, 403-445. Ook als monografie, Rotterdam: T. de Vries, 1920 (45 + Pl. 10).

GV 1920-1921

W. van Bemmelen	Uit Insulinde's vulcaanwereld (II-1, 1-3).
C. Lely	Afsluiting en droogmaking van de Zuiderzee (II-1, 4-9).
H.S. de Roode	Het Rotterdamsche oeververbindingsvraagstuk (II-1, 10-19).
C. Winkler	Het hedendaagsche standpunt over de functie van het cerebellum (II-1, 20-31).
A. Vas Nunes	Experimenteele bepaling van de snelheid en de verhouding van lading en massa der electronen in kathodestralen (II-1, 32-38).

GV 1921-1922

S. Birnie	Iets over het ontstaan en het verdwijnen van neerslagen, in het bijzonder van zwavelzink en zwavelkoper c.s (II-2, 39-47).
A.J.P. van den Broek	Het ontstaan van de menschelijke spraak in verband met enkele morphologische kenmerken (II-2, 48-53).
H.C.A. Boom	Moderne telefonie (II-2, 55-59).
D. Boomsma	Havenuitbreiding en kademuurbouw te Rotterdam (II-2, 60-71).
L.S. Hannema	Over het bloed en de overbrenging er van van den eenen mensch op den anderen (transfusie) (II-2, 72-86).
H.K. de Haas	Over gesorteerde warmtebeweging en de circulatieverhoudingen op het zonne-oppervlak (II-2, 87-100).

GV 1922-1923

A.H. op ten Noort	Over de verwijdering van afvalwater uit de steden en de middelen om de schadelijke gevolgen van dit water tegen te gaan (II-3, 101-114).
A.B. van Deinse	Het gebit van de gewervelde dieren (II-3, 115-123).
J. Hekman	Over de zelfverdediging van het menschelijk lichaam in het algemeen (II-3, 124-130).
M. Jansen	Onze volkskracht (II-3, 131-150).
J. van Rees	Grensstrijd van levende epitheliën (II-3, 151-159).

GV 1923-1924

J.J. Canter Cremers	Over de aanslibbing en verzanding van aan (beneden)-rivieren gelegen havens (II-4, 161-166).
L.S. Ornstein	Photografische photometrie. Het meten van licht-intensiteiten met een photographische plaat (II-4, 178-194).
J.A. Bakker	De grond- en betonwerken van het Panamakanaal (II-4, 173-177).
A.B. van Deinse	De omvorming van een land- in een water-zoogdier (II-4, 178-194).

GV 1924-1925

J. Böeseken	Over den toestand van de moleculen in de ruimte (II-5, 195-202).
P.E. Verkade	Verbrandingswarmte-bepalingen (II-5, 203-206).
A.D. Fokker	Zwaarte en Traagheid (II-5, 207-211).
H.H. Ehrenburg	Electronen emissie, toegepast voor het sorteeren van gelijkstroom uit driephasigen wisselstroom.
A.E.R. Collette	De radio-telegrafie met Nederlandsch Oost-Indië, zooals deze zich ontwikkeld heeft (II-5, 228-244).
T. van Lohuizen	De beteekenis van het Doppler-effekt voor de astronomie (II-5, 245-256).
G.H. Moll van Charante	Melk en de melkvoorziening van een groote stad (II-5, 257-288).

GV 1925-1926

W. van Rijn	Gerechtelijk chemisch en microscopisch onderzoek (III-1, 1-3).
H.K. de Haas	Over de cycloonachtige windhoozen van 10 Augustus 1925 (III-1, 4-14).
E. van Everdingen	De cycloonachtige windhoozen van 10 augustus 1925 (III-1, 15-16).
A.H. Borgesius	Over buiging (diffractie) van licht (III-1, 17-24).
H.K. de Haas	Licht buiging in het mikroskoop (III-1, 17-24).
E.C. van Rijssel	Beschouwingen over het kankervraagstuk (III-1, 28-39).
W. van Bemmelen	De tropische luchtoceaan onderzocht met bergstations en ballons (III-1, 40-43).
T. van Lohuizen	Reuzen- en dwergsterren (waarom soortelijke gewichten tot 50.000 bestaanbaar geacht worden) (III-1, 44-66).
P. Ehrenfest	De speling van het toeval als ondergrond van natuurkundige verschijnselen (III-1, 67-72).

GV 1926-1927

P. Joosting	De Hefbrug over de Koningshaven.
J. Smit	Nieuwe inzichten in de stofwisseling der bacteriën.
C.A. Crommelin	Leidsche natuurkunde en instrumentmakerskunst; 18e eeuwsch ('s-Gravesande, Musschenbroek) en 20e eeuwsch (laagste temperaturen, vloeibaar en vast helium).

P.E. Verkade	Oscillatie-verschijnselen bij physische en physisch-chemische constanten van organische verbindingen.
P.H. Kramer	De verbreiding van den typhus.
J.D. Jansen	Fluorescentie en hare toepassing in de praktijk.
W. de Sitter	Over de onregelmatigheden in de aswenteling der aarde en den astronomischen tijd.

GV 1927-1928

J. Clay	De doordringende (ultra-gamma) straling.
A.B. van Deinse	De miocaene Noordzee met hare bewoners en de overblijfselen daarvan in ons land.
J.J.W. van Loenen Martinet	Electrificatie van Nederlandsche Spoorwegen.
G.J.F. Bakker	Het parallelbedrijf van electrische centrales.
T. van Lohuizen	Het Zeiss-planetarium.
B. van der Pol	De hartslag als relaxatie-trilling.

GV 1928-1929

S.H. Bertram	Margarine als voedingsmiddel in vergelijking met boter.
H.K. de Haas	Voeding, koepokinenting, encephalitis.
T. van Lohuizen	Over veranderlijke sterren.
L.J. van Dunné	Iets over de voorbereiding en de uitvoering der nieuwe Koninginnebrug.
H.A. Kramers	Over oudere en nieuwere stralingstheorieën.
A.H. Borgesius	De nieuwere proeven van Michelson en anderen en de tegenwoordige stand van het aethervraagstuk.
L.E. den Dooren de Jong	Infectie en bacterieële intoxicatie door voedsel.

GV 1929-1930

H.A. Verhey	Bieden onze dijken voldoende waarborg tegen het gevaar voor overstrooming?
C.A. Crommelin	Het lenzenslijpen in de 17e eeuw.
H.R. Kruyt	Waterbinding der kolloïden.
J.W. van Nouhuys	Een Barentsz-reliek en het Nova-Zembla verschijnsel.
J.A. Emmens	Een onderzoek naar de bruikbaarheid van Hollandsche gerst voor de bierbrouwerij.
P.E. Verkade	Oneven vetzuren, hun voorkomen in de natuur en hun afbraak in het organisme.
L.E. den Dooren de Jong	Over het wezen van den bacteriophaag.

GV 1930-1931

J.D. Jansen	Onderzoek over het verband tussen giftigheid en samenstelling van ferro-silicium.
J. Versluys	De oorzaak en het wezen van den artesischen druk.
P.E. Verkade	Problemen betreffende de vetstofwisseling van diabetici.
J. Clay	Het meten van de intensiteit van Röntgenstralen, radioactieve stralen en lichtstralen.
W.P. Jorissen	Explosieve reacties.
T. Folpmers	Het dooden van micro-organismen in het water door chloor en chloorverbindingen.

GV 1931-1932

L.E. den Dooren de Jong	Over mutilatie bij bacteriën.

H.K. de Haas	Over de eigenschap van den dampkring, die warmte-onttrekking aan een deel er van op temperatuurstijging van dat deel doet uitloopen.
N.L. Söhngen	Bio-luminescentie.
P.E. Verkade	Onderzoekingen over het gedrag van oneven vetten in het menschelijk lichaam, mede in verband met diabetes mellitus.
T. Folpmers	Reuk- en smaakbezwaren van drinkwater uit oppervlaktewater bereid en de bestrijding dier bezwaren.
J. Versluys	Een verklaring van het intermitteeringsverschijnsel bij heete bronnen, toegelicht door een filmdemonstratie.
A.D. Fokker	Bewegingen en bewegingskrachten in den dampkring.
K.H. de Haas	Bij Albrecht Dürer's Ritter (Tod und Teufel) en Melencolia (par.) I opzettelijk meetkundige vlakverdeeling (compositie) aangetoond.

GV 1932-1933

L.E. den Dooren de Jong	Over groeistoffen: "auximonen", bios en bacterieele auxinen.
H.A. Fonteyn Kuypers	Enkele natuurkundeproeven uit de praktijk.
F.J. Vaes	De geschiedenis van de statistiek betreffende de 1-ste H.B.S., te Rotterdam.
T. Folpmers	Het vernietigen van phenolen door werking van bacteriën in de natuur.
J. Clay	Verschijnselen der kosmische ultrastraling.
L.G.M. Baas Becking	Chlorophyl.
D.W. Dijkstra	Over de mogelijkheid van diamant maken.

GV 1933-1934

W.P. Jorissen	Geïnduceerde oxydatie (zuurstofactiveering) bij gewone en hooge temperaturen, o.a. bij explosie-temperaturen.
D.W. Dijkstra	Korte mededeeling over "zwaar water", het oxyde van het pas ontdekte waterstofisotoop.
K.H. de Haas	Tooververkanten.
F. Muller	De eerste vier stoommachines in ons land en de ontwikkelingsgang daarvan.
J.R. Katz	De rekbaarheid van rubber en rubberachtige stoffen.
D.J.W. Kreulen	Steenkool-classificatie.
W.J. de Haas	Het bereiken der laagste temperaturen.
B. van der Pol	Nieuwere onderzoekingen over de voortplanting van electromagnetische golven (met demonstratie).

GV 1934-1935

F.A. Vening Meinesz	Zwaartekracht-onderzoek op zee.
P.E. Verkade	Vet-opbouw en vet-afbraak in het levend organisme.
C. Braak	Klimaat en klimaat-veranderingen.
T. Folpmers	Snelfiltratie, biologisch vergelijkbaar met langzame zandfiltratie, in het waterleidingbedrijf.
A.C.S. van Heel	Lensfouten en hare correctie in optische instrumenten (met demonstratie).
W.F.J.M. Krul	Wat het geohydrologisch onderzoek van den Wieringermeerpolder heeft geleerd omtrent de hydrologische geschiedenis van Noord-Holland.
J.P. Mazure	Berekeningen betreffende de hoeveelheid en het chloorgehalte van het kwelwater in den Wieringermeerpolder.
M. de Haas	Over normalisatie van kleuren.

T. van Lohuizen	Problemen en eenige resultaten van het Internationaal Pooljaar 1932-1933.

GV 1935-1936

L.E. den Dooren de Jong	Recente onderzoekingen over den bacteriophaag.
W.P. Jorissen	Explosieve reacties en analytische meetkunde.
H.J. Jordan	Hersenverrichtingen, vooral bij lagere dieren.
H. Zanstra	Lichtende nevelvlekken en sterren van hooge temperatuur.
D.J.W. Kreulen	Steenkool-bitumina.
S.H. Bertram	De waswerking van zeepen (in het bijzonder der geëlaïdineerde vetzuren).

GV 1936-1937

J. van der Hoeven	I. Zoet- en brakwater in Holland; II. IJsselmeer en Noordoostpolder.
K. Kuiper	Een halve eeuw celkern-onderzoek.
C. Zwikker	Isolatie tegen warmte, koude en geluid.
J. Muysken	Energiebronnen der toekomst.
L.W.H. van Dijk	De oeververbinding te Rotterdam.
A. Schierbeek	Paracelsus.
J. Sanders	De quantitatieve zijde van het bevolkingsvraagstuk.

GV 1937-1938

A.B. van Deinse	De walvis in den Wieringermeerpolder.
M. (G.J.) Minnaert	Over de Fraunhofersche lijnen in het spectrum van hemellichamen.
A.A. Overbeek	Bestrijding van rundertuberculose.
H.S. Frenkel	Het kweeken van virussoorten, speciaal van het mond-en klauwzeervirus.
T. Folpmers	Waarnemingen betreffende het verdwijnen van faecale streptococcen bij filtratieprocessen ter bereiding van drinkwater uit oppervlaktewater.

GV 1938-1940

Over de periode 1938-1940 schreef de Eerste Secretaris De Haas in 1946: "Ook de maandelijksche vergaderingen zijn in deze winters regelmatig gehouden. Het is mij echter niet mogelijk daarvan hier een volledige lijst der sprekers met de door hen behandelde onderwerpen te laten volgen. Bij den brand van het beursgebouw is immers het geheele archief van het Genootschap met alle brieven en alle notulenboeken verloren gegaan. Dat zulks van de cursussen wel mogelijk was, is slechts aan het toeval te wijten, dat onze 1e secretaris de twee aankondigingen van deze cursussen met volledig programma, zooals deze indertijd waren rondgezonden, thuis onder zijn eigen papieren bewaard had" (1946, 7).

GV 1940-1945

J.M. Burgers	De ventilatie der Maastunnels.
Joh. van Veen	Het zoutgehalte van het water in onze riviermonden.
H.K. de Haas	Over het roode bloedlichaampje als wrijvings-electriseermachine beschouwd.

GV 1946-1947

F. Schuh	De methodiek in de wiskunde.

D.W. Dijkstra	Iets over de kracht van Coriolis.
Th. W. Theunissen	De invloed van de grenslaag op het gedrag van stroming van vloeistoffen.
Z.W. Sneller	De proefondervindelijke wijsbegeerte in Nederland tijdens het midden van de 19e eeuw.
L.R. Sinnige	Het toeval in de proefondervindelijke wijsbegeerte.
Joh. van Veen	Over de toekomst der Nederlandse kust.
D.J.W. Kreulen	Over het opsporen van aardolie (geophysische methoden).
J. Bouman	Enige methoden van het kristalonderzoek met Röntgenstralen.
L.E. den Dooren de Jong	Penicilline en andere antibiotica.

GV 1947-1948

	Herrijzend Rotterdam I
C. van Traa	Eenige uitgangspunten bij de voorbereiding van plannen voor Groot-Rotterdam.
J. Rutgers	Mogelijkheden voor de uitvoering van de wederopbouw van Rotterdam.
	Herrijzend Rotterdam II
H.G.J. ter Marsch	Vernieling en herbouw van de haven van Rotterdam.
N.Th. Koomans	Aanpassing van de haven van Rotterdam aan gewijzigde of zich wijzigende omstandigheden.
	Herrijzend Rotterdam III
N.J. van Veen	Over de spoorwegplannen voor Rotterdam.
H.K. de Haas	Over aanrijdingskansen van de nul-ogige, één-ogige en twee-ogige chauffeurs en het moderne motorrijtuig.
D.J.W. Kreulen	Steenkool, olie. Ontwikkeling, noodzakelijkheid en stand van zaken thans!
T. van Lohuizen	Moderne ideeën over atoomsplitsing.
T. Folpmers	Reiniging van oppervlaktewater langs chemische en electrolytische weg.

GV 1948-1949

H.C. Hazewinkel	Steven Hoogendijk.
W.N. van Nooten	Steven Hoogendijks technische arbeid.
H.G. Cannegieter	De taak van het Meteorologisch Instituut voor de scheepvaart en de luchtvaart.
A. Schierbeek	Jan Swammerdam, leven en werken.
D. Dresden	De stand van de ontwikkeling der gasturbines.
A.D. Erkelens	De electro-physiologische grondslagen van het electrocardiogram.
P. de Gruyter	Rijnland's zorg voor de hoedanigheid van het boezemwater.
C.A.J. von Frijtag Drabbe	Hedendaagse cartografie.

GV 1949-1950

F.J. Appelman	Dieren in gevangenschap.
D. van Zuilen	De werkzaamheden van de Organisatie-Commissie Gezondheidstechniek T.N.O op het gebied van woninghygiëne.
A. Havinga	Het technisch-wetenschappelijk onderzoek inzake de molenwieken van Ir. P.L. Fauel.
J.Th. Thijsse	Recente ervaringen van Nederlandse ingenieurs in het buitenland.
J. van Slogteren	Virus-ziekten.

D. den Hoed	De medische toepassing der kunstmatig radio-actieve stoffen en in het bijzonder van radio-actief phosphor.
W.F. de Jong	Micro-kristallen en macro-kristallen.

GV 1950-1951

S.W. Visser	Zonneactiviteit en weersverschijnselen.
B.G. Ziedses des Plantes	Stereoscopisch Röntgenonderzoek met contrastvloeistof doorstroomde bloedvaten der hersenen.
A. Schierbeek	Antoni van Leeuwenhoek, leven en werken (met demonstratie van zijn werken).
N.A. Halbertsma	Fluorescentielicht (met demonstratie).
A. van der Steur	Wederopbouw en restauratie van oude gebouwen, toegelicht aan de hand van de werkzaamheden verricht aan de Stadhuizen van Middelburg en Gouda.
G.H. Wieneke	Recente ontwikkeling van de automatische telefonie in Rotterdam.

GV 1951-1952

Joh. van Veen	Zout- en verdrogingsschaden in Nederland.
H.K. de Haas	Bedenkelijke photografische techniek, zelfs bij de Olympische Spelen te Londen aangewend.
A.B. van Deinse	Fossiele Nederlandse vissen uit het Tertiair.
H.E. Henkes	Over de registratie van de electrische verschijnselen, welke zich afspelen in het netvlies van het oog.
F.P. Mesu	Landbouw-perikelen in verband met de industrialisatie van Nederland.
T.H. Thung	Enkele aspecten van het virusprobleem.
N.A. Halbertsma	De betekenis van research voor de ontwikkeling van het Philips-Concern.
K.H.C.W. van der Veen	Een beschouwing over enkele technische spoorwegproblemen.

GV 1952-1953

D.G. van Hoytema	Psycho-somatische richting in de geneeskunde.
J.M. Burgers (of W.G. ?)	De betekenis van structuurfouten in kristallen.
J. Wind	Sporenelementen in de landbouw.
A.B. Droogleever Fortuyn	Het erfelijkheidsonderzoek bij de mens vergeleken met dat bij planten en dieren.
N.J. van Veen	De ontwikkeling der spoorwegwerken te Rotterdam.
H.J. Spit	Vier jaren ervaring in Ethiopië.

GV 1953-1954

J.H. Oort	Structuur en evolutie van het melkwegstelsel.
P.J. Kooreman	Chirurgische mogelijkheden bij de behandeling van hartaandoeningen.
F.J. Appelman	Conflict mens-natuur.
A.P. Minderhoud	De totstandkoming, de uitgifte en de exploitatie van boerderijen in de Noordoostpolder.
P.J. Wemelsfelder	De stormvloed van 1 Februari '53 met een nadere beschouwing over de kansen op hogere vloeden.
M.C. Teves en J. Feddema	Medische toepassingen van de Röntgenbeeld-versterker. Technische problemen en resultaten (M.C. Teves). Medische problemen en resultaten (F. Feddema).
L. Neher	Algemene telecommunicatie-vraagstukken.

GV 1954-1955

W. Beijerinck	Biologische stations en hun werkkring.
W. Froentjes	Enkele aspecten van de bloedproef.
F.A. Vening Meinesz	Het ontstaan van plooiingsgebergten en diepzeetroggen, van continenten en oceanen.
A.A. Thiadens	Geologie ten dienste van de steenkoolmijnbouw.
Joh. van Veen	Stranden, dijken, zandverplaatsingen.
P.F.J.A. Julien	Het Pygmeeën-probleem, de Afrikaanse Pygmeeën in het bijzonder.

GV 1955-1956

H.J. Flieringa	Operatieve oogheelkunde.
H.Wittenberg	Rakettechniek en haar toepassingen in heden en toekomst.
F.J. Appelman	Conflict mens-natuur (vervolg, zie 1953-1954).
M. Bogaardt	Hoever is de ontwikkeling van de kernenergie heden gevorderd?
W.P.A. van Lammeren	Huidige ontwikkeling van het scheepsmodelonderzoek in het Nederlandsch Scheepbouwkundig Proefstation te Wageningen.
J.A.C. van Pinxteren	Vorderingen in de ontwikkeling van geneesmiddelen.
H. Veldstra	Biochemische verkenningen in de levende cel.

GV 1956-1957

J.W.G. ter Braak	Het electro-encephalogram.
A. van Wijngaarden	Het Mathematisch Centrum.
F. Hoeke	De Rotterdamse keuringsdienst van waren.
H.W. van Tijen	Gasturbines.
J. Schijve	Vermoeidheidsverschijnselen in metalen.
W. Bleeker	Over het kunstmatig verwekken van regen en andere dergelijke activiteiten.

GV 1957-1958

D.W. Dijkstra	De structuurformule van het insuline.
N.Th. Koomans	Uitbreiding van de haven van Rotterdam.
S.W. Visser	Het Nova-Zembla verschijnsel (vervolg ener voordracht van bijna 28 jaar vroeger door J.W. van Nouhuys).
P. Korringa	Het Delta-plan en de visserij.
J.J. Broeze	Iets over automobiel-motoren.
M. Bogaardt	Kerntechniek.

GV 1958-1959

K. van der Pols	Het ontwerpen van een groot passagiersschip.
J.A.C. Tillema	De taak van de Dienst van Gemeentewerken.
A. Bonebakker	Westerse geneeskunst in een onderontwikkeld gebied.
L.J.F. Broer	Kernfusie.
A.C. Schuffelen	De toepassing van radio-actieve isotopen bij het landbouwscheikundig onderzoek.
H. Engel	Het levenswerk van Charles Darwin.

GV 1959-1960

P.J. Gaillard	Het kweken van weefsels buiten het lichaam.
J.A. Emmens	Over de Nederlandse bierbrouwerij en haar voornaamste grondstof, de Gerst.
L.R. Sinnige	Kankerbestrijding in Nederland.

K. Breur	Middelen, mogelijkheden en moeilijkheden in de radiotherapie.
H. Wittenberg	Ruimtevaart.
W.C. van Mierlo	Grondmechanica.
R. Gheyselinck	Honderd jaar opsporing van olie.
J. de Wilde	Waarnemingsvermogen en taal der Bijen.

GV 1960-1961

E.H. Hermans	De margarineziekte.
J.J.B. Bijker	De strijd om het drinkwater in het westen des lands.
A.C.V. van Bemmel	Het dier als element in de menselijke cultuur.
W. Bleeker	Kunstmatige radio-activiteit in de atmosfeer.
W. Froentjes	Vergiftiging als misdrijf.
M. de Bruijn	Het Deltaplan en daarmede samenhangende problemen.

GV 1961-1962

H.W. Julius	Onze wetenschap en onze samenleving.
G.H. Wieneke	Nieuwe ontwikkelingen op het gebied van telefoontechniek.
W.G. Burgers	Metaalkristallen.
C.J. van Nieuwenburg	Uit de oude geschiedenis van de chemische analyse.
J.Th.R. Schreuder	Medische verzorging der ouden van dagen.
H.J. Schoemaker	Proefondervindelijke waterloopkunde.
E.L. Molt	Drinkwater door biologische en chemische waterzuivering.

GV 1962-1963

B.G. Ziedses des Plantes	Nieuwe ontwikkelingen in de Röntgendiagnostiek.
J.B. Le Poole	Kathodestralen als gereedschap.
A.A. Thiadens	Economische geologie van het aardgas.
A.A. Velthoen	Hondsdolheid.
J.J. Went	De toekomst van de kernenergie.
S.C. van Veen	De mathematische zijde van de sterrenkunde.

GV 1963-1964

J.A.C. Tillema	Ontwikkeling van de metrogedachte te Rotterdam.
P. Korringa	De rationele bevissing van de Noordzee.
H.C. Bos	Over het gebruik van wiskundige modellen in de economie.
F. Hellinga	Nederlandse cultuur-technische landbouwkundige activiteiten elders.
T.P. van den Bergh	Slechts enkele facetten rondom de luchtverontreiniging.
E.H. Hermans	Melaatsheid in verleden en heden.
P.J. Kooreman	Vooruitgang van de hartchirurgie sinds 1953 (vervolg, zie 1953-1954).

GV 1964-1965

J.H. Plokker	Schilderkunst van geestelijk gestoorden.
J. de Wilde	Oude en nieuwe wegen in de insectenbestrijding.
F.E. Douwes Dekker	Blindvliegen.
P. Koster	Orchideeën.
H.M. Kraayvanger	Het nieuwe concertgebouw te Rotterdam.
C.W. Kosten	De akoestische vraagstukken van de zalen in bovengenoemd gebouw.
M.G.J. Minnaert	De verkenning van een nieuwe wereld: de maan.

GV 1965-1966

D.W. Dijkstra	Vuur en licht in de vorige eeuw.
R. Meischke	Behoud en restauratie van gebouwen en wijken.
E.W. Dijkstra	Electronische rekenmachines.
L.J.F. Broer	Lasers.
H.C. Rümke	Over de wetenschap der psychiatrie.
A.J. Zuithoff	IJzer- en staalfabricage.

GV 1966-1967

K. van der Pols	Stonehenge.
J.Th. Hackmann	Geneesmiddelen voor geesteszieken.
L. Aardoom	Ruimte-triangulatie met satellieten.
J.J. Dronkers	Studies voor het toekomstige regime van de benedenrivieren.

GV 1967-1968

S.J. Wellensiek	Bloemknopvorming.
F.W. van Bilderbeek	Boren op zee.
F.W. de Vrijer	Kleurentelevisie.
M.W. van Hof	Eén- en twee-ogig zien.
A. van Loon	Diazotypie als reproductie-procédé.
W. Berends	De rol van nucleïnezuren in de levende cel.

GV 1968-1969

J. Bok	Profylaxis tegen rhesus-immunisatie.
K. van der Pols	Het Engelse kanalen-systeem uit de 18e eeuw.
J.H. Makkink	Nabootsing van de ruimte in het laboratorium.
A. Raad	Luchtverontreiniging en stedelijk groen.
D.W. Dijkstra	Dogma's in de natuurwetenschap.

GV 1969-1970

J. Gerbrandy	De centrale verwarming van het menselijk lichaam.
A. Havinga en K. van der Pols	Enige aanvullingen op het gedenkboek.
M.G.J. Minnaert	De maan in 1969.
J.H. baron Mackay	Operationele weerkunde.
G.S. van der Vlies	Moderne oliedestillatie.
J.H. Nieuwenhuijsen	Experimenteel onderzoek over zeeziekte.

GV 1970-1971

B. Leijnse	Biochemische modelsystemen voor berekeningen met de digitale computer.
H. Galjaard	Diagnostiek van erfelijke aandoeningen vóór de geboorte.
A. de Sterke	Niet-destructief onderzoek van materialen.
D. de Zeeuw	Bestraling, een modern hulpmiddel bij de verbetering van ons voedselpakket.
P. Jansen-Schoonhoven	Van Swinden en het decimaal metrieke stelsel.

GV 1971-1972

W. Langeraar	Het moderne zeeonderzoek en de internationale samenwerking daarin.
W. Froentjes	Natuurwetenschappelijk onderzoek van schilderijen.
A.D. Erkelens	Anatomische tekeningen van Leonardo da Vinci.
C.M. Braams	Kernfusie als mogelijke bron van energie.
H.G. van Eijk	Van immunologie naar immunochemie.

J. v.d. Drift	Organische stofhuishouding van een bos.

GV 1972-1973

A.J. Dekker	Moderne ontwikkelingen in de vaste stof-fysica.
P. Slijkhuis	De waterhuishouding van Delfland.
H.M. van Praag	Psycho-farmaca, hun therapeutische en wetenschappelijke betekenis.
A.W. de Vos	De revalidatie van auditief gehandicapten.
J.A. Steketee	De ontwikkeling van de gasdynamica.

GV 1973-1974

K. van der Pols	Oude stoomgemalen in Nederland.
J.P. de Haas	Elektrodiagnostiek bij aandoeningen van de oogzenuw.
H.K.A. Visser	Hedendaagse behandeling en verzorging van de te vroeg geborene.
J.A. Bijvoet	Satellieten voor lucht- en scheepvaartverkeer.
A.C. Schuffelen	De betekenis van de kunstmest voor de voedselvoorziening.
A.P.M. Baede	Weersverwachtingen op lange termijn.

GV 1974-1975

K. van der Pols	De polder Prins Alexander.
J.J. Went	Energieproduktie met thermische kernreactoren, waarom en hoe?
A.H. de Haas van Dorsser	Snelle kweekreactoren.
A. Tiktak	De veiligheidsaspecten bij de thermische kerncentrales.
H.G. Kuipéri	Wat is landinrichting?
L.N. Went	Geslachtsgebonden overerving bij de mens.

GV 1975-1976

C. de Beer	De Foundry Drawings van Verbruggen.
W. Swart	Een industriecomplex in de Noordzee.
H.C. van de Hulst	Nieuwe mogelijkheden en wat de astronomen ermee gedaan hebben.
J.H. Oort	De kern van ons melkwegstelsel.
H. van der Laan	Explosieve verschijnselen in de extragalactische wereld.
A. Wepster	Navigatie-ontwikkeling in de zeevaart.

GV 1976-1977

J.Veldkamp	Aardbevingen en continenten.
D.R.A. Stapel	Hoe werkt Schiphol?
M.W. van Hof	Hedendaagse inzichten in de interactie van zenuwcellen.
G.F.J.M Vrensen	Ultrastructuur en synapsen.
J. van Hof-van Duin	De betekenis van omgevingsinvloeden voor de ontwikkeling van het centrale zenuwstelsel.
I. Steele Russell	The brain mechanisms of learning. A consideration on the neurophysiological mechanisms involved.
H. Collewijn	Het zien en de besturing van oogbewegingen.

GV 1977-1978

D.A.A. Koolen	Het ontstaan van het slingeruurwerk.
M.J. van Lieburg	Het Bataafsch Genootschap en de proefondervindelijke geneeskunde 1769-1869.
D.G.H. Latzko	Energiebesparing. Reddingsboei of fopspeen?

W.L. van der Poel	Algemene inleiding in modern electronische rekenapparatuur.
E.W. Dijkstra	De programmeer-opgave als intellectuele uitdaging.
R.G. Boiten	Toepassing van computers voor het regelen, sturen en beveiligen van industriële systemen en processen.

GV 1978-1979

H. van Crevel	De bewegingen van de liquor cerebrospinalis
S.A. Wouthuysen	Het verschijnsel materie.
A.J. Zuithoff	De ontwikkeling van ijzerlegeringen als moderne constructiematerialen.
F.J. Kievits	Niet-ijzermetalen; een markt voor selectieve groei.
D.W. van Krevelen	Kunststoffen als materialen; hun aard, eigenschappen en betekenis.

GV 1979-1980

A.P.M. Baede	Weersverwachtingen op middellange termijn in Europees verband.
H.G.J.M. Kuijpers	De bestudering van de verbindingen tussen de zenuwcellen in het centraal zenuwstelsel met behulp van het transport van fluorescerende stoffen door het inwendige van de zenuwvezels.
A.S.G. Bruggeling	Voorgespannen beton: Een modern constructiemateriaal.
J.H. Reuter	Electrische vissen.
P.Th. Velzeboer	Zeemijnbouw.
H.A. Meijer	Waterkwaliteitszorg in Nederland.

GV 1980-1981

K. Mouthaan	Glasvezel communicatie systemen.
R. Viddeleer	Satellietcommunicatie.
L. Krul	Microgolven, een nieuwe dimensie in remote-sensing.
L.E.M. de Boer	Genetica in de moderne dierentuin.
E. Meeter	Interacties tussen motorische zenuwcellen en spiervezels in het lichaam en in weefselkweek.
A.B.M. van der Plas	Tunnelbouw.

GV 1981-1982

G.W. Barendsen	Biologische effekten en risicoschattingen van ioniserende straling in vergelijking met andere toxische agentia.
J. Weber	Radioactief afval, een bedreiging voor volksgezondheid en milieu?
H.G. van Eijk	Verkenning van het lichaamsijzer.
E.P. Köster	De reukzin: anatomie, fysiologie en psychologie.
F.H. Schmidt	Het ontstaan van de aardse dampkring.
H.J. Takken	
A.J.A. van der Weerdt	Enkele aspecten van de industriële toepassing van reukstoffen.

GV 1982-1983

H. Galjaard	Erfelijkheidsonderzoek; wat doen wij er mee?
A. Starink	Techniek en oliebedrijf op zee.
C.J.E. Schuurmans	Klimaatsveranderingen door meer CO_2 in de atmosfeer.
W.L. van der Poel	De grenzen van ons logisch denken.
M.W. van Hof	Functioneel herstel na hersenbeschadiging.

GV 1983-1984

J.W. Wladimiroff	Diagnostiek van aangeboren afwijkingen met behulp van ultrageluid.
F.A. Janssen	In de keuken van de boekhistoricus.
G.A. Wagner	Een nieuw industrieel elan.
G.C. Grosveld	DNA onderzoek en kanker.
J. van Dixhoorn	De mens in het havenontwerp: zintuigfysiologische aspecten.
A. Querido	De invloed der Nederlanders op de wetenschappelijke en de technische ontwikkeling van Japan gedurende de Edoperiode (1603-1868).

GV 1984-1985

D.W. van Krevelen	Tijd en ruimte; de natuurwetenschappelijke en filosofische problematiek.
B. Leijnse	Zijn de ringen van Liesegang en de Zhabotinsky reacties chemische modelsystemen voor periodieke processen in levende organismen?

5.3. Cursussen

Op 5 juli 1770 verleenden de Staten van Holland en West-Friesland het Bataafsch Genootschap octrooi, onder nadrukkelijke verbod "dat door hetzelve Genootschap publykelijk zal worden gedoceert" (I, xxvii). Toen Steven Hoogendijk zijn testament, waarin ook de oprichting van het Bataafsch Genootschap uitvoerig beschreven stond, op 29 december 1785 liet vernieuwen, uitte hij daarin echter toch de wens dat de collectie boeken en instrumenten die hij aan het genootschap wilde legateren, gebruikt zou worden om "een steeds duurende gelegentheid te verschaffen aen de beminnaren van de Proefondervindelijke Wijsbegeerte om zig daer in te oeffenen, en ten dien Einde wil en begeerd dat de Heeren directeuren van dat Genoodschap aanstellen en benoemen zullen een kundig Persoon, op eene belooning van drie honderd Guldens s'jaers, te betaalen uit de Revenuen van het Genoodschap, dewelke gehouden zal zijn eens ter Weeke van den Eerste October tot den Eerste Mey lessen te geven en voorlezingen te doen over de proefondervindelijke Wijsbegeerte. Dat zoo wanneer dezelve lessen op zijn heer Testateurs overlijden niet zijn aanvang genomen hebben, en dus bij hem zelfs geen Persoon benoemd is geworden, alsdan die benoeming en den tijd van 't beginnen der Lessen en alle verdere schikkingen daaromtrent te maaken, geheel en volkomen overlaat aen voorn. Heeren Directeuren in den tijd en zulx temeer dewijl alle die oncosten uit de Revenuen van 't voor meergenoemde Genoodschap Jaarlijx zullen moeten voldaan worden, en hij heer Testateur begeerd, dat men tot de voorschreeve Lessen ook zoude toelaten, nae voorafgaende goedkeuringe van Heeren Directeuren, de zoodanige die geene Leden zijn van hetzelve genoodschap zonder eenige betalinge of contributiën" (Oud-Notarieel Arch. Rotterdam, inv. nr. 3304, fol. 1183-1184, dd. 29 dec. 1785).

Het dilemma waarvoor Directeuren op deze wijze werden geplaatst, werd op slimme wijze opgelost door de annexatie van het sinds 1767 bestaande Physisch Gezelschap of Collegium Physicum. Dit gezelschap, dat zich presenteerde als een van de vele lokale genootschappen die de 18e eeuw rijk is geweest, had haar wortels in de activiteiten van de medicus Leonardus Stocke (1710-1775). In 1787 kocht Steven Hoogendijk de rijke collectie instrumenten van dit gezelschap en voegde dit bij de erfenis die hij in het hiervoor geciteerde testament aan het Bataafsch Genootschap overdroeg. Zonder het octrooi van 1770 geweld aan te doen, konden daarna de cursussen als aktiviteit van het Physisch Gezelschap, in feite nu dus een dochter van het Bataafsch Genootschap, worden gepresenteerd.

Al in februari 1787 werden de Maecenaten uitgenodigd de cursus te volgen. Van 1788-1840 hebben negen of tien lectoren voor dit gezelschap lezingen verzorgd. Toegang hadden de leden en "voorstanders" van het Bataafsch Genootschap en de leden van het Physisch Gezelschap. Alleen van de cursus die Lambertus Bicker verzorgde is het thema bekend (zie V 109), terwijl van Hendrik Willem Rouppe (1765-1816) enkele publikaties bekend zijn waarin hij gewag maakt van zijn optreden als lector (V 89 en V 111).

Lijst van lectoren van het Physisch Gezelschap

1788-1793	L. Bicker
1793-1796	H.W. Rouppe
1796-1798?	J.J. le Sage ten Broek
1798?-1799?	G. Hodenpijl
1799-1806	O.C. Eickma
1806-1824	P. Curten (en J.F. van der Houven van Ankeren ?)
1824-1825	J. van der Hoeven
1825-1832	G.J. Mulder
1832-1840	D.F. van der Pant

In 1840 werd K.M. Giltay tot lector van het genootschap benoemd. Tijdens zijn lectoraat werden de activiteiten van het Physisch Gezelschap officieel in "Plan en Grondwetten" vermeld als een van de aktiviteiten van het Bataafsch Genootschap, namelijk het geven van "een cursus van voorlezingen over de natuurkunde" (1843 en 1890, art. VIII). Daarbij werd de bepaling gevoegd dat "de cursus der voorlezingen zal worden bestuurd door den presideerenden Directeur. Tot denzelven zullen al de Leden van het genootschap den vrijen toegang hebben, en voorts worden toegelaten beminnaars der wetenschappen, welken Directeuren zullen meenen den toegang te kunnen verleenen" (1843, art. LIII). Na 1890 werd gesproken over de toelating van belangstellenden "op door de Directeuren te stellen voorwaarden" (1890 en 1927, art. LIV). Aan Directeuren werd opgedragen "de jaarlijksche benoeming voor de natuurkundige voorlezingen" (1843, art. XXVI); in 1890 geformuleerd als de jaarlijkse benoeming van "de Lector voor de voordrachten" (1890 en 1927, art. XXVI). In "Plan en Grondwet" van 1927 werd gesproken over de cursus van voordrachten over "de natuurkennis", in plaats van "de natuurkunde" (1927/art. VII).

Tussen 1840 en 1940 zijn de cursussen met een enkele onderbreking, jaarlijks gehouden. Bovendien besloot men in 1850 nog een tweede cursus te organiseren, gericht op "het elementair onderwijs in de natuurkunde", welke cursus eveneens gedurende het winterseizoen werd gehouden (N. XII, iv). Over deze cursussen, die eveneens door Giltay werden gegeven, zijn geen bijzonderheden bekend. Op de algemene vergadering van 1858 werd bericht dat de elementaire cursus bij gebrek aan belangstelling was gestaakt (N. XII, xxvi).

Voor de cursus 1903-1904 kon men geen nieuwe lector vinden. Wel wilde Willem Einthoven (1860-1927) een achttal voordrachten geven over fysiologische optiek, maar van dit aanbod hebben Directeuren geen gebruik gemaakt. Gedurende de Eerste Wereldoorlog werd tweemaal géén cursus georganiseerd (1914-1916). De directe aanleiding was het niet-beschikbaar zijn van de lokalen in de Beurs, in verband met de tijdelijke vestiging aldaar van de Handelshoogeschool. In deze jaren speelde ook de geringe belangstelling voor de cursussen een rol, met name veroorzaakt door de concurrentie die het genootschap van de Volks-Universiteit ondervond. In dat verband is de opgave van de aantallen cursisten van belang, die men vindt in het archief van het genootschap (Arch. BG, inv. nr. 40). Deze opgave is echter niet geheel betrouwbaar. In 1918 besloot men voor de organisatie van de cursussen met de Volks-Universiteit samen te werken. Deze samenwerking heeft twee jaar geduurd.

Na de Tweede Wereldoorlog handhaafde men de bepalingen betreffende de winteravondcursussen (1946 en 1957, art. VII, XXVI en LIV), maar van cursussen en lectoren is nadien geen sprake meer geweest.

In de hierna volgende lijst zijn de cursusonderwerpen voor zover bekend geïnventariseerd. De volgorde van de cursussen tussen 1876 en 1884 is onzeker.

Cursus	Lector	Onderwerp
C 1856-1857	K.M. Giltay	Cursus geopend met een rede "Tegen het Materialisme".
C 1857-1858	K.M. Giltay	Cursus geopend met een rede over "Nog een woord over het materialisme van den laatsten tijd" (opgave onzeker).
C 1859-1860	K.M. Giltay	Cursus geopend met de rede "Een blik op Alexander von Humboldt (zie 2.3).
C 1860-1861	K.M. Giltay	Cursus geopend met een rede over "Heidelberg" (zie 2.3).
C 1861-1862	K.M. Giltay	Cursus geopend met een verslag over "Een bezoek aan Pasteur" (zie 2.3).
C 1862-1863	K.M. Giltay	Cursus geopend met een rede over "De bekende krachten der natuur" (zie 2.3).
C 1865-1866	K.M. Giltay	Over de galvanische electriciteit. Geopend met "eene rede over Arago" (zie 2.3).
C 1866-1867	K.M. Giltay	Over het Licht. Geopend met "eene rede over Fresnel" (zie 2.3).
C 1871-1872	Th. van Doesburgh	"De algemeene eigenschappen der ligchamen, de zwaarte en de waterweegkunde". Aangevangen met "eene levensschets van Adam van der Toorn".
C 1872-1873	Th. van Doesburgh	"Het evenwigt der gassen en de drukking van den dampkring". Ingeleid door "eene beschouwing der gassen in het algemeen".
C 1873-1874	Th. van Doesburgh	"De leer van het geluid". Geopend met "een levensschets van Chladni".
C 1875-1876	L. Bleekrode	onbekend.
C 1876-1877	L. Bleekrode	Galvanisme.
C 1877-1878	L. Bleekrode	Electromagnetisme.
C 1878-1879	L. Bleekrode	Warmte.
C 1879-1880	L. Bleekrode	De onderzoekingen van Pictet en Cailletet.
C 1880-1881	L. Bleekrode	De verschijnselen van voortplanting van licht en warmte.
C 1881-1882	L. Bleekrode	Optische verschijnselen en hunne toepassingen.
	N.B. In de bibliotheek van het genootschap (Catalogus 1899/44) bevond zich een "Kort overzicht van den cursus over Natuurkunde 1882-1889" van J.L. Hoorweg.	
C 1882-1883	J.L. Hoorweg	Magnetisme en electriciteit met een paar voordrachten over kracht en arbeid tot inleiding.
C 1883-1884	J.L. Hoorweg	De inductie-electriciteit met eene inleidingsrede over Faraday.
C 1884-1885	J.L. Hoorweg	Het licht. Met eene "inleidende rede over Christiaan Huyghens" (zie voor deze rede Arch. BG, inv. nr. 41).
C 1885-1886	J.L. Hoorweg	Het stoomwerktuig. Met eene "inleidende rede over de invoering van het stoomwerktuig in Nederland".
C 1886-1887	J.L. Hoorweg	De voornaamste verschijnselen van het geluid met eene inleiding "Over de verschijnselen van de Nederlanders op het gebied van muziek- en geluidsleer".

C 1887-1888	J.L. Hoorweg	De electriciteit.
C 1888-1889	J.L. Hoorweg	De vaste vloeibare en gasvormige toestand der lichamen.
C 1889-1890	J.L. Hoorweg	De electriciteit en de proeven van Hertz.
C 1890-1891	J.L. Hoorweg	Electrische verschijnselen.
C 1891-1892	J.L. Hoorweg	De verschijnselen in den dampkring.
C 1892-1893	W.C.L. van Schaik	Het geluid.
C 1893-1894	W.C.L. van Schaik	Het licht.
C 1894-1895	B.J. Goossens	Magnetisme en electriciteit.
C 1895-1896	W. Stortenbeker	De electrochemie.
C 1896-1897	W. Stortenbeker	Stralende energie.
C 1897-1898	C. Krediet	Electrische stroomen.
C 1898-1899	C. Krediet	Arbeid en warmte.
C 1899-1900	C. Krediet	Hooren en zien.
C 1900-1901	C. Krediet	Het electrisch arbeidsvermogen.
C 1901-1902	J.C. Bolt	Sterrenkunde.
C 1902-1903	M. de Haas	Hooge en lage temperaturen.
C 1904-1905	A.H. Borgesius	Electrische stroomen.
C 1905-1906	H. van Cappelle	Een overzicht van de geologie.
C 1906-1907	A.H. Borgesius	Licht en andere stralen.
C 1907-1908	J.J. Hallo	De warmte.
C 1908-1909	J.J. Hallo	Trillingen, met toepassingen op het gebied van geluid, licht en electriciteit.
C 1909-1910	J.J. Hallo	Magnetisme en electriciteit.
C 1910-1911	A.H. Borgesius	De natuurkunde van den dampkring.
C 1911-1912	J.J. Hallo	De natuurkundige sterrenkunde.
C 1912-1913	J. Clay	Magnetisme en electriciteit met toepassingen op het dagelijksch leven, Electrische eenheden, enz.
C 1913-1914	F.H. Quix	Het gehoororgaan in verband met de leer van het geluid en de evenwichtsregeling; zijn bouw, zijne functie, zijne afwijkingen.
C 1916-1917	A. Vas Nunes	Trillingen en geluid.
C 1917-1918	A. Vas Nunes	Hoofdstukken uit de warmteleer.
C 1918-1919	J. Clay	Electromagnetische en electronenstraling (Samen met de Volks-Universiteit). (Zie voor de tekst van deze lezingen Arch. BG, inv. nr. 42).
C 1919-1920	A. Vas Nunes	Onderwerpen uit de leer van het licht (Samen met de Volks-Universiteit). (Gedrukt overzicht in Arch. BG, inv. nr. 43).
C 1920-1921	A. Vas Nunes	Experimenteele voordrachten over electriciteit.
C 1921-1922	A. Vas Nunes	Experimenteele voordrachten uit het gebied der electriciteitsleer.
C 1922-1923	T. van Lohuizen	De natuurkunde der hemellichamen.
C 1923-1924	A.H. Borgesius	De relativiteitstheorie, met een natuurkundige inleiding en proeven.
C 1924-1925	T. van Lohuizen	De leer van het licht (ook als sleutel voor het inzicht in andere hoofdstukken der natuurwetenschap).
C 1925-1926	T. van Lohuizen	Over die hoofdstukken uit de electriciteitsleer, welke kennis voor het begrijpend inzicht in radio-telegrafie en radio-telefonie onmisbaar is.
C 1926-1927	T. van Lohuizen	Moleculen, atomen en electronen (grondslagen van de moderne opvatting van den bouw der materie, toegelicht door vele proeven).
C 1927-1928	T. van Lohuizen	Natuurkunde van den dampkring.
C 1928-1929	T. van Lohuizen	Electriciteit.
C 1929-1930	T. van Lohuizen	Het licht.

Uiteindelijk moesten Directeuren in 1930 toch constateren "dat de Volks-Universiteit veel meer vat heeft op de grote massa dan het Genootschap". Onderwijzers, die vroeger een groot deel van het publiek uitmaakten, bleven weg omdat "de Kweekscholen vaak voortreffelijk onderwijs in de natuurkunde geven en vaak over zeer goede physische kabinetten beschikken". Besloten werd toen de cursussen in het vervolg meer te richten op "wetenschappelijk onderlegden" en niet langer één lector een volledige cursus te laten verzorgen, maar "specialisten op het door iedere voordracht bestreken terrein" uit te nodigen (1932/4).

C 1930-1931	(Over infectieziekten en bacteriologie)
J. Smit	Mikro-organismen, voorkomen in de natuur, cytologie, systematiek, vermeerdering.
A.J. Kluyver	Overzicht der door mikro-organismen volbrachte omzettingen.
P.C. Flu	Bakteriophaag.
J. Smit	Toepassing van mikro-organismen in de industrie. Waterzuivering, melkproducten, technische gistingen.
N.L. Söhngen	Toepassing van mikro-organismen in den landbouw.
J.J. van Loghem	Mikro-organismen als ziekte-oorzaak.
W. Schüffner	Malaria.
C.H.H. Spronck	Tuberculose.
P.H. Kramer	Diphterie.

C 1931-1932	(Over chemie)
H.R. Kruyt	De Kolloïd-chemie.
W. Reinders	Staafjes-solen.
H.G. Bungenberg de Jong	Coacervatie.
H.G. Bungenberg de Jong	Gel-bouw.
J.R. Katz	Iets over Röntgen-spectrographie bij kolloid-chemische problemen.
J. Straub	Harmoniën.
J.L. van der Minne	Emulsies.
G.C. Heringa	Weefsel-kolloiden.
P.H. Hermans	Over het chemische van het viscose procedee.
H.J.C. Tendeloo	Coagulatie-snelheid.

C 1932-1933	Erfelijkheid
M.J. Sirks	Geschiedenis en methodiek van het erfelijkheidsonderzoek.
T. Tammes	Het mendelisme.
Th. J. Stomps	Mutatie-theorie en erfelijkheid.
W.A. Goddijn	De kruisingstheorie en de rol der bastaardeering voor het ontstaan van nieuwe soorten.
J.A. Honing	Cytologie en erfelijkheid.
A.L. Hagedoorn	Erfelijkheid bij huisdieren en cultuurplanten.
P.J. Waardenburg	Erfelijkheid bij den mensch (algemeene oriëntatie).
H.W. Siemens	De beteekenis van tweelingen voor de erfelijkheidsleer.
M.A. van Herwerden	Bloedgroepen en erfelijkheid.
J. Luning Prak	Erfelijkheid, aanleg, beroep.
Joh. van der Spek	Erfelijkheid en psychiatrie.
J. Sanders	Inleiding tot de eugenetiek.
G.P. Frets	Kiembeschadiging.

J.M. van Bemmelen	Sterilisatie van geestelijk minderwaardigen en misdadigers.
M.J. Sirks	Wat de erfelijkheidsleer noodig heeft van andere wetenschappen en wat zij aan andere wetenschappen te bieden heeft.

C 1933-1934	De geologie van Nederland
B.G. Escher	Dynamisch geologische inleiding.
L. Rutten	Historisch geologische inleiding.
P. Tesch	Overzicht van de geologie van Nederland.
J. Jongmans	Carboon, steenkool.
B.G. Escher	Zout, petroleum.
J.A.A. Mekel	Geophysisch, meer in het bijzonder gravimetrisch onderzoek.
A.B. van Deinse	Zee-zoogdieren in het Mioceen en Plioceen van Nederland.
L. Rutten	Land-zoogdieren in het Plioceen en Pleistoceen van Nederland.
P. Tesch	Duinvorming aan de Nederlandsche kust.
J. Jeswiet	Landschap en plantengroei.
P. Kruizinga	IJstijd, zwerfsteenen.
B. Polak	Veenafzettingen in Nederland.
J.F. Steenhuis	Geologie en grondwater.
W.A.J.M. Waterschoot van der Gracht	Nederland in den loop der tijden.

C 1934-1935	Vitaminen en hormonen
L.K. Wolff	A-vitamine.
B.C.P. Jansen	B-vitaminen.
B.C.P. Jansen	C-vitamine, ascorbinezuur.
E.H. Reerink	D-vitamine.
G. Grijns	E-vitamine.
L.W. van Esveld	Vitaminen, levens- en geneesmiddelen, en publiek.
E. Laqueur	Insuline, bereiding, eigenschappen.
M. Elzas	Klinische ervaringen met insuline.
E. Laqueur	Follikel-hormoon (Menformon), gonadotroop hormoon (Prolan, Pregnyl); bereiding, eigenschappen.
B.S. ten Berge	Klinische toepassing van follikel-hormoon (Menformon), gonadotroop hormoon (Prolan, Pregnyl), pituïtrine.
J.F. Reith	Schildklier-hormonen, thyroxine. Krop, jodium in water en levensmiddelen.
F.A.F.C. Went	Groeistoffen.
A.J. Haagen Smit	Over de chemische structuur van eenige vitaminen en groeistoffen.

C 1935-1936	Grepen uit de atoom-physica
H.A. Kramers	Atomen en quanten. Inleiding.
H. Casimir	Electronen.
H. Casimir	Theorie van het licht.
J.A. Prins	Electronen als golfverschijnsel.
H.C. Burger	Spectroscopie.
H.B. Dorgelo	Photo-Electrisch effect.
C. Zwikker	Thermische emissie van electronen.
A.E. van Arkel	Periodiek systeem der elementen.
J.M. Bijvoet	Chemische reactie.
J.H. de Boer	Photo-chemie.
M. Minnaert	Astro-physica en atoom-physica.
H.A. Kramers	Overzicht.

C 1936-1937	Bloed en bloedsomloop
E.C. van Rijssel	Inrichting van hart en bloedvaten.
B. van der Pol	De hartslag als relaxatie-trilling; met een demonstratie van een electrisch model van den hartslag.
J.M. Burgers	Strooming door nauwe buizen. Haarvaatstelsel.
A.A. Hijmans van den Bergh	De bloeddruk en zijn veranderingen.
L.S. Hannema	Bloedlichaampjes, bloedziekten.
H.R. Kruyt	De waterstofionen-concentratie (algemeen).
R.C. Brinkman	p/H van het plasma.
H.J. Jordan	Zuurstof-transport door haemoglobine.
W.A.L. Dekker	Over de transportfunctie der plasma-colloïden.
E. Hekma	Over bloedstolling.
H.R. Kruyt	Diffusie en osmose.
I. Snapper	Urine-afscheiding.
I. Snapper	De arbeid van het hart.

C 1937-1938	De luchtvaart
E.B. Wolff	Inleiding.
J.M. Burgers	Beginselen der aerodynamica.
J.M. Burgers	Beginselen der aerodynamica.
C. Koning	Toegepaste aerodynamica.
J. Roosenschoon	Constructieve bijzonderheden.
B. Guilonard	Vliegtuigvoortstuwings-aggregaten.
H.J. van der Maas	Vliegtuigbesturing, stabiliteit.
M. Beeling	Ontwerpen van vliegtuigen.
S.L. Hof	Ontwikkeling van radio-communicatie met vliegtuigen.
W. Bleeker	Vliegtuig en dampkring.
I. Aler	Blindvliegen.
E.B. Wolff	Samenvattend overzicht en beschouwing over ontwikkelingsmogelijkheden in de toekomst.

C 1938-1939	De stofwisseling van den mensch
A.J. Kluyver	Grondslagen der stofwisseling.
E.C. Wassink	Het chemische der cel-ademhaling.
A.K.M. Noyons	Het basaalmetabolisme en zijn determineerende factoren.
R. Brinkman	Koolhydraat-stofwisseling, spierarbeid.
R. Brinkman	Koolhydraat-stofwisseling, spierarbeid.
M. Elzas	Storingen der koolhydraat-stofwisseling.
H.J. Vonk	Vet-vertering en resorptie.
P.E. Verkade	Vet-afbraak en storingen hierin.
M. Elzas	Acidosis en ketosis.
R. Brinkman	Eiwit-stofwisseling en storingen hierin.

C 1939-1940	Eigenschappen van atomen en moleculen in hun samenhang met eigenschappen der stof
W.G. Burgers	Experimenteele bepaling van roosterbouw door röntgenbuiging, en wat men uit de diffractie-verschijnselen direct afleest.
J.M. Bijvoet	Vervolg, en hoe men ook tot den bouw van ingewikkelde verbindingen komt.
J.A.A. Ketelaar	Waarop berust de roosterbouw? Roosterkrachten en roostervormen.

J.A.A. Ketelaar	Kristalchemie.
J.M. Bijvoet	Silicaten.
C.H. Edelman	Klei.
E.J.W. Verwey	Metalen, metallische eigenschappen.
J.A. Prins	Vloeistoffen en glas.
C.H. MacGillavry	Org. verbindingen, paraffinen, cellulose, eiwitten.
J.M. Burgers	Plasticiteit en viscositeit.

6. LEDENLIJST 1769 - 1984

Ten einde "dit Genootschap nuttig en aanzienlijk te maken", bepaalde "Plan en Grondwetten" van 1771 de benoeming van een elftal categorieën voorstanders, bestuurders en leden. In volgorde van vermelding (eerst sinds 1843 volgen de Eerste en Tweede Secretaris ná Directeuren) waren dat (1771 en 1788, art. X; 1843 en 1890, art. XI; 1927, 1946 en 1958, art. X):

1. Protector. "Plan en Grondwetten" van 1771 meldden dat "tot Protector is verzogt Zijne Doorl. Hoogheid de Heer Prins Erfstadhouder, die zulks goedgunstig heeft gelieven aan te nemen" (1771 en 1788, art. XI). Na de Franse tijd zou "de regerende Koning der Nederlanden" tot protector worden uitgenodigd (1843, 1890, art. XII; 1927, 1946 en 1958, art. XI).
2. Maecenaten. Aanvankelijk waren dit de 24 vroedschappen, de pensionaris en de drie secretarissen van Rotterdam (1771 en 1788, art. XII), maar na de Franse tijd werd dit gewijzigd en nodigde het genootschap alszodanig de "Prinsen van den Koninklijken bloede" uit (1843 en 1890, art. XIII; 1927, 1946 en 1958, art. XII).
3. Leden Honorair. Zij worden omschreven als zijnde "eenigen der eerste en aanzienlijkste Persoonen, in deze Republijk" (1771 en 1788, art. XIII). In 1843 werden de slotwoorden veranderd tot "in dit rijk" (1843 en 1890, art. XIV; 1927, 1946 en 1958, art. XIII). Volgens "Plan en Grondwet(ten)" werden de honoraire leden benoemd door de gecombineerde vergadering (1843, 1890, 1927, 1946 en 1958, art. XXV).
4. Praeses Magnificus. Hij was volgens "Plan en Grondwetten" van 1771 "een der Heeren Maecenaten, daar toe door de Adminstrateuren en Directeuren verzogt zijnde" (1771 en 1788, art. XIV). De wijziging in de omschrijving van het maecenaat noodzaakte in 1843 ook tot bijstelling van dit artikel; nadien was de Praeses Magnificus volgens het reglement "een der aanzienlijkste inwoners dezer stad, daartoe door de Administrateuren en Directeuren verzocht zijnde" (1843 en 1890, art. XV; 1927, 1946 en 1958, art. XIV).
5. Administrateuren. Zij moesten zijn "Persoonen van aanzien en vermogen in deze Stad, die geene Maecenaten zijn" (1771 en 1788, art. XV). De beperking geen maecenaat te mogen zijn kon in 1843 vervallen (1843 en 1890, art. XVI; 1927, 1946 en 1958, art. XV). Het beheer over de geldmiddelen van het genootschap geldt als hun bijzondere taak (1771 en 1788, art. XXI; 1843, 1890, 1927, 1946 en 1958, art. XXII). Het aantal Administrateuren was aanvankelijk vastgesteld op zes (1769, art. XII); in het testament van Steven Hoogendijk is echter sprake van zeven Administrateuren. In 1777 werd dit aantal verminderd tot vier, om vervolgens in 1784 weer op vijf te worden bepaald (zie Havinga, Tweehonderd jaar..., 1969/24). Na 1843 wordt ook in "Plan en Grondwet(ten)" gesproken over een vijftal (1843 en 1890, art. XVI; 1927, 1946 en 1958, art. XV). Zij worden benoemd door de overige Administrateuren (1843, 1927, 1946 en 1958, art. XXIII).
6. Directeuren. Volgens "Plan en Grondwetten" van 1771 waren dit "Inwooners dezer Stad, eenen of meer Takken der Proefondervindelijke Wijsbegeerte kundig" (1771, art. XVI). In 1788 werd gesproken over een onbepaald aantal "Inwooners dezer Stad, en kundige Lieden, en, zoo veel moogelijk, in een of meer Takken der Proefondervindelijke Wijsbegeerte ervaren". "Plan en Grondwet(ten)" spreken in 1843 en later over een maximum aantal Directeuren van vijf. Evenals bij Administrateuren wisselde hun aantal tussen 1769 en 1784 tussen de vier en zeven (zie hiervoor). Aan de beide secretarissen werden dezelfde eisen als aan de Directeuren gesteld (1788, art. XVI; 1843 en 1890, art. XVII; 1890, 1927, 1946 en 1958, art. XVI). De taken van Directeuren vindt men uitvoerig omschreven in "Plan en Grondwetten" (1771 en 1788, art. XXIII; 1843, 1890, 1927, 1946 en 1958, art. XXVI). Zij worden benoemd door de overige Directeuren (1843, 1890, 1927, 1946 en 1958, art. XXIV).

Eveneens werd in 1843 voor het eerst gesproken over een President-Directeur, die behalve het leiding geven aan de vergaderingen van Directeuren, ook "in voorkomende omstandigheden, die eene spoedige afdoening eischen, naar bevind van zaken (mocht) handelen". Het voorzitterschap werd beurtelings verkregen door opvolging "naar orde van ouderdom ... bij elke algemeene vergadering" (1843, art. XXX). De laatste zinsnede werd in 1890 vervangen door "de eerste bijzondere vergadering na de algemeene" (1890, 1927, 1946 en 1958, art. XXX).

7. Eerste Secretaris. Een der Directeuren moest de taak van Secretaris worden opgedragen (1771, art. XX); na 1788 heette het dat de Eerste Secretaris tevens Lid-Directeur was (1788, art. XX; 1843 en 1890, art. XVIII; 1927, 1946 en 1958, art. XVII). Wat tot zijn taken gerekend werd, vindt men uitvoerig in "Plan en Grondwetten" omschreven (1771, art. XXVIII; 1788, art. XXVII; 1843, 1890, 1927, 1946 en 1958, art. XXXI). Eerst in 1788 werd de secretariële taken verdeeld tussen Eerste en Tweede Secretaris.

8. Tweede Secretaris. Volgens "Plan en Grondwet" van 1771 behoorde de Tweede Secretaris niet tot het college van Directeuren. Zelfs behoefde hij geen lid van het genootschap te zijn, maar moest hij slechts voldoen aan de eis, dat "hij zoo iemant zij, die met welvoeglijkheid tot Lid kan worden aangenomen" (1771, art. XX). In 1843 werd bepaald dat één der Directeuren tevens Tweede Secretaris kon zijn. Was hij geen Directeur dan had hij in de vergadering van Directeuren toch een adviserende stem (1843 en 1890, art. XVIII; 1927, 1946 en 1958, art. XVII). Zijn taak was het behulpzaam zijn van de Eerste Secretaris (1771, art. XXIX), hetgeen in 1788 in meer detail werd geregeld (1788, art. XXVIII; 1843, 1890, 1927, 1946 en 1958, art. XXXII).

9. Begunstigers. Hoewel in het concept-"Plan en Grondwetten" uit 1769 al gesproken wordt over "zulke Persoonen, die, of bij een Donatio inter Vivos of bij Legaat een edelmoedige gift zullen hebben bijgedragen, ter vermeerderinge van het Principaale Fonds dezer Maatschappije", en dergelijke personen in dat geval de titel van Maecenas werd toegekend (1769, art. XI), kreeg het Bataafsch Genootschap eerst in 1921 officieel een instituut van Begunstigers. In de gecombineerde vergadering van 28 september 1921 besloot men tot het instellen van "een categorie van belangstellenden, die bereid zijn door krachtigen financiëelen steun het groote doel van den Stichter te helpen bevorderen". Per circulaire dd. juli 1922 werden de leden over een desbetreffende wijziging van "Plan en Grondwetten" geïnformeerd. Begunstiger werd men door schenking van tenminste *f* 1000,-; de benoeming geschiedde door de gecombineerde vergadering. Als Begunstiger heeft men dezelfde rechten en bevoegdheden als de leden. Zijn de Begunstigers verenigingen, vennootschappen of dergelijke dan geldt een benoemingstermijn van vijftig jaar; een lid van hun bestuur treedt op als vertegenwoordiger (1927, 1946 en 1958, art. XVIII).

10. Leden Consultanten. Zij moesten volgens "Plan en Grondwetten" van 1771 zijn: "Inwooners dezes Lands, in eenen of meer van de gemelde Takken der Proefondervindelijke Wijsbegeerte ervaren"/(1788: "geöeffend") (1771 en 1788, art. XVII); in 1843 en later sprak men over "inwoners dezes lands, door kundigheden in een of meer van de gemelde vakken der proefondervindelijke wijsbegeerte uitmuntende" (1843, 1890, 1927, 1946 en 1958, art. XIX). De taak van de Consultanten was de advisering "over de Stukken, welken door de Directeuren geoordeeld worden in aanmerking te komen" (1771, art. XXV; vgl. ook 1788, art. XXV). In 1843 heette het de advisering "over de ingekomene stukken en over voorkomende aangelegenheden, die tot het genootschap betrekking hebben ... in die gevallen, waarin Directeuren zulks dienstig oordeelen" (1843, 1890, 1927, 1946 en 1958, art. XXVIII). Consulterende leden worden benoemd door Directeuren (1843, 1890, 1927, 1946 en 1958, art. XXV).

11. Leden Correspondenten. Zij moesten, evenals de Consultanten, "in eenen of meer van de gemelde Takken der Proefondervindelijke Wijsbegeerte bedre-

ven" zijn. Bij deze categorie gaat het echter alleen om "Buitenlandsche Geleerden" (1771 en 1788, art. XVIII; 1843, 1890, 1927, 1946 en 1958, art. XX). Corresponderende leden worden benoemd door Directeuren (1843, 1890, 1927, 1946 en 1958, art. XXV).

12. Leden. Tot leden kon het genootschap zodanige personen binnen 's lands benoemen, "die door hunne kundigheid ter bereikinge van de Oogmerken van het Genootschap zullen kunnen medewerken" (1771 en 1788, art. XIX; 1843, art. XXI). In 1890 veranderde men deze omschrijving in "zoodanige personen binnen 's lands, die door hunne kennis het doel van het genootschap kunnen bevorderen" (1890, 1927, 1946 en 1958, art. XXI). In het concept van 1769 werd zelfs gesproken over "Fatzoenlijke Burgers dezer Stad" (1769, art. XV). De rol van de gewone leden binnen het genootschap was die van adviseurs, "zoo de Directeurs het nuttig oordeelen, in zaaken, die tot hunne Professie of kundigheid behooren" (1771, art. XXVI; vgl. 1788, art. XXV). Na 1843 gebruikte men voor de omschrijving van hun adviserende taak dezelfde formulering als bij de leden consultanten (1843, 1890, 1927, 1946 en 1958, art. XXVIII). Zij hebben het recht om prijsvragen voor te stellen. De leden worden benoemd door Directeuren (1843, 1890, 1927, 1946 en 1958, art. XXV).

Alle leden krijgen ten bewijze van hun lidmaatschap een gedrukt diploma, waarvan de tekst in "Plan en Grondwetten" is voorgeschreven. In de tekst van dit diploma zijn sinds 1769 geen wijzigingen aangebracht (1771 en 1788, art. XXIV; 1843, 1890, 1927, 1946 en 1958, art. XXVII).

Voor de reconstructie van de ledenlijsten is gebruik gemaakt van verschillende bronnen. De belangrijkste zijn de overzichten van "de tegenwoordige Voorstanders, Bestuurders en Leden" die volgens "Plan en Grondwetten" voorin ieder boekdeel van de Verhandelingen moesten worden opgenomen. In alle verslagen, c.q. programma's worden verder de namen van de nieuwe voorstanders, bestuurders en leden vermeldt (1771, art. LXXVIII; 1788, art. LXXXVI; 1843, art. LXXXIV; 1890, art. LXXXI; 1927, 1946 en 1958, art. LXXIX). Sinds het genootschap de verhandelingen als losse stukken uitgeeft, zijn de ledenlijsten als losse uitgaven beschikbaar (zie 2.3). Een waardevolle aanvulling leverde de ledenlijst van 1806, die in het archief van het genootschap (inv. nr. 24) in kopie wordt bewaard.

Volgens het genoemde artikel in "Plan en Grondwetten" moesten de ledenlijsten chronologisch op datum van benoeming zijn ingedeeld; in "Plan en Grondwet" van 1958 wordt dit niet meer dwingend voorgeschreven. Een cumulatieve lijst van alle voorstanders, bestuurders en leden werd toegevoegd aan de verhandelingen van 1850 (vol. N. X); daarna is geen cumulatief overzicht meer verschenen. Door de verwoesting van de administratie van het genootschap in 1940 is het mogelijk dat voor de periode 1938-1940 enige lacunes in de lijst zijn ontstaan, wanneer de desbetreffende leden tijdens de Tweede Wereldoorlog zijn overleden. Dankzij een ledenlijst met aantekeningen van de Eerste Secretaris De Haas, bewaard in het archief van het genootschap, konden de meeste lacunes worden opgevuld.

Onderlinge vergelijking van de bronnen leverde tal van verschillen op in de jaren van benoeming en in de spellingswijze van de namen. Deze verschillen zijn zo veel mogelijk opgelost. Dubbele namen zijn in paragraaf 6.8 consequent op de tweede naam gealfabetiseerd. Voor enkele namen, waar dit verwarring zou kunnen geven, zijn verwijzingen gemaakt. Om raadpleging van de lijsten te vergemakkelijken zijn de namen van de Praesides Magnifici, Administrateuren, Directeuren en Secretarissen tevens in de ledenlijst (6.8) opgenomen.

6.1. Protectores

1769-1795	Z.D.H. Willem V, Prins van Oranje Nassau, Erfstadhouder der Verenigde Provinciën, enz.
1806-1810	Z.M. Lodewijk Napoleon, Connétable van Frankrijk, Koning van Holland

1814-1840	Z.K.H. Willem I, Prins van Oranje-Nassau, Souverein Vorst der Vereenigde Nederlanden; na 1815: Z.M. Willem I, Koning der Nederlanden, Groothertog van Luxemburg, enz.
1844-1849	Z.M. Willem II, Koning der Nederlanden, Prins van Oranje-Nassau, Groothertog van Luxemburg, enz.
1849-1890	Z.M. Willem III, Koning der Nederlanden, Prins van Oranje-Nassau, Groothertog van Luxemburg, enz.
1901-1948	H.M. Wilhelmina, Koningin der Nederlanden, Prinses van Oranje-Nassau, Hertogin van Mecklenburg, enz.
1948-1980	H.M. Juliana, Koningin der Nederlanden, Prinses van Oranje-Nassau, Hertogin van Mecklenburg, Prinses van Lippe-Biesterfeld, enz.
1981-	H.M. Beatrix, Koningin der Nederlanden, Prinses van Oranje-Nassau, Prinses van Lippe-Biesterfeld, enz.

6.2. Maecenaten

1769-1772	W. van Hogendorp
1769-1772	D.C. van der Staal
1769-1773	H. Cornets de Groot
1769-1774	A.A. du Bois
1769-1775	J. Meerman
1769-1776	A. de Back
1769-1778	T.A. Elsevier
1769-1780	A. Gevers
1769-1780	J. Cossart
1769-1780	A. Reepmaker
1769-1780	G.D. Deninck
1769-1780	J. Cordelois
1769-1780	D.R. Wijkerheld Bisdom
1769-1781	J.H. van der Does
1769-1783	G.F. Meijners
1769-1783	P.J. van Berckel
1769-1785	J.W. Lormier
1769-1787	H. Nederburg
1769-1787	W.W. van Berckel
1769-1788	J.H. Vingerhoed
1769-1788	P. Boogaert
1769-1788	I. van Alphen
1769-1788	J.Ph. Boogaert
1769-1788	Ph.J. van der Goes
1769-1797	H. van Beeftingh
1769-1799	J. van der Heim
1769-1800	J.A. van der Hoeven
1769-1801	J. Bichon
1772-1795	C. van der Staal
1773-1785	P. Cornets de Groot
1773-1787	P. Gevers
1773-1791	C. Groeninx van Zoelen
1774-1795	J.M. baron Collot d'Escury
1775-1810	I. van Teijlingen
1776-1784	A. Gevers Deynoot
1776-1805	J. van Zuijlen van Nyevelt
1777-1795	J. Mossel
1778-1824	J.F. graaf van Hogendorp
1780-1787	J.J. Elsevier
1780-1787	J. Reepmaker
1780-1787	A.W. Beelaerts

1780-1807	J.G. van Mierop
1780-1809	R.F. van Staveren
1781-1795	A.W. Senn van Basel
1784-1787	S. van Hoogstraten
1786-1795	P. van der Heim
1786-1796	P. Paulus
1786-1811	P. van IJsendoorn
1788-1795	J. Cornets de Groot
1788-1795	D.L. van Cattenburgh
1788-1795	H. Vink
1788-1795	W. Suermondt
1788-1795	M. Hoog
1788-1795	C. van Heusde
1788-1795	J.Ph. de Monté
1788-1795	J. van den Honert
1788-1795	I. van Schinne
1788-1795	G. van Oordt
1788-1795	G.K. van Hogendorp
1788-1795	D.C. Gevers
1788-1795	O.P. Groeninx van Zoelen
1814-1846	Z.K.H. Willem Frederik George Lodewijk, Prins der Nederlanden, Erfprins van Oranje; na 1815: Prins van Oranje, enz.
1814-1881	Z.K.H. Willem Frederik Karel, Prins der Nederlanden, Prins van Oranje-Nassau, enz.
1846-1849	Z.K.H. Willem Alexander Paul Frederik Lodewijk, Prins der Nederlanden, Prins van Oranje, Kroonprins der Nederlanden, enz.
1858-1879	Z.K.H. Willem Nicolaas Alexander Frederik Karel Hendrik, Prins der Nederlanden, Prins van Oranje, Kroonprins der Nederlanden, enz.
1882-1884	Z.K.H. Willem Alexander Karel Hendrik Frederik, Prins der Nederlanden, Prins van Oranje, enz.
1902-1934	Z.K.H. Hendrik, Prins der Nederlanden, Hertog van Mecklenburg, enz.
1934-1948	H.K.H. Juliana, Prinses der Nederlanden, Prinses van Oranje-Nassau, Hertogin van Mecklenburg, enz.
1946-	Z.K.H. Bernhard, Prins der Nederlanden, Prins van Lippe-Biesterfeld, enz.
1948-1962	H.K.H. Wilhelmina, Prinses der Nederlanden, Prinses van Oranje-Nassau, Hertogin van Mecklenburg, enz.

6.3. Praesides Magnifici

1769-1789	P. Boogaert
1789-1801	J. Bichon
1802-1808	J.M. baron Collot d'Escury
1808-1812	J. van Teylingen
1812-1818	A. Gevers
1818-1831	J.F. graaf van Hogendorp
1833-1845	M.C. Bichon (van IJsselmonde)
1845-1869	J.F. Hoffman
1869-1889	J. van Vollenhoven
1889-1892	S.A. Vening Meinesz
1892.	P. Lyklama à Nijeholt
1893-1906	F.B. s'Jacob
1906-1923	A.R. Zimmerman
1923-1929	J. Wytema
1929-1939	P. Droogleever Fortuyn

1939-1953	P.J. Oud
1953-1966	G.E. van Walsum
1966-1974	W. Thomassen
1976-	J.G.L. Reuder

6.4. Administrateuren

1769-?	W. Prins
1769-1773	C. Groeninx van Zoelen
1769-1773	P. Gevers
1769-1776	A. Gevers Deynoot
1769-1786	P. van der Heim
1769-1823	M.N. Boogaert
1773-1776	J. van Zuilen van Nyevelt
1777-1792	J. Hoog
1786-?	A. Gevers
1790-(1820)	W.F. Gevers Deynoot
1805-?	Th.L. Prins
1812-(1843)	J.A. van Zuilen van Nyevelt
1814-1848	O.P. Groeninx van Zoelen
1815-1841	M. Hoog
1820-1845	A. Gevers Deynoot
1825-1845	J.F. Hoffman
1843-(1874?)	J.H.W. Swellengrebel
1843-(1875?)	Jhr. A.L. Coenen
1845-1857	A.Th. Prins
1846-(1878?)	Jhr. D.R. Gevers Deynoot
1848-1869	J. van Vollenhoven
1857-(1867)	J.A.M. Bichon (van IJsselmonde)
1869-(1889)	W.J. Hoffman
1872-(1890)	D.H. Delprat
1874-1898	H. de Bie
1875-(1877)	J. Pols
1878-1899	W.A. Viruly Verbrugge
1878-1910	B. Mees
1889-1905	H.W. de Monchy
1892-1908	P.C. van Vollenhoven
1898-1921	B. van Stolk
1899-1924	I.J. Havelaar
1905-1907	A.F. Ebeling
1908-1915	G.H.M. Delprat
1908-(1945)	W. Suermondt Lzn.
1910-(1944)	Ph. Mees
1915-1936	J.G. Gleichman
1921-1961	H.G.J. de Monchy
1924-(1944)	Abr. van der Hoeven
1936-(1945)	S.N.B. Halbertsma
1942-1960	J. Dutilh
1944-1964	B. Mees
1944-1974	J.W.W. van der Hoeven
1945-1963	W. Suermondt Wzn.
1960-	H.N. Dutilh
1961-1980	R.A. de Monchy
1963-	W. Suermondt Jr.
1964-	H. Mees
1974-	M.R.F. Groeninx van Zoelen
1980-	S.J.R. de Monchy

6.5. Directeuren

1769-1776	L. Patijn
1769-1779	M. Schouten
1769-1784	C. Nozeman
1769-1794	S. de Monchy
1769-1801	L. Bicker
1779-(1825)	P. Hartog
1784-1788	P. van Swieten
1786-1809	J.D. Huichelbos van Liender
1788-1796	G.G. ten Haaff
1794-1796	F.W. de Monchy
1796-?	O.C. Eickma
1802-?	H. Bezoet
1802-1810	J. Florijn
1805-1828	A. van Gennep
1805-1840	P. Curten
1810-1854	C. Dalen
1824-(1846)	J. van der Wallen van Vollenhoven
1828-?	J.B. Ockers Cau
1837-1858	C.J. Glavimans
1841-?	D.F. van der Pant
1842-?	A.G. van Stipriaan Luïscius
1848-?	P. van Galen
1852-1884	K.M. Giltay
1854-1869	J.E. de Vrij
1857-1875	J.W.L. van Oordt
1870-1895	Th. van Doesburgh
1874-(1889)	P.J. Haaxman
1875-1906	J. Vroesom de Haan
1875-1876	N.T. Michaëlis
1876-(1880)	J. Leijds
1880-1910	G.J. de Jongh
1884-1909	G.J.W. Bremer
1889-1900	H.J. Veth
1895-1905	F.W. Hudig
1900-1906	A.E. Arkenbout Schokker
1905-(1914)	R.H. van Dorsten
1906-1912	A.A. Hijmans van den Bergh
1906-1924	J. Büttikofer
1910-1932	A.C. Burgdorffer
1910-1938	S. Birnie
1912-1919	R. de Josselin de Jong
1917-1951	H.K. de Haas
1920-1939	A.C. van Rossem
1924-(1927)	A.H. van Delden
1927-1939	P.E. Verkade
1932-1946	H. Burgerhout
1938-1952	T. Folpmers
1939-1962	W.N. van Nooten
1939-1969	D.W. Dijkstra
1946-1960	J.A. Emmens
1952-1953	B.G. Ziedses des Plantes
1953-1982	K. van der Pols
1954-1973	H.J. Flieringa
1961-1964	A.C. van Wijk
1962-1969	A. Havinga
1964-1969	J.A.C. Tillema

1969-1982	A. Somerwil
1969-	H.R.S. Tijssens
1970-1981	M.W. van Hof
1973-	P. Slijkhuis
1982-	H.G. van Eijk
1982-	F.J. Kievits
1983-	Mw. E.S. Sachs

6.6. Eerste secretarissen

1769-1788	L. Bicker
1788-1796	G.G. ten Haaff
1796-1823	O.C. Eickma
1823-1825	C. Dalen
1823-1825	J. van der Wallen
1834-1843	J.B. Ockers Cau
1843-1875	D.F. van der Pant
1875-1885	Th. van Doesburgh
1885-1910	G.J.W. Bremer
1910-1917	R.H. van Dorsten
1917-1924	A.C. Burgdorffer
1924-1948	H.K. de Haas
1948-1962	W.N. van Nooten
1962-1969	A. Havinga
1969-	H.R.S. Tijssens

6.7. Tweede secretarissen

1769-1779	R. Arrenberg
1779-1786	G.G. ten Haaff
1786-1788	P. van Swieten
1788-1795	O.C. Eickma
(1795)-1810	C. Dalen
1810-1811	M. van der Willigen
1823-1828	J.B. Ockers Cau
1828-1837	C.J. Glavimans
1837-1843	D.F. van der Pant
1843-1861	C.A.J.A. Oudemans
1861-1870	P. van Galen
1870-1874	Th. van Doesburgh
1874-1900	J. Vroesom de Haan
1900-1905	A.E. Arkenbout Schokker
1905-1906	R.H. van Dorsten
1906-1910	A.A. Hijmans van den Bergh
1910-1912	A.C. Burgdorffer
1912-1917	R. de Josselin de Jong
1917-1920	H.K. de Haas
1920-1924	A.C. van Rossem
1924-1927	A.H. van Delden
1927-1934	P.E. Verkade
1934-1938	T. Folpmers
1938-1945	D.W. Dijkstra
1945-1948	J.A. Emmens
1948-1962	A. Havinga
1962-1969	H.R.S. Tijssens
1969-	J.H. baron Mackay

6.8. Leden honorair, leden consultanten, leden correspondenten, begunstigers en gewone leden.

Zie voor de gebruikte afkortingen na 7.3.

1968	Aarnoudse, J.
1982	Abels, J.
1834	Adams, P.
1952	Adriani, M.J.
1791, 1808 Cons.	Aeneae, H.
1852 Corr.	Airy, Sir George B.
1769 Cons.	Albinus, B.S.
1922	Aldershoff, H.
1837	Alewijn, C.
1769 Cons.	Allamand, J.N.S.
1946	Alphen, J. van
1770 Corr.	Alströmer, C.
1936	Altena, C.O. van Regteren
1785 Hon.	Alting, W.A.
1909 Corr.	Amagat, E.H.
1850	Amshoff, G.H.
1861	Andrau, K.F.R.
1890	Andreae, J.L.
1899	Andreae, J.H. Beucker
1807	Ankeren, J.F. van der Houven van
1869	Ankum, C.H. van
1872, 1882 Cons.	Ankum, H.J. van
1893	Anrooij, H. van
1949	Appelman, F.J.
1840	Arbon, J.G.
1934	Arkel, A.E. van
1883, 1902 Cons.	Aronstein, L.
1812	Arrenberg, B.
1823	Arrenberg, J.
1769, 2e Secr.	Arrenberg, R.
1904 Corr.	Arrhenius, S.A.
1863	Asperen, A.M.J. van
1976	Assen, F.J.J. van
1956	Aten, A.H.W.
1867	Augier, J.F.
1772 Corr.	Auxiron, C.F.J. d'
1922	Backer, H.J.
1974	Baede, A.P.M.
1867, 1882 Cons.	Baehr, G.F.W.
1800	Bake, H.A.
1872	Bake, J.W.
1769	Bake, S.
1880	Bakhoven, G.H. Leignes
1908	Bakhuyzen, E.F. van Sande
1872 Cons.	Bakhuyzen, H.G. van de Sande
1966	Bakker, C.
1937, ca. 1950 Corr.	Bakker, C.J.
1895	Bakker, G.
1926	Bakker, G.J.Th.
1919	Bakker, J.A.
1972	Bakker, N.J.
1966	Balen A.Th. M. van
1850 Cons.	Ballot, C.H.D. Buys
1773 Corr.	Banks, Sir Joseph

1946	Barends, T.
1938	Barge, J.A.J.
1863 Corr.	Bary, A. de
1912	Baucke, H.
1852 Cons.	Baumhauer, E.H. von
1929	Beaufort, L.F. de
1968	Becking, H.B.M.
1927, ca.1950 Corr.	Becking, L.G.M. Baas
1901 Corr.	Becquerel, A.H.
1968	Beek, C.H.
1823	Beek, A. van
1924	Beek, G. van
1897	Beekman, A.A.
1769 Cons.	Beeldemaker, F.
1970	Beer, C. de
1784 Corr.	Beerenbroek, A.B.
1828	Beets, M.N.
1972	Begeer, W.
1897	Behrens, Th. H.
1906	Behrens, W.K.
1908	Bekaar, A.A.
1962	Bemmel, A.C.V. van
1798	Bemmelen, A. van
1888	Bemmelen, A.A. van
1895, 1922 Cons.	Bemmelen, J.F. van
1876, 1882 Cons.	Bemmelen, J.M. van
1895	Bemmelen, W. van
1984	Benner, R.
1976	Benthem, J.P.
1770 Hon.	Bentinck, W. graaf van
1958	Berends, W.
1946	Berg, J.A.G. ten
1966	Berg, D. van den
1867	Berg, F.J. van den
1946	Berg, J. van den
1984	Berg, J. van den
1930	Berge, B.S. ten
1884, 1888 Cons.	Bergh, J.G. van den
1962	Bergh, T.P. van den
1901, 1906 D., 1912 Cons.	Bergh, A.A. Hijmans van den
1771 Corr.	Bergius, P.J.
1834 Cons.	Bergsma, C.A.
1872 Corr.	Bergsma, P.A.
1921	Berkemeier, J.Th.
1964	Berkhoff, G.
1916	Berkhout, A.D.J.
1856 Corr.	Berthelot, P.E.M.
1927	Bertram, S.H.
1840 Corr.	Berzelius, J.J.
1899, 1906 Cons.	Bettink, H. Wefers
1964	Beukers, J.A.
1921 B.	Beuningen, D.G. van
1926	Beuningen, F.W.H. van
1850, 1865 Cons.	Beijerinck, J.A.
1850	Beijerinck, M.G.
1885, 1892 Cons.	Beijerinck, M.W.
1954	Beijerinck, W.
1770	Beijerink, F.

1772, 1802 D.	Bezoet, H.
1789 P.M.	Bichon, J.
1857 A.	Bichon, J.A.M.
1833 P.M.	Bichon, M.C.
1769 D.	Bicker, L.
1874 A.	Bie, H. de
1957	Biezeno, C.B.
1924	Bilt, J. van der
1972	Birkenhäger, J.C.
1886, 1910 D, 1938 Cons.	Birnie, S.
1803	Blanken Jansz., A.
1794	Blanken Jansz., J.
1828	Blankenbijl, D.
1931	Blankenstein, Ph. van
1921	Blanksma, J.J.
1982	Bleeker, Mw. A.
1858 Corr., 1863	Bleeker, P.
1957	Bleeker, W.
1876	Bleekrode, L.
1846	Bleekrode, S.
1773 Hon.	Bleijswijk, P. van
1906	Blok, D.J.
1861	Blommendal, A.R.
1792 Corr.	Blumenbach, J.F.
1848 Corr.	Blijth,
1823 Corr.	Boddien, F.G. baron von
1823	Bodell, J.
1919	Bodenhausen, T.
1803 Corr.	Böckmann, C.W.
1914 Corr.	Boeke, H.E.
1912	Boeke, J.
1964	Boekenoogen, H.A.
1799 Corr.	Boekholtz, F. van
1946	Boelen, L.J.
1937	Boer, J.H. de
1984	Boer, L.E.M. de
1886	Boer, P. de
1982	Boer, N.C. den
1933	Boerman, W.E.
1913, 1922 Cons.	Böeseken, J.
1929	Boetje, H.J.
1773 Hon.	Boetzelaar, J.Ph. baron van
1982	Bogaard, J.M.
1956	Bogaardt, M.
1919 Corr.	Bohr, N.H.D.
	Bois, zie Dubois
1958	Bok, J.
1905	Boks, A.J.
1906	Bolk, L.
1900	Bolt, J.C.
1927	Boltjes, M.P. Kingma
1980	Bom, N.
1854	Bomme, B.
1956	Bonebakker, A.
1929	Bongaerts, M.C.E.
1982	Bonke, B.
1772 Cons.	Bonn, A.
1978	Bonta, I.L.

1874 Cons.	Boogaard, J.A.
1769 A.	Boogaert, M.N.
1812 Hon.	Boogaert, N.
1769 P.M.	Boogaert, P.
1916	Boom, H.C.A.
1921	Boomsma, D.
1982	Boon, J. den
1979	Bootsma, D.
1771 Corr.	Borda, J.C. Ridder de
1880	Bordes, J. Ph. de
1906, 1924 Cons.	Borgesius, A.H.
1823	Bornwater, J.F.
1924	Bos Pzn, A.
1912	Bos, A.W.
1946	Bos, D.
1892	Bos, H.
1834	Bosch, H. van den
1950	Bosgra, O.
1946	Bosma, J.G.
1858, 1874 Cons., 1902 Hon.	Bosscha Jr., J.
1899	Bosse, M.J. van
1840	Bosworth, J.
1946	Bottema, O.
1772	Boudewijnsen, I.
1946	Bouman, J.
1912	Bouman, L.
1854 Corr.	Boutigny, P.H.
1978, 1983 Corr.	Bouwhuys, P.W. ten
1812	Braacx, Jan
1919 Corr.	Braak, C.
1956	Braak, J.W.G. ter
1970	Brandhof, M. van den
1937	Brandsma, W.F.
1956	Brans, P.H.
1952	Brat, G.
1781	Breda, J. van
1834 Cons.	Breda, J.G.S. van
1931	Bremer, G.C.
1878, 1884 D.	Bremer, G.J.W.
1840 Corr.	Breschet, G.
1890, 1909 Cons.	Brester, A.
1952	Breur, K.
1946	Breijer, H.B.G.
1950	Briejèr, C.J.
1968	Brink, G. van den
1954	Brinkman, R.
1786 Cons.	Broek, J.J. le Sage ten
1912	Broek, A.J.P. van den
1927	Broek, G.J. van den
1912	Broek, H.J. van den
1858	Broek, J.H. van den
1888	Broekema, L.
1880, 1890 Cons.	Broekman, A.C.
1900	Broekman, G.H. van Mourik
1956	Broer, L.J.F.
1904	Broers, C.W.
1954	Broeze, J.J.
1929	Brouwer, H.A.

1937	Carrière, J.E.
1892	Carsten, B.
1937	Casimir, H.B.G.
1976	Cats, J.A.
1812, 1828 D.	Cau, J.B. Ockers
1922	Chabot, J.J. Taudin
1983	Chabot, J.J.M. Taudin
1916	Charante, G.H. Moll van
1787 Cons.	Chaudoir, A.
1809 Corr.	Chenevix, R.
1808 Corr.	Chladni, P.F.F.
1980	Citters, Jhr. E. van
1914, 1919 Cons.	Clay, J.
1901	Cluijsenaar, J.L.
1843 A.	Coenen, Jhr. A.L.
1895	Cohen, Ch. H. A.
1897, 1902 Cons.	Cohen, E.
1929	Cohen, H.
1958	Cohen, J.I.
1927	Cohen, S.S.
1938	Cohen, W.D.
1958	Colenbrander, M.C.
1899	Collette, A.E.R.
1972	Collewijn, H.
1823 Hon.	Coninck, P.C. de
1804	Conrad, F.W.
1834, 1863 Cons.	Conrad, F.W.
1865, 1886 Cons.	Conrad, J.F.W.
1906	Cool, W.
1956	Coolhaas, C.
1792 Corr.	Coopmans, G.
1927	Coops, J.
1854, 1861 Cons.	Cop, M.J.
1924	Copper D.Jzn., D.J.
1867	Cornelissen, J.E.
1927	Coster, D.
1883	Costerus, J.C.
1909	Cosijn, M.C.F.J.
1907	Cox, W.H.
1808	Craanen, D.
1779 Cons.	Craght, F. van Limborgh van der
1867	Cramer, A.C.
1899	Cramer, D.J.
1790 Corr.	Craufurd, P.G.
1921	Cremers, J.J. Canter
1974	Crevel, H. van
1899	Croll, D.
1926	Crommelin, C.A.
1890 Corr.	Crookes, Sir William
1904 Corr.	Curie-Sklodowska, Mw. M.
1904 Corr.	Curie, P.
1799, 1805 D.	Curten, P.
1796, 1810 D.	Dalen, C.
1921 B.	Dam, C.H. van
1970	Dam, D. van
1921 B.	Dam A.Czn, H.H. van
1984	Dam, K. van
1786 Cons.	Damen, C.H.

1791	Damen, J.C.
1937	Damme, M.H.
1840 Corr.	Daniell, F.J.
1867 Corr.	Davis, J.B.
1921 Corr.	Debije, P.J.W.
1974	Degenhart, H.J.
1787	Deiman, J.R.
1921	Deinse, A.B. van
1895	Dekhuyzen, M.C.
1904	Deking Dura, A.
1970	Dekker, W.A.
1912, 1924 D.	Delden, A.H. van
1972	Delden, P. van
1872 A.	Delprat, D.H.
1908 A.	Delprat, G.H.M.
1829, 1863 Cons.	Delprat, J.P.
1848	Delprat, T.A.F.
1892	Deventer, Ch. M. van
1869 Corr.	Deville, H. Sainte Claire
1978	Devriese, P.P.
1769 A.	Deynoot, A. Gevers
1820 A.	Deynoot, A. Gevers
1846 A.	Deynoot, Jhr. D.R. Gevers
1790 A.	Deynoot, W.F. Gevers
1850	Deynoot, Jhr. W.T. Gevers
1895	Dhont, J.J.F.
1871, 1876 Cons.	Dibbets, H.C.
1983	Dieges, P.H.
1872, 1886 Cons.	Diesen, G. van
1865 Corr.	Dippel, L.
1934	Dirks, J.J. Backer
1974	Dirkzwager, J.M.
1872, 1892 Cons.	Dissel, E.F. van
1974	Dixhoorn, J. van
1865 Corr.	Docq, A.J.
1858, 1870 D.	Doesburgh, Th. van
1769 Cons.	Doeveren, G. van
1982	Dogterom, G.J.
1984	Dokter, H.J.
1966	Dommelen, A.M. van
1966	Dommisse, J.P.
1826	Dompeling, J.A.
1858 Cons.	Donders, F.C.
1929	Dorgelo, H.B.
1887, 1902 Cons.	Dorp, W.A. van
1972	Dorrestein, R.
1886, 1905 D.	Dorsten, R.H. van
1949	Drabbe, C.A.J. von Frijtag
1876 Corr.	Dragendorff, G.
1948	Dresden, D.
1791 Cons.	Driessen, P.
1979	Drogendijk, A.C.
1954	Druyvesteyn, M.J.
1970	Drijver, C.J.
1902	Dubois, H.E.J.G.
1899	Dubois, M.E.F.Th.
1909 Corr.	Duhem, P.M.M.
1927	Dunné, L.J. van
1867	Dupont, F.J.

1793	Dupont, J.
1982	Dupuis, P.J.F.
1960 A.	Dutilh, H.N.
1942 A.	Dutilh, J.
1908	Dutilh, J.M.
1946	Duijn, D. van
1946	Duyzings, A.J.M.
1937	Dijck, W.J.D. van
1834	Dijk, C.M. van
1946	Dijk, D. van
1933	Dijk, H.C.J.M. van
1983	Dijk, J.P. van
1922	Dijk, L.W.H. van
1930	Dijksterhuis, E.J.
1932, 1939 D.	Dijkstra, D.W.
1964, 1984 Corr.	Dijkstra, E.W.
1968	Dijs, T.
1897, 1925 Cons.	Dijxhoorn, J.C.
1901	Easton, C.
1905 A.	Ebeling, A.F.
1904 Corr.	Ebstein, W.
1892	Eck, F.M. van Panthaleon, baron van
1912	Eck, F.M. van Panthaleon, baron van
1946	Edelman, C.H.
1946	Eekelen, M. van
1886	Egeling, L.J.
1902	Egeling, C. Guldensteeden
1921	Ehrenburg, H.H.
1914, 1922 Cons.	Ehrenfest, P.
1843	Eickma, B.
1788, 1796 D.	Eickma, O.C.
1919 Corr.	Einstein, A.
1892, 1906 Cons.	Einthoven, W.
1802 Corr.	Eitelwein, J.A.
1808 Cons.	Ekama, C.
1890	Eldik, R. van
1926	Elias, G.J.
1867	Elias, P.
1893	Elion, H.
1929	Ellemeet, Jhr. M.J.I. de Jonge van
1930	Elzas, M.
1904	Elzelingen, J.M.W. van
1952	Emmen, J.
1927, 1946 D., 1960 Cons.	Emmens, J.A.
1974	Emmens, W.J.
1852 Corr.	Encke, J.F.
1809, 1812 Cons.	Ende, A. van den
1927	Endert Jr., D.C.
1962	Endert, J. Th.
1976	Engel, A.J.
1960	Engel, H.
1886	Engelenburg, L.C.F.E.
1956	Engelhardt, J.
1888 Cons.	Engelmann, Th. W.
1904	Enklaar, J.E.
1837 Cons.	Enschedé, W.A.
1927 B.	Erasmus-Stichting
1946	Erkelens, A.D.

1837 Cons.	Ermerins, J.W.
1954	Ernste, J.W.
1771 Corr.	Erxleben, H.P.
1934	Escher, B.G.
1978	Escher, R.T.
1806	Escury, H. Collot d'
1802 (P.M.), 1808 Hon.	Escury, J.M. Collot d'
1960	Esseveld, H.
1904	Everdingen, E. van
1823	Everett, A.H.
1888	Everts, E.J.G.
1909	Everts, S.G.
1869	Exalto, N.
1972, 1982 D.	Eijk, H.G. van
1848	Eijk, M.J.A. van
1808 Cons.	Eijk, S. Speijert van der
1914	Eijkman, C.
1886	Eijkman, J.T. J.F.
1960	Eijsvogel, W.F.
1770 Hon., Cons.	Fagel, F.
1770 Hon., Cons.	Fagel, H.
1769	Faille, J. Baart de la
1823 Hon.	Falck, R.A.
1852 Corr.	Faraday, M.
1877 Corr.	Favaro, A.
1908	Feen, F. van der
1935	Feen-Van Benthem Jutting, Mw. W.S.S. van der
1932	Feisser, J.E.
1913	Feldmann, C.
1809	Fellens, J.P.S. Favrod de
1954	Fischer, F.C.J.
1919 Corr.	Flexner, S.
1935, 1954 D.	Flieringa, H.J.
1790, 1802 D.	Florijn, J.
1932	Flu, P.C.
1921	Fokker, A.D.
1966	Fokkinga, B.
1929, 1938 D.	Folpmers, T.
1954	Forbes, R.J.
1837	Forsten, E.A.
1791 Cons.	Forsten, R.
1938	Fortuyn, A.B. Droogleever
1929 P.M.	Fortuyn, P. Droogleever
1858 Corr.	Foucault, L.
1876, 1882 Cons.	Franchimont, A.P.N.
1843	Franck, S.R.van
1921	Franco, J.
1846	François, J.P.A.
1771 Corr.	Franklin, B.
1952	Franx, C.
1799 Cons.?	Fremerij, N.C. de
1834 Cons.	Fremerij, P.J.I. de
1979	Frenkel-Tietz, Mw. H.G.
1937	Frenkel, H.S.
1972	Frenkel, M.
1933	Frets, G.P.
1954	Froentjes, W.
1852	Fijnje, H.F.

1867, 1886 Cons.	Fijnje, J.G.W.
1958	Gaillard, P.J.
1837, 1848 D.	Galen, P. van
1981	Galjaard, H.
1769 Cons.	Gaubius, H.D.
1960, 1983 Corr.	Geerling, M.C.
1924	Geesteranus, H.P. Maas
1984 Corr.	Gehrels, A.M.J.
1912 Corr.	Geikie, Sir Archibald
1823 Cons.	Gelder, J. de
1914	Gelder, M.G. de
1899	Gelder, H. Enno van
1802, 1805 D., 1828 Hon.(?)	Gennep, A. van
1823	Gennep, A. van
1823	Gennep, G. van
1968	Gerbrandy, J.
1960	Gerding, H.
1858 Corr.	Gerhardt, Ch.
1901	Gerlings, J.Th.
1968	Gerlings, P.G.
1946	Gerretsen, F.Ch.
1974	Gerritsen, B.G.
1784	Gesscher, D. van
1962, 1983 Corr.	Gestel, W.D.J.
1869 Cons.	Geuns, J. van
1784 Cons.	Geuns, J. M. van
1786 A.	Gevers, A.
1812 P.M.	Gevers, A.
1769 A.	Gevers, P.
1960	Gheyselinck, R.
1882	Ghijben, W. Badon
1962	Giessen, P.J. van der
1808 Corr.	Gilbert, L.W.
1937	Giljam, J.B.
1883	Giltay, E.
1843, 1852 D.	Giltay, K.M.
1919	Gisolf, W.F.
1984	Gispen, G.H.
1982	Glansdorp, C.C.
1826, 1837 D.	Glavimans, C.J.
1799	Glavimans, P.
1823	Glavimans, P.
1915 A.	Gleichman, J.G.
1933	Goddijn, W.A.
1932	Goester, L.E.
1919 Corr.	Goethals, G.W.
1858	Gogh, J. van
1800 Cons.	Goldberg, J.
1952	Gombert, J.
1937	Goor, G.J.J. van
1895	Goossens, B.J.
1874 Corr.	Gorkum, K.M. van
1946	Gorter, C.J.
1931	Gorter, E.
1772 Cons.	Gorter, D. de
1793	Gorter, H. Boerhave de
1794	Goudriaan, A.F.
1840	Goudriaan, B.H.

1927, na 1948 Corr.	Goudriaan Jr., J.
1922	Graaff, W.C. de
1946	Graeff, Jhr. A.C.D. de
1786	Gram, F.H.
1974	Gravenhorst, J. Bennebroek
1899, 1904 Cons.	Greshoff, M.
1846	Greve, A.
1773 Corr.	Greville, Ch.
1921 B.	Grimmer, H.
1912	Grimmer, K.H.E.
1867, 1882 Cons.	Grinwis, C.H.C.
1902	Gritters, H.C.J.
1968	Groen, J.J.
1863	Groll, J.
1916	Groot, A.Th. de
1952	Groot, C. de
1982	Groot, C.J. de
1962	Groot, H. de
1946	Groot, W. de
1846	Groshans, G.Ph.F.
1850	Groshans, J.A.
1869	Grothe, D.
1981	Grothe, J.A. van Ghesel
1790 Corr.	Gruner, C.G.
1906, 1923 Cons.	Grutterink, Mw. A.
1916	Grutterink, J.A.
1948, tijdelijk Corr.	Gruyter, P. de
1934	Grijns, G.
1858, 1882 Cons.	Gunning, J.W.
1794	Guyot, H.D.
1769	Haaff, G. ten
1779, 1788 D.	Haaff, G.G. ten
1956	Haan, P. de
1863, 1867 Cons.	Haan, D. Bierens de
1954	Haan, J.A. Bierens de
1908	Haan, J.C.J. Bierens de
1872, 1875 D., 1906 Cons.	Haan, J. Vroesom de
1972	Haan, D.C. den
1779	Haar, J. van der
1958	Haas, E.B.H. de
1908, 1917 D.	Haas, H.K. de
1867	Haas, J.H. de
1921	Haas, K.H. de
1902, 1906 Cons.	Haas, M. de
1919	Haas, W.J. de
1858, 1874 D.	Haaxman, P.J.
1921	Haersolte, J.W.J. baron van
1890	Haga, H.
1933	Hagedoorn, A.L.
1874	Hagers, J.W.
1769 Cons.	Hahn, J.D.
1897	Haitink, B.J.H.
1901	Halbertsma, H.P.N.
1946	Halbertsma, N.A.
1936 A.	Halbertsma, S.N.B.
1865 Cons.	Hall, H.C. van
1922	Hallo, H.S.
1910	Hallo, J.J.

1912 Corr.	Hambloch, A.
1897	Hamburger, H.J.
1922, na 1945 Corr.	Hamburger, L., zich ook noemende Harbury
1919	Hannema, L.S.
	Harbury, zie Hamburger
1952	Harders, W.
1950	Harmsen, W.J.H.
1843 Cons.	Harting, P.
1779 D.	Hartog, P.
1927	Hartogs, J.C.
1962	Hartong, B.D.
1872	Hasselt, A.K.Ph.F.R. van
1901	Hasselt, J. van
1917	Hasselt, J.F.B. van
1872	Hasselt, R. van
1884	Hasselt, W. van
1910	Havelaar, D.H.
1899 A.	Havelaar, I.J.
1890	Havelaar, J.P.
1946, 1962 D.	Havinga, A.
1950	Havinga, E.
1952	Hazewinkel, H.C.
1924	Heederik, A.D.
1934	Heel, A.C.S. van
1823	Heemsteden Jr., J.M.C. van Uitenhoven van
1837 Cons.	Heer, P.O. Vorsselman de
1880	Heerdt, P.F. baron van
1964	Heertjes, P.M.
1885	Heidema, P.
1794	Heilbron Cz., D.
1769 A.	Heim, P. van der
1812 ?, 1823 Hon.	Heim, Jhr. P. van der
1898	Heinsius, H.W.
1919	Hekman, J.
1982	Helbing, A.R.
1960	Hellinga, F.
1867 Corr.	Helmholtz, H.L.F.
1922	Hemert, A.C.C.G. van
1826 Hon.	Hemmen, F.G. baron van Lynden van
1843	Hendriksz, P.
1946	Hengel, J.W.A. van
1935	Hengeveld, F.M.C.
1950	Henkes, H.E.
1883 Cons.	Henket,N.H.
1979	Hennemann, G.
1769 Cons.	Hennert, J.F.
1848 Corr.	Henrij, T.H.
1932	Heringa, G.C,
1869	Herklots, J.A.
1938	Hermans, E.H.
1934	Hermans, P.H.
1798	Herrewijn, J.H.
1852 Corr.	Herschel, Sir John F.W.
1890 Corr.	Hertz, H.
1912	Herwerden, C.H. van
1909	Herwerden, Mw. M.A. van
1958	Herweijer, S.
1880	Hesselink, H.G.

1914	Heukelom, G.W. van
1922	Heukelom, J. Siegenbeek van
1982	Heul, C. van der
1892	Heurn, J. van
1779 Cons.	Heuvel, H.H. van den
1914	Heuvelink, H. J.
1974	Heijboer, J.
1834 Cons.	Heynsbergen, A.
1869 Cons.	Heijnsius, A.
1798	Heijting, D.
1970	Hiltermann, L. Th. M.
1982	Hilvering, C.
1960	Hinze, J.O.
1863 Corr.	Hirn, G.A.
1902 Corr.	Hittorf, J.W.
1978	Hobbelen, J.F.
1946	Hoed, D. den
1958	Hoed-Sijtsema, Mw. S. den
1886	Hoefer, F.A.
1974	Hoek, C.
1863, 1867 Cons.	Hoek, M.
1883	Hoek, P.P.C.
1954	Hoeke, F.
1976	Hoeke, Mw. M.
1930	Hoesen, H.W.
1921	Hoette, A.W.
1919	Hoeve, J. van der
1924 A.	Hoeven, Abr. van der
1826, 1834 Cons.	Hoeven, J. van der
1890	Hoeven, J. van der
1935	Hoeven, J. van der
1944 A.	Hoeven, J.W.W. van der
1972	Hof-Van Duin, Mw. J. van
1968, 1970 D., 1981 Cons.	Hof, M.W. van
1888	Hoff, H.J. van 't
1879 Cons., 1906 Hon.	Hoff, J.H. van 't
1848 Corr.	Hoffman, A.W.
1825 A., 1845 P.M., 1869 Hon.	Hoffman, J.F.
1869 A.	Hoffman, W.J.
1884 Cons.	Hoffmann, C.K.
1818 P.M.	Hogendorp, J.F. graaf van
1897	Hoitsema, C.
1884	Hojel, W.C.
1948	Hollander, F.Q. den
1897, 1902 Cons.	Holleman, A.F.
1921	Holst, G.
1927	Holwerda, A.O.
1946	Hondius, K.J.
1933	Honing, J.A.
1914 Corr.	Hooff, H.L. van
1970	Hooft, C.G. 't
1777 A.	Hoog, J.
1815 A.	Hoog, M.
1976	Hoogendoorn, H.
1769 Cons.	Hoogendijk, S.
1872, 1885 Cons.	Hoogewerff, S.

1946, 1983 Corr.	Hoogland, J.G.
1946	Hoogvliet, B.
1882	Hoorweg, J.L.
1890	Hoos, E.J.
1782 Corr.	Hooijman, J.
1772 Cons.	Hope, J.
1888	Horst, R.
1922	Horst, A. ter
1890 Corr.	Horstmann, A.
1976	Houdt, L. van
1848	Houel, G.L.
1979	Houten, H. van
1974	Houtman, J.P.W.
1966	Houtsmuller, A.J.
1978	Houweling, E.F.M.
1966	Houwer, J.H. Mulock
1908	Hoyer, D.P.
1950	Hoytema, D.G. van
1867 Corr.	Huart, de Colnet d'
1793 Corr.	Hubner, J.G.
1883 Cons.	Hubrecht, A.A.W.
1867	Hubrecht, H.F.R.
1893, 1895 D.	Hudig, F.W.
1880	Huet, A.
1906	Huffnagel, P.
1904 Corr.	Huggins, Sir William
1983	Huisman, J.
1874, 1882 Cons.	Huizinga, D.
1893	Huizinga, J. Menno
1899	Hulsebosch, M.L.Q. van Ledden
1934	Hulshoff, A.A.
1976	Hülsmann, W.C.
1982	Hulst-Steyn Parvé, Mw. E.P.
1964	Hulst, H.C. van de
1952 Corr.	Humason, M.L.
1966	Hummel, J.H.
1976	Hupkes, L.
1938	Hupkes, W.
1901	Huygen, C.A.
1858	Huygens, H.
1882	Huysman, J.C.
1771 Corr.	Ingen-Housz, J.
1946	Iong Wzn., D. de
1968	Iongh, H. de
1895	Itallie, L. van
1916	Iterson, F.K.Th. van
1912	Iterson Jr., G. van
1893 P. M.	Jacob, F.B. 's
1784 Corr.	Jacobs, J.B.
1931	Jacobsen, H.C.
1936	Jacobsen, R.
1919	Jaeger, F.M.
1954	Jaeger, H.E.
1972	Jager, C. de
1869 Corr.	Jamin, J.
1902	Janse, J.M.
1950	Jansen, A.F.E.
1934	Jansen, B.C.P.

1976	Jansen, B.R.H.
1958	Jansen, H.E.
1924	Jansen, J.D.
1854	Jansen, M.H.
1962	Jansen, P. Ph.
1950	Jansen, Th. J.
1980	Jansen, W.B.J.
1921	Jansen, J. Murk
1984	Jeekel, J.
1882	Jennes, J.H.
1888	Jentink, F.A.
1934	Jeswiet, J.
1936	Jeude, Jhr. O.C.A. van Lidth de
1891	Jeude, Th. W. van Lidth de
1837	Jeune, L. le
1904	Jolles, C.A.
1976	Jong, D. de
1916	Jong, D.A. de
1962	Jong, E.J. de
1983	Jong, P.T.V.M. de
1948	Jong, W.F. de
1954	Jong, W.H. de
1930	Jong, H.G. Bungenberg de
1927	Jong, L.E. den Dooren de
1917	Jong, G. de Josselin de
1906, 1912 D., 1919 Cons.	Jong, R. de Josselin de
1952	Jongbloed, J.
1840 Cons.	Jonge, Jhr. B. de
1978	Jonge, H.R. de
1979	Jongenburger, P.
1880 D., 1910 Cons.	Jongh, G.J. de
1909	Jongh, M.H. de
1962	Jongh, Ph. de
1934	Jongmans, W.J.
1912	Jonker, H.G.
1954	Jonkers, G.H.
1885	Jonkman, H.F.
1946	Jonxis, J.H.P.
1984	Joost, Th. van
1964	Joosten, J.H.L.
1919	Joosting, P.
1922	Jordan, H.J.
1769	Jorissen, J.
1899, 1933 Cons.	Jorissen, W.P.
1954	Julien, P.F.J.A.
1926	Julius, C.D.
1960	Julius, H.W.
1880, 1890 Cons.	Julius, V.A.
1891, 1902 Cons.	Julius, W.H.
1858 Corr.	Junghuhn, F.W.
	Jutting, zie Feen
1970	Kaan, G.
1846 Cons.	Kaiser, F.
1883	Kaiser, P.J.
1882	Kalff, J.
1882	Kam, N.M.
1984	Kandachar, P.V.
1914	Kanter, A. de

1791	Kanter, J. de
1927	Kappers, C.U. Ariëns
1960	Kapsenberg, C.
1891	Kapteyn, A.
1886, 1914 Hon.	Kapteyn, J.C.
1890	Kapteyn, N.P.
1886	Kapteijn, W.
1770 Hon.	Karel Christiaan, Prins van Nassau-Weilburg
1954	Kars, J.
1848 Corr.	Karsten, G.
1787	Kastelein, P.J.
1932	Katz, J.R.
1837	Kaijzer, F.
1927	Keesom, W.H.
	Kelvin, zie Thomson
1887	Kempe, A.
1907	Kemper, P.H.
1890	Kerbert, C.
1840, 1848 Corr., 1861 Cons.	Kerckhoff, P.J. van
1861	Kerkwijk, G.A. van
1863	Kerkwijk, J.J. van
1924	Kessener, H.J.N.H.
1974, 1982 D.	Kievits, F.J.
1807 Hon.	Kinsbergen, Jhr. J.H. van
1948	Kip, M.J. van Erp Taalman
1848	Kipp, P.J.
1861 Corr.	Kirchhoff, G.R.
1906	Kist, E.J.
1924	Kist, N.C.
1924	Klaveren, K.H.L. van
1982	Kleffens, H.J. van
1946	Klein, J.L.
1922	Kleipool, C.M.
1872	Klerck, Jhr. J.G.J.
1778 Hon.	Klerk, R. de
1906	Kley, P.D.C.
1929	Kleyn, A.P.H.A. de
1891	Kleijnhens, P.
1769	Klinkenberg, D.
1917	Klinkert, D.
1893	Klinkert, H.
1893	Klobbie, E.A.
1983	Kloek, T.
1924	Kluytmans, G.H.H.
1926	Kluyver, A.J.
1897	Kluyver, J.C.
1946	Knape, A.
1956	Knop, G.
1976	Knoppert, P.L.
1834 Corr.	Knowles, J.
1890 Corr.	Koch, R.
1798 Corr.	Kock, ?
1962	Koene, H.J.
1972	Koerts, J.
1937	Kögl, F.
1779	Kogel, J.
1956	Koiter, W.T.
1982	Kokkedee, J.J.J.

1935	Kolff, A.C.
1895, 1902 Cons.	Kolk, J. Schroeder van der
1899, 1902 Cons.	Kolk, J.L.C. Schroeder van der
1978	Kolkman, P.A.
1769	Kolle, J.
1884	Koning, D.A. Wittop
1958	Koning, D.A. Wittop
1946	Koningsberger, V.J.
1773	Kool, A.R.
1869	Kool, J.A.
1769	Koole, J.
1966	Koolen, D.A.A.
1929	Koomans, N.
1946	Koomans, N.Th.
1922	Kooper, J.
1976	Koopman, J.M.
1946	Kooreman, P.J.
1907	Kooy, J.N.
1964	Kooyman, E.C.
1950	Kooijmans, J.
1937	Kooymans, L.H. Louwe
1843	Kop, C.A.
1886	Koppeschaar, W.F.
1806	Kops, J.
1834 Cons.	Kops, J.
1958	Korringa, P.
1906 Cons.	Korteweg, D.J.
1956	Korvezee, Mw. A.E.
1965	Kosten, C.W.
1976	Koster, J.F.
1964	Koster, P.
1884 Cons.	Koster, W.
1938	Kosters, J.B.
1950	Kouwenhoven, P.J.A.M.
1954	Kraaijvanger, E.H.
1924	Kramer, P.H.
1970	Kramers, H.
1927	Kramers, H.A.
1880	Kramers, J.G.
1946	Kramers, Th. B.
1901	Kraus, J.
1797	Krayenhoff, C.R.Th.
1850	Krecke, F.W.C.
1900	Krediet, C.
1982	Kreel, B.K. van
1962	Kreuger, P.
1930	Kreulen, D.J.W.
1979	Krevelen, D.W. van
1946	Kroese, J.A. Stenfert
1972	Kroese, W.F. Stenfert
1886	Kromhout, J.H.
1946, 1983 Corr.	Kronig, R.
1976	Kroon, A.M.
1954	Kroon, B.C.
1937	Kruizinga, P.
1929	Krul, W.F.J.M.
1887	Kruseman, J. Nieuwenhuijsen
1952	Kruyswijk, M.

1919	Kruyt, H.R.
1908, 1919 Cons.	Kuenen, J.P.
1960	Kuenen, Ph. H.
1922	Kuenen, W.A.
1929	Kuffeler, V.J.P. de Blocq van
1927	Kuiper, K.
1769	Kuipers, G.
1976	Kuipers, H.
1848, 1863 Cons.	Kun, L.J.A. van der
1890 Corr.	Kundt, A.
1910	Kunst, J.
1976	Kuijpers, H.G.J.M.
1931	Kuypers, H.A. Fonteyn
1893	Laar, J.J. van
1948	Labrijn, A.
1968	Ladee, G.A.
1983	Lagers-Van Haselen, Mw. G. Ch.
1976	Lagers, G.H.G.
1897	Lam, A.
1962	Lambers, H.W.
1946	Lameris, P.F.
1954	Lammeren, W.P.A. van
1774 Corr.	Lande, J.J. de la
1958	Lange, S.A. de
1974, 1983 Corr.	Langeraar, W.
1892	Langeveld, L.A.
1788	Lans, C.
1934	Laqueur, E.
1970	Latzko, D.G.H.
1919 Corr.	Laue, M. von
1964	Lavalette, J.G.C. Renardel de
1778	Ledeboer Johzn., A.
1846	Ledeboer, A.M.
1934	Lee, J. van der
1946	Leeflang, K.W.H.
1882, 1892 Cons.	Leemans, W.F.
1931	Leemhuis, Mw. H.J.
1769	Leempoel, J.F. van
1784 Corr.	Leempoel, J.G. van
1984 Corr.	Leendertse, J.J.
1906	Leer, J.A. van
1946	Leeuw, C.H. van der
1792	Leeuw, F.W. van der
1946	Leeuwen, J.J. van
1929	Leeuwen, W.H. van
1882 Cons.	Legebeke, G.J.
1882	Legebeke, W.A.L.
1978	Legein, Ch. P.
1892, 1919 Hon.	Lely, C.
1922	Lely, C.W.
1927	Lely, J.
1797	Lemans, J.F. van
1946	Lenshoek, C.H.
1956, 1983 Corr.	Lenstra, J.B.
1769	Lentfrink, A.
1796 Corr.	Lenz, J.G.
1867 Corr.	Leuckert, R.
1840 Corr.	Leukert, F.S.

1791	Leurs, W.
1876 D.	Leijds, J.
1968	Leijnse, B.
1976	Lieburg, M.J. van
1775 Cons., 1786 D.	Liender, J.D. Huichelbos van
1946	Lignac, G.O.E.
1884	Ligny, P.M. de
1964	Ligthart, J.
1770	Lil, J. van
1779	Lil, W. van
1932	Linden, A.J. ter
1778	Linden Govertszn., J. van der
1895	Lindo, J.A.
1770 Corr.	Linnaeus, C.
1837	Lipkens, J.P.
1865 Corr.	Lissajous, J.A.
1974	Lith, G.H.M. van
1843 Corr.	Lloyd, H.
1843, 1865 Cons.	Lobatto, R.
1793	Loches, J.D. de
1904 Corr.	Lockyer, Sir J. Norman
1770 Hon.	Lodewijk, Hertog van Brunswijk
1890 Corr.	Lodge, O.
1919 Corr.	Loeb, J.
1984	Loef, J.J. van
1934	Loghem, J.J. van
1923	Lohuizen, T. van
1895	Loman, J.C.C.
1964, 1983 Corr.	Loopuyt, J.
1861	Loos, D. de
1979	Loos, W. de
1983	Looyenga-Vos, Mw. A.
1983	Looyenga, H.
1879 Cons., 1906 Hon.	Lorentz, H.A.
1892	Lorié, J.
1914	Lotsy, J.P.
1924	Lourens, L.F.D.E.
1863	Lubach, D.
1778 Corr.	Luc, J.A. de
1823	Luchtmans, C.J.
1790 Cons.	Luchtmans, P.
1791	Luïscius, A. van Stipriaan
1834, 1842 D.	Luïscius, A.G. van Stipriaan
1784	Lijherr, M.J.
1930 Corr.	Maanen, A. van
1805	Maanen, F.J. van
1797 Cons.	Maanen, P.J. van
1846	Maas, A.
1956	Maas, H.J. van der
1924 Corr.	Mac Donald, M.
19 6	Mac Gillavry, C.H.
1885 Cons.	Mac Gillavry, Th.H.
1968	Mackay, J.H. baron
1867 Corr.	Magnus, H.G.
1914	Magnus, R.
1910	Man, J.G. de
1904	Manen, R.O. van
1919	Manen, W.C. van

1869 Corr.	Mangon, C.F.H.
1840 Corr.	Manni, P.
1808 Corr.	Marcard,
1946	Marck, F.H. van der
1916	Marinkelle, A.B.
1952	Maris, A.G.
1979	Marle, G.A.J.S. van
1878	Mars, K.
1946	Marsch, H.G.J. ter
1888	Martin, K.
1787	Martinet, J.F.
1925	Martinet, J.J.W. van Loenen
1978	Martijn, Th.G.
1784	Marum, M. van
1936	Massink, A.
1837, 1843 Cons.	Matthes, C.G.J.
1787 Corr.	Mattheij, J.H.
1770 Corr.	Matij, M.
1854 Corr.	Maurij, M.F.
1772	Maij, J.
1826	May, J.S.
1769 Cons.	May, W.
1824 Corr.	Mayer, C.
1937	Mazure, J.P.
1956	Meer, A.P. van der
1952	Meer, Z. IJ. van der
1867	Meerdervoort, Jhr. J.L.C. Pompe van
1807 Hon.	Meerman, J.
1826	Meerten, L.A. van
1811	Mees, A.
1878 A.	Mees, B.
1944 A.	Mees, B.
1964 A.	Mees, H.
1811	Mees, J.R.
1910 A.	Mees, Ph.
1779	Mees, R.
1872, 1882 Cons.	Mees, R.A.
1921 B.	Mees, W.A.
1982	Meeter, E.
1946	Meeuse, M.
1956	Meewis, H.J.
1926, 1958 Hon.	Meinesz, F.A. Vening
1889 P.M.	Meinesz, S.A. Vening
1968	Meinsma, E.
1966	Meischke, R.
1934	Mekel, J.A.A.
1890 Corr.	Mendeleieff, D.I.
1946	Mendlik, F.
1872 Corr.	Mensbrugghe, G. van der
1842	Mensing, M.C.
1826	Mentz, D.
1834	Merkes, J.G.W.
1984	Merwe, J.P. van de
1828, 1834 Cons.	Mesch, A.H. van der Boon
1826 Cons.	Mesch, H.C. van der Boon
1950	Mesu, F.P.
1904	Meulen, H. ter
1850	Meulen, P.H. van der

1946	Meurs, G.J. van
1771	Meuschen, F.C.
1962	Meijer, A.
1984	Meijer, G.B.
1978	Meijer, H.A.
1890 Corr.	Meijer, V.
1930	Meijer, W.M.
1886	Meijer, G. van Overbeek de
1834	Meijlink, B.
1983	Mezger, H.J.
1869, 1875 D., 1876 Cons.	Michaëlis, N.T.
1786	Michel, J.P.
1937	Michels, A.M.J.F.
1899	Middelburg, G.A.A.
1958	Mierlo, W.C. van
1954	Milatz, J.M.W.
1946	Milders, H.D.E.
1919 Corr.	Millikan, R.A.
1954	Minderhoud, A.P.
1937	Minnaert, M.G.J.
1840, 1863 Cons.	Miquel, F.A.W.
1872, 1882 Cons.	Modderman, R.S. Tjaden
1982	Moens, W.D.
1876 Corr.	Moens, J.C. Bernelot
1926	Moesveld, A.L.Th.
1982	Mohn, Mw. G.
1858 Corr.	Moigno, L'abbé
1979	Molen, H.J. van der
1982	Molenaar, J.C.
1891	Molenbroek, P.
1893, 1931 Cons.	Molengraaff, G.A.F.
1890 Corr.	Moleschott, Jac.
1846	Molewater, J.B.
1823 Cons.	Moll, G.
1885	Moll, J.W.
1919	Moll, W.J.H.
1882	Moll, F.D.A.C. van
1806 Hon.	Mollerus, J.H.
1950	Molt, E.L.
1843	Molijn, J.W.
1771 Corr.	Monceau, M. du Hamel du
1976	Monchy, C.C. de
1775, 1794 D.	Monchy, F.W. de
1921 A.	Monchy, H.G.J. de
1889 A.	Monchy, H.W. de
1919	Monchy, L.B. de
1812	Monchy, M.M. de
1961 A.	Monchy, R.A. de
1769 D.	Monchy, S. de
1980 A.	Monchy, S.J.R. de
1950	Monhemius, L.
1798, 1823 Cons.	Mons, J.B. van
1922	Montagne, P.J.
1800 Corr.	Montbret, C.E. baron Coquebert de
1867 Corr.	Montignij, Ch.
1779	Moor, B.H. de
1887	Moors, B.P.
1770 Corr.	More, Sir Samuel

1878 Corr.	Morel, J.
1807 Corr.	Morozzi, J.
1846 Corr.	Morren, Ch.
1785 Cons.	Moulin, C.D. du
1909	Mourik, P. van
1946	Mouton, H.W.
1828 Cons.	Mulder, C.
1984	Mulder-Backx, Mw. C.J.M.
1872,1882 Cons.	Mulder, E.
1828, 1846 Cons.	Mulder, G.J.
1974	Mulder, J.P.F.
1886	Mulder, L.
1983	Mulder, L.J.M.M.
1931, 1937 Cons.	Muller, F.
1968	Muller, H.
1843 Corr.	Müller, J.B.
1914	Muller, J.J.A.
1956	Muller, W.J.
1769	Munck, L.D. de
1784 Cons.	Munniks, W.
1802	Munro, A.
1848 Corr.	Murchison, Sir Roderick
1932	Muysken, J.
1930	Mijnssen, G.E.H. Verspijck
1769, 1771 Cons.	Nahuijs, A.P.
1840	Nairac, G.J.J.
1958	Nauta, J.H.
1921 B.	Nederlandse Handel-Mij, Agentschap Rotterdam
1952	Neher, L.
1887	Neiszen, J.H.
1919	Nelemans, J.
1899 Corr.	Nernst, W.
1934	Neuberger, J.
1907	Niermeyer, J.F.
1984	Niermeijer, M.F.
1912	Nierstrasz, H.F.
1930	Nieuwenburg, C.J. van
1912	Nieuwenhuis, A.W.
1834	Nieuwenhuis, C.J.
1806, 1834 Cons.	Nieuwenhuis, J.
1946	Nieuwenhuis, J.G.J.C.
1946	Nieuwenhuijse, P.
1962	Nieuwenhuijsen, J.H.
1788	Nieuwland, P.
1946	Nievelt, B.F. van
1902	Nobel, C.
1899	Nolen, A.
1886	Nolen, W.
1787	Nolst, L.
1837	Noordeloos, J.J. van Dam van
1799	Noorden, J. van
1916	Noordenbos, W.
1908	Noorduyn, W.
1919	Noort, Jhr. A.H. op ten
1900	Nooten, J.C.C.W. van
1935, 1939 D., 1962 Cons.	Nooten, W.N. van
1858	Nortier, H. Kloete
1916	Nouhuys, J.W. van

1934	Noyons, A.K.M.
1769 D.	Nozeman, C.
1946	Nuboer, J.F.
1834 Cons.	Numan, A.
1917	Nunes, A. Vas
1892 P.M.	Nyeholt, P. Lycklama à
1773 A.	Nyevelt, J. van Zuilen van
1812 A.	Nyevelt, J.A. van Zuilen van
1899	Nijland, A.A.
1805	Nijmegen, D. van
1968	Oberman, R.M.M.
1854	Obreen, J.M.
1854	Obreen, H.A. van der Speck
1930	Oldenborgh, J. van
1929	Olivier, S.C.J.
1984	Ommeren, A.A.H. Backer van
1880, 1890 Cons., 1914 Hon.	Onnes, H. Kamerlingh
	Onst, P.J.
1803	Ontijd, C.G.
1982	Ooms, G.
1909	Oordt, H. van
1840, 1857 D.	Oordt, J.W.L. van
1976	Oordt, W.H. van
1954	Oort, A.J.P.
1843	Oort, H.
1952, 1958 Hon.	Oort, J.H.
1916	Oort, E.D. van
1954	Oosten, R.P. van
1966	Oosterhoff, L.J.
1954	Oosterhoff, P.T.
1976	Oosterwijk, A.R. Kolff van
1891	Oosting, H.J.
1922	Ornstein, L.S.
1869	Ort, Jhr. J.R.T.
1890 Corr.	Ostwald, W.
1939 P.M., 1954 Hon.	Oud, P.J.
1858, 1882 Cons.	Oudemans Jr., A.C.
1852, 1861 Cons.	Oudemans, C.A.J.A.
1854, 1882 Cons.	Oudemans, J.A.C.
1892	Oudemans, J.Th.
1982	Ouden, G. den
1869	Oven, A. van
1924	Overbeek, A.A.
1956	Overbeek, P. van
1863	Overduyn, W.L.
1786 Corr.	Oviani, B.
1930	Paassen, P. van
1982	Paelinck-Hulsmans, Mw. J.E.J.M.
1799 Cons.	Palm, J.H. van der
1930	Pannekoek, A.
1954	Pannevis, M.
1834, 1841 D.	Pant, D.F. van der
1787 Cons.	Paradijs, N.
1886	Pareau, A.H.
1770 Hon.	Parra, P.A. van der
1958	Parrée, J.
1854	Parvé, D.J. Steyn
1858 Corr.	Pasteur, L.

1972	Pater, A.D. de
1769 D., 1776 Cons.	Patijn, L.
1885 Cons.	Pekelharing, C.A.
1880	Pennink, J.J.
1848 Corr.	Percy, Sir John
1772 Cons.	Perrenot, A.
1919 Corr.	Perrin, J.B.
1906	Peter, G.H.J.
1852 Corr.	Petersen, A.C.
1979	Petry, M.J.
1890 Corr.	Pfaundler, L.
1931	Pfeiffer, J.Ph.
1919	Philips, G.L.F.
1863	Piaget, E.
1823	Pickee, J.
1883	Piepers, W.A.M.
1848	Pilaar, J.C.
1869	Pimentel, M. Henriquez
1938	Pinxteren, J.A.C. van
1888	Plaats, J.D. van der
1919 Corr.	Planck, M.
1968	Plantema, G.
1946, 1952 D.	Plantes, B.G. Ziedses des
1980	Plas, A.B.M. van der
1884 Corr.	Platau, F.
1921	Plate, A.
1867 Corr.	Plateau, J.
1848 Corr.	Playfair, Sir Lyon
1950	Pleysier, H.
1965	Plokker, J.H.
1861 Corr.	Plücker, J.
1885 Cons.	Plugge, P.C.
1886	Poels, J.
1927, vóór 1950 Corr.	Pol, B. van der
1934	Polak, Mw. B.
1869	Pollen, F.P.L.
1875 A.	Pols, J.
1886	Pols, J.
1952, 1953 D., 1982 Cons.	Pols, K. van der
1954	Poole, J.B. Le
1978	Poort, J.
1960	Posthuma, F.
1964	Posthumus, K.
1973, 1983 Corr.	Praag, H.M. van
1794 Corr.	Priestley, J.
1845 A.	Prins, A.Th.
1974	Prins, C.A.
1805 A.	Prins, Th.L.
1978	Prins, H.
1937	Prins, J.A.
1974	Prins, J.E.
1905	Prins, J.J.
1769 A.	Prins, W.
1946	Prins, J. Alingh
1922	Proos, C.F.
1812	Pruys, M.
1791 Cons.	Pui, M.S. du
1769	Pijl, K.

1964	Quak, J.D.
1968	Querido, A.
1828 Cons.	Quetelet, A.
1946	Quispel, B.
1912	Quix, F.H.
1966	Raad, A.
1807 Hon.	Raaphorst, A.P. Twent van
1780 Cons.	Radermacher, D.
1779 Corr.	Radermacher, J.K.M.
1794 Corr.	Rahn, J.H.
1769	Rainville, Sir Frederik
1898, 1932 Cons.	Ramaer, J.C.
1904 Corr.	Rayleigh, J.W. Strutt Lord
1899 Corr.	Ramsay, Sir William
1890 Corr.	Raoult, F.M.
1858, 1871 Cons.	Rauwenhoff, N.W.P.
1982	Reedijk, J.
1960	Reenen, J.C. van
1934	Reerink, E.H.
1958	Reerink, H.
1890	Rees, J. van
1834 Cons.	Rees, R. van
1926	Reeser, H.E.
1966	Reeser, H.E.
1892	Reicher, L.Th.
1916	Reiding, J.
1916	Reigersman, C.J.A.
1917, 1946 Corr.	Reinders, W.
1921	Reindersma, W.
1787 Corr.	Reinier,
1812 Cons.	Reinwardt, C.G.C.
1927	Remmelts, H.
1925	Remijnse, J.G.
1852 Corr.	Rennie, Sir George
1976 P.M.	Reuder, J.G.L.
1972	Reuter, J.H.
1926	Reydon, I.J.F.
1980	Reijers, L.N.
1952	Reynders, F.H.
1946	Ribbink, G.A.
1954	Riemsdijk, A.H.B. van
1852	Riemsdijk, Jhr. A.W.G. van
1869	Rienderhoff, F.
1966	Rienks, R.J.
1906	Rietema, F.A.
1930	Ringer, W.E.
1924, 1938 Cons., 1946 Hon.	Ringers, J.A.
1966	Risselada, T.F.
1897	Ritthem, C.L.M. Lambrechtsen van
1890	Ritzema Bos, J.
1867 Corr.	Rive, A.A. de la
1863	Rivière, P.M. Brutel de la
1869	Robertson Az., W.
1794	Rôbol, J.
1801	Rochussen, J.
1787	Rochussen, M. Baalde
1929	Röell, C.D.
1806 Hon.	Röell, W.F.

1902	Rombach, F.K.A.
1919	Rombach, K.A.
1887, 1919 Cons.	Romburgh, P. van
1922	Römer, M.J.
1950	Romeijn, C.
1887	Romunde, H. van
1899 Corr.	Röntgen, W.C. von
1872 Corr.	Ronzoni, C.
1984	Rooda, S.J. Eelkman
1919	Roode, H.S. de
1950	Roos, J.L. de
1837 Corr.	Roosbroeck, J.J. van
1958	Rooseboom, Mw. M.
1887, 1890 Cons.	Rooseboom, H.W. Bakhuys
1911	Roosen, H.J.
1880	Rose, H.S.J.
1840	Rose, W.N.
1929	Rossem, A. van
1911, 1920 D., 1939 Cons.	Rossem Nzn., A.C. van
1974	Rossem, J.M. van
1924	Rosskopf, Th.
1790 Cons.	Rossijn, J.T.
1792	Rouppe Jr., H.W.
1846	Rovers, W.J.
1771 Cons.	Roij, B.J. de
1914	Royen, F.R. van
1929	Royen, L.A. van
1778 Corr.	Rozier, Abt François
1890 Corr.	Rüdorff, R.
1837	Rueb Chr.zn., A.S.
1946	Rümke, H.C.
1852 Corr.	Rümker, C.
1982	Ruskamp, J.H.
1954	Rüter, C.F.
1946	Rutgers, J.
1919 Corr.	Rutherford, Sir Ernest
1931	Rutten, J.
1930	Rutten, L.M.R.
1946	Ruys, Mw. A. Ch.
1939	Ruys, D.T.
1834	Ruysch, Jhr. H.A.
1885, 1895 Cons.	Rijckevorsel, E. van
1812	Rijckevorsel, I. van
1843 Cons.	Rijk, J.C. de
1846 Cons.	Rijke, P.L.
1902	Rijn, W. van
1910	Rijnberk, G. van
1906	Rijperman, G.
1921	Rijssel, E.C. van
1846 Corr.	Sabine, Sir Edward
1979, 1983 D.	Sachs, Mw. E.S.
1799 Corr.	Sage, B.G.
1916	Salomonson, J.K.A. Wertheim
1897	Saltet, R.H.
1823	Sander, C.A.L.
1930	Sanders, J.
1982	Sanders-Woudstra, Mw. J.A.R.
1907	Sandick, R.A. van

1769, 1771 Cons.	Sandifort, E.
1812 Cons.	Sandifort, G.
1937	Sangster, H.
1834 Corr.	Sapsings, Sir Robert
1848	Sarphati, M.
1807	Sarton, W.
1982	Saxena, P.R.
1970	Schaap, J.A.
1956	Schaar, P.J. van der
1788	Schaick, H. van
1885	Schaick, W.C.L. van
1982	Schalekamp, M.A.D.H.
1883	Schalken, H.T.
1890 Corr.	Schalij, J.
1917	Scharroo, P.W.
1906	Scheer, A. van der
1926	Scheffer, F.E.C.
1899	Scheffer, J.M.G.
1929	Schierbeek, A.
1769	Schim, J.
1788	Schinne, J.E.C. van
1921	Schirm, A.H.
1956	Schmidt, A.L.C.
1885	Schnebbelie, C.F.M.H.
1972	Schoenmaker, W.H.
1890, 1900 D., 1908 Cons.	Schokker, A.E. Arkenbout
1885 Cons.	Schols, Ch.M.
1983	Scholte, H.R.
1882	Scholten, G.
1823	Scholten Hzn., J.A.
1885	Scholtens, J.
1863	Schonauen, Jhr. J. Ortt van
1926	Schönfeld, J.F.
1906	Schoo, H.J.M.
1919	Schoorl, N.
1958	Schornagel, H.E.
1895	Schotel, J.
1926	Schoute, D.
1886	Schoute, P.H.
1916	Schouten, J.A.
1946	Schouten, J.F.
1769 D.	Schouten, M.
1946	Schouten, S.L.
1934	Schoutissen, H.A.J.
1867	Schouwenburg, J. Menalda van
1901	Schreinemakers, F.A.H.
1962	Schreuder, J.Th.R.
1934	Schreur, B.
1901	Schreve, F.H.
1979	Schröder, F.H.
1805, 1834 Cons.	Schröder, J.F.L.
1858 Corr.	Schrötter, A.
1958	Schuffelen, A.C.
1932	Schüffner, W.A.P.
1929	Schuh, F.
1926	Schut, P. Bakker
1919	Schütte, M.P.
1926	Schuuring, J.G.

1786	Schuurman, D.
1884	Schuurman, J.A.
1983	Schuursma, R.L.
1938	Schweizer, A.
1769 Cons.	Schwencke, M.W.
1957	Schijve, J.
1954	Seekles, L.
1843	Seelig, H.G.
1932	Selleger, E.L.
1858 Corr.	Sénarmont, H.H. de
1968	Senden, K.G. van
1790	Servaas, W.
1874	Sieltjes Jr., F.J.
1897	Siertsema, L.H.
1904	Siethoff, E.G.A. ten
1921	Sikkel, A.
1837, 1846 Cons.	Simons, G.
1980	Sinke, M.D.
1919	Sinnige, L.R.
1933	Sirks, M.J.
1899	Sissingh, M.C.
1886	Sissingh, R.
1916	Sitter, W. de
1807 Hon.	Six, Willem
1946	Sizoo, G.J.
1968	Slingelandt, J.A. baron van
1937	Slogteren, E. van
1946	Slot, W.J. Bruins
1890 Corr.	Sluiter, C.Ph.
1970, 1973 D.	Slijkhuis, P.
1984	Smalbraak, D.W.Th.
1924	Smit, J.
1925	Smit, J.
1972	Smit, J.U.
1926	Smits, A.
1779	Smits, D.
1962	Smitskamp, H.
1922	Smulders, H.
1934, later Corr.	Snapper, I.
1979	Snelders, H.A.M.
1874, 1895 Cons.	Snellen, M.
1890	Snellen, P.C.T.
1937	Sneller, Z.W.
1882 Cons.	Snijders, J.A.
1969	Sobels, F.H.
1978	Somermeyer, W.H.
1964, 1969 D.	Somerwil, A.
1946	Söhngen, A.M.
1926	Söhngen, N.L.
1964	Spakler, J.C.
1787 Corr.	Spallanzani, Abt Lazzaro
1933	Spek, J. van der
1983	Spierenburg, P.J.
1893	Spronck, C.H.H.
1946	Spijer, S.
1887	Stadt, H. van de
1848	Stamkart, F.J.
1858	Staring, W.C.A.

1858	Staring, W.C.H.
1984	Starink, A.
1919 Corr.	Stark, J.
1892 Corr.	Stas, J.S.
1812 Hon.	Stassart, G. baron de
1946	Staveren, C. van
1932	Staveren, J.C. van
1962	Staverman, A.J.
1790	Steege, J. van der
1934	Steenhuis, J.F.
1913	Steger, A.M.A.A.
1930	Stein, J.
1968	Steketee, J.A.
1932	Stephan, B.
1852 Corr.	Stephenson, R.
1933	Steur, A. van der
1934	Steur, J.P.K. van der
1770 Hon.	Steijn, P.
1893	Stieltjes, E.H.
1929	Stieltjes, J.J.
1901	Stockum, W.J. van
1880 Cons.	Stoeder, W.
1886 Corr.	Stok, P.J. van der
1858 Corr.	Stokes, Sir George Gabriel
1876, 1882 Cons.	Stokvis, B.J.
1898 A.	Stolk, B. van
1929	Stomps, Th.J.
1922	Stork, C.F.
1895	Stortenbeker, W.
1834 Cons.	Stratingh Ez., S.
1897	Straub, M.
1938	Straub, M.
1858 Corr.	Strecker, A.
1980	Strik, R. van
1874, 1886 Cons.	Strootman, J.
1962	Struben, W.H.
1769	Struick, A.
1960	Struyk, E.
1865	Stuart, L. Cohen
1897	Stuten, J.L.
1979	Stuurman, Mw. P.M.
1771	Suchtelen, R. van
1908 A.	Suermondt Lzn., W.
1945 A.	Suermondt Wzn., W.
1963 A.	Suermondt Jr., W.
1869 Cons.	Suringar, G.C.B.
1872 Cons.	Suringar, W.F.R.
1922	Suringar, J. Valckenier
1902	Swaay, G.J. van
1978	Swart, W.
1837 Cons.	Swart, W.S.
1843 A.	Swellengrebel, J.H.W.
1780, 1784 D.	Swieten, P. van
1783 Cons.	Swinden, J.H. van
1784	Swinden, S.P. van
1812	Swinderen, Th. van
1950	Sijderius, R.
1799 Corr.	Sylvestre, ?

1978	Taconis-Haantjes, Mw. E.E.V.
1890 Corr.	Tait, P. Guthrie
1869	Tak, C.B. van der
1906	Talma, S.
1914	Tammes, Mw. T.
1946	Tausk, M.
1884, 1892 Cons.	Telders, J.M.
1937	Tendeloo, H.J.C.
1902	Tendeloo, N. Ph.
1952	Terpstra, J.I.
1948	Terpstra, P.
1929, 1936 Cons.	Tesch, P.
1808 P.M.	Teylingen, J. van
1946	Theunissen, Th.W.
1955	Thiadens, A.A.
1960	Thieme, H.C.A. van Eldik
1966 P.M.	Thomassen, W.
1890 Corr.	Thomsen, J.
1904 Corr.	Thomson, Sir Joseph J.
1890 Corr.	Thomson, Sir William (Lord Kelvin)
1983	Thonus, I.P.
1791	Thuessink, E.J. Thomassen à
1952	Thung, T.H.
1935	Thijsse, J.Th.
1880	Tideman, J.
1956, 1964 D.	Tillema, J.A.C.
1960	Timman, R.
1946	Timmerman, W.A.
1878	Timmers, J.
1770 Corr.	Tissot, S.A.D.
1958	Tolsma, F.J.
1954	Toorn, O. van den
1834	Toorn, A. van der
1871	Toorn, A.J.H. van der
1867, 1886 Cons.	Toorn, J. van der
1962	Toxopeus, E.J.G.
1954	Toxopeus, H.J.
1946	Traa, C. van
1787 Corr.	Trembly, J.
1776	Treslong, C.J. Bloys van
1912 Cons.	Treub, H.
1883 Corr.	Treub, M.
1858	Tromp, A.E.
1958 Corr., 1960 Cons.	Troost, L.
1784	Troostwijk, A. Paets van
1966	Trouw, J.J.
1982	Trijsburg, R.W.
1863	Turk, L.K.
1848 Hon.	Twent, Jhr. A.C.
1972	Twiss, E.E.
1954	Tijen, H.W. van
1863 Corr.	Tyndall, Sir John
1952, 1969 D.	Tijssens, H.R.S.
1823 Cons.	Uilkens, J.A.
1984	Urk, H. van
1930	Uven, M.J. van
1828 Cons.	Uylenbroek, P.J.
1933	Vader, J.P.

1898	Vaes, F.J.
1812	Vaillant Hzn., C.J.
1790 Corr.	Vautravers, R. de
1927	Veder, A.
1936	Veen, J. van
1966	Veen, M.C. van
1948	Veen, N.J. van
1960	Veen, S.C. van
1950, 1983 Corr.	Veen, K.H.C.W. van der
1919	Vegt, A.H.W. van der
1899	Vegt, J. van der
1914	Vegt, J.W. van der
1937	Veldhuizen, H. van
1954	Veldstra, H.
1769 Cons.	Velse, C.H.
1981	Veltman, B.P.Th.
1876	Ven, E. van der
1970	Ven, F.J.A.M. van der
1897	Verbeek, R.D.M.
1878 A	Verbrugge, W.A. Viruly
1834, 1843 Cons.	Verdam, G.J.
1982	Verhage, F.
1981	Verhagen, C.J.D.M.
1946	Verhagen, Ph.
1976	Verheul, T.
1924	Verhey, B.A.
1892	Verheij, C.A.
1834	Verhuell, Q.M.R.
1807 Hon.	Verhuell, C.H.
1921, 1927 D., 1939 Cons.	Verkade, P.E.
1902	Verkerk, G.C.J.
1867	Verkouteren, E.K.J.
1960	Vermeulen, G.
1904	Verschaffelt, E.
1912	Verschaffelt, J.E.
1791 Cons.	Verschuur, W. Forsten
1974	Versprille, A.
1786	Verstap Jr., P.
1807	Versteeg, M.
1782	Verstolk, A.J.
1812 Hon.	Verstolk, J.G. baron
1976	Vervat, D.
1861	Verver, B.
1914	Verwey, A.
1954	Verwey, E.J.W.
1897	Verweij Azn., W.
1885, 1889 D., 1906 Cons.	Veth, H.J.
1769 Cons.	Vink, P.
1972	Vinke, W.
1840 Corr.	Vinne, J.A. van der
1890 Corr.	Virchow, R.
1924	Vis, J.P.
1968	Visser, H.K.A.
1950	Visser, S.W.
1784	Visvliet, E.Ph. van
1858	Vlaanderen, C.L.
1938	Vlerk, I.M. van der
1972	Vlieger, M. de

1979	Vliet, A.G.M. van
1950	Vliet, A.C. van der
1843	Vliet, A.F. van der
1914	Vloten, P. van Braam van
1931	Voerman, G.L.
1769	Voet, C.B.
1806	Voet, J.H.
1899	Vogel, N.C.
1952	Vogelenzang, E.H.
1982	Volbeda, A.
1848 A., 1869 P.M.	Vollenhoven, J. van
1892 A.	Vollenhoven, P.C. van
1874	Vollenhoven, S.C. Snellen van
1811, 1824 D.	Vollenhoven, J. van der Wallen van
1787 Cons.	Voltelen, F.J.
1966	Vons, C.
1840	Voort, G.A. van der
1929	Vooys, J.P. de
1964	Vorm, O.J. van der
1974	Vos, O.
1895	Vos, P.A.
1973	Vos, A.W. de
1972	Vos, F.C. de
1976	Vos, F.J de
1980	Vos-Korthals, Mw. W.H. de
1890	Vosmaer, G.J.C.
1930 Corr.	Voûte, J.G.E.G.
1823 Cons.	Voûte, J.P.E.
1834	Vrancken, J.B.
1979	Vreeburg, J.T.M.
1978	Vrensen, G.F.J.M.
1887, 1906 Hon.	Vries, H. de
1914, na 1945 Corr.	Vries, Hk. de
1909	Vries, J. de
1950	Vries, J.F. de
1840 Cons.	Vriese, W.H. de
1852	Vrolik, A.
1846 Cons.	Vrolik, W.
1809 Cons.	Vrolijk, G.
1840, 1854 D., 1869 Cons.	Vrij, J.E. de
1878, 1880 Cons., 1906 Hon.	Waals, J.D. van der
1922	Waals Jr., J.D. van der
1933	Waardenburg, P.J.
1946	Wagenaar, M.
1775 Cons.	Wal, J. van der
1946	Wal, L.T. van der
1869	Waldorp, J.A.A.
1956	Wall, J.F.R. van de
1885	Waller, Ph. J.
1953 P.M., 1966 Hon.	Walsum, G.E. van
1966	Warris, J.G.F.
1929	Wasmann, E.
1773 Hon.	Wassenaer, W. baron van
1930	Waterman, H.I.
1787 Corr.	Watt, James
1950	Waveren, G.M. van
1946	Weber, A.Ph.

7. REGISTER

Dubbele namen zijn consequent op de tweede naam gealfabetiseerd. Verwijzingen naar CP, P, PWP en BP betreffen zowel de tekst van de prijsvragen (3.2-3.5) als de bijbehorende annotaties (3.6). De namen van uitgevers en boekdrukkers zijn niet opgenomen, evenmin als de namen van de President-Directeuren (p.15-17) en van de leden (zie daarvoor 6.8). De namen van de bestuurderen (6.3-6.5) zijn in de ledenlijst verwerkt. Bij het zaakregister is vooral met trefwoorden gewerkt.

7.1. Personen

7.2. Zaken

7.3. Geografische namen

AFKORTINGEN

A	= Administrateur
AV	= Algemene vergadering
B	= Begunstiger
BG	= Bataafsch Genootschap
BP	= Bijzondere prijsvraag
C	= Cursus
Cons.	= Consultant
Corr.	= Correspondent
CP	= Concept-prijsvraag
D	= Directeur
fol.	= Folio
GA	= Gemeente Archief
GV	= Gewone vergadering
Not.	= Notulen
P	= Prijsvraag
P.M.	= Praeses Magnificus
PWP	= Physisch-werktuigkundige prijsvraag
V	= Verhandeling

Voor de verwijzingen is gebruik gemaakt van de volgende annotaties (vgl. 2.2):

I/x	= Verhandelingen, deel I, pagina x.
N(3)III/6, 20	= Verhandelingen, Nieuwe Serie, 3e reeks, deel III, stuknr. 6, pagina 20.
1907/8	= Programma, resp. Handelingen 1907, pagina 8.

NIEUWE NEDERLANDSE BIJDRAGEN TOT DE GESCHIEDENIS DER GENEESKUNDE EN DER NATUURWETENSCHAPPEN

Editors: M.J. van Lieburg, G.A. Lindeboom en H.A.M. Snelders

No. 1 Hfl. 30,—
Lindeboom, G.A.: Descartes and Medicine. Amsterdam 1979. 146 pp. ISBN: 90-6203-882-4.

No. 2 Hfl. 26,—
Lindeboom, G.A.: Adriaan van den Spiegel (1578-1625) hoogleraar in de ontleed- en heelkunde te Padua. Amsterdam 1978. 125 pp. ISBN: 90-6203-712-7.

No. 3 Hfl. 18,—
Lieburg, M.J. van: Het medisch onderwijs te Rotterdam (1467-1967). Amsterdam 1978. 113 pp. ISBN: 90-6203-722-4.

No. 4 Hfl. 20,—
Snelders, H.A.M.: Het Gezelschap der Hollandse Scheikundigen — Amsterdamse chemici uit het einde van de achttiende eeuw. Amsterdam 1980. 111 pp. ISBN: 90-6203-971-5.

No. 5 Hfl. 25,—
Brinkman, A.A.A.M.: De alchemist in de prentkunst. Amsterdam 1982. 69 pp. ISBN: 9-6203-612-0.

No. 6 Hfl. 25,—
Dumaître, Paule: La curieuse destinée des planches anatomiques de Gérard de Lairesse. peintre en Hollande. — Lairesse, Bidloo, Cowper —. Amsterdam 1982. 124 pp. ISBN: 90-6203-574-4.

No. 7 Hfl. 25,—
Deutsch-Niederländische Beziehungen in der Medizin des 17. Jahrhunderts. Vorträge des Deutsch-Niederländischen Medizinhistorikertreffens 1981. M.J. van Lieburg und R. Toellner (Hrsg.) Amsterdam 1982. 114 pp. ISBN: 90-6203-594-9.

No. 8 Hfl. 50,—
Antoni van Leeuwenhoek 1632-1723. Studies on the life and work of the Delft scientist commemorating the 350th anniversary of his birthday. Edited by L.C. Palm and H.A.M. Snelders. Amsterdam 1982. 220 pp. ISBN: 90-6203-824-7.

No. 9 Hfl. 50,—
Berkel, K. van: Isaac Beeckman (1588-1637) en de mechanisering van het wereldbeeld. Isaac Beeckman (1588-1637) and the mechanization of the world picture (with a summary in English). Amsterdam 1983. 340 pp. ISBN: 90-6203-914-6.

No. 10 Hfl. 50,—
Fahrenheit's Letters to Leibniz and Boerhaave. Edited, translated and annotated by Pieter van der Star. Amsterdam/Leiden 1983. 205 pp.

No. 11 Hfl. 35,—
Schraders, Catharina Geertruida: Memoryboeck van de Vrouwens. Het dagboek van een Dokkumse vroedvrouw (1693-1745). Uitgegeven en van een inleiding voorzien door Prof.dr. G.J. Kloosterman en Drs. M.J. van Lieburg. Amsterdam 1984. 226 pp. ISBN: 90-6203-935-9.

No. 12 Hfl. 45,—
Visser, Robert Paul Willem: The Zoological Work of Petrus Camper (1722-1789). Het zoölogisch werk van Petrus Camper (1722-1789) (met een samenvatting in het Nederlands). Amsterdam 1985. 207 pp. ISBN: 90-6203-976-6.

No. 13 Hfl. 30,—
Kracht en Stof. De introductie van moderne natuurwetenschappelijke denkwijzen in de geneeskunde, zoals blijkt uit Nederlandse medische vakbladen, 1840-1879. Verslag van een symposium, gehouden te Nijmegen op 21 september f985, onder redactie van D. de Moulin. Amsterdam 1985. 127 pp. ISBN: 90-6203-787-9.

No. 14 Hfl. 25,—
Deutsch-Niederländische Beziehungen in der Medizin des 18.Jahrhunderts. Vorträge des Deutsch-Niederländischen Medizinhistorikertreffens 1982. Herausgegeben von R. Toellner und M.J. van Lieburg. Amsterdam 1985. 92 pp. ISBN: 90-6203-797-6.

No. 15 Hfl. 40,—

Napjus, J.W.: De hoogleraren in de geneeskunde aan de hogeschool en het athenaeum te Franeker. Verzamelde opstellen. Ingeleid en voortgezet door Dr. G.A. Lindeboom. Amsterdam 1985. 265 pp. ISBN: 90-6203-718-4.

No. 16 Hfl. 50,—

Theunissen, Bert: Eugène Dubois en de aapmens van Java. Een bijdrage tot de geschiedenis van de paleoantropologie. Amsterdam 1985. 302 pp. ISBN: 90-6203-937-5.

No. 17 Hfl. 70,—

Nineteenth-century scientific instruments and their Makers. Papers presented at the Fourth Scientific Instrument Symposium, Amsterdam 23-26 October 1984. Edited by P.R. de Clercq. Amsterdam 1986. 284 pp. ISBN: 90-6203-917-0.

No. 18 ca. Hfl. 60,—

Lieburg, M.J. van: Het Bataafsch Genootschap der proefondervindelijke wijsbegeerte te Rotterdam, 1769-1984. Een bibliografisch en documenterend overzicht. Amsterdam 1985. 182 pp. ISBN: 90-6203-568-X.